国家级工程训练示范中心"十三五"规划教材

机械制造技术实训

主编　徐向纮　赵延波

清华大学出版社
北京

内容简介

本书是按照教育部机械基础课程教学指导委员会工程材料及机械制造基础课程教学指导组制定的《机械制造实习课程教学基本要求》，结合浙江省部分高校的实训方式、实训内容、实训条件编写的。本书以培养学生工程意识、工程素质、工程实践能力，提高学生的创新精神和创新能力为目的，介绍机械制造的基本知识、常用的加工方法和加工设备，突出质量检验方面的内容。同时，还重视对所学知识、技能的综合应用，编写了机械制造综合实训内容。

本书共14章，主要内容包括：概述、机械制造基础知识、铸造、压力加工、焊接与切割、车削加工、铣削加工及其他切削加工方法、磨削加工、钳工、数控加工、特种加工、计算机辅助设计与制造、机械零件几何量检测、机械制造综合实践等。

本书可供普通高等院校工科类专业机械制造实训教学使用，也可供相关工程技术人员参考。

版权所有，侵权必究。举报：010-62782989，beiqinquan@tup.tsinghua.edu.cn。

图书在版编目(CIP)数据

机械制造技术实训/徐向纮，赵延波主编．—北京：清华大学出版社，2018（2023.9重印）
（国家级工程训练示范中心"十三五"规划教材）
ISBN 978-7-302-50991-2

Ⅰ．①机… Ⅱ．①徐… ②赵… Ⅲ．①机械制造工艺—高等学校—教材 Ⅳ．①TH16

中国版本图书馆CIP数据核字(2018)第191234号

责任编辑：赵　斌
封面设计：常雪影
责任校对：赵丽敏
责任印制：丛怀宇

出版发行：清华大学出版社
网　　址：http://www.tup.com.cn，http://www.wqbook.com
地　　址：北京清华大学学研大厦A座　　**邮　　编**：100084
社 总 机：010-83470000　　**邮　　购**：010-62786544
投稿与读者服务：010-62776969，c-service@tup.tsinghua.edu.cn
质量反馈：010-62772015，zhiliang@tup.tsinghua.edu.cn
印 装 者：三河市龙大印装有限公司
经　　销：全国新华书店
开　　本：185mm×260mm　　**印　　张**：19　　**字　　数**：459千字
版　　次：2018年10月第1版　　**印　　次**：2023年9月第13次印刷
定　　价：48.00元

产品编号：074210-01

序言

PREFACE

自国家的“十五”规划开始，我国高等学校的教材建设就出现了生机蓬勃的局面，工程训练领域也是如此。面对高等学校高素质、复合型和创新型的人才培养目标，工程训练领域的教材建设需要在体系、内涵以及教学方法上深化改革。

以上情况的出现，是在国家相应政策的主导下，源于两个方面的努力：一是教师在教学过程中，深深感到教材建设对人才培养的重要性和必要性，以及教材深化改革的客观可能性；二是出版界对工程训练类教材建设的积极配合。在国家“十五”期间，工程训练领域有 5 部教材列入国家级教材建设规划；在国家“十一五”期间，约有 60 部教材列入国家级“十一五”教材建设规划。此外，还有更多的尚未列入国家规划的教材已正式出版。

随着世界银行贷款高等教育发展项目的实施，自 1997 年开始，在我国重点高校建设 11 个工程训练中心的项目得到了很好的落实，从而使我国的工程实践教学有机会大步跳出金工实习的原有圈子。训练中心的实践教学逐渐由原来热加工的铸造、锻压、焊接和冷加工的车、铣、刨、磨、钳等常规机械制造资源，逐步向具有丰富优质实践教学资源的现代工业培训的方向发展。全国同仁紧紧抓住这难得的机遇，经过 10 多年的不懈努力，终于使我国工程实践教学基地的建设取得了突破性进展。在 2006—2009 年期间，国家在工程训练领域共评选出 33 个国家级工程训练示范中心或建设单位，以及一大批省市级工程训练示范中心，这不仅标志着我国工程训练中心的发展水平，也反映出教育部对我国工程实践教学的创造性成果给予了充分肯定。

经过多年的改革与发展，以国家级工程训练示范中心为代表的我国工程实践教学取得了以下 10 个方面的重要进展。

(1) 课程教学目标和工程实践教学理念发生重大转变。在课程教学目标方面，将金工实习阶段的课程教学目标“学习工艺知识，提高动手能力，转变思想作风”转变为“学习工艺知识，增强工程实践能力，提高综合素质，培养创新精神和创新能力”；凝练出“以学生为主体，教师为主导，实验技术人员和实习指导人员为主力，理工与人文社会学科相贯通，知识、素质和能力协调发展，着重培养学生的工程实践能力、综合素质和创新意识”的工程实践教学理念。

(2) 将机械和电子领域常规的工艺实习转变为在大工程背景下，包括机械、电子、计算机、控制、环境和管理等综合性训练的现代工程实践教学。

(3) 将以单机为主体的常规技术训练转变为部分实现局域网络条件下，拥有先进铸造技术、先进焊接技术和先进钣金成形技术，以及数控加工技术、特种加工技术、快速原型技术和柔性制造技术等先进制造技术为一体的集成技术训练。

(4) 将学习技术技能和转变思想作风为主体的训练模式转变为集知识、素质、能力和创新实践为一体的综合训练模式，并进而实现模块式的选课方案，创新实践教学在工程实践教学中逐步形成独有的体系和规模，并发展出得到广泛认可的全国工程训练综合能力竞赛。

(5) 将基本面向理工类学生转变为，同时面向理工、经济管理、工业工程、工艺美术、医学、建筑、新闻、外语、商学等尽可能多学科的学生。使工程实践教学成为理工与人文社会学科交叉与融合的重要结合点，使众多的人文社会学科的学生增强了工程技术素养，这已经成为我国高校工程实践教学改革的重要方向，并开始纳入我国高校通识教育和素质教育的范畴，使越来越多的学生受益。

(6) 将面向低年级学生的工程训练转变为本科 4 年不断线的工程训练和研究训练，开始发展针对本科毕业设计，乃至硕士研究生、博士研究生的高层人才培养，为将基础性的工程训练向高层发展奠定了基础条件。

(7) 由单纯重视完成实践教学任务转变为同时重视教育教学研究和科研开发，用教学研究来提升软实力和促进实践教学改革，用科研成果的转化辅助实现实验技术与实验方法的升级。

(8) 实践教学对象由针对本校逐渐发展到立足本校、服务地区、面向全国，实现优质教学资源共享，并取得良好的教学效益和社会效益。

(9) 建立了基于校园网络的中心网站，不仅方便学生选课，有利于信息交流与动态刷新，而且实现了校际间的资源共享。

(10) 卓有成效地建立了国际、国内两个层面的学术交流平台。在国际，自 1985 年在华南理工大学创办首届国际现代工业培训学术会议开始，规范地实现了每 3 年举办一届。在国内，自 1996 年开始，由教育部工程材料及机械制造基础课程教学指导组牵头的学术扩大会议(邀请各大区金工研究会理事长参加)每年举办一次，全国性的学术会议每 5 年举行一次；自 2007 年开始，国家级实验教学示范中心联席会工程训练学科组牵头的学术会议每年举行两次；各省市级金工研究会牵头举办的学术会议每年一次，跨省市的金工研究会学术会议每两年举行一次。

丰富而优质的实践教学资源，给工程训练领域的系列课程建设带来极大的活力，而系列课程建设的成功同样积极推动着教材建设的前进步伐。

面对目前工程训练领域已有的系列教材，本规划教材究竟希望达到怎样的目标？又可能具备哪些合理的内涵呢？个人认为，应尽可能将工程实践教学领域所取得的重大进展，全面反映和落实在具有下列内涵的教材建设上，以适应大面积的不同学科、不同专业的人才培养要求。

(1) 在通识教育与素质教育方面。面对少学时的工程类和人文社会学科类的学生，需要比较简明、通俗的“工程认知”或“实践认知”方面的教材，使学生在比较短时间的实践过程中，有可能完成课程教学基本要求。应该看到，学生对这类教材的要求是比较迫切的。

(2) 在创新实践教学方面。目前，我们在工程实践教学领域，已建成“面上创新、重点创新和综合创新”的分层次创新实践教学体系。虽然不同类型学校所开创的创新实践教学体系的基本思路大体相同，但其核心内涵必然会有较大的差异，这就需要通过内涵和风格各异的教材充分展现出来。

(3) 在先进技术训练方面。正如我们所看到的那样，机械制造技术中的数控加工技术、特种加工技术、快速原型技术、柔性制造技术和新型的材料成形技术，以及电子设计和工艺中的电子设计自动化技术(EDA)、表面贴装技术和自动焊接技术等已经深入工程训练的许多教学环节。这些处于发展中的新型机电制造技术，如何用教材的方式全面展现出来，仍然需要我们付出艰苦的努力。

(4) 在以项目为驱动的训练方面。在世界范围的工程教育领域，以项目为驱动的教学组织方法已经显示出强大的生命力，并逐渐深入工程训练领域。但是，项目训练法是一种综合性很强的教学组织法，不仅对教师的要求高，而且对经费的要求多。如何克服项目训练中的诸多困难，将处于探索中的项目驱动教学法继续深入发展，并推广开去，使更多的学生受益，同样需要教材作为一种重要的媒介。

(5) 在全国大学生工程训练综合能力竞赛方面。2009 年和 2011 年在大连理工大学举办的两届全国大学生工程训练综合能力竞赛，开创了工程训练领域全国性赛事的新局面。赛事所取得的一系列成功，不仅昭示了综合性工程训练在我国工程教育领域的重要性，同时也昭示了综合性工程训练所具有的创造性。从校级、省市级竞赛，最后到全国大赛，不仅吸引了数量众多的学生，而且提升了参与赛事的众多教师的指导水平，真正实现了我们长期企盼的教学相长。这项重要赛事，不仅使我们看到了学生的创造潜力，教师的创造潜力，而且看到了工程训练的巨大潜力。以这两届赛事为牵引，可以总结归纳出一系列有价值的东西，来推进我国的高等工程教育深化改革，来推进复合型和创造型人才的培养。

总之，只要我们主动实践、积极探索、深入研究，就会发现，可以纳入本规划教材编写视野的内容，很可能远远超出本序言所囊括的上述 5 个方面。教育部工程材料及机械制造基础课程教学指导组经过近 10 年的努力所制定的课程教学基本要求，也只能反映出我国工程实践教学的主要进展，而不能反映出全部进展。

我国工程训练中心建设所取得的创造性成果，使其成为我国高等工程教育改革不可或缺的重要组成部分。而其中的教材建设，则是将这些重要成果进一步落实到与学生学习过程紧密结合的层面。让我们共同努力，为编写出工程训练领域高质量、高水平的系列新教材而努力奋斗！

清华大学　傅水根
2011 年 6 月 26 日

前言

FOREWORD

本书是按照教育部机械基础课程教学指导委员会工程材料及机械制造基础课程教学指导组制定的《机械制造实习课程教学基本要求》，结合浙江省部分高校的实训方式、实训内容、实训条件编写的。本书以培养学生工程意识、工程素质、工程实践能力，提高学生的创新精神和创新能力为目的，介绍机械制造的基本知识、常用的加工方法和加工设备，以及机械加工基本的操作技能。

本书的主要内容包括：概述、机械制造基础知识、铸造、压力加工、焊接与切割、车削加工、铣削及其他切削加工方法、磨削加工、钳工、数控加工、特种加工、计算机辅助设计与制造、机械零件几何量检测、机械制造综合实践等。

本书具有如下特点：

(1) 突出了机械加工质量检验、检测方面的实训内容，如机械零件几何量检测，铸件、焊件缺陷的检验等内容。

(2) 注重对学生综合实践能力的培养。设置了机械制造综合实践内容。

(3) 注重对学生安全意识的培养。除了在每一个实践环节中安排安全操作规程和安全注意事项等内容外，还设置了安全生产基本知识(包括安全生产的概念、事故致因理论、机械制造技术实训中的安全生产)。

(4) 注重对学生基本操作技能的培养。除对机械制造的基本理论、基本方法、常用工程材料等只是做了介绍外，还对基本的操作技能的操作要点做了十分详细的介绍。

(5) 本书提供部分教学内容的教学视频。扫描书中相应的二维码，即可观看。

本书可供普通高等院校工科类专业机械制造实训教学使用，也可供相关工程技术人员参考。

本书由中国计量大学徐向纮、赵延波主编，由清华大学傅水根教授担任主审。参加本书编写的人员均为中国计量大学教师，其分工如下：第1、2、6、14章，赵延波；第3章，潘亚苹；第4章，林萍；第5章，穆林娟；第7章，冯澍、林莉莉；第8章，叶旭东；第9章，郝隽；第10章，卢干；第11章，卢干、冯澍、林萍、郝隽；第12章，穆林娟、潘亚苹、柳静、叶旭东；第13章，陈建业；全书由徐向纮统稿。

本书为浙江省高校重点教材建设资助项目及浙江省普通高校“十三五”首批新形态教材项目。

由于编者水平有限，书中差错在所难免，恳请广大读者批评指正。

编　者

2018年8月

目录

CONTENTS

第1章

CHAPTER 1

概　　述

1.1　机械制造概述

1.1.1　机械制造业在国民经济中的作用

机械制造业的主要任务就是完成机械产品的决策、设计、制造、销售、售后服务及后续处理等，其中包括对半成品零件的加工技术、加工工艺的研究及其工艺装备的设计制造。机械制造业担负着为国民经济建设提供生产装备的重任，为国民经济各行业提供各种生产手段，其带动性强、波及面广。产业技术水平的高低直接决定着国民经济其他产业竞争力的强弱，以及今后运行的质量和效益。机械制造业也是国防安全的重要基础，为国防提供所需武器装备。世界军事强国，无一不是装备制造业的强国。机械制造业还是高科技产业的重要基础，为高科技的发展提供各种研究和生产设备。世界机械制造业占工业的比重不断上升。机械制造业的发展不仅影响和制约着国民经济与各行业的发展，而且还直接影响和制约着国防工业和高科技的发展，进而影响到国家的安全和综合国力。

1.1.2　机械制造技术的发展过程

机械制造的历史是从制造工具开始的。人类在进化过程中，为了猎取食物，保护自己，开始使用并有意识地制造可以满足某种目的的，容易使用的工具，从事各种劳动。工具的数量不断地增加，加工技术也从打制、切割发展到磨制。

加工对象包括石器、骨器、木器等，图 1.1 所示为典型骨器鹿角铲。该鹿角铲 1975 年出土于贵州省兴义县，属于旧石器时代晚期器具，距今约 1.4 万年。这件鹿角铲是用截断的鹿角制成的，其制作过程首先是在截断鹿角的一端刮出一个 45°的刃口，然后再加以磨制。如今，铲面仍可见清晰的磨制痕迹，这是当时人们熟练掌握磨制技术的一个有力物证。

公元前 3140 年左右，人类发现了金属，学会了冶炼技术。

铸造是人类掌握比较早的一种金属热加工工艺。中国在公元前 1700—前 1000 年之间已进入青铜铸件的全盛期，工艺上已达到相当高的水平。中国商朝的后母戊方鼎是古代铸造的代表产品，如图 1.2 所示。

图 1.1 鹿角铲

图 1.2 后母戊方鼎

后母戊方鼎为中国商代晚期的青铜器，1939 年于河南安阳殷墟商代晚期墓出土。双耳，外侧饰双虎噬人首纹，四足中空。高 133cm，口长 110cm，口宽 79cm，重 832.84kg，是中国目前已发现的最大、最重的古代青铜器。

图 1.3 中国古代磨床

进入封建社会以后，冶铁技术普遍发展，在我国东周时，已开始使用铁制工具在卜骨上钻眼，春秋时的吴、越与楚等国已可炼制钢剑，在农业生产中也开始使用铁制农具、工具、兵器，这说明了从工具材料上又发生一次质的变化。

到封建社会时期为止，已经出现了一些雏形机床。这些机床中最古老的，有所谓树木车床及弓弦车床。我国明代宋应星在公元 1637 年所著《天工开物》一书中，记载了用来“琢磨玉石”的磨床，如图 1.3 所示。中世纪的欧洲出现了脚踏车床、机械弓锯床、水压传动的镗床与锻锤等，如图 1.4 所示。

图 1.4 脚踏车床

在金属精密加工工艺方面，早在 2600 多年以前，我国就已发明了铜镜。制铜镜的铜是一些合金，除铜外，还有锡、铅等金属。许多精巧的花纹都是铸出来的，如图 1.5 所示。我国古代制镜的高超技术，也说明当时已掌握超精加工铜表面技术，使之达到“镜面”的程度。

公元 1540 年，出现了用水力传动的卧式镗床，这是较早形式的水力传动的机床。公元 1668 年，我国出现了用畜力来代替人力作为机床动力的例子。

图 1.5 青龙纹葵花铜镜(唐代)

从 1775 年英国人 J. Wilkinson 为了加工瓦特蒸汽机的

汽缸而研制成功镗床开始，到 1860 年，经历了漫长岁月后，车、铣、刨、插、齿轮加工等机床相继出现了。1898 年发明了高速钢，使切削速度提高了 2～4 倍。1927 年德国首先研制出硬质合金刀具，切削速度比高速钢刀具又提高了 2～5 倍。为了适应硬质合金刀具高速切削的需求，金属切削机床的结构发生了较明显的改进，从带传动改为齿轮传动，机床的速度、功率和刚度也随之提高。至今，仍然广泛使用着各种各样的齿轮传动的金属切削机床，但在结构、传动方式等方面，尤其在控制方面有了极大的改进。

加工精度可以反映机械制造技术的发展状况，1910 年时的加工精度大约是 10μm（一般加工），1930 年提高到 1μm（精密加工），1950 年提高到 0.1μm（超精密加工），1970 年提高到 0.01μm，21 世纪初已提高到 0.001μm（纳米加工）。

20 世纪 80 年代末期，美国为提高制造业的竞争力和促进国家的经济增长，首先提出了先进制造技术（advanced manufacturing technology，AMT）的概念，并得到欧洲各国、日本以及一些新兴工业化国家的响应。在 AMT 提出的初期，主要发展集中在与计算机和信息技术直接相关的技术领域方面，该领域成为世界各国制造工业的研究热点，取得了迅猛的发展和应用。这方面的主要成就有：

（1）计算机辅助设计技术（computer aided design，CAD）：可完成产品设计、材料选择、制造要求分析、优化产品性能以及完成通用零部件、工艺装备和机械设备的设计与仿真工作。

（2）计算机辅助制造技术（computer aided manufacture，CAM）：以计算机数控机床（computerized numerical control，CNC）、加工中心（machining center，MC）、柔性制造系统（flexible manufacturing system，FMS）为基础，借助计算机辅助工艺规程设计（computer aided process program，CAPP）、成组技术（group technology，GT）和自动化编程技术（automatic programming technology，APT）而形成，可实现零件加工的柔性自动化。

（3）计算机集成制造系统（computer integrated manufacturing system，CIMS）：把工厂生产的全部活动，包括市场信息、产品开发、生产准备、组织管理以及产品的制造、装配、检验和产品的销售等，都用计算机系统有机地集成为一个整体。

目前，工业发达国家在先进机械制造技术方面具有如下特点。

（1）管理方面：广泛采用计算机管理，重视组织和管理体制、生产模式的更新发展，推出了准时生产（just-in-time，JIT）、敏捷制造（agile manufacturing，AM）、精益生产（lean production，LP）、并行工程（concurrent engineering，CE）等新的管理思想和技术。

（2）设计方面：不断更新设计数据和准则，采用新的设计方法，广泛采用计算机辅助设计技术（CAD/CAM），大型企业开始无图纸的设计和生产。

（3）制造工艺方面：较广泛地采用高精密加工、精细加工、微细加工、微型机械和微米/纳米技术、激光加工技术、电磁加工技术、超塑加工技术以及复合加工技术等新型加工方法。

（4）自动化技术方面：普遍采用数控机床、加工中心及柔性制造单元（flexible manufacturing cell，FMC）、柔性制造系统（FMS）、计算机集成制造系统（CIMS），实现了柔性自动化、知识智能化和集成化。

1.2 机械制造技术实训概述

机械制造技术实训，也称金工实习，是高等工科院校教学计划中一门重要的实践性技术基础课程，是高等院校学生综合素质培养过程中重要的实践教学环节之一。

通过本课程的学习，可以使学生初步接触生产实际，了解产品生产过程，学习工程材料加工的基础知识，对现代工业生产的运作方式有初步的认识。并在生产实践中，建立工程意识，增强工程实践能力，培养创新意识和创新能力。

这门课程的主要内容包括：工程材料成形、切削加工的基本方法以及所使用的设备、工具等的使用方法，各种安全技术规程。通过学习，可使学生初步具有对简单机械零件的加工能力和工艺分析能力。

本课程可分两个阶段进行。第一阶段为机械制造基础实训。它主要包括车削加工、铣削加工、磨削加工、钳工、铸造、锻压成形及热处理、焊接成形、数控车/铣加工、特种加工、CAD/CAM、机械零件质量检验等内容。第二阶段为机械制造综合实训。在这一实训阶段，学生在具备初步的机械零件加工能力的基础上，运用所学的各方面知识和技能，通过构思、设计、工艺、加工、装配等完成一个实习作品的制作，并写出总结报告。学生以小组合作的形式完成实习作品从设计到加工制作以及生产管理等机械产品生产的全过程工作。在设计制造中，学生经常遇到如由于结构工艺性不合理等原因，而使设计图纸上的构思不便实现甚至无法实现的情况。通过反复修改设计，学生对加工方法的选择有更深刻的体会。在产品设计制造过程中，通过发现问题、分析问题、解决问题，使学生的工程实践能力、工程意识、工程素质得到培养和提高。

第2章

CHAPTER 2

机械制造基础知识

2.1 机械工程材料

用于生产制造机械零件和工具及工程构件的材料，统称为机械工程材料。常用的机械工程材料有金属材料、非金属材料和复合材料等三大类(见图2.1)。

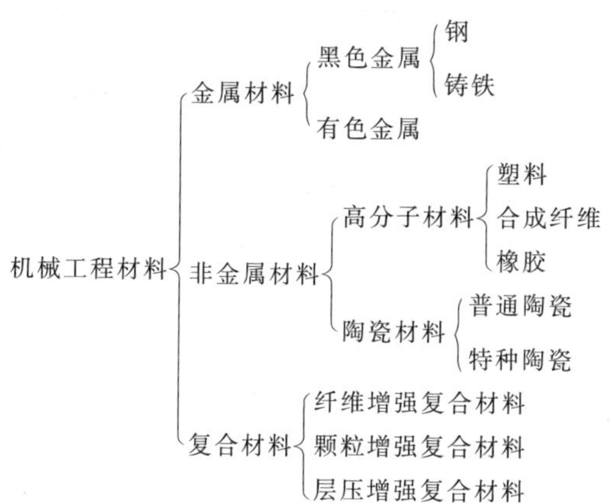

图2.1 常用机械工程材料

2.1.1 金属材料的分类

在机械制造和工程上应用最广泛的是金属材料，金属分为黑色金属和有色金属。黑色金属是指铁和铁与其他元素形成的铁基合金，即一般所称的钢铁材料。合金是以一种基体金属为主(其含量超过50%)，加入其他金属或非金属(合金元素)，经熔炼、烧结或其他工艺方法冶炼成的金属材料。有色金属是指除铁与铁合金以外的各种金属及其合金。此外还有粉末冶金材料、烧结材料等。由于金属材料具有制造机械产品及零件所需要的各种性能，容易生产和加工，所以成为制造机械产品的主要材料，约占机械产品总质量的80%以上。合金材料可以通过调节其不同的成分和进行不同的加工处理获得比纯金属更多样化和更好的综合性能，是机械工程中用途最广泛、用量最大的金属材料。钢铁材料是最常用和最廉价的金属材料，其他常用的金属材料有铝、铜及其合金。

1. 钢铁材料

以铁为基体金属，以碳为主要的合金元素形成的合金材料包括碳素钢和铸铁。从理论上讲，钢中碳的质量分数为 0.02%～2.11%。碳的质量分数低于 0.02%为纯铁，高于 2.11%就是铸铁了。此外，在一般的钢铁材料中，都会含有很少量的硅、锰、硫、磷，它们是因为钢铁冶炼而以杂质的形态存在于其中的。为了改善钢铁材料的性能而有意识地加入其他合金元素，则成为合金钢或合金铸铁。

钢的种类繁多，可按化学成分、品质、冶炼方法、金相组织和用途等不同的方法分类。如按化学成分分为碳素钢(以碳为主要合金元素)和合金钢(主要合金元素为非碳)两大类。按含碳量分为低碳钢(碳的质量分数低于 0.25%)、中碳钢(碳的质量分数 0.25%～0.6%)、高碳钢(碳的质量分数高于 0.6%)。按在机械制造工程中的用途可分为结构钢、工具钢和特殊性能钢三大类。按钢中所含硫、磷等有害杂质多少作为质量标准，可分为普通钢、优质钢和高级优质钢三大类等。

合金钢种类繁多，有多种分类方法。按所含合金元素的多少，分为低合金钢、中合金钢和高合金钢；按所含合金元素种类，可分为铬钢、铬镍钢、锰钢和硅锰钢等；按用途可分为合金结构钢、合金工具钢和特殊性能合金钢三大类。

机械产品常用钢的分类如图 2.2 所示。

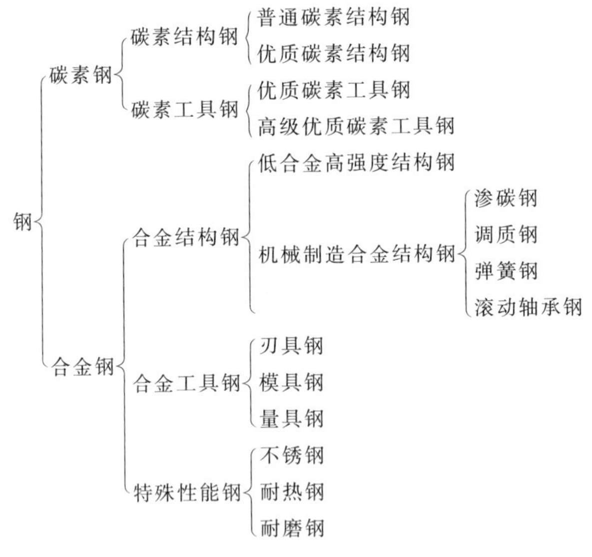

图 2.2 钢的分类

铸铁具有较好的机械性能、减振性、减磨性、低缺口敏感性等使用性能，良好的铸造性能、切削加工性能等工艺性能，生产工艺简单，成本低，因而成为机械制造工程中用途最广、用量最大的金属材料。铸铁常按其所含的碳的组织形态不同来分类。例如，碳以石墨态存在其中的有灰口铸铁(片状石墨)、球墨铸铁(球状石墨)、蠕墨铸铁(蠕虫状石墨)、可锻铸铁(团絮状石墨)，碳以化合物(Fe_3C)态存在其中的为白口铸铁。铸铁中石墨碳的存在，特别是灰口铸铁中片状石墨碳的存在，严重地降低了铸铁的抗拉强度，尽管对抗压强度的影响不大，但也使铸铁的综合机械性能远不如钢好。

2. 有色金属

机械工程中常用的有色金属有铜及其合金、铝及其合金、滑动轴承合金等。

工业纯铜(紫铜)以其良好的导电性、导热性和抗大气腐蚀性而广泛地用于制造导电、导热的机械产品和零部件。铜合金主要有以锌为主要合金元素的黄铜、以镍为主要合金元素的白铜和以锌镍以外的其他元素为合金元素的青铜。铜合金一般用于制造有特殊物理性能或化学性能要求的机械产品和零部件。

工业纯铝也有较好的导电性、导热性和抗大气腐蚀性,且密度仅为铜的1/3,价格又远较铜低廉,因此在很多场合都可代替铜。铝合金因加入的合金元素不同而表现出不同的使用性能和工艺性能,按其工艺性能可分为形变铝合金和铸造铝合金。形变铝合金塑性好,适于锻压加工,机械性能较高。铸造铝合金铸造性好,用于生产铝合金铸件。铝及其合金还广泛地用于制造电器、航空航天器和运输车辆。

滑动轴承合金主要用作制造滑动轴承内衬。它既可以是在软的金属基体上均匀分布着硬的金属化合物质点,如锡基轴承合金、铅基轴承合金;也可以是在硬的金属基体上均匀分布着软的质点,如铜基轴承合金、铝基轴承合金。

2.1.2　金属材料的性能

金属材料的性能一般分为使用性能和工艺性能。

1. 金属材料的使用性能

金属材料的使用性能指金属材料制成零件时,在正常工作状态下所具有的物理、化学和力学性能。金属材料的物理性能包括密度、熔点、导电性、导热性、磁性等,化学性能包括耐酸性、耐碱性、抗氧化性等,力学性能包括强度、硬度、塑性、韧性等。它们是进行机械产品及零部件设计时选用材料的基本依据,对机械产品及零部件的性能、质量、加工的工艺性及成本都有着关键的影响。

金属材料的力学性能是指材料在受外力作用时所表现出来的各种性能。由于机械零件大多是在受力的条件下工作,因而所用材料的力学性能显得十分重要。

强度是金属材料在外力作用下抵抗变形与断裂的能力。金属强度的指标主要是屈服强度和抗拉强度。屈服强度用符号 σ_s 表示,它反映金属材料对塑性变形的抵抗能力;抗拉强度用符号 σ_b 表示,它反映金属材料在拉伸过程中抵抗断裂的能力。

硬度是金属材料抵抗局部变形,特别是塑性变形、压痕的能力。硬度是衡量金属软硬的依据。常用的测定金属材料硬度的方法有布氏硬度试验法和洛氏硬度试验法。

布氏硬度试验法是用一个直径为 D 的淬火钢球或硬质合金球作为压头,在载荷 P 的作用下压入被测试材料或零件表面,保持一定时间后卸载,测量表面被压形成的压痕直径 d,计算压痕的单位面积所承受的平均压力,以此作为被测试材料或零件表面的布氏硬度值。布氏硬度值用HB表示,其中,HBS表示用淬火钢球压头测量的布氏硬度值,适用于布氏硬度值低于450的金属材料;HBW表示用硬质合金球压头测量的布氏硬度值,适用于布氏硬度值为450～650的金属材料。布氏硬度试验法一般用于测量处于退火、正火和调质状态的钢,以及灰口铸铁、有色金属等硬度不很高的金属材料。因其压痕较大,所以不宜测试薄板和成品件。布氏硬度试验法较为繁琐。

洛氏硬度试验法是用一锥顶角为120°的金刚石圆锥体或ϕ1.588mm的淬火钢球为压头,在规定载荷作用下压入被测试的材料或零件表面,以压痕的深度衡量硬度值,并直接在洛氏硬度计上读数。洛氏硬度值用HR表示。洛氏硬度试验法操作简单迅速,压痕小,可测定薄板件,也适宜测试成品零件。根据试验规范不同,常用的洛氏硬度分为HRA、HRB、HRC三种。其中HRC广泛用于测定一般的经淬火、调质处理的钢件的硬度。

塑性是指金属材料在外力作用下发生不可逆永久变形的能力。塑性指标一般用金属受力而发生断裂前所达到的最大塑性变形量来表示。常用的塑性指标是伸长率δ和断面收缩率ψ,两者的数值越大,表明材料的塑性越好。

韧性是指材料在断裂前吸收变形能量的能力,韧性高就意味着它在受力时发生塑性变形和断裂的过程中,外力需做的功较大。工程上最常用的韧性指标,是通过冲击试验测得的材料冲击吸收功A_k的大小来表示。

金属材料的使用性能是由其化学成分(钢铁材料中碳的含量,合金元素的种类、含量)和组织结构(生产、加工和热处理工艺所致)决定的。例如,结构钢中含碳量增加,会使钢的强度和硬度增加、塑性和韧性降低。钢中含硫、磷量增加会使钢的机械性能急剧下降,含硫量大导致热脆性,含磷量大导致冷脆性。锰和硅可以提高钢的强度和硬度,减少硫、磷对钢的机械性能的影响。加入镍、铬、钼、钨、钒、钛、锰、硅等合金元素,不仅可以改善材料的机械性能,还可获得高抗腐蚀性、高耐热性、高耐磨性、高电磁性等特殊的物理化学性能。

2. 金属材料的工艺性能

金属材料的工艺性能指用金属材料加工制造机械零件及产品时的适应性,即能否或易于加工成零部件的性能,它是物理、化学和机械性能的综合。金属材料的工艺性能一般包括铸造性能、锻造性能、焊接性能、切削加工性能和热处理性能等。

铸造性能好的金属材料具有良好的液态流动性和收缩性等,能够顺利充满铸型型腔,凝固后得到轮廓清晰、尺寸和机械性能合格、变形及缺陷符合要求的铸件。

锻造性能好的金属材料具有良好的固态金属流动性,变形抗力小,可锻温度范围宽,容易得到高质量的锻件。

焊接性能好的金属材料焊缝强度高,缺陷少,邻近部位应力及变形小。

切削加工性能好的金属材料易于切削,切屑易脱落,切削加工表面质量高。

热处理性能好的金属材料经热处理后组织和性能容易达到要求,变形和缺陷少。

钢铁材料中碳和合金元素的种类、含量对工艺性能影响很大。例如,硫、磷、铅等合金元素可改善钢的切削加工性能,硫、磷、硅使钢的焊接性能和冷冲压性能变坏,镍、铬、钼、锰、硼等合金元素对钢的热处理性能有良好的影响。金属材料的工艺性能不同,加工制造的工艺方法、设备工装、生产效益就不相同,有时甚至会因此而影响产品零件的设计。因此,在机械产品开发时,必须对设计进行工艺性分析和审查,既要考虑产品和零件结构的工艺性又要考虑材料的工艺性。

2.1.3　常用钢铁材料的牌号及用途

1. 碳素钢

(1) 碳素结构钢。碳素结构钢牌号表示方法是由代表屈服强度的字母(Q)、屈服强度数值、质量等级符号(A、B、C、D)及脱氧方法符号(F、b、Z、TZ)等 4 个部分按顺序组成，如 Q235-AF 表示屈服强度为 235MPa、质量等级为 A 级的沸腾钢。常用的牌号有 Q215、Q235A、Q255 等。主要用于制造如开口销、螺栓、桥梁结构件等，用于不重要的机械零件。

(2) 优质碳素结构钢。优质碳素结构钢的钢号用两位数字表示，即表示钢中平均碳的质量分数(万分之几)，如 45 钢表示碳的质量分数为 0.45%左右的优质碳素钢；若钢中含锰较高，则在钢号后面附以锰的元素符号，如 65Mn。常用牌号有 20、35、45 钢等。用于制造轴、齿轮、连杆等重要零件。

(3) 碳素工具钢。碳素工具钢的钢号由“T+数字”组成，其中 T 表示碳，其后面的数字表示平均碳的质量分数(千分之几)，如 T8 表示平均碳的质量分数为 0.8%的碳素工具钢。含硫、磷量各小于0.03%的高级优质碳素工具钢，在数字后面加 A 表示，如 T7A。常用的牌号有 T8、T10、T12 等，主要用于制造低速切削刀具、量具、模具及其他工具。

2. 合金钢

(1) 合金结构钢。其钢号由“数字+化学元素+数字”组成。前面数字表示平均碳的质量分数(万分之几)后面数字表示合金元素的质量分数(百分之几)。若合金元素质量分数小于 1.5%时，钢号中只标明合金元素而不标含量。合金结构钢可分为普通低合金结构钢、渗碳钢、调质钢、弹簧钢、滚动轴承钢等。

(2) 合金工具钢。合金工具钢的钢号与合金结构钢相同，只是含碳量的表示方法有所不同。若平均碳的质量分数在 1%以下，则钢号前用一位数字表示，如 9SiCr(平均碳的质量分数为 0.9%)；若平均碳的质量分数在 1%以上或接近 1%，则钢号前不用数字表示，如 W18Cr4V。合金工具钢可分为刃具钢、模具钢和量具钢。

(3) 特殊性能合金钢。特殊性能合金钢有不锈钢、耐热钢和耐磨钢等。

3. 铸铁

(1) 灰口铸铁的牌号为“灰铁”汉语拼音字头 HT 加表示其最低抗拉强度(MPa)的 3 位数字组成。如 HT100、HT150、HT350。灰口铸铁的抗拉强度、塑性、韧性较低，抗压强度、硬度、耐磨性、吸振性较好，缺口敏感性低，工艺性能较好，价格较低廉，因而广泛用于制造机器设备的床身、底座、箱体、工作台等，其商品产量占铸铁总产量的 80%以上。

(2) 球墨铸铁的牌号为“球铁”汉语拼音字头 QT 加表示其最低抗拉强度(MPa)和最小伸长率(%)的两组数字组成，如 QT600-3。球墨铸铁强化处理后比灰口铸铁有更好的机械性能，又保留了灰口铸铁的某些优良性能和价格低廉的优点，可部分代替碳素结构钢用于制造曲轴、凸轮轴、连杆、齿轮、汽缸体等重要零件。

(3) 蠕墨铸铁的牌号为“蠕铁”汉语拼音字头 RuT 加表示其最低抗拉强度(MPa)的 3 位数字组成。蠕墨铸铁的机械性能介于灰口铸铁和球墨铸铁之间，可用于制造柴油机汽缸套、汽缸盖、阀体等。

(4) 可锻铸铁的牌号为“可铁”汉语拼音字头KT、加表示黑心可锻铸铁的汉语拼音字头H(或白心可锻铸铁B、珠光体可锻铸铁Z)、加表示其最低抗拉强度(MPa)和最小伸长率(%)的两组数字组成。如KTH300-06可锻铸铁的机械性能优于灰口铸铁,常用于制造管接头、低压阀门、活塞环、农机具等。

(5) 白口铸铁硬度极高,难以机械加工,可作耐磨件。

2.1.4 非金属材料

非金属材料泛指除金属材料之外的材料,主要有塑料、橡胶、合成纤维、陶瓷等。它们具有金属材料所没有的特性,应用甚广。

1. 塑料

(1) 按树脂在加热和冷却时所表现出的性能不同,分为热塑性塑料和热固性塑料。

热塑性塑料是以聚合树脂或缩聚树脂为主,一般加入少量稳定剂、润滑剂或增塑剂制成,其分子结构为线型或支链型。由于它加热时会变软,冷却时会变硬,再加热时又会变软,因此可以反复加工。优点是加工成型简便,废品回收后可以再利用。缺点是耐热性和刚性差。聚烯烃类、聚酰胺、聚甲醛等属于这一类。

热固性塑料是以缩聚树脂为主,加入各种添加剂而制成的,其分子结构为网状结构。这类塑料经过一定时间的加热或加入固化剂后,分子结构由线型变为网状结构,即固化成型。固化后的塑料质地坚硬、性质稳定,不再溶于溶剂中,也不能用加热方法使之软化,因而热固性塑料只可一次成型,废品不可回收利用。其优点是耐热性好,抗压性好。缺点是性能较脆,韧性差,常常需加入填料增强。如酚醛树脂、环氧树脂、氨基塑料、不饱和聚酯等属于这一类。

(2) 按塑料的应用范围不同,可分为通用塑料、工程塑料。

通用塑料主要指产量大、用途广、价格低的塑料。主要有聚乙烯、聚氯乙烯、聚苯乙烯、聚丙烯、酚醛塑料和氨基塑料等六大品种。它们的产量占塑料产量的75%以上,构成塑料工业的主体,是工农业生产和日常生活不可缺少的廉价材料。

工程材料指可以代替金属制造机械零件和构件的塑料。这类塑料强度、密度高,耐热性好,低温性能好,耐腐蚀,自润滑性和尺寸稳定性良好,具有良好的绝缘性能、减震性能、消声性能。因此在工程技术中得到了广泛的应用。

2. 橡胶

橡胶按原料来源分为天然橡胶和合成橡胶。合成橡胶按应用分为通用橡胶和特种橡胶。通用橡胶指用于制造轮胎、工业用品、日常生活用品的橡胶;特种橡胶指用于制造在特殊条件(如高温、低温、酸、碱、油、辐射)下使用的零件的橡胶。工业上常用的通用合成橡胶有丁苯橡胶、顺丁橡胶、丁基橡胶和氯丁橡胶等;特种合成橡胶有丁腈橡胶、硅橡胶和氟橡胶等。

3. 合成纤维

合成纤维是由呈黏流态的高分子材料，经喷丝工艺制成的。合成纤维一般都具有强度高、密度小、耐磨、耐蚀等特点，不仅广泛用于制作衣料等生活用品，在工农业、交通、国防等部门也有重要用途。常用的合成纤维有涤纶、锦纶和腈纶等。

4. 陶瓷

陶瓷是无机非金属材料，具有高的耐热、耐蚀、耐磨、抗压强度等性能，但脆而硬，抗拉强度低。陶瓷大体可分为普通陶瓷和特种陶瓷（又称现代陶瓷）两大类。

普通陶瓷主要指黏土制品，以天然的硅酸盐矿物为原料，经粉碎、成形、烧结制成的产品均属普通陶瓷，普通陶瓷又可分为日用陶瓷和普通工业陶瓷，普通工业陶瓷包括建筑陶瓷、卫生陶瓷、电器陶瓷、化工陶瓷等。

特种陶瓷又称现代陶瓷，是以高纯化工原料和合成矿物为原料，沿用普通陶瓷的工艺流程制备的陶瓷，特种陶瓷具有各种特殊力学、物理或化学性能。按性能特点和应用，可分为电子陶瓷、光学陶瓷、高硬陶瓷等；按化学成分又可分为氧化物陶瓷和非氧化物陶瓷。特种陶瓷还可分为结构陶瓷材料（或工程陶瓷材料）和功能陶瓷材料。结构陶瓷材料是指具有机械功能、热功能和部分化学功能的陶瓷材料；功能陶瓷材料指具有电、光、磁、化学和生物特征，且具有相互转换功能的陶瓷。

2.1.5　复合材料

复合材料是指两种或两种以上物理和化学性质不同的物质，通过人工的方法结合而成的工程材料。它由基体和增强相组成。基体起粘结剂作用，具有粘结、传力、缓裂的功能。增强相起提高强度（或韧性）的作用。复合材料能充分发挥组成材料的优点，改善或克服其缺点，所以优良的综合性能是其最大优点，已使之成为新兴的工程材料。复合材料按增强相形状可分为纤维增强复合材料、层压增强复合材料及颗粒增强复合材料。目前应用最多的是纤维增强复合材料。纤维增强复合材料起增强相作用的纤维，是承受载荷的主要部分，常用的有玻璃纤维、碳纤维、硼纤维、纺纶纤维等。基体可用各种合成树脂，如环氧树脂等。玻璃钢是玻璃纤维/树脂的复合材料，应用较早。碳纤维树脂增强复合材料，密度小，比强度和比模量高，耐蚀和耐热性好，应用最为广泛。碳纤维增强复合材料常用于制作飞机、导弹、卫星的构件，轴承、齿轮等耐磨零件以及化工器件等。

2.2　金属的热处理方法

热处理是将金属或合金材料（零件）在固态下进行不同的加热、保温和冷却，通过改变合金内部（或表面）组织结构，从而获得所需性能的一种工艺方法。

热处理工艺是一种重要而独立的加工工艺，但它与其他的机械加工工艺有所不同，它的目的不是使零件最终成形，只在于提高零件的某些或综合力学性能，或改善零件的切削加工性。钢的热处理基本原理就是依据钢在加热和冷却时，当达到其实际相变温度时，通过钢的组织转变，以获得所需要的组织结构，满足零件的各项性能要求。

各种热处理方法主要有加热、保温和冷却 3 个阶段。根据这 3 个阶段工艺参数的变化，将热处理方法分为普通热处理、表面热处理和特殊热处理等。由于热处理目的不同，因此，热处理工序常穿插在毛坯制造和切削加工的某些工序之间进行。

2.2.1 钢的普通热处理

普通热处理是将工件进行整体加热、保温和冷却，以使其获得均匀组织和性能的一种工艺方法(又称整体热处理)。它包括退火、正火、淬火和回火 4 种。

1. 退火

退火是将钢件加热到临界温度以上或临界温度以下某一温度，保温一定时间后随炉冷却或埋入导热性较差的介质中缓慢冷却的一种工艺方法。根据钢的成分和热处理目的不同，退火分完全退火、球化退火和去应力退火。

(1) 完全退火。其目的是细化晶粒、降低硬度和改善切削加工性。一般常作为不重要零件的最终热处理或作为某些重要零件的预先热处理，如消除中、低碳钢和合金钢的锻、铸件的缺陷。

(2) 球化退火。其目的在于降低硬度、改善切削加工性、改善组织和提高塑性并为以后淬火做准备，以防止工件淬火变形和开裂。球化退火主要用于高碳钢和合金工具钢。

(3) 去应力退火。其目的主要是消除铸件、锻件、焊接件、冷冲压件(或冷拉件)及机加工件的残余应力。

2. 正火

正火是将钢件加热到一定温度，经保温后出炉在空气中冷却。正火的目的是细化组织，消除组织缺陷和内应力及改善低碳钢的切削加工性。正火与退火同属于软化、细化的热处理目的。但正火是在空气中冷却，组织的细化和强硬化明显，且生产周期短、工效高，所以正火应用较广，往往取代低碳钢的退火。正火还用于消除某些组织结构缺陷，减少淬火开裂，为淬火做好组织准备。

3. 淬火

淬火是将钢件加热到一定温度，经保温后快速冷却。一般采用水冷或油冷。淬火的主要目的是较大地提高钢件的硬度，改善其耐磨性，是强硬化的重要处理工艺，应用广泛。经过淬火处理后材料的潜力得以充分发挥，材料的力学性能得到很大提高，因此对提高产品质量和使用寿命有着十分重要的意义。

淬火工艺中保证冷却速度是关键。过慢则淬不硬，过快又容易开裂。正确选择冷却液和操作方法也很重要。一般碳钢用水，合金钢用油作冷却剂。

淬火后硬度提高较大，但组织较脆，故淬火后应立即进行回火处理。

4. 回火

将淬火的钢件加热到一定温度，经保温后冷却称为回火，可以在空气、油或水中冷却。

回火的主要作用是降低淬火组织脆性和内应力，调整和稳定淬火后的硬度，使钢件保持较高的综合力学性能及突出的某些特性。钢回火后的性能主要取决于回火的加热温度，而不是冷却速度。据此回火分为：

(1) 低温回火。低温回火加热温度 150～250℃，硬度可达到或大于 55HRC。经过低温回火能降低淬火钢的内应力和脆性，突出的特性是具有高硬度、高耐磨性能。低温回火常用于刃具、量具、模具、滚动轴承及表面淬火等工件。

(2) 中温回火。回火加热温度 350～500℃，硬度可达到或大于 35～50HRC。经过中温回火能进一步降低淬火钢的内应力，突出的特性是具有高弹性性能，广泛应用于各种弹簧钢类型的工件和构件。

(3) 高温回火(调质)。回火加热温度 500～650℃，调质件的硬度达 200～330HBS。经过高温回火能消除淬火钢的大部分内应力，突出的特性是具有较高的硬度和韧性，即具有高的综合力学性能。对于重要的机械零件和构件，如轴、齿轮、连杆等均需经过调质处理。

2.2.2　钢的表面热处理

表面热处理是指仅对工件表面进行热处理以改变其组织和性能，而心部基本上保持处理前的组织和性能。例如，在动载荷和强烈摩擦条件下工作的齿轮、凸轮轴、机床床身导轨等，都要进行表面热处理以保证其使用性能要求。常用的表面热处理有表面淬火和化学热处理两种。

1. 表面淬火

表面淬火是快速加热使钢件表层达到淬火温度，而不等热量传至中心，立即快速冷却，使表层淬硬。根据加热方法的不同，常用的表面淬火方法分为高频感应加热淬火和火焰加热表面淬火。

(1) 高频感应加热淬火。常用的电流频率为 200～300kHz。生产效率很高，热处理的质量好，适用于形状简单工件的大批量生产。

(2) 火焰加热表面淬火。此方法简便，但热处理质量差，只适用于单件或小批量生产及需要局部表面淬火的零件。

2. 化学热处理

化学热处理是将工件放置于需渗入的活性介质中，经加热和保温，使介质中活性元素渗入工件表面，从而改变表面的成分和组织，以提高需要的力学性能的热处理方法。化学热处理有渗碳、渗氮(氮化)、碳氮共渗等。

渗碳适用于低碳钢和低碳合金钢。渗碳后表面强硬性高，但心部仍保留较好的韧性，适用于有冲击载荷作用下的受摩擦的工件，如 20、20Cr、20CrMnTi 钢。渗氮不适用于碳钢，适用于如 38CrMoAl 等能形成氮化物的合金钢。碳氮共渗可综合渗碳、渗氮两者优点。

2.3 切削加工基础知识

2.3.1 切削运动和切削用量

各种机械零件都是由回转体表面（如内、外圆柱面，锥面）、平面及成型表面（如圆弧面和渐开线表面）组成。金属切削加工即是利用刀具和工件作相对运动，从毛坯上将多余的金属切去，以获得尺寸精度、形状精度、位置精度及表面粗糙度完全符合图纸要求的零件。

金属切削加工的方法分为钳工加工和机械加工。

钳工加工，即通过工人手持工具或利用工具进行切削加工。加工方法简便灵活，操作形式多种多样，是机械装配和修理过程中不可缺少的重要环节。

机械加工，即采用不同的机床（如车床、铣床、刨床、磨床、钻床等）对零件进行切削加工。

为了加工出各种形状的表面，工件和刀具之间必须存在着准确的相对运动。通过机床提供的各种运动形式，在切削过程中加工出各种表面。而各种机床上具体实现何种形式的切削运动也是划分机床及切削加工方法类别的主要依据，如图 2.3 所示。

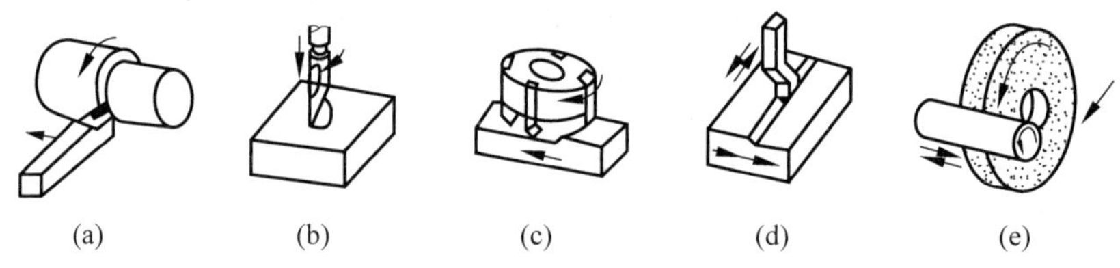

图 2.3 机械切削加工的主要方式

(a) 车削；(b) 钻削；(c) 铣削；(d) 刨削；(e) 磨削

1. 切削运动

切削加工时，工件和刀具必须具有一定的相对运动，称为切削运动。按照在切削运动中所起作用的不同，切削运动可分为主运动和进给运动两类，如图 2.4 所示。

1）主运动

使工件与刀具产生相对运动以进行切削的最基本的运动，称为主运动。主运动速度最大，消耗功率最大。其运动形式可以是旋转运动，也可以是直线运动。例如，外圆车削时工件的旋转运动和平面刨削时刀具的直线往复运动都是主运动。但是每种切削加工的主运动通常只有一个。

2）进给运动

使主运动持续切除工件上多余的金属以便形成所需工件表面的运动称为进给运动。其运动形式可以是旋转运动，也可以是直线运动或者两者的组合。例如，外圆车削时车刀沿工件轴线方向的连续移动和平面刨削时工件沿垂直于刀具运动方向的间歇移动都是进给运动。无论哪种运动形式的进给运动，它消耗的功率都比主运动要小。

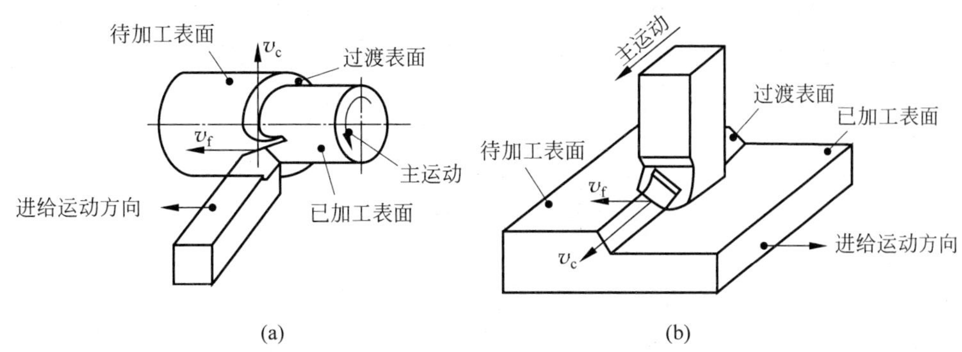

图 2.4　外圆车削和平面刨削的切削运动
(a) 外圆车削；(b) 平面刨削

任何切削加工方法都必须有一个主运动，有一个或几个进给运动。主运动和进给运动可以由工件或刀具分别完成，也可以由刀具单独完成(如在钻床上钻孔等)。

2. 切削用量

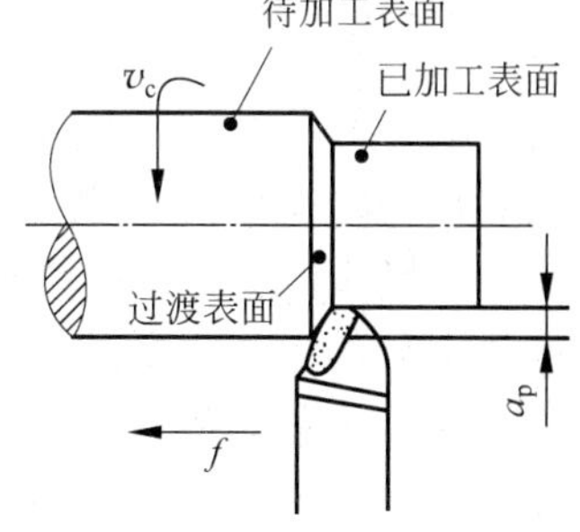

图 2.5　切削用量

如图 2.5 所示，切削过程中，工件上存在 3 个不断变化着的表面，即

待加工表面——工件上即将被切去切屑的表面。

已加工表面——工件上切去切屑后形成的表面。

过渡表面——工件上正被切削刃切削的表面。它在切削过程中不断变化，但总处于待加工表面和已加工表面之间。

切削用量是切削速度 v_c、进给量 f(或进给速度 v_f)和背吃刀量 a_p 三者的总称。切削用量的三要素是切削加工技术中十分重要的工艺参数。

1) 切削速度 v_c

切削速度 v_c 是指单位时间内，刀刃上选定点相对于工件沿主运动方向的位移。刀刃上各点的切削速度可能是不同的。

当主运动为旋转运动时，其切削速度为

$$v_c = \frac{\pi d n}{1\,000}(\text{m/min})$$

式中，d——工件或刀具上相对于刀刃选定点处的直径，mm；

n——主运动的转速，r/min。

当主运动为往复直线运动时，切削速度取其往复行程的平均速度，即

$$v_c = \frac{2Ln_r}{1\,000 \times 60}(\text{m/s})$$

式中，L——主运动行程长度，mm；

n_r——主运动每分钟往复次数，次/min。

2) 进给量 f (或进给速度 v_f)

进给速度 v_f 是指单位时间内，刀刃上选定点相对于工件沿进给运动方向的位移。进给

量 f 是指在主运动的一个循环内，工件与刀具在进给运动方向上的相对位移。在实际生产中，进给量也称为走刀量，单位为 mm/r（旋转运动）或 mm/次（往复直线运动）。因此，进给速度 v_f 与进给量 f 之间有如下关系：

$$v_f = f \times \frac{N}{60}(\mathrm{mm/s})$$

式中，N——主运动速度 n（旋转运动）或 n_r（往复直线运动）。

3）背吃刀量 a_p

背吃刀量 a_p 一般指工件待加工表面与已加工表面的垂直距离。车削外圆时背吃刀量按下式计算：

$$a_p = \frac{d_w - d_m}{2}(\mathrm{mm})$$

式中，d_w——待加工表面直径；

d_m——已加工表面直径。

2.3.2 切削加工零件的技术要求

切削加工零件的技术要求一般包括加工精度、表面质量、零件的材料及热处理和表面处理等（如电镀、发蓝等）。加工精度是指零件加工后，其实际的尺寸、形状和相互位置等几何参数与理想几何参数相符合的程度，包括尺寸精度、形状精度和位置精度。表面质量是指工件加工后的表面粗糙度、表面层的冷变形的强化程度、表面层残余应力的性质和大小以及表面层金相组织等。以上这些技术要求中，加工精度和表面粗糙度要由切削加工来保证。

1. 尺寸精度

尺寸精度是指零件的实际尺寸相对于理想尺寸的准确程度。它包括零件表面本身的尺寸精度（如圆柱面的直径）和表面间尺寸的精度（如孔间的距离）。尺寸精度的高低，用尺寸公差（尺寸允许的变动量）大小来表示。同一基本尺寸的零件，公差值小的精度高，公差值大的精度低。国家标准规定，尺寸精度分为 20 级，标准公差用 IT 表示，共有 IT01、IT0、IT1、…、IT18，数字越大，精度越低。IT01～IT13 用于配合尺寸，其余用于非配合尺寸。一般零件通常只规定尺寸公差，对于要求较高的重要零件，除了尺寸公差外，还需要规定相应的形状公差和位置公差。

2. 形状精度和位置精度

形状精度指构成零件上的几何要素，如线、平面、圆柱面、曲面等的实际形状相对于理想形状的准确程度。形状精度用形状公差来控制。

位置精度是指构成零件上的几何要素，如点、线、面的位置相对于理想位置（基准）的准确程度，位置精度用位置公差来控制。

形状精度和位置精度用形位公差来表示。国家标准中规定的控制零件形状公差和位置公差的项目如表 2.1 所示。

表 2.1　形位公差项目及符号

公　差		特征项目	符　号
形状	形状	直线度	—
		平面度	⏥
		圆度	○
		圆柱度	⌭
形状或位置	轮廓	线轮廓度	⌒
		面轮廓度	⌓
位置	定向	平行度	//
		垂直度	⊥
		倾斜度	∠
	定位	位置度	⌖
		同轴(同心)度	◎
		对称度	⌯
	跳动	圆跳动	↗
		全跳动	⌰

3. 表面粗糙度

零件在切削过程中，由于刀痕、塑性变形、振动和摩擦等原因，会使已加工表面产生微小的峰谷。这些微小峰谷的高低程度和间距状况称为表面粗糙度。表面粗糙度直接影响零件的疲劳强度、耐磨性、抗腐蚀性和配合特性等。设计时应根据零件的表面功用提出合理的表面粗糙度要求。机械加工中常用于评定表面粗糙度的指标是轮廓算术平均偏差 Ra。Ra 值已标准化，如 100、50、25、…、0.8、…、0.025、0.012、0.008，单位为 μm，表示方法是在符号上标以参考值，如表 2.2 和表 2.3 所示。Ra 值越大，表面越粗糙；反之表面越光滑。

表 2.2　表面粗糙度符号的意义

代　号	意义及说明
√	基本符号。表示表面可用任何方法获得。当不加注粗糙度参数值或有关说明(如表面处理、局部热处理状况等)时，仅适用于简化符号标注
	基本符号加一短划。表示表面是用去除材料的方法获得，例如车、铣、钻、磨、剪切、抛光、腐蚀、电火花加工、气割等
	基本符号加一小圆。表示表面是用不去除材料的方法获得，例如铸、锻、冲压变形、热轧、冷轧、粉末冶金等。或者是用于保持原供应状况的表面(包括保持上道工序的状况)

表 2.3　算术轮廓平均偏差 *Ra* 的标注

代　号	意　　义
√Ra3.2	用任何方法获得的表面粗糙度，*Ra* 的上限值为 3.2μm
∇Ra3.2（去除材料）	用去除材料方法获得的表面粗糙度，*Ra* 的上限值为 3.2μm
⊘Ra3.2（不去除材料）	用不去除材料方法获得的表面粗糙度，*Ra* 的上限值为 3.2μm
∇U Ra3.2 L Ra1.6	用去除材料方法获得的表面粗糙度，*Ra* 的上限值为 3.2μm，*Ra* 的下限值为 1.6μm

2.3.3　冷却与润滑

在金属切削过程中，切屑、工件和刀具摩擦会产生大量的切削热，致使刀具磨损增加，加工表面质量降低。要控制切削热及刀具、工件的升温，最直接的措施是利用各种冷却介质，迅速带走刀具和工件上的切削热量、降低温度。为此，切削过程中常常使用切削液。切削液具有冷却、润滑、排屑和防锈作用，可以减少切削热和切削力，改善摩擦状态和散热条件，并减少刀具和切屑的粘结，控制切屑瘤和鳞刺的生长，减少工件的变形，提高加工精度和降低已加工表面的粗糙度，延长刀具寿命，提高生产效率。

1. 切削液的作用

（1）冷却作用。切削液能带走一部分切削热，改善刀具、工件的散热条件，从而降低切削温度，延长刀具的寿命和减少工件的热变形。

（2）润滑作用。切削液能渗入刀具与切屑、刀具与工件的接触区域，减少刀具与切屑、刀具与工件之间的摩擦，使切屑顺利排出，提高已加工表面质量。对精加工来说，润滑作用显得更加重要。

（3）清洗作用。为了防止切削过程中产生的微小切屑粘附在工件和刀具上划伤加工表面，尤其是钻深孔和铰孔时，切屑容易挤塞在容屑槽中，影响工件的表面粗糙度和刀具寿命。如果加注有一定压力、足够流量的切削液，可把切屑迅速地冲走，使切削顺利进行。

此外，切削液还需要具备防锈、安全、不污染环境、不影响人体健康、化学稳定性好、配制方便等性能，而且价格要低廉。

2. 切削液的分类

常用的切削液有水溶液、乳化液和切削油。

（1）水溶液的主要成分是水，冷却效果好。常添加防锈剂和油性剂，使其具有一定的防锈和润滑性能。

（2）乳化液是将乳化油用 90%～95%的水稀释而成，乳化油是由矿物油和乳化剂配成的。由于乳化液中含水多，所以冷却效果较好。为使其具有更强的渗透性、防锈性、润滑性，还需加入极压添加剂、防锈剂和油性剂等。

(3) 切削油主要起润滑作用,用以减小已加工表面的粗糙度。切削油的主要成分是矿物油,也有采用动物油、植物油或复合油的。动、植物油的润滑性能优于矿物油,但易变质。在矿物油中再加入油性添加剂和极压添加剂后,润滑性能可以显著提高。

3. 切削液的选用

选用切削液时,除了要考虑切削液本身的各种性能之外,还应根据加工方法、工件材料、刀具材料和加工要求等具体情况合理选择和正确使用。

2.3.4 切削刀具

切削过程中,直接完成切削工作的是刀具。无论哪种刀具,一般都由切削部分和夹持部分组成。夹持部分是用来将刀具夹持在机床上的部分,要求它保证刀具正确的工作位置,传递所需的运动和动力,并且夹固可靠、装卸方便。切削部分是刀具上直接参加切削工作的部分,刀具切削性能的优劣,取决于切削部分的材料、角度和结构。

1. 刀具材料

用刀具切削金属时,直接担负切削工作的是刀具的切削部分。刀具寿命、加工成本、切削生产率、加工精度和表面质量等,在很大程度上取决于刀具材料的合理选择。

1) 对刀具材料的基本要求

刀具工作时要承受很大的压力,同时,切削金属时产生强烈的塑性变形和摩擦,使刀具切削区域产生很高的温度,这些都会造成刀具的磨损和破损。因此,刀具材料应当具备的基本性能是:

(1) 高的硬度和耐磨性;

(2) 足够的强度和韧性;

(3) 高的耐热性(指高温下保持硬度、耐磨性、强度和韧性的性能);

(4) 良好的冷加工工艺性、热加工工艺性;

(5) 经济性。

目前,尚没有一种刀具材料能全面满足上述要求。因此,必须了解常用刀具材料的性能和特点,以便根据工件材料的性能和切削要求,选择合适的刀具材料。

2) 常用的刀具材料

在切削加工中,常用的刀具材料有碳素工具钢、合金工具钢、高速钢、硬质合金、陶瓷等。

(1) 碳素工具钢和合金工具钢。碳素工具钢是含碳量较高的工具钢,价廉,淬火后硬度较高,但耐热性较差。在碳素工具钢中加入少量的 Cr、W、Mn、Si 等元素,形成合金工具钢,以减少热处理变形和提高耐热性。由于这两种刀具材料的耐热性较低,常用来制造一些切削速度不高的手工工具,如锉刀、锯条、铰刀等。

(2) 高速钢。这是一种含较多 W、Mo、Cr、V 等合金元素的高合金工具钢,又称为锋钢、白钢。其耐热性好,500～600℃时仍具有较高的抗弯强度和较好的冲击韧性及耐磨性,常用于制造速度较高(v_c<30m/min)的精加工刀具和形状复杂的刀具,如钻头、铣刀、齿轮刀具等。常用牌号有 W18Cr4V、W6MoSCr4V2 等。

(3) 硬质合金。它是由高硬度、高耐热性的金属碳化物(WC、TiC、TaC、NbC 等)和粘结剂(Co、Mo、Ni)等经粉末冶金制成,有很高的硬度(74～82HRC)和耐热性(红硬温度为800～1 000℃),允许切削速度可达 100～300m/min,但它的抗弯强度和冲击韧性比高速钢低,工艺性也不如高速钢好。硬质合金一般用来制成各种形状的刀片,以钎焊或机械夹固在刀体上使用。常用的硬质合金有钨钴类(YG)和钨钛钴(YT)两类。

YG 类硬质合金:其主要成分是 WC 和 Co。常用牌号有 YG3、YG6、YG8,其中的数字表示 Co 的百分含量。含 Co 量越多,硬度和耐热性越低,韧性越好。因此,YG8 适于粗加工,YG6 适于半精加工,YG3 适于精加工。YG 类硬质合金主要用来加工铸铁、青铜等脆性材料,以及奥氏体不锈钢、耐热合金和耐磨的绝缘材料、纤维层压材料等。由于 YG 类合金刀具切削钢材时易产生粘结而使刀具寿命下降,故不宜加工钢料。

YT 类硬质合金:其主要成分是 WC、TiC 和 Co。常用牌号有 YT5、YT15、YT30 等,其中的数字表示 TiC 的百分含量。TiC 含量越高,其硬度、耐热性、耐磨性和抗氧化能力越好,而强度和韧性越差。因此,YT30 适于精加工,YT15 适于半精加工,YT5 适于粗加工。但是,当切削过程不稳定时,因韧性差而易崩刃,刀具寿命不如 YG 类高;同时,由于它和 Ti 元素之间亲和力强,会产生严重的粘结,因而不宜加工钛不锈钢和钛合金。YT 类硬质合金刀具主要用来加工塑性材料,如各种钢料。

(4) 陶瓷。常用的刀具陶瓷有两种:Al_2O_3 基陶瓷和 Si_3N_4 基陶瓷。陶瓷材料的硬度(91～95HRA)和耐磨性超过了硬质合金,寿命比硬质合金高几倍乃至几十倍;它还有很高的耐热性和化学稳定性,摩擦因数小,这使得它具有较好的抗粘结和抗扩散磨损能力。陶瓷刀具的最大缺点是脆性大、强度低。陶瓷刀具既可加工钢料,也可加工铸铁。对于高硬度材料(硬铸铁和淬硬钢)和高精度零件加工特别有效。

2. 刀具切削部分的结构

切削刀具的种类虽然很多,但它们切削部分的结构要素和几何角度有着许多共同的特征。各种多齿刀具或复杂刀具,就其一个刀齿而言,都相当于一把车刀的刀头。因此,可以从车刀入手,分析和研究刀具的切削部分。

车刀的切削部分(刀头)担任切削工作,它由三面、二刃和一尖组成,如图 2.6 所示。

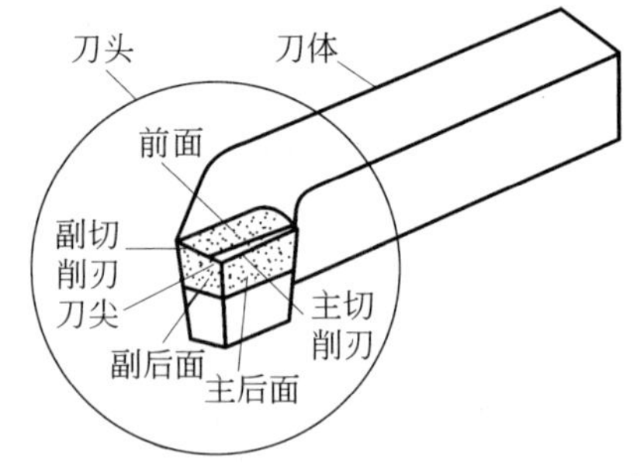

图 2.6 车刀的组成

(1) 前面:切屑在其上部流出的表面。前面直接作用于被切削的金属层。

(2) 主后面:在切削过程中,刀具与工件的加工表面相对的面。

(3) 副后面:在切削过程中,刀具上与工件的已加工表面相对的面。

(4) 主切削刃:前面与主后面的交线。切削时,担任主要的切削工作。

(5) 副切削刃:前面与副后面的交线。副切削刃邻近刀尖的部分配合主切削刃参加材料的切除工作,并且最终完成已加工表面的形成工作。

(6) 刀尖:主切削刃与副切削刃相交的部位。它可以是一个实际交点,也可以是把两条切削刃连接起来的一段圆弧或一段直线,称为过渡刃。车外圆、内孔时,一般磨有 0.5mm 的圆弧或平头的过渡刃。

3. 车刀切削部分的几何角度

为了确定车刀切削刃和其前后面在空间的位置，即确定车刀的几何角度，有必要建立3个相互垂直的坐标平面（辅助平面）：基面、切削平面和正交平面，如图2.7所示。车刀在静止状态下，基面是通过工件轴线的水平面，主切削平面是过主切削刃的铅垂面，正交平面是垂直于基面和主切削平面的铅垂剖面。

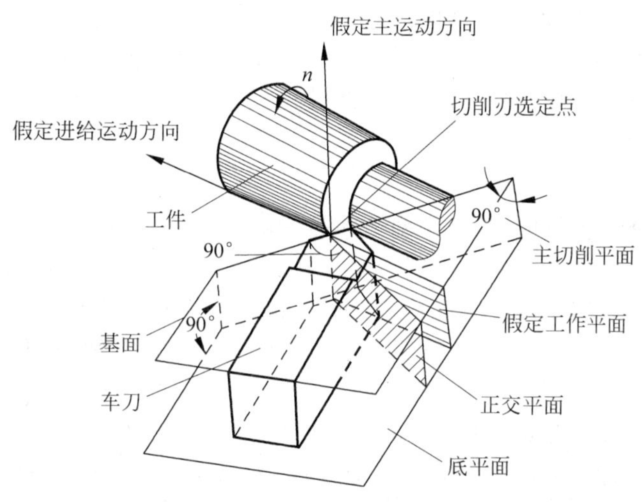

图2.7 车刀的辅助平面

车刀切削部分在辅助平面中的位置，形成了车刀的几何角度。车刀的主要角度有前角γ_0、后角α_0、主偏角κ_r、副偏角κ_r'、刃倾角λ_s，如图2.8所示。

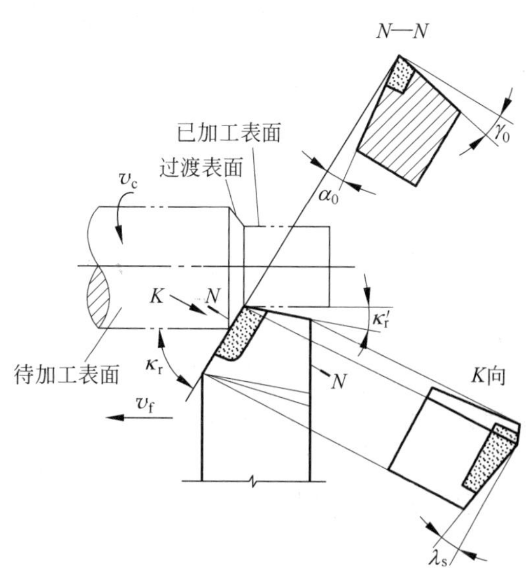

图2.8 车刀的主要角度

1）前角γ_0

前角是在正交平面中测量的角度，是前刀面与基面的夹角。其作用是使刀刃锋利，便于切削。前角越大，刀具越锋利，切削力越小，有利于切削，且工件的表面质量好。但前角过大会降低切削刃的强度，容易崩刀，前角一般为 5°～20°。一般情况下，当工件材料的强度和硬度较低、塑性好时，应取较大的前角；加工硬性材料时，应取较小的前角；当刀具材料的抗弯强度和冲击韧度较高时，取较大的前角；粗加工、断续切削时，取较小的前角。

2）后角 α_0

后角也是在正交平面中测量的，是主后刀面与切削平面间的夹角，后角影响主后刀面与工件过渡表面的摩擦，影响刀刃的强度，后角 α_0 一般取 6°～12°。粗加工、强力切削、承受冲击载荷的刀具，要求刀刃强度较高，应取较小的后角；工件材料强度、硬度较高时，为保证刀具强度，也应取较小的后角；对于较软的工件材料，后刀面摩擦严重，应取较大的后角；精车刀也应取较大的后角。

3）主偏角 κ_r

主偏角是在基面中测量的，是主切削平面与假定工作平面间的夹角。主偏角的大小影响主切削刃实际参与切削的长度及切削力的分解，即主偏角减小，主切削刃参与切削的长度增加，刀尖强度增加，切削条件得到改善，但主偏角减小，切削时径向力增大，故切削细长轴时，常用 $\kappa_r=75°$或 90°的车刀。车刀常用的主偏角有 45°、60°、75°和 90°几种。

4）副偏角 κ_r'

副偏角也是在基面中测量的角度，是副切削平面与假定工作平面间的夹角。副偏角影响副后刀面与工件已加工表面之间的摩擦及已加工表面粗糙度。较小的副偏角可减小工件表面粗糙度，提高刀刃强度，增加散热体积。但是过小的副偏角会增加径向力，切削过程中会引起振动，加重副后刀面与已加工表面之间的摩擦。一般副偏角 κ_r'取值范围为 5°～15°，精加工时取较小值。

5）刃倾角 λ_s

刃倾角是在主切削平面中测量的角度，指主切削刃与基面之间的夹角。刃倾角主要影响切屑的流向和刀尖的强度。

2.4 安全生产基本知识

2.4.1 安全生产的概念

所谓安全生产是指为预防生产过程中人身、设备事故，形成良好的劳动环境和工作秩序而采取的一系列措施和活动。它包括生产、经营活动中的人身安全和财产安全。

消除危害人身安全健康的一切不良因素，保障人们安全、健康、舒适地工作，称为人身安全。

消除损坏设备、产品和其他财产的一切危害因素，保证生产正常运行，称为设备安全，或称为财产安全。

安全生产对确保劳动者的安全健康，保障企业生产持续、稳定、协调发展，稳定社会，促进我国现代化建设，具有十分重大的意义。

我国对安全生产十分重视，先后制定了《中华人民共和国安全生产法》等一系列文件，为安全生产指明了方向。

2.4.2　事故致因理论

为预防和减少事故，人们做了许多的研究工作，提出了事故致因理论。事故致因理论也称为事故理论，是指对事故发生规律的概括认识。事故理论是安全科学技术理论研究的一部分，本身又包含了两个方面的内容，一是对事故致因理论的研究，另一是预防和控制事故的理论。

事故致因理论主要包括事故因果连锁论、人与机轨迹交叉理论、能量意外释放理论等。由事故致因理论可以得出以下基本结论：

(1) 工伤事故的发生是偶然的、随机的现象，然而又有其必然的统计规律性。事故的发生是许多事件互为因果，一步步组合的结果。事故致因理论揭示出了导致事故发生的多种因素，以及它们之间的相互联系和彼此的影响。

(2) 由于产生事故的原因是多层次的，所以不能把事故原因简单地归咎为“违章”二字，必须透过现象看本质，从表面的原因追踪到各个深层次，直到本质的原因。只有这样，才能彻底认识事故发生的机理，真正找到防止事故的有效对策。

(3) 事故致因的多种因素的组合，可以归结为人和物两大系列的活动。人与物系列轨迹交叉，事故就发生了。应该分别研究人和物两大系列的运动特性，追踪人的不安全行为和物的不安全状态。

(4) 人和物的运动都是在一定环境中进行的，因此追踪人的不安全行为和物的不安全状态应该和对环境的分析研究结合起来进行。弄清环境对人不安全行为、物产生不安全状态都有哪些影响。

(5) 人、物、环境都是受管理因素支配的。人的不安全行为和物的不安全状态是造成伤亡事故的直接原因，管理不科学和领导失误才是本质原因。防止发生事故归根到底应从改进管理做起。

根据事故致因理论可知，事故的发生是人、物两大系列轨迹交叉的结果。因此，防止发生事故的基本原理就是使人和物的运动轨迹中断，使两者不能交叉。具体地说，如果排除了机械设备或处理危险物质过程中的隐患，消除了物的不安全状态，就切断了物的系列的连锁；如果加强了对人的安全教育和技能训练，进行科学的安全管理，从生理、心理和操作上控制不安全行为的产生，就切断了人的系列的连锁。这样人和物两大系列的运动轨迹则不会相交，伤害事故就可以避免。

在上述两个连锁中，切断人的系列的连锁无疑是非常重要的，应该给予充分的重视。首先，要对人员的结构和素质情况进行分析，找出容易发生事故的人员层次和个人以及最常见的人的不安全行为。然后，在对人的身体、生理、心理进行检查测验的基础上合理选配人员。从研究行为科学出发，加强对人的教育、训练和管理，提高生理、心理素质，增强安全意识，提高安全操作技能，从而在最大限度上减少、消除不安全行为。

要完全防止人的不安全行为是无法做到的，因此必须下大力气致力于切断物的系列的工作。与克服人的不安全行为相比，消除物的不安全状态对于防止事故和职业危害具有更加根本的意义。

为了消除物的不安全状态，应该把落脚点放在提高技术装备(机械设备、仪器仪表、建筑设施等)的安全水平上。技术装备安全化水平的提高也有助于安全管理的改善和人的不安全行为的防止。可以说，在一定程度上，技术装备的安全化水平就决定了工伤事故和职业病的概率水平，这一点也可以从发达国家在工业和技术高度发展后伤亡事故频率才大幅下降这一事实得到印证。

人与物轨迹交叉是在一定环境下进行的。因此，除了人与物外，为了防止事故和职业危害，还应致力于作业环境的改善。此外，还要开拓人机工程的研究，解决好人、物、环境的合理匹配问题，使机器、设备、设施的设计，环境的布置，作业条件、作业方法的安排等符合人的身体、生理、心理条件的要求。

人、物、环境的因素是造成事故的直接原因；管理是事故的间接原因，但却是本质的原因。对人和物的控制，对环境的改善，归根结底都有赖于管理；关于人和物的事故防止措施归根结底都是管理方面的措施。必须极大地关注管理的改进，大力推进安全管理的科学化、现代化。

应该对安全管理的状态进行全面系统的调查分析，找出管理上存在的薄弱环节，在此基础上确定从管理上预防事故的措施。

2.4.3 机械制造技术实训中的安全生产

实习中的安全技术有冷热加工安全技术和电气安全技术等。

热加工一般指铸造、锻造、焊接和热处理等工种，其特点是生产过程伴随着高温、有害气体、粉尘和噪声，这些都严重恶化了劳动条件。热加工工伤事故中，烫伤、喷溅和砸碰伤害约占事故的70%，应引起高度重视。

冷加工主要指车、铣、磨和钻等切削加工，其特点是使用的装夹工具和被切削的工件或刀具间不仅有相对运动，而且速度较高。如果设备防护不好，操作者不注意遵守操作规程，很容易造成人身伤害。

电力传动和电器控制在机械设备以及加热、高频热处理和电焊等方面的应用十分广泛，实习时必须严格遵守电气安全守则，避免触电事故。

2.5 机械制造生产过程

机器的生产过程是指将原材料转变为产品的全部过程。主要内容包括产品设计、工艺准备、毛坯制造、切削加工及热处理、装配调试等。

2.5.1 机械产品设计

机械设计的一般进程可以分为4个阶段：产品规划阶段、方案设计阶段、详细设计阶段和改进设计阶段。

(1) 产品规划阶段：其中心任务是进行需求分析、市场预测、可行性分析，确定设计参数及制约条件，最后给出详细的设计任务书，作为设计、评价和决策的依据。对产品开发中的重大问题要进行技术、经济、社会各方面条件的详细分析，对开发可行性进行综合研究，提出可行性报告。

(2) 方案设计阶段：在功能分析的基础上，通过创新构思、搜索探求、优化筛选取得较理想的工作原理方案。

(3) 详细设计阶段：主要是将机械的构形构思和机械运动简图具体转化为机器及其零部件的合理结构，也就是要完成机械产品的总体设计、部件和零件设计，完成全部生产图纸并编制设计说明书等有关技术文件。

(4) 改进设计阶段：根据样机性能测试数据、用户使用以及在鉴定中所暴露的各种问题，进一步作出相应的技术完善工作，以确保产品的设计质量。

2.5.2 工艺准备

机械设计完成后，工艺设计所要解决的基本问题，就是如何用最小的工艺成本，生产出一定数量的符合设计质量要求的产品。由于同一种产品或零件的生产，通常可以用几种不同的工艺方案来完成。而不同的工艺方案所取得的经济效益和消耗的成本是不同的，因此，工艺设计过程就是要从众多的工艺方案中选出既符合技术标准要求，又具有较好技术经济效果的最佳工艺方案。

为了获得最佳的工艺方案，工艺设计人员必须根据产品或零、部件的结构特点、技术要求、生产类型及企业生产技术条件等诸多因素，对所要采取的工艺方案逐一进行充分的技术、经济分析后，从中选择一种比较适合的工艺方案。然后，对组成机械产品的所有零、部件分别进行零件毛坯制造工艺设计、零件机械加工工艺设计、热处理工艺设计以及装配工艺设计和油漆工艺设计等，并最终制定出相应的工艺规程。工艺规程种类繁多，例如零件的毛坯制造工艺规程有铸造工艺规程、焊接工艺规程、锻造或冲压工艺规程等。装配工艺规程有套件装配工艺规程、组件装配工艺规程、部件装配工艺规程和产品总装工艺规程等。机械加工工艺规程的工艺文件主要有工艺过程卡片和工序卡片两种基本形式。

(1) 工艺过程卡片亦称为工艺路线卡片。它是以工序为单位简要说明零件加工过程的一种工艺文件，其内容包括零件工艺过程所经过的各个车间、工段，按零件工艺过程顺序列出各个工序。在每个工序中指明使用的机床、工艺装备及时间定额等内容。

对单件小批量生产，一般只需编制机械加工工艺过程卡片，供生产管理和生产调度使用。至于每一工序具体应如何加工，则由操作者决定。

(2) 工序卡片是为每一道工序编制的一种工艺文件。在卡片上应绘制工序简图，在工序简图上，应用规定符号表示工件在本工序的定位情况，用粗黑实线表示本工序的加工表面，应注明各加工表面的工序尺寸及公差、表面粗糙度和其他技术要求等。在工序卡片上，还要写明各工步的顺序和内容、使用的设备及工艺装备、规定的切削用量和时间定额等内容。

2.5.3 毛坯制造

毛坯是根据零件(或产品)所要求的形状、工艺尺寸等而制成的供进一步加工用的生产对象。毛坯制造是机械制造的基础，零件通过毛坯成形，可减少材料消耗，减少切削加工量，降低生产成本。因此，各种零件几乎都由毛坯获得。

毛坯加工主要有利用各种型材直接下料和金属材料成形两大类，其中金属材料成形方法主要有铸造、锻造、焊接等。

（1）铸造：是制造铸型、熔炼金属，并将熔融金属浇入铸型，凝固后获得一定形状和性能的铸件的成形方法。铸件一般是尺寸精度不高、表面粗糙的毛坯，须经切削加工后才能成为零件；若对零件的表面要求不高，也可直接获得零件。

（2）锻造：是将金属加热到一定温度、利用冲击力或压力使其产生塑性变形而获得锻件毛坯的加工方法。

（3）焊接：是利用加热或加压（或两者并用）使两部分分离的金属形成原子间结合的一种不可拆卸的连接方法。

2.5.4 切削加工及热处理

切削加工是利用切削工具从毛坯或型材坯料上切去多余的材料，获得几何形状、尺寸及表面粗糙度等方面均符合图纸要求的零件的方法。切削加工又分为钳工和机械加工两大部分。钳工一般是用手工工具对工件进行加工的。机械加工是工人操纵机床进行切削加工的，常见的有车削、钻削、镗削、铣削、刨削和磨削等。

在毛坯制造及切削加工过程中，为便于切削和保证零件的力学性能，还需在某些工序之前（或之后）对工件进行热处理。所谓热处理，是指将金属材料（工件）采用适当的方式进行加热、保温和冷却，以获得所需要的组织结构与性能的一种工艺方法。

2.5.5 装配与调试

加工完毕并检验合格的各零件，按机械产品的技术要求，用钳工或钳工与机械相结合的方法按一定顺序组合、连接、固定起来，成为整台机器，这一过程称为装配。装配好的机器，还要经过试运转，以观察其在工作条件下的效能和整机质量。只有在检验试车合格之后，才能装箱出厂。

第3章

CHAPTER 3

铸　　造

3.1 概　　述

将液态合金注入预先制备好的铸型中使之冷却、凝固，从而获得毛坯或零件，这种制造过程称为铸造生产，简称铸造，所铸出的产品称为铸件。大多数铸件作为毛坯，需要经过机械加工后才能成为各种机器零件；有的铸件当达到使用的尺寸精度和表面粗糙度要求时，可作为成品或零件直接应用。

铸造生产具有以下特点：

(1) 可以生产出结构十分复杂的铸件，尤其是可以形成具有复杂形状内腔的铸件。

(2) 铸件的尺寸、形状与零件相近，节省了大量的材料和加工费用；铸造可以利用回收的废旧材料和产品，从而节约成本和资源。

(3) 铸造生产工艺复杂，生产周期长，劳动条件差，且常常伴随对环境的污染；铸件易产生各种缺陷且不易发现。

铸造生产方法很多，常分为以下两类。

(1) 砂型铸造。用型砂紧实成型的铸造方法。在铸造生产中，砂型铸造不受铸件的材料、形状、尺寸、质(重)量和批量的限制，砂和黏土来源丰富、价格低廉，性能可满足铸造要求，所以砂型铸造在生产中被广泛应用。砂型铸造的一般生产过程如图3.1所示。

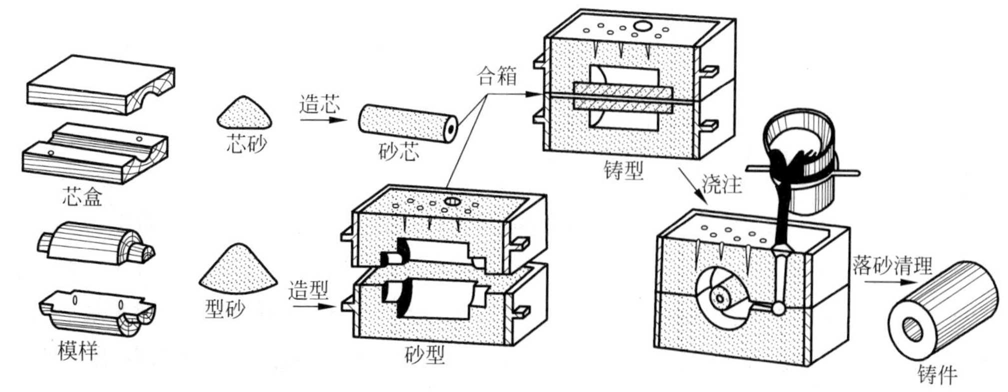

图3.1　套筒铸件的砂型铸造过程

(2) 特种铸造。与砂型铸造有一定区别的铸造方法,如金属型铸造、熔模铸造等。

3.2 砂型铸造

铸造生产的一般工艺过程如图 3.2 所示。

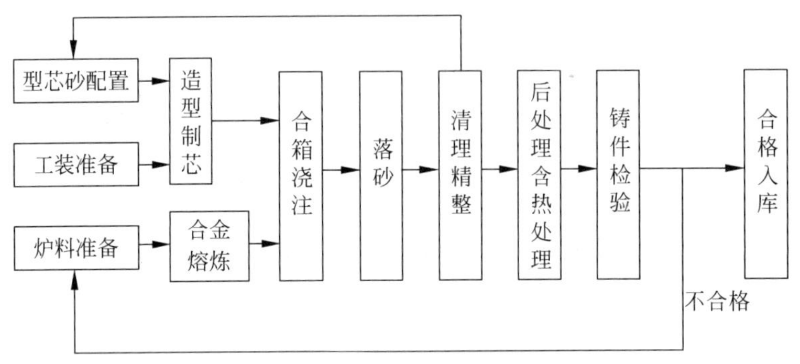

图 3.2 砂型铸造的工艺过程

砂型铸造的造型材料由原砂、粘结剂、附加物、水等按一定比例和制备工艺混合而成,它具有一定的物理性能,能满足造型的需要。制造铸型的造型材料称为型砂,制造型芯的造型材料称为芯砂。型砂和芯砂性能的优劣直接关系到铸件质量的好坏和成本的高低。

1. 型砂和芯砂的组成

(1) 原砂,即新砂。普通黏土砂中的原砂是石英砂。铸造用砂要求原砂中的 SiO_2 含量在 85%以上,大小均匀,形状呈圆形。

(2) 粘结剂,使砂粒能相互粘结的物质。常用的有普通黏土和膨润土两类。用黏土作为粘结剂的型(芯)砂称为黏土砂,用其他粘结剂的型(芯)砂则分别称为水玻璃砂、油砂、合脂砂和树脂砂等。

(3) 附加物。煤粉、焦炭末、锯末等适当配入,可提高型砂的透气性、退让性,防止粘砂,减少铸件缺陷的产生。

(4) 水。水能使原砂与黏土混成一体,并保持一定的强度和透气性。但水分含量要适当,过多或过少都会对铸件质量带来不利的影响。

2. 型砂和芯砂的性能要求

(1) 强度。即型(芯)砂抵抗外力破坏的能力。铸型强度应适中,强度过低易导致塌箱、掉砂和型腔扩大等;强度过高,易使透气性、退让性变差,产生气孔及铸造应力倾向增大。

(2) 透气性。型(芯)砂透过气体的能力称为透气性。透气性不好,浇注时型腔内空气、型砂中汽化的水分及金属液中析出的气体不易排出,会出现气孔及浇不足等问题。随黏土含量和砂型紧实度的增加,铸型强度增加,透气性变差;适宜的含水量有利于铸型获得合适的强度和提高透气性。

(3) 耐火度。型砂在高温作用下不熔化、不烧结、不软化而保持原有性能的能力称为耐火度。耐火性差的型砂易被高温熔化而破坏,产生粘砂等缺陷。原砂中 SiO_2 含量越高,杂质越少,则耐火性越好。砂粒越粗,其耐火性越好,圆形砂粒的耐火性比较好。

(4) 退让性。铸件在冷却收缩时,型(芯)砂易于被压缩的能力即为退让性。型砂的退让性差,易使铸件产生内应力、变形或裂纹等缺陷。型砂中加入锯末、焦炭粒、木屑等附加物可改善其退让性;砂型紧实度越高,退让性越差。

(5) 可塑性。型(芯)砂在外力的作用下变形后,当去除外力时,保持变形的能力称为可塑性。可塑性好即型砂柔软容易变形,起模性能好。

此外,型砂还应具有较好的流动性、耐用性、溃散性等。

3.3 铸造工艺设计

生产铸件是根据铸件的结构特点、技术要求、生产批量、生产条件等进行铸造工艺设计,绘制铸造工艺图、铸件图等,是生产、管理、铸件验收和经济核算的依据。

铸造工艺设计主要包括选择浇注位置、选择分型面和工艺参数。

3.3.1 选择铸件浇注位置

浇注时,铸件在铸型中所处的位置,称为浇注位置。

(1) 铸件的重要加工面、主要加工面在铸型中应朝下或侧立放置,如图 3.3 所示。

(2) 铸件上面积较大的薄壁部分应置于型腔下部或使其处于垂直或倾斜位置,以利于合金液填充铸型,如图 3.4 所示。

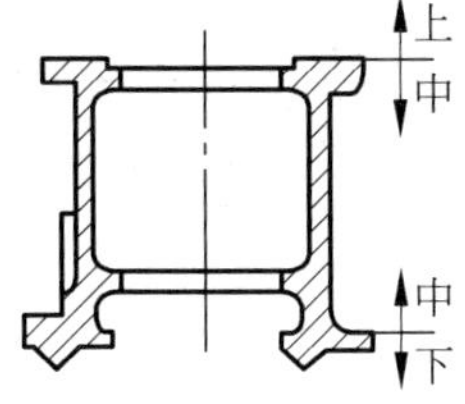

图 3.3 车床床身的浇注位置

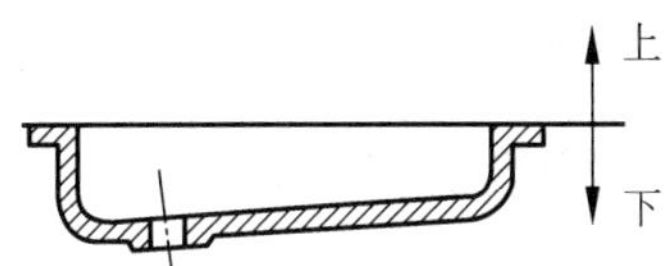

图 3.4 薄壁件的浇注位置

(3) 铸件上宽大的平面应朝下,以避免产生夹砂等缺陷。

(4) 对于容易产生缩孔的铸件,应使厚的部分放在铸型上部或侧面,以便在铸件厚壁处直接安装冒口,使之实现自下而上的定向凝固。

(5) 尽量减少型芯数量,并考虑下芯、合型方便。

3.3.2 选择分型面

分型面是指上、下砂型相互接触的表面。分型面的优劣在很大程度上影响铸件的尺寸精度、生产成本和生产率。因此,分型面的选择应能在保证铸件质量的前提下,尽量简化工艺,节省人力和物力。分型面的选择原则如下。

(1) 分型面一般应设在铸件的最大截面处，并尽可能使铸件位于下箱，以方便下芯和检验。图 3.5 中，方案(c)最合理。

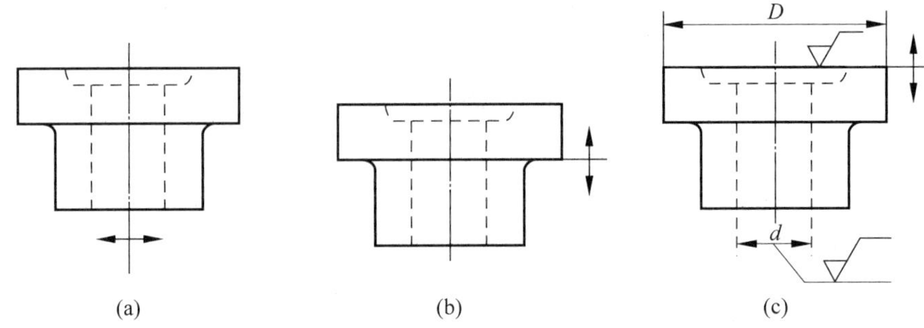

图 3.5 联轴节的分型方案

(a) 分型面在轴对称面；(b) 分型面在大小柱体交接面；(c) 分型面在大端面

(2) 应尽可能减少分型面的数量，避免造型过于复杂。图 3.6 中，方案(c)最合理。

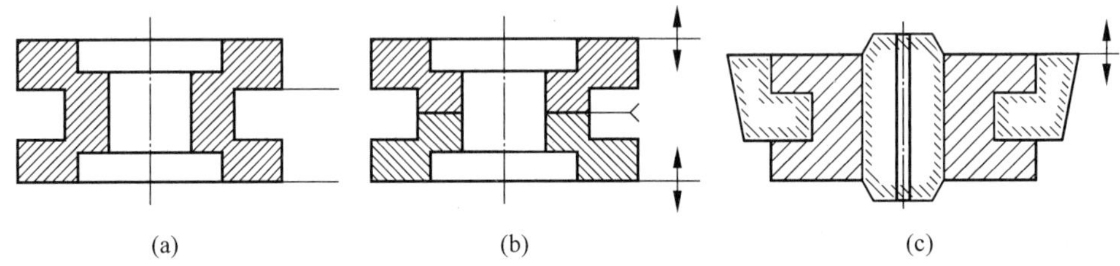

图 3.6 槽轮的分型方案

(a) 分模三箱造型；(b) 分模三箱分型；(c) 两箱造型

(3) 应选平直的分型面。

(4) 应尽可能使全部或大部分铸件，或者加工基准面与重要加工面处于同一个半型内，以防止错型，减少铸件尺寸偏差。

3.3.3 确定浇注系统

浇注系统是指液体金属流入铸造型腔的通道。

浇注系统的作用：保证熔融金属平稳、均匀、连续地充满型腔；阻止熔渣、气体和沙粒随熔融金属进入型腔；控制铸件的凝固顺序；供给铸件冷凝收缩时所需补充的金属液(补缩)。

浇注系统一般包括外浇口、直浇道、横浇道、内浇道等，如图 3.7 所示。有些铸件还设置冒口，以补充铸件中液体金属凝固时收缩所需的金属液。同时，冒口还兼有排气、浮渣及观察金属液体的流动情况等作用。

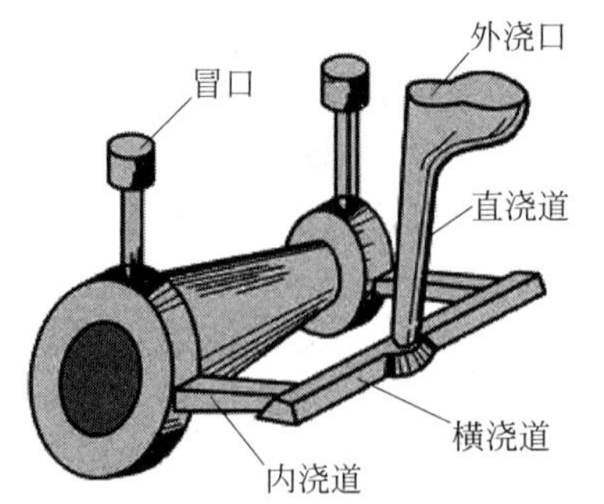

图 3.7 浇注系统的组成

(1) 外浇口。缓冲液体金属浇入时的冲击力，并可分离熔渣。

(2) 直浇道。连接外浇口与横浇道的垂直通道，利用其高度使金属液产生一定的静压力而迅速地充满型腔。

（3）横浇道。连接直浇道与内浇道，位于内浇道之上，起挡渣作用。

（4）内浇道。直接与型腔相连的通道，可控制金属液流入型腔的位置、速度和方向。

3.3.4　工艺参数

铸造工艺参数是指铸造工艺设计时需要确定的工艺参数，工艺参数的选择是铸造工艺设计的重要内容，对指导铸造工艺设计与铸造生产具有重要作用。一般包括铸造收缩率、机械加工余量、拔模斜度、型芯头、铸件孔和槽、铸造圆角等。

1. 铸造收缩率

铸件由于凝固、冷却后的体积收缩，其各部分尺寸均小于模样尺寸。为保证铸件尺寸要求，需在模样（芯盒）上加大一个收缩尺寸。加大的这部分尺寸称收缩量，一般根据铸造收缩率来定。铸造收缩率主要取决于合金的种类，同时与铸件的结构、大小、壁厚及收缩时受阻碍情况有关。对于一些要求较高的铸件，如果收缩率选择不当，将影响铸件尺寸精度，使某些部位偏移，影响切削加工和装配。

2. 机械加工余量

在铸件上为切削加工而加大的尺寸称为机械加工余量。加工余量必须认真选取，余量过大，切削加工费工，且浪费金属材料；余量过小，制品因残留黑皮而报废，或因铸件表层过硬而加速刀具磨损。

机械加工余量的具体数值取决于铸件的生产批量、合金的种类、铸件的大小、加工面与基准面的距离及加工面在浇注时的位置等。大量生产时，因采用机器造型，铸件精度高，故余量可减小；反之，手工造型误差大，余量应加大。铸钢件因表面粗糙，余量应加大；非铁合金铸件价格昂贵，且表面光洁，所以余量应比铸铁小。铸件的尺寸越大或加工面与基准面的距离越大，铸件的尺寸误差也越大，故余量也应随之加大。此外，浇注时朝上的表面因产生缺陷的几率较大，其加工余量应比底面和侧面大。

3. 拔模斜度

为了使模样（或型芯）便于从砂型（或芯盒）中取出，凡垂直于分型面的立壁在制造模样时，必须留出一定的倾斜度，如图 3.8 所示，此倾斜度称为拔模斜度。

拔模斜度的大小取决于立壁的高度、造型方法、模样材料等因素，通常为 15′～3°。立壁越高，斜度越小；机器造型应比手工造型小，而木模应比金属模斜度大。为使型砂便于从模样内腔中脱出，以形成自带型芯，内壁的拔模斜度应比外壁大，通常为 30′～5°。

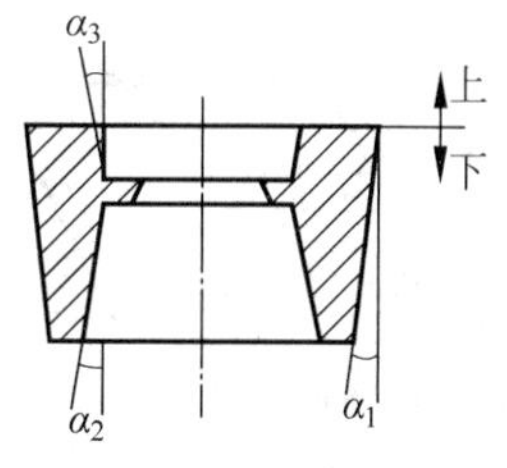

图 3.8　拔模斜度

4. 型芯头

型芯头的形状和尺寸，对型芯装配的工艺性和稳定性有很大影响。垂直型芯一般都有上、下芯头，但短而粗的型芯也可省去上芯头。芯头必须留有一定的斜度 α。水平芯头的长度取决于型芯头直径及型芯的长度。悬臂型芯头必须加长，以防合箱时型芯下垂或被金属液抬起。

型芯头与铸型型芯座之间应有 1～4mm 的间隙，以便于铸型的装配。

5. 铸件孔、槽

铸件孔、槽是否铸出，不仅取决于工艺上的可能性，还必须考虑其必要性。一般来说，较大的孔、槽应当铸出，以减少切削加工工时，节省金属材料，同时也可减小铸件上的热节。但较小的孔、槽则不必铸出，留待加工反而更经济。灰铸铁件的最小铸出孔(毛坯孔径)推荐如下：单件生产 30～50mm，成批生产 15～20mm，大量生产 12～15mm。对于零件图上不要求加工的孔、槽，无论大小均应铸出。

6. 铸造圆角

铸件上两壁之间为圆角连接，以防止冲砂及在尖角处产生缩孔、应力、裂纹及粘砂等缺陷。圆角半径一般为转角处两壁平均厚度的 $\frac{1}{4}$ 左右。

根据上述原则选定工艺参数，就可以在零件图上绘制铸造工艺图，制作模样及芯盒。

3.4 铸件质量分析及控制

由于铸造工序繁多，影响铸件质量的因素复杂，难以综合控制，因此，铸件缺陷几乎难以完全避免，废品率较其他金属加工方法高。同时，许多铸造缺陷隐藏在铸件内部，难以发现和修补，有些则是在机械加工时才暴露出来，这不仅浪费了机械加工的工时，增加了制造成本，有时还延误整个生产任务的完成。因此，进行铸件质量控制、降低废品率是非常重要的。

铸件缺陷名称及分类，参考表 3.1。

表 3.1 铸造缺陷

缺陷名称	特 征	产生的主要原因
气孔	在铸件内部或表面有大小不等的光滑孔洞	①炉料不干或含氧化物、杂质多；②浇注工具或炉前添加剂未烘干；③型砂含水过多或起模和修型时刷水过多；④型芯烘干不充分或型芯通气孔被堵塞；⑤舂砂过紧，型砂透气性差；⑥浇注温度过低或浇注速度太快等
缩孔与缩松	缩孔多分布在铸件厚断面处，形状不规则，孔内粗糙	①铸件结构设计不合理，如壁厚相差过大，厚壁处未放冒口或冷铁；②浇注系统和冒口的位置不对；③浇注温度太高；④合金化学成分不合格，收缩率过大，冒口太小或太少

续表

缺陷名称	特　征	产生的主要原因
砂眼 砂眼	在铸件内部或表面有型砂充塞的孔眼	①型砂强度太低或砂型和型芯的紧实度不够，故型砂被金属液冲入型腔；②合箱时砂型局部损坏；③浇注系统不合理，内浇口方向不对，金属液冲坏了砂型；④合箱时型腔或浇口内的散砂未清理干净
粘砂	铸件表面粗糙，粘有一层砂粒	①原砂耐火度低或颗粒度太大；②型砂含泥量过高，耐火度下降；③浇注温度太高；④湿型铸造时型砂中煤粉含量太少；⑤干型铸造时铸型未刷涂料或涂料太薄
夹砂 金属片状物	铸件表面产生的金属片状突起物，在金属片状突起物与铸件之间夹有一层型砂	①型砂热湿抗拉强度低，型腔表面受热烘烤而膨胀开裂；②砂型局部紧实度过高，水分过多，水分烘干后型腔表面开裂；③浇注位置选择不当，型腔表面长时间受高温铁水烘烤而膨胀开裂；④浇注温度过高，浇注速度太慢
错型	铸件沿分型面有相对位置错移	①模样的上半模和下半模未对准；②合箱时，上下砂箱错位；③上下砂箱未夹紧或上箱未加足够压铁，浇注时产生错箱
冷隔	铸件上有未完全融合的缝隙或洼坑，其交接处是圆滑的	①浇注温度太低，合金流动性差；②浇注速度太慢或浇注中有断流；③浇注系统位置开设不当或内浇道横截面积太小；④铸件壁太薄；⑤直浇道（含浇口杯）高度不够；⑥浇注时金属量不够，型腔未充满
浇不足	铸件未被浇满	
裂纹 裂纹	铸件开裂，开裂处金属表面有氧化膜	①铸件结构设计不合理，壁厚相差太大，冷却不均匀；②砂型和型芯的退让性差，或舂砂过紧；③落砂过早；④浇口位置不当，致使铸件各部分收缩不均匀

铸件缺陷的产生不仅来源于不合理的铸造工艺，还与造型材料、模具、合金的熔炼和浇注等各个环节密切相关。此外，铸造合金的选择、铸件结构的工艺性、技术要求的制定等设

计因素是否合理，对于是否易于获得健全铸件也具有重要影响。一般而言，应从如下几方面来控制铸件质量。

(1) 合理选定铸造合金和铸件结构。在进行设计选材时，在能保证铸件使用要求的前提下，应尽量选用铸造性能好的合金。同时，还应结合合金铸造性能要求，合理设计铸件结构。

(2) 合理制订铸件的技术要求。具有缺陷的铸件并不都是废品，若其缺陷不影响铸件的使用要求，则为合格铸件。

在合格铸件中，允许存在哪些缺陷及其存在的程度，一般应在零件图或有关技术文件中作出具体规定，作为铸件质量检验的依据。对铸件的质量要求必须合理。若要求过低，将导致产品质量低劣；若要求过高，又可导致铸件废品率的大幅增加和铸件成本的提高。

(3) 模样质量检验。如模样、型芯盒不合格，可造成铸件形状或尺寸不合格、错型等缺陷。因此，必须对模样、型芯盒及其有关标记进行认真的检验。

(4) 铸件质量检验。它是控制铸件质量的重要措施。铸件车间检验铸件的目的是依据铸件缺陷的存在程度，确定和分辨合格铸件、待修补铸件及废品。同时，通过"缺陷分析"寻找缺陷产生的原因，以便对症下药解决生产问题。

(5) 铸件热处理。为了保证工件质量要求，有些铸件铸后必须进行热处理。如为消除内应力而进行时效处理；为改善切削加工性、降低硬度，对铸铁件进行软化处理；为保证力学性能，对铸钢件、球墨铸铁件进行退火或正火处理等。

3.5 特种铸造

特种铸造与普通砂型铸造有一定的区别，砂型铸造存在着尺寸精度不高，工艺过程复杂，铸件质量不稳定，劳动强度大等缺点。特种铸造的特点是铸件的表面粗糙度好，尺寸精度高，机械加工余量小或可以不加工，能进一步提高铸件的机械性能，提高金属的利用率，可以不用砂或少用砂，减少粉尘，改善劳动条件，便于实现机械化和自动化生产，生产效率高。凡与传统普通砂型铸造有一定区别的铸造方法统称为特种铸造。

特种铸造方法根据其形成铸件的条件不同，可分为金属型铸造、压力铸造、熔模铸造、离心铸造、壳型铸造、低压铸造、陶瓷型铸造、实型铸造等。

目前应用较为普遍的几种铸造方法如下。

(1) 金属型铸造。它是将液态合金浇入金属铸型以获得铸件的一种铸造方法。由于金属铸型可反复使用多次，故有永久型铸造之称。金属型的结构由铸件的形状、尺寸，合金的种类及生产批量决定。

(2) 压力铸造。简称压铸，它是在高压下将液态或半液态合金快速地压入金属铸型中，并在压力下凝固，以获得铸件的方法。

(3) 熔模铸造。在我国有着悠久的历史。它是用易熔材料制成模样，然后在模样上涂挂耐火材料，经硬化之后，再将模样熔化以排出型外，从而获得无分型面的铸型。由于模样广泛采用蜡质材料制造，故常将熔模铸造称为失蜡铸造。

(4) 离心铸造。它是将液态合金浇入高速旋转的铸型，使金属液在离心力作用下充填铸型并结晶。

(5) 低压铸造。它是介于重力铸造和压力铸造之间的一种铸造方法。它是使液态合金在压力下,自下而上地充填型腔,并在压力下结晶,以形成铸件的工艺过程。

3.6 铸造实习

3.6.1 铸造安全技术规程

(1) 学生必须掌握基本的铸造工艺和方法,在教师指导下进行操作。砂箱等应横放在地,不能直立放置。

(2) 舂砂时手不能放在砂箱上,不准用嘴吹型砂。做上、下箱定位时,应对准金属棒用力,避免砸在手上。

(3) 开炉前,应仔细检查电源插头、温度仪表、石墨坩埚等设施,使其处于良好的使用状态。

(4) 坩埚每次装料不得太满,再次加料必须将料充分预热后才能加入。

(5) 浇注时,必须穿戴好必要的防护用品,切断电炉电源。

(6) 与高温金属液体接触的工具、浇包等必须充分预热后才能使用。严禁一切冷料、带水渍的工具、材料等直接插入高温金属液内,以避免引起爆炸。

(7) 浇注后的铸件,必须在充分冷却、凝固后才能搬移。清理落砂时动作要轻,防止铸件变形或断裂。

(8) 实习结束后,按规定将各种造型用工具整理好放在工具箱内,同时清扫周围场地,保持实习环境整洁。

3.6.2 造型工具

造型工具如图 3.9 所示。

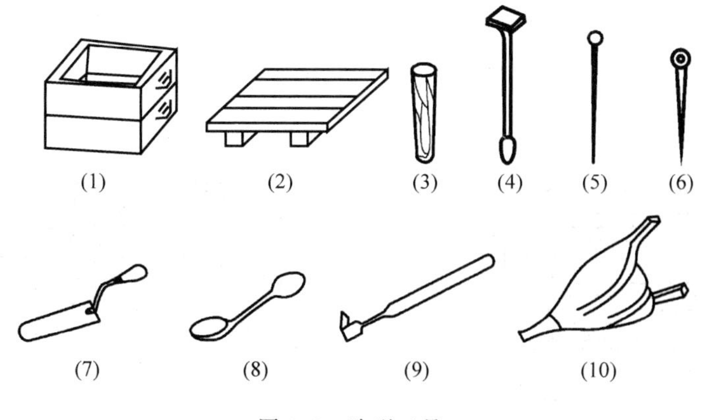

图 3.9 造型工具

(1) 砂箱。砂箱分上砂箱和下砂箱,用于造上、下型腔。

(2) 底板。底板平面要平直,用于放置模样。

(3) 浇口棒。浇口棒用来形成直浇道。

(4) 舂砂锤。舂砂锤用尖头锤舂砂,用平头锤打紧砂箱顶部的砂。

(5) 通气针。用通气针扎出砂型通气孔。

(6) 起模针。起模针比通气针粗,用于起模。

(7) 墁刀。墁刀用于修平面、挖沟槽及开设内浇道。

(8) 秋叶。秋叶用于修凹的曲面。

(9) 砂勾。砂勾用于修深而窄的底平面或侧面及勾出砂型中的散砂。

(10) 皮老虎。用来吹去模样上的分型砂或散砂和在型腔中的散砂。

3.6.3 造型操作要点

1) 造型准备工作

(1) 准备造型工具,选择平直的底板和大小合适的砂箱。模样与砂箱内壁及顶部之间应留有 30～100mm 距离,称为吃砂量,其值视模样大小而定。

(2) 安放模样。擦净模样,确定浇注位置和起模方向,下砂箱翻转后放在底板上。

2) 填砂与舂砂

(1) 舂砂时必须将型砂分次加入,每次填砂厚度应适当(小砂箱每次加砂厚度为 50～70mm),确保紧实均匀。第一次加砂时须用手将模样按住,并用手将模样周围的砂塞紧,以免舂砂时模样移动。

(2) 舂砂时力度适当,使砂型有足够的透气性和强度,避免气孔和塌箱。

(3) 舂砂路线应按照图 3.10 所示进行,以保证紧实度均匀。

3) 撒分型砂

下砂型造好翻转 180°后,在造上砂型之前,应在分型面上撒上一层极薄的分型砂,以防止上、下箱粘在一起。最后将模样上的分型砂用皮老虎吹掉,以免产生砂眼、粘砂等缺陷。

4) 扎通气孔

上砂型舂紧刮平后,要在模样投影面上方,用直径 2～3mm 的通气针扎出通气孔,以利于浇注时气体逸出。通气孔要均匀分布,深度适当,如图 3.11 所示。

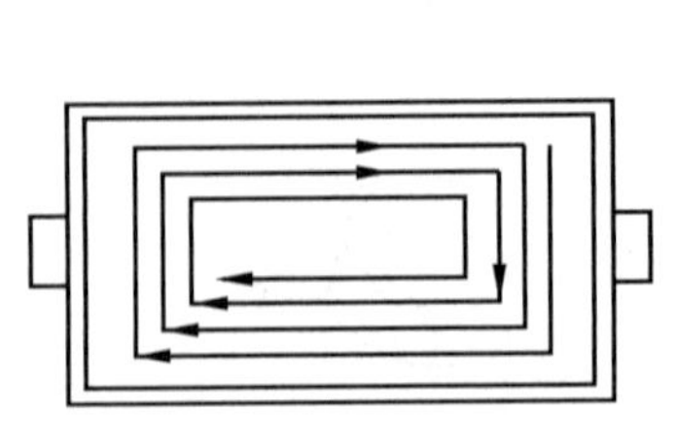

图 3.10　舂砂路线

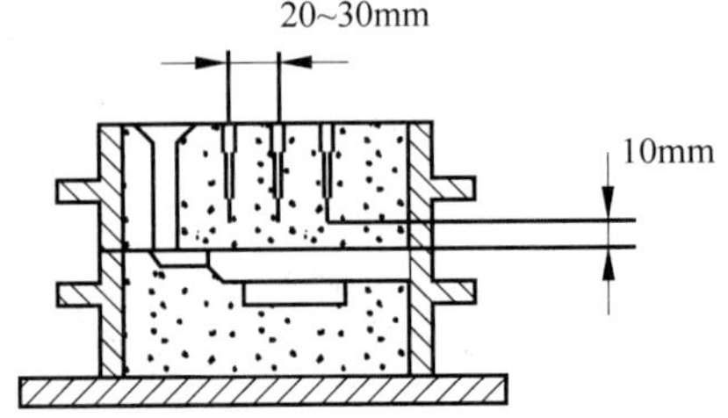

图 3.11　通气孔

5) 开外浇口

挖成约 60°的锥形,大端直径为 60～80mm,浇口面修光,与直浇道连接处修成圆滑过渡,使浇注时引导液体金属平稳地流入砂型,如图 3.12 所示。

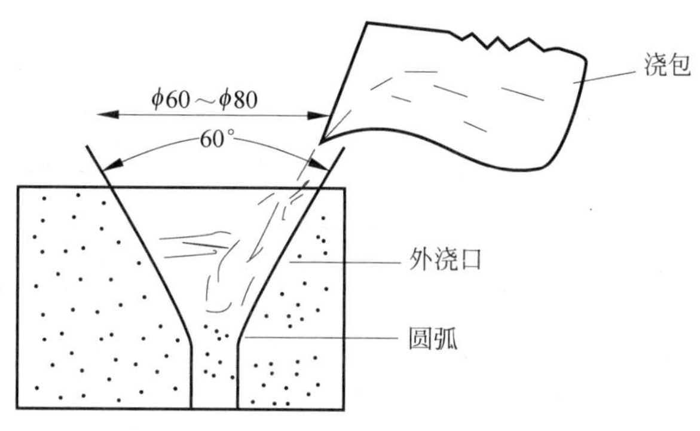

图 3.12 漏斗形外浇口

6）画合箱线

为了保证准确合箱，对砂箱没有定位装置的铸型，开箱前在砂箱壁上作出合箱线。合箱线应位于砂箱壁上直角边外侧。

7）起模

起模前用毛笔在模样周围的型砂上刷适量的水，增加型砂的强度。起模时，起模针应钉在模样的重心上，轻轻敲击起模下部，使模样与砂型松动后，再将模样垂直向上拔出。拔出动作应先慢后快，不损坏砂型。

8）修型

修补应由上而下进行，以免先修好的下部被在后修上部时掉落的砂子弄脏。对损坏和松软的局部应在补砂后修出其原形，并确保修补的砂子不在烘干和浇注时发生脱落。修补时可适当用水润湿，将修补面砂型弄松，以利修补砂能可靠连接。修补时使用各种修型工具。如用墁刀修补平面时，手握刀柄，食指轻压墁刀，刀片应沿运动方向稍微翘起 2°～4°，以免将砂刮起。

9）合箱

合箱时应保持上砂型水平下降，按定位装置或合箱线准确定位。

3.6.4 造型方法

造型方法分手工造型和机器造型。

1. 手工造型方法

手工造型方法很多，按铸件的形状、大小和生产批量的不同进行选择，常用的造型方法有以下几种。

1）整模造型

模样是整体结构，最大截面在模样一端且为平面，分型面与分模面多为同一平面，操作简单。型腔位于一个砂箱，铸件形位精度和尺寸精度易于保证。用于形状简单的铸件生产，如盘、盖类、齿轮、轴承座等。整模造型过程如图 3.13 所示。

整模两箱造型

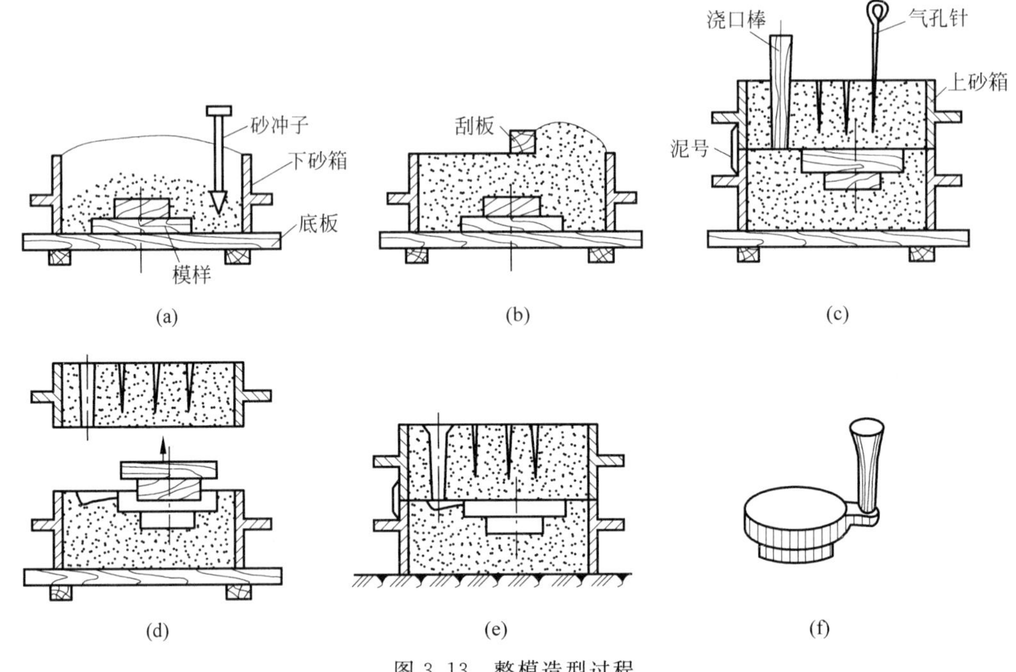

图 3.13 整模造型过程

(a) 造下型；(b) 刮平；(c) 翻下型，造上型；(d) 敞箱，起模；(e) 合箱；(f) 带浇口铸件

2）分模造型

模样被分为两半，分型面是模样的最大截面，型腔被分置在两个砂箱内，易产生因合箱误差而形成的错箱。适用于形状较复杂且有良好对称面的铸件，如套筒、管子和阀体等。分模造型过程如图 3.14 所示。

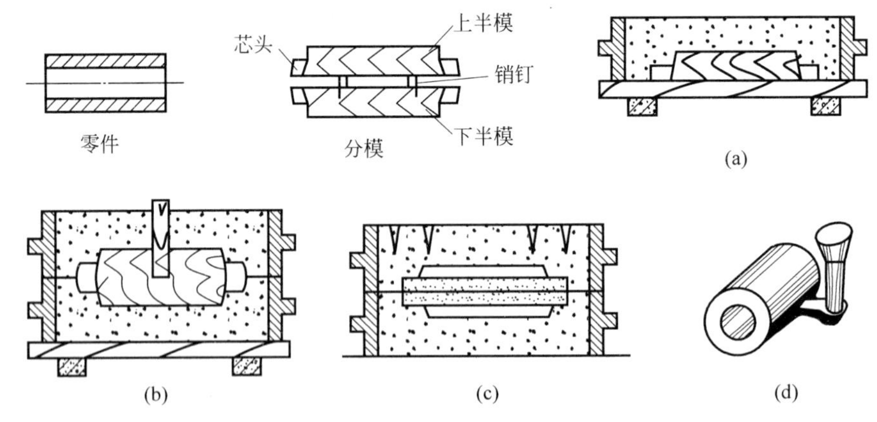

图 3.14 分模造型过程

(a) 用下半模造下砂型；(b) 用上半模造上砂型；(c) 起模、放砂芯、合型；(d) 落砂后带浇口的铸件

3）挖砂造型

挖砂造型

当铸件的最大截面不在端部，模样又不便分开时（如模样太薄），仍做成整体模。分型面不是平面，造型时要将妨碍起模的型砂挖掉。操作复杂，生产率较低，只适用于单件小批量生产。主要用于带轮、手轮等零件。

挖砂造型过程如图 3.15 所示。

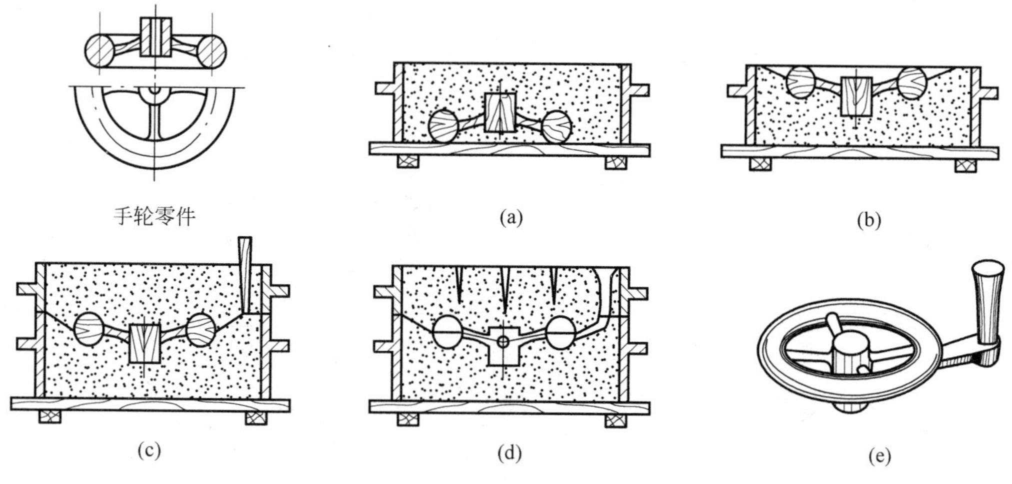

图 3.15 挖砂造型过程

(a) 放置模样,造下型;(b) 反转,最大截面处挖出分型面;(c) 造上型;(d) 起模型;(e) 落砂后带浇口的铸件

4）假箱造型

当挖砂造型的铸件所需数量较多时,为简化操作,可采用假箱造型。预制的假箱只起底板作用,反复适用,不用于合箱。其特点是效率高。当生产量更多时,还可用成型模板代替假箱造型。

5）活块造型

铸件的侧面有凸台,阻碍起模,可将凸台做成活块。起模时,先取出主体模样,再从侧面取出活块。活块造型适用于侧面有凸台、肋条等结构妨碍起模的铸件。特点是操作麻烦,生产率低。活块造型如图 3.16 所示。

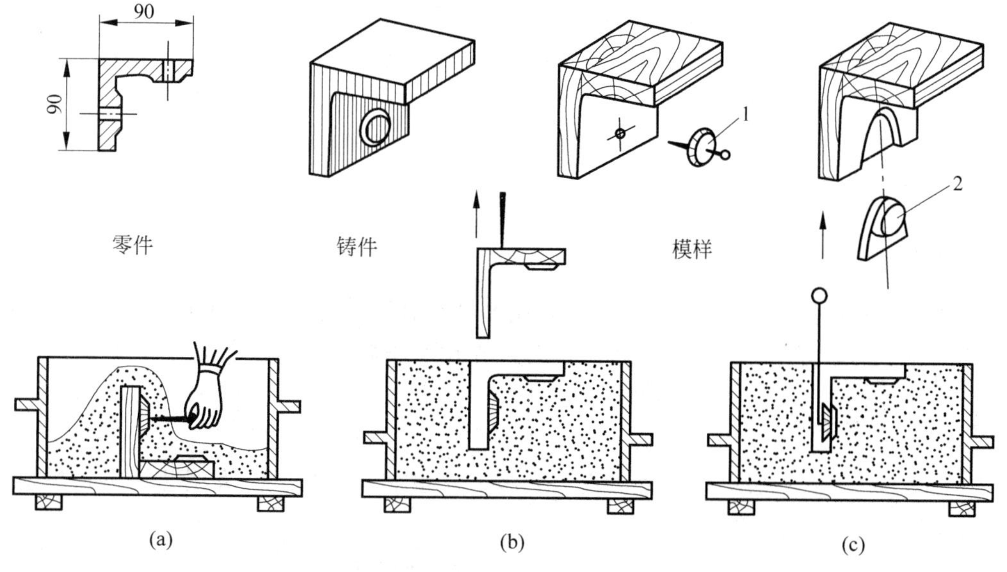

图 3.16 活块造型过程

(a) 造下型,拔出钉子;(b) 取模;(c) 取活块

6）刮板造型

用与零件截面形状相应的特制刮板，通过旋转、直线或曲线运动完成造型的方法。其特点是节省制模材料，降低制模成本。但造型操作复杂，对工人的操作技术要求较高。对单件大尺寸铸件尤为适用。刮板造型过程如图 3.17 所示。

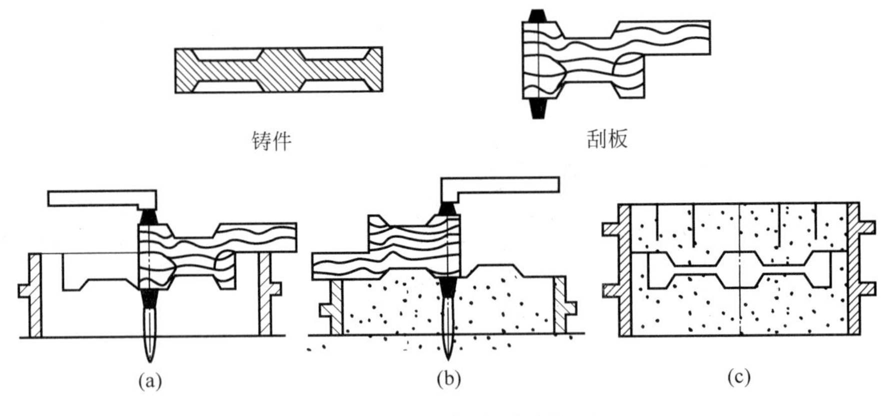

图 3.17 刮板造型过程

(a) 刮制下型；(b) 刮制上型；(c) 合箱

7）三箱造型

铸件两端截面大，而中间截面小时，两箱造型无法起模。采用三箱造型（两分型面），即将模样从小截面处分开，即可从分型面处起出模样。其特点是造型操作复杂，要求有高度适当的中箱，分型面多而使产生错箱的几率增大。三箱造型过程如图 3.18 所示。

2. 机器造型

手工造型灵活多样，适应性强，成本低，但对工人的技术要求高，劳动强度大，生产效率低，铸件的质量不稳定。因此，只适用于单件、小批量生产。成批、大批量生产，常采用机器造型。

机器造型是以机器全部或部分代替手工紧砂和起模等造型工序。造型机的种类很多，目前应用较广泛的是振压造型及其生产线。

3.6.5 造芯

1. 芯砂

由于型芯被高温金属包围，因此芯砂应比型砂具有更高的性能。对于一般的型芯，可用黏土砂制作。形状复杂、强度要求较高的型芯，采用合脂砂、树脂砂、桐油砂等制作。

2. 造芯工艺要求

(1) 放芯骨。在型芯中放芯骨以提高强度。小型芯用铁丝，中、大型芯用铸铁做芯骨。为使吊运方便，往往在芯骨上做出吊环。

(2) 开通气孔。型芯中必须做出通气孔，以提高型芯的透气性。在复杂型芯的两半型芯上挖通气槽或埋入蜡线，在体积大的型芯内部放入草绳、焦炭等，形成通孔。

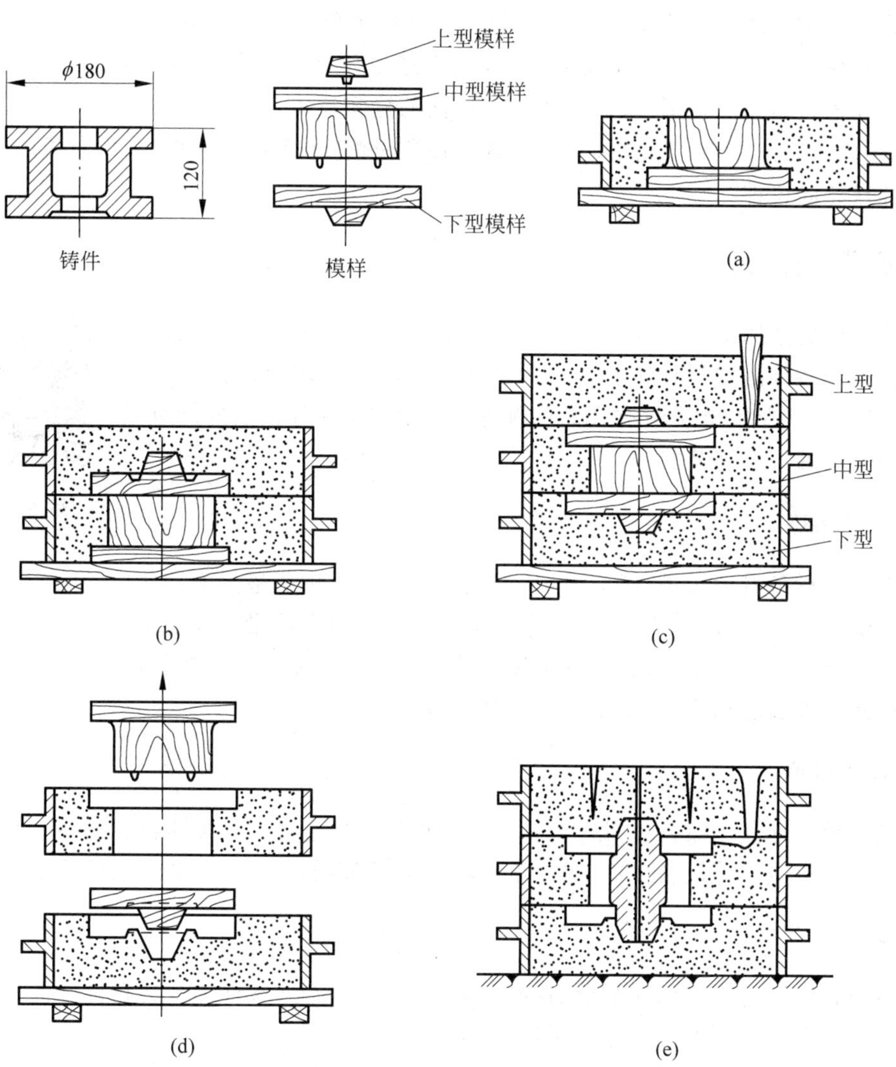

图 3.18　三箱造型过程

(a) 造中型；(b) 造下型；(c) 造上型；(d) 起模；(e) 合箱

(3) 刷涂料。在型芯表面刷涂料，可提高型芯的耐火性，防止铸件粘砂。黏土型芯及合脂型芯的表面应刷石墨粉涂料。

(4) 烘干。其目的是为了提高型芯的强度和透气性。黏土型芯的烘干温度为 250～350℃，油砂型芯的烘干温度为 180～240℃；保温 3～6h 后缓慢冷却。

3.6.6　合箱

合箱是将上型、下型、型芯、浇口杯等组合成一个完整铸型的操作过程。合箱过程与气孔、砂眼、错箱、偏心、飞边和跑火等铸件缺陷都有密切关系。合箱过程包括：

(1) 铸型的检验和装配。下芯前，先清除型腔、浇注系统各砂型表面的浮砂，并检验其形状、尺寸及排气道是否合格；再检验型腔的主要形状尺寸；然后，固定好型芯，并确保浇注时金属不会钻入芯头而堵塞排气道；最后，再准确平稳地合上上箱。

(2) 铸型的紧固。金属液充满型腔后，上箱将受到金属液向上的抬箱力，因此，装配后的铸型必须进行紧固。否则，金属液将从分型面的缝隙流出，产生“跑火”。单件小批量生产时，多使用压铁压住上箱。压铁质量一般为铸件质量的 3～5 倍。成批、大批量生产时，采用卡子或螺栓紧固铸件。

3.6.7 熔炼

优质合格的金属液是优质合格铸件的基本保证。金属熔炼与浇注控制不当会造成铸件的成批报废。合格的铸造合金不仅要求有理想的成分与浇注温度，而且要求金属液有较高的纯净度。因此，铸造合金的熔炼被视为铸造生产的关键环节之一。

熔炼、浇铸

1. 铸铁熔炼

铸铁熔炼设备有冲天炉、感应电炉、电弧炉等。冲天炉是最为常用的。

冲天炉熔炼成本低，生产率高，操作简单。但铁水冶金质量不如电炉，劳动条件差，环境污染严重。将冲天炉与电炉双联，既可发挥冲天炉生产低成本、高效率的特点，又能发挥电炉易于控制铁水温度和成分、冶金质量较高的特点。

2. 铸钢熔炼

铸钢的铸造性能比铸铁差，熔点高，对成分控制及冶金质量的要求严。铸钢一般用电弧炉、感应电炉、电渣炉等设备生产，更注重钢水的冶炼过程。

3. 铝合金熔炼

铸造铝合金因有较高的比强度、良好的耐蚀性、导电性与导热性，又有良好的铸造工艺性能，因此，铸造铝合金的应用越来越广泛。

铸造铝合金常用的熔炼设备有电阻坩埚炉、感应电炉等。

为了获得良好的铝合金铸件，熔炼铝合金时，需进行如下操作。

(1) 清理各种炉料。由于铝合金容易发生化学反应，在表面形成各种杂质；另外废铝和回炉铝表面常残留油污、粘砂等，如果杂质进入铝液，就很难清理干净。所以熔炼前要仔细清理各种炉料，并将炉料烘干，以除去其中水分。

(2) 装炉熔化。按不同合金熔炼工艺规程所规定的装料顺序，将各种炉料在熔炼过程中依次加入炉内，熔化到指定温度。

(3) 精炼。目的是去除合金熔液中处于悬浮状态的非金属夹杂物、金属氧化物和铝合金液中的气体。

铸造铝合金由于熔点低，故浇注温度不高，对砂型耐火性要求低，可采用较细的型砂造型，以提高铸件表面质量。由于其流动性好，充型能力强，适合复杂的薄壁铸件。

3.6.8 浇注

浇注是铸造生产的一个重要环节，为保证质量、提高生产率和工作安全，应严格遵守操作规程。

1. 浇包

常用浇包如图 3.19 所示。手提浇包容量是 15～20kg；抬包容量是 25～100kg；更大容量的浇包用吊车吊运，称吊包。浇包外壳用钢板制成，内衬是耐火材料。

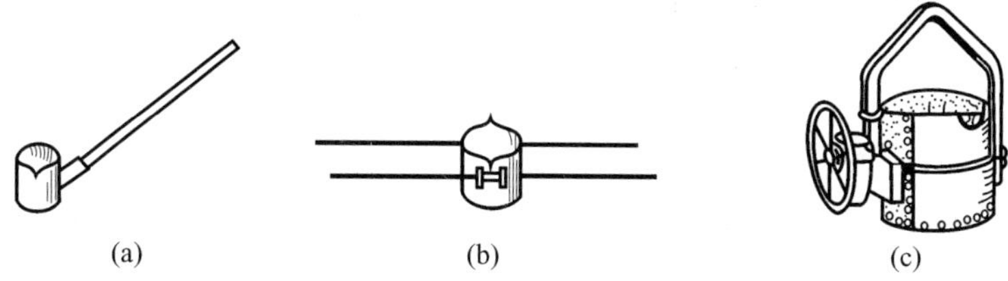

图 3.19　浇包种类

(a) 手提浇包；(b) 抬包；(c) 吊包

2. 浇注工艺

浇注时要控制好浇注温度和浇注速度，严格挡渣。

(1) 浇注温度。根据合金种类、铸型种类、铸造方法、铸件大小与壁厚等因素选择合适的浇注温度。温度过高，铸件晶粒粗大，缩孔、跑火、裂纹、粘砂等缺陷增多；温度过低，则易产生浇不足、冷隔、气孔等缺陷。铸铁件的浇注温度一般为 1 250～1 350℃，对形状复杂的薄壁铸件浇注温度为 1 400℃左右。铸钢件的浇注温度一般为 1 420～1 600℃，铸造铜合金的浇注温度一般为 1 000～1 200℃，铸造铝合金的浇注温度一般为 680～760℃。

(2) 浇注速度。根据铸造方法、铸件的大小与形状等决定。浇注过快易产生气孔，浇注过慢易产生浇不足、冷隔。一般在型腔即将充满时应慢浇。对于复杂和壁薄的铸件，浇注的速度应快些。

3.6.9　铸件的落砂、清理

(1) 铸件的落砂。把铸件与型砂、砂箱分开的操作称为落砂。铸件在砂型中应冷却到一定温度后才能落砂。落砂的方法有手工落砂和机器落砂。大批量生产中采用各种落砂机落砂。

(2) 铸件的清理。铸件的清理包括：清除铸件表面的粘砂、芯砂、浇冒口、飞边和氧化皮等。

落砂、清理

第4章 CHAPTER 4

压力加工

4.1 概　述

4.1.1 压力加工简介

压力加工是使坯料在外力作用下产生塑性变形，从而获得具有一定形状、尺寸和力学性能的毛坯或零件的成形加工方法。

压力加工与其他加工方法相比，具有以下特点。

(1) 改善金属的组织，提高力学性能。压力加工能消除金属铸锭内部的气孔、缩松等缺陷，可使粗大晶粒细化，得到致密的金属组织，从而提高金属的力学性能。

(2) 材料的利用率高。金属塑性成形主要是靠金属内部的形体组织相对位置重新排列，而不需要切除金属。

(3) 较高的生产率。压力加工一般是利用压力机和模具进行成形加工。

(4) 毛坯或零件的精度较高。利用先进的技术和设备，可实现少切削或无切削加工。

(5) 压力加工所利用的金属材料应具有良好的塑性，以便在外力作用下产生塑性变形而不破裂。

(6) 不适合成形形状较复杂的零件。

金属压力加工的基本方法包括锻造、冲压、轧制、挤压、拉拔等。

锻造：是在加压设备或工模具的作用下，使金属坯料或铸锭产生局部或全部的塑性变形，以获得一定形状、尺寸和质量的锻件的加工方法。锻造一般是在高温下使金属变形，属热变形。锻造主要用来制作力学性能要求较高的各种机械零件的毛坯或成品，例如机床中的主轴、发动机的曲轴、连杆、起重机的吊钩等均属锻件。

冲压：是利用冲模在冲床上对板料进行加工的一种加工方法，通常是在冷态下进行的，一般均属冷变形。冲压加工的生产率高，易于实现机械化、自动化。但是，冲压生产必须使用专用模具，只有在大批量生产的条件下，才能发挥其优越性。冲压主要用来制造各种薄板结构零件。

轧制：金属坯料在回转轧辊的空隙中，靠摩擦力的作用，连续进入轧辊而产生塑性变形的加工方法，称为轧制。轧制除了用来生产板材、无缝管材和型材外，现在已广泛用来生产各种零件。它具有生产率高、质量好、节约材料、成本低和力学性能好等特点。

挤压：是将金属材料放在挤压筒内，用强大压力从模孔中挤出使之产生塑性变形的加工方法。挤压主要用于生产低碳钢、非铁金属及其合金的型材或零件。

拉拔：是将金属材料从拉拔模的模孔中拉出而变形的加工方法。拉拔一般在冷态下进行，故又称冷拔。冷拔的原始坯料为轧制或挤压的棒(管)材。拉拔主要用于生产低碳钢、非铁金属及其合金的管材和细线材。

在压力加工中，锻造和冲压统称为锻压。

4.1.2 锻压实训安全操作规程

(1) 实训时要穿戴好防护用品(包括工作服、帽、鞋、手套和护脚布等)。

(2) 开动设备前必须检查设备、工具是否完好，安全防护装备是否齐全有效。

(3) 未经指导老师允许不得擅自开动设备。

(4) 指导教师在操作示范时，学生应站在离锻打处一定距离的安全位置上。

(5) 不得触碰加热、锻造和冷却过程中的坯料，以防止烫伤；加热后的工件不得乱抛、乱放。

(6) 锻造操作时，要集中注意力，掌钳者必须夹牢和放稳工件。

(7) 严禁将手和头伸入锻锤和砧座之间，砧座上的氧化皮要用扫帚、夹钳等清除。

(8) 冲压板料时，严禁将手或头伸入上、下模之间，严禁用手直接取、放冲压件，应采用工具钩取。

(9) 冲压操作结束后，应切断电源，使滑块处于最低位置(模具处于闭合状态)，然后进行必要的清理。

4.2 锻　造

锻造是通过压力机、锻锤等设备或工、模具对金属施加压力实现的。锻造的基本方法有自由锻和模锻两类，以及由二者结合而派生出来的胎膜锻。自由锻还可分为手工锻和机器锻。手工自由锻是传统的、原始的生产方式，主要的工具是大锤和铁砧，靠人力挥动大锤来击打加热好的坯料。因此，劳动强度大，生产效率低，在现实生产中已基本上为机器锻所取代。一般锻件生产的工艺过程如下：

下料→加热→锻造→冷却→热处理→清理→检验→锻件

4.2.1 常用锻造设备

常用的锻造设备种类很多，按工艺可分为自由锻设备和模锻设备两类。机器自由锻应用的设备有空气锤、蒸气-空气锤、水压机、油压机等。模锻所使用的设备有模锻锤、曲柄压力机、摩擦压力机等。

空气锤是生产中、小型锻件的通用设备，其外形及工作原理如图 4.1 所示。

通常锻造是在一定的温度下进行的。铸造前要对坯料进行加热。用来加热金属坯料的加热设备多种多样，常用的是火焰加热炉，它们是利用燃料(煤、重油或煤气)燃烧时所放出的热来加热坯料。也有利用电阻通电所产生的辐射热来加热坯料的，这种设备称电阻炉。

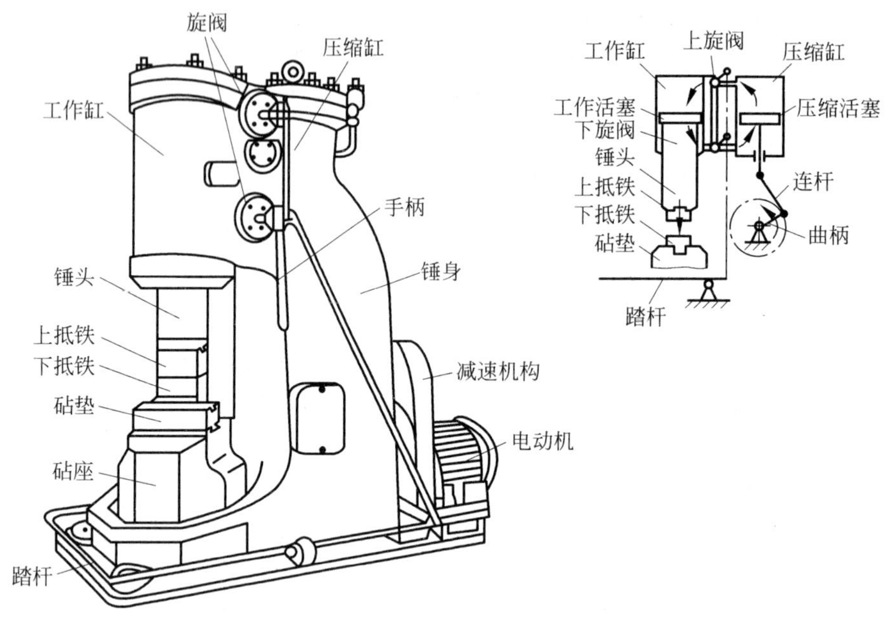

图 4.1 空气锤

1）反射炉

燃煤反射炉结构如图 4.2 所示。燃烧室产生的高温炉气越过火墙进入加热室加热坯料，废气经烟道排出。鼓风机将换热器中经预热的空气送入燃烧室。坯料从炉门装取。这种炉的加热室面积大，加热温度均匀，加热质量较好，效率高，适用于中小批量生产。

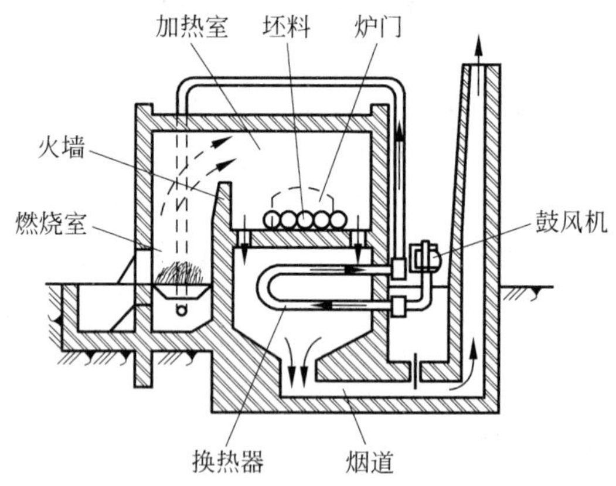

图 4.2 反射炉结构示意图

2）重油炉和煤气炉

重油炉和煤气炉是以重油或煤气为燃料的火焰加热炉。图 4.3 为室式重油炉结构图。压缩空气和重油分别由两个管道送入喷嘴，压缩空气从喷嘴喷出时，所造成的负压能将重油带出并喷成雾状，进行燃烧。煤气炉的构造与重油炉基本相同，主要区别是喷嘴的结构不同。

3）电阻炉

电阻炉是利用电阻加热器通电时所产生的电阻热作为热源来加热坯料。电阻炉分为中温电炉(加热器为电阻丝,工作温度为650~1 000℃)和高温电炉(加热器为硅碳棒,工作温度为1 000℃以上)两种。图4.4所示为箱式电阻加热炉示意图。

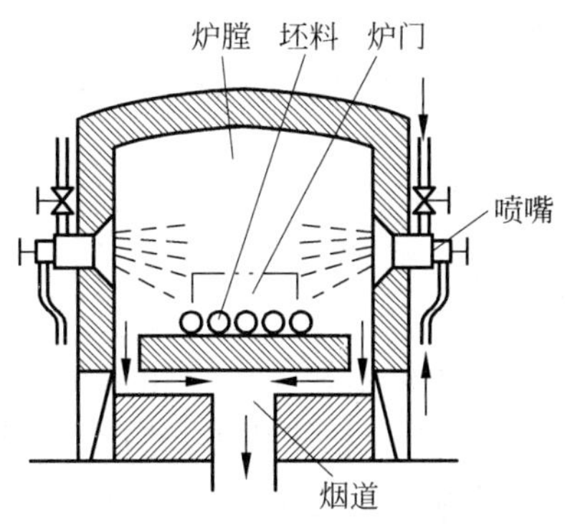

图4.3 室式重油炉结构图

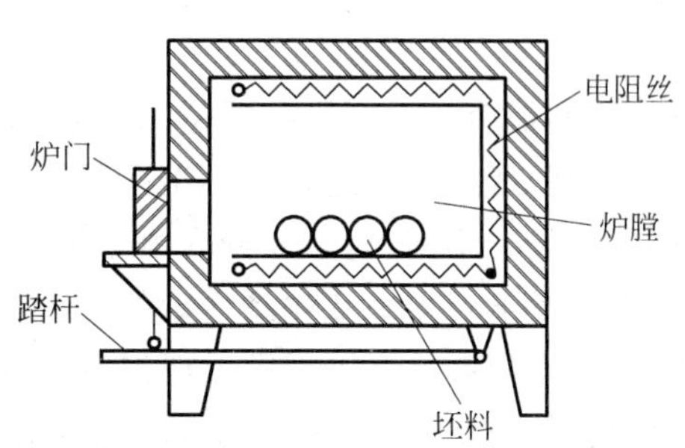

图4.4 箱式电阻加热炉

电阻炉操作简便,控制温度准确,且可通入保护性气体控制炉内气氛,以防止或减少工件加热时的氧化,主要用于精密锻造及高合金钢、有色金属的加热。

4.2.2 自由锻

自由锻是利用冲击力或压力使金属在上下两个砧铁之间产生变形,从而获得所需形状及尺寸的锻件。自由锻生产所用工具简单,通用性较好,应用范围较为广泛。

自由锻工序可分为基本工序、辅助工序和精整工序三大类。

(1) 基本工序。它是使金属坯料实现主要的变形要求,达到或基本达到锻件所需形状和尺寸的工序。主要有以下几个基本工序。

镦粗:它是使坯料高度减小、横截面积增大的锻造工序。它是自由锻生产中最常用的工序,适用于饼块、盘套类锻件的生产。

拔长:它是使坯料横截面积减小、长度增大的工序。它适用于轴类、杆类锻件的生产。

冲孔:它是使坯料具有通孔或盲孔的工序。对于环类件,冲孔后还应进行扩孔工作。

弯曲:采用一定方法将坯料弯成所规定的一定角度或弧度的锻造工序。

扭转:它是使坯料的一部分相对于另一部分绕其轴线旋转一定角度的工序。

错移:它是使坯料的一部分相对于另一部分平移错开的工序,是生产曲拐或曲轴类锻件所必需的工序。

切割:它是分割坯料或去除锻件余量的工序。

(2) 辅助工序。它是指进行基本工序之前的预变形工序,如压钳口、倒棱、压肩。

(3) 精整工序。它是在完成基本工序之后,用以提高锻件尺寸及位置精度的工序。

4.2.3 模锻

模锻是在高强度模具材料上加工出与锻件形状一致的模膛(即制成锻模),加热后的坯料在模膛内受压变形,最终得到和模膛形状相符的锻件。模锻与自由锻相比有下列特点:

(1) 能锻出形状比较复杂的锻件,而且敷料少。

(2) 锻件尺寸精确、表面粗糙度小,因而加工面的加工余量可以减小。

(3) 锻件形状和精度由模膛决定,对工人的技术要求不高,生产率高。

(4) 锻件节省金属材料,减少切削加工工时,因此在批量较大的条件下可降低零件成本。

但是,模锻生产受到设备吨位的限制,模锻件的尺寸、质量不能太大。此外,锻模制造周期长、成本高,所以模锻适合中小型锻件的大批生产。

按所用设备不同,模锻可分为锤上模锻、压力机模锻等。

胎模锻是从自由锻变化到模锻的一种过渡方式,是在自由锻造设备上使用简单的模具(胎模)来生产模锻件。胎模锻一般过程是先用自由锻方法使毛坯初步成形,然后在胎模中终锻成形。胎模不固定在设备上,锻造时根据工艺过程可随时放上或取下。

胎模的结构形式很多,主要可分为扣模、套模、合模等,如图 4.5 所示。

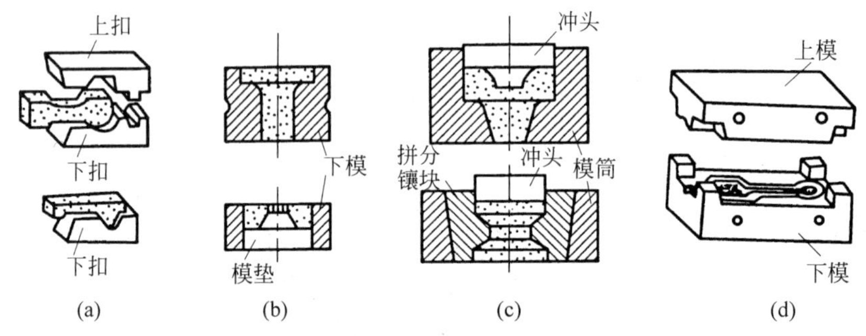

图 4.5 胎模种类

(a) 扣模;(b) 开式套模;(c) 闭式套模;(d) 合模

扣模:由上、下扣组成(有时只有下扣,上表面为平面),用于有平直侧面的非回转体短锻件成形,或为合模制坯。

套模:主要用于成形回转体锻件,如锻造齿轮、法兰盘等。套模又分开式和闭式两种。

合模:特点是带有简单的导向结构,必须有上、下模,用于成形形状较复杂的非回转体锻件,如连杆、叉形件等。

与自由锻相比,胎模锻具有生产率较高,锻件表面光洁,加工余量较小,材料利用率较高等优点。但由于每锻造一个锻件,胎模都要搬上、搬下一次,劳动强度很大。胎膜锻广泛应用于小型锻件的中、小批量生产。

4.3 板料冲压

板料冲压是利用安装在冲床上的模具对板料施加压力,使板料产生分离或塑性变形的加工方法。冲压通常是在室温下进行的,所以又叫冷冲压。很多制造金属成品的工业部门中,都应用薄板料冲压,如汽车、拖拉机、航空、电器、仪表及国防等工业。

冲压的板料必须具有良好的塑性，所以冲压原料为低碳钢薄板、非铁金属，如铜、铝等。

板料冲压具有下列特点：

(1) 可冲制形状复杂的零件，且废料较少；

(2) 冲压产品具有足够高的精度和较低的表面粗糙度，冲压件的互换性较好；

(3) 能获得质量轻、材料消耗少、强度和刚度都较高的零件；

(4) 冲压操作简单，工艺过程便于机械化和自动化，生产率很高，零件成本低；

(5) 模具制造精度要求较高，模具成本较高，适合大批量生产。

4.3.1 冲压设备

冲压设备主要有剪床和冲床。剪床用于冷剪板料，为冲压提供一定尺寸的条料。冲床则是冲压生产的主要设备。

1. 冲床

常用冲床如图 4.6 所示。电动机通过减速系统带动大带轮转动。当踩下踏板时，离合器闭合，曲轴旋转，通过连杆使得滑块沿导轨作上、下往复运动，进行冲压加工。如果踩下踏板后立即抬起，离合器随即脱开，滑块冲压一次后在制动器的作用下停止在最高位置；如果踩下踏板不抬起，滑块就进行连续冲压。

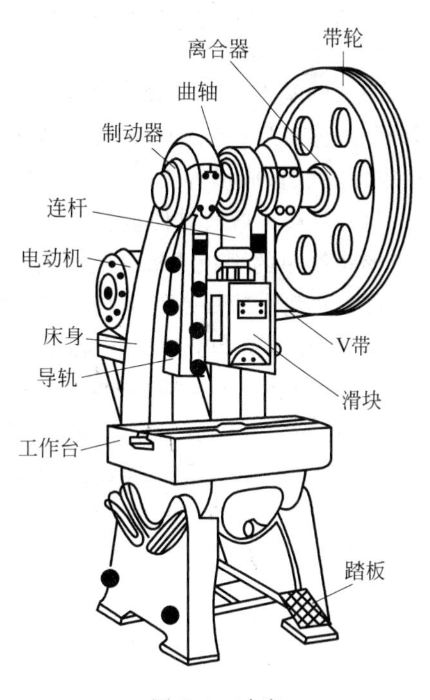

图 4.6 冲床

用来表示冲床性能的主要参数有以下 3 个。

(1) 公称压力(N 或 t)：即冲床的吨位，是指滑块运行至最低位置时所能产生的最大压力。

(2) 滑块行程(mm)：滑块从最高位置到最低位置所走过的距离，滑块行程等于曲柄回转半径的两倍。

(3) 闭合高度(mm)：滑块在行至最低位置时，其下表面到工作台面的距离。冲床的闭合高度应与冲模的高度相适应。冲床连杆的长度一般都是可调的，调整连杆的长度即可对冲床的闭合高度进行调整。

2. 剪床

剪床传动机构如图 4.7 所示。电动机带动带轮和齿轮转动，通过离合器闭合来控制曲轴旋转，从而带动装有上刀片的滑块沿导轨作上下运动，上刀片与装在工作台上的下刀片相剪切而进行工作。制动器控制滑块的运动，使上刀片剪切后停在最高位置，便于下次剪切。

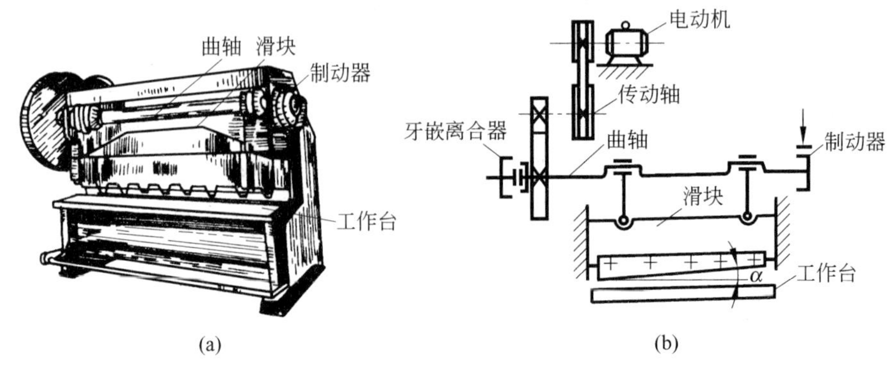

图 4.7 剪床结构示意图
(a) 外形图；(b) 传动示意图

4.3.2 冲压基本工序

冲压的基本工序可分为分离工序和变形工序两类。分离工序是使坯料的一部分与另一部分分离的工序(包括剪裁、冲裁等工序)。变形工序是使坯料发生塑性变形的工序(包括弯曲、拉深、翻边、成形等工序)。

(1) 剪裁。剪裁是使板料按不封闭的轮廓分离的工序。用来将板料切成条料,常用于加工形状简单的平板或板料的下料。剪裁通常在剪板机上进行。

(2) 冲裁。冲裁是使板料沿封闭轮廓分离的工序,包括冲孔和落料。冲孔和落料的模具结构、操作方法和分离过程完全相同(见图 4.8),但各自的作用不同。冲孔是在板料上冲出所需要的孔洞,冲孔后的板料本身是成品,冲下的部分是废料。落料时从板料上冲下的是成品,而板料本身则成为废料或冲剩的余料。

(3) 拉深。拉深是将坯料制成杯形、盒形或其他形状中空工件的工序,如图 4.9 所示。拉深模的冲头和凹模边缘上没有刃口,而是光滑的圆角,因此仅使板料变形而不会使之分离。此外,冲头和凹模之间有比板料厚度稍大的间隙,以备拉深时坯料从中通过。

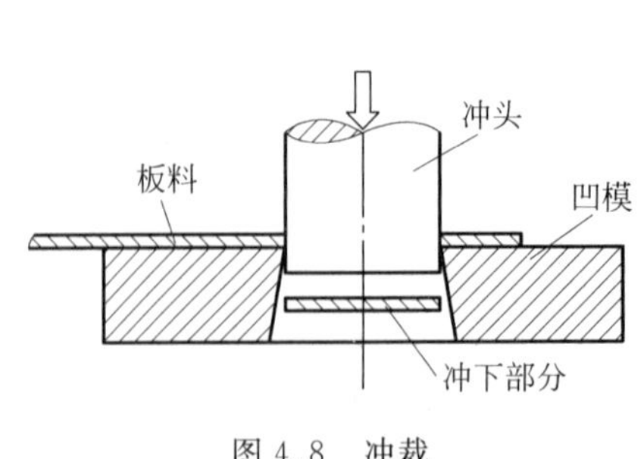

图 4.8 冲裁

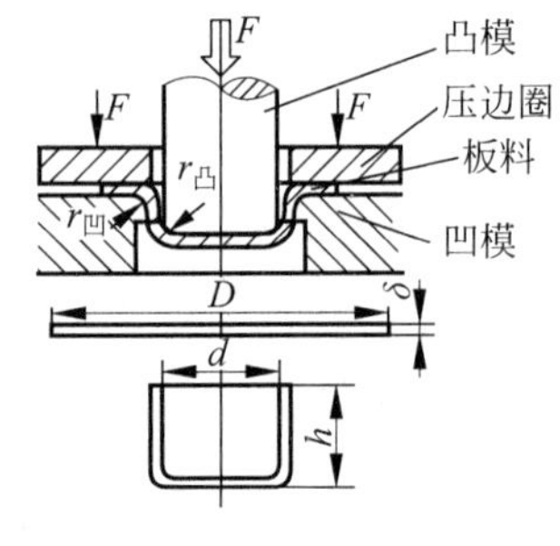

图 4.9 拉深过程

(4) 弯曲。它是将板料弯成一定曲率和角度的变形工序,如图 4.10 所示。弯曲成形不仅可以加工板料,也可以加工管材和型材。

(5) 翻边。用冲模在带孔的平板工件上用扩孔的方法获得凸缘或把平板料的边缘按曲线或圆弧弯成竖立边缘的成形工序，如图 4.11 所示。翻边通常用于制造带凸缘或具有翻边的冲压件。

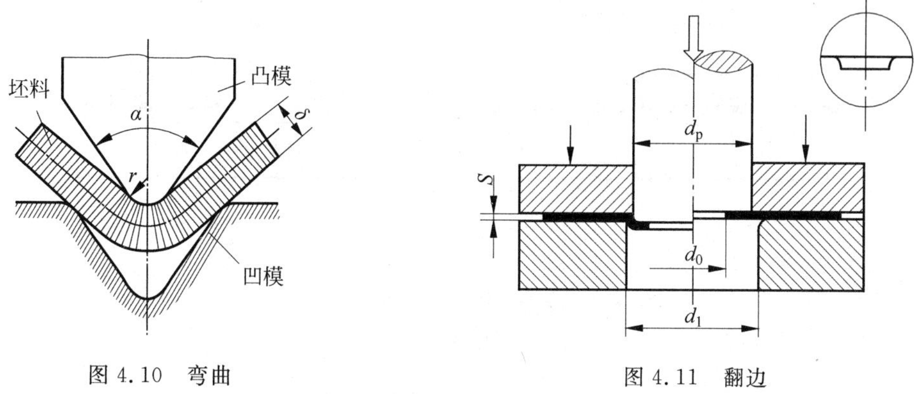

图 4.10 弯曲

图 4.11 翻边

(6) 成形。利用局部变形使坯料或使半成品改变形状的工序。成形主要用于制造刚性的筋条或增大半成品的部分内径等。

4.3.3 冲模

冲模是冲压生产中的重要工具，冲模按其结构特点不同，分为简单冲模、连续冲模和复合冲模 3 类。

1) 简单冲模

在压力机的一次行程中，只完成一道冲压工序的模具，称为简单冲模，如图 4.12 所示。这种模具结构简单，制造容易，常用于形状简单工件的小批生产。形状复杂的工件，可用多副简单模具依次冲压成形。

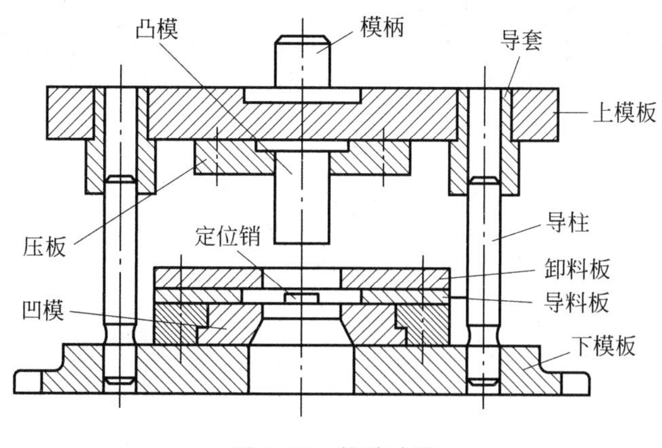

图 4.12 简单冲模

2) 连续冲模

压力机的一次行程中，在模具的不同部位上同时完成数道冲压工序的模具，称为连续冲模，如图 4.13 所示。此种模具生产效率高，易于实现自动化，但定位精度要求高，制造比较麻烦，成本较高，常用于大批量生产。

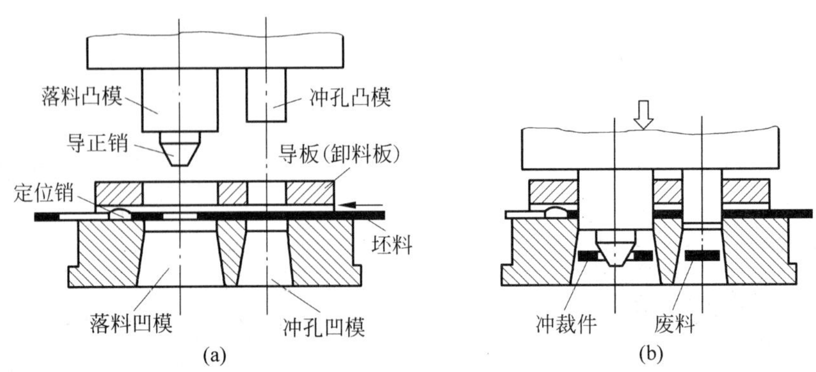

图 4.13 连续冲模的结构及工作示意图

(a) 板料送进；(b) 冲裁

3）复合冲模

利用压力机的一次行程，在模具的同一位置完成两道或两道以上工序的模具，称为复合冲模，如图 4.14 所示。复合冲模结构上的最大特点是有一个凸凹模，此种模具能保证较高的零件精度、平整性及生产率，但制造复杂、成本高，常用于零件精度要求较高的成批大量生产中。

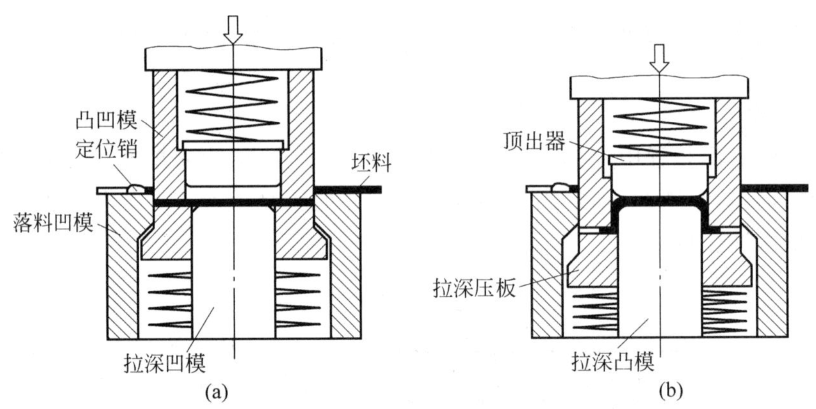

图 4.14 落料—拉深复合模的结构和工作示意图

(a) 落料；(b) 拉深

第5章

CHAPTER 5

焊接与切割

5.1 概　　述

5.1.1 焊接的概念及其用途

焊接是将零件的连接处加热熔化，或者加热加压熔化（用或不用填充材料），使连接处熔合为一体的制造工艺。焊接在机械制造、造船、汽车制造、建筑、石油化工、桥梁、电力及电子技术等部门应用广泛。

焊接实现的连接是不可拆卸的永久性连接，采用焊接方法制造金属结构，可以节省材料，简化制造工艺，缩短生产周期，焊接结构的强度高、水密性和气密性好、结构质量轻。但焊接不当也会产生缺陷、应力、变形等。

5.1.2 焊接的分类

作为一种工艺方法，焊接可分为熔化焊、压力焊和钎焊等三大类。

1）熔化焊

在焊接过程中，将焊接接头在高温等的作用下至熔化状态；由于被焊工件是紧密贴在一起的，在温度场、重力等的所用下，不加压力，两个工件熔化的融液会发生混合现象；待温度降低后，熔化部分凝结，两个工件就被牢固地焊在一起，这种焊接方法称为熔化焊。常用的熔化焊方法主要有气焊、电弧焊、电渣焊、等离子弧焊、电子束焊、激光焊等，电弧焊中又包括手工电弧焊、埋弧自动焊、气体保护焊等。

2）压力焊

用加压法（加热或不加热）的焊接方法称压力焊。在焊接过程中，一种是加热，将被焊金属接触部分加热到塑性状态或局部熔化状态，施加一定的压力，使金属原子间相互结合而形成牢固的焊接接头。另一种是不加热，仅在被焊金属的接触面上施加足够大的压力，引起塑性变形，使原子间相互摩擦直到获得牢固的接头。压力焊包括电阻焊、摩擦焊、超声波焊等，其中电阻焊中又包括缝焊、对焊、点焊等。

3）钎焊

用比母材熔点低的金属材料作为钎料，用液态钎料润湿母材和填充工件接口间隙并使其与母材相互扩散的焊接方法称为钎焊。钎焊分为软钎焊和硬钎焊。

5.2 手工电弧焊

5.2.1 手工电弧焊的原理

手工电弧焊是熔化焊中最基本的焊接方法。手工电弧焊(简称手弧焊)是以手工操作的焊条和被焊接的工件作为两个电极,利用焊条和焊件之间产生的电弧热量熔化金属进行焊接的方法。

手弧焊的焊接过程如图5.1所示。焊接前将焊件和焊条分别接在电弧焊机(电源)的两极。焊接时先将焊条与工件瞬时接触,使焊接回路短路,再将焊条提起2～4mm,电弧即被引燃。电弧热使焊件局部及焊条的末端熔化,由于电弧的吹力作用,在被焊金属上形成了一个椭圆形充满液体金属的凹坑,即为熔池。焊条外层的涂层(药皮)受热熔化并发生分解反应,产生液态熔渣和大量气体包围在电弧和熔池周围,以防空气对熔化金属的侵蚀。在焊条不断熔化缩短的同时,要将焊条不断向熔池方向送进,同时还要沿焊接方向前进。

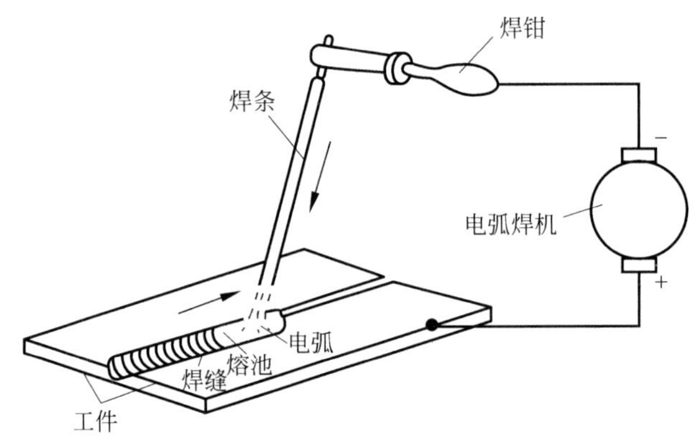

图5.1 手工电弧焊焊缝的形成过程

随着电弧的前进,熔池后方的液体金属温度逐渐下降,渐次冷凝形成焊缝。

5.2.2 手弧焊设备

手弧焊机是手弧焊的主要设备,亦称焊接电源。常用的有交流弧焊机和直流弧焊机两类。

交流弧焊机是一种特殊的降压变压器,也称弧焊变压器。它将220V或380V的电源电压降到60～80V(即焊机的空载电压),以满足引弧的需要。焊接时,电压会自动下降到电弧正常工作时所需的工作电压20～30V。输出电流为从几十安到几百安的交流电。可根据焊接的需要调节电流的大小。焊接电流分粗调和细调两种。

交流弧焊机具有结构简单、制造和维修方便、噪声小、价格低等优点,应用相当普遍,但是电弧不够稳定。

常用型号有 BX1-300 型。其中符号和数字的含义如下：

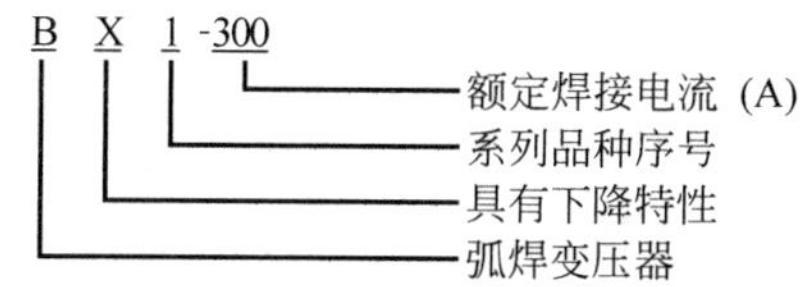

直流弧焊机可分为弧焊发电机和弧焊整流器两类。

(1) 弧焊发电机：弧焊发电机实际上是一台直流发电机，它在电动机的驱动下，供给焊接所需的直流电。其空载电压一般为 50～80V，工作电压为 30V 左右。焊接电流分粗调和细调两种。直流弧焊发电机焊接时电弧稳定、焊接质量好，但结构复杂、制造成本高、不易维修，并且耗电大、噪声大。目前已逐步被整流器式直流弧焊机所取代。

(2) 弧焊整流器：弧焊整流器是一种通过整流元件将交流电变为直流电的弧焊电机，它弥补了交流电焊机电弧稳定性不好的缺点，又比一般直流弧焊发电机结构简单、维修容易、噪声小。

常用弧焊整流器型号有 ZXG-300 型。

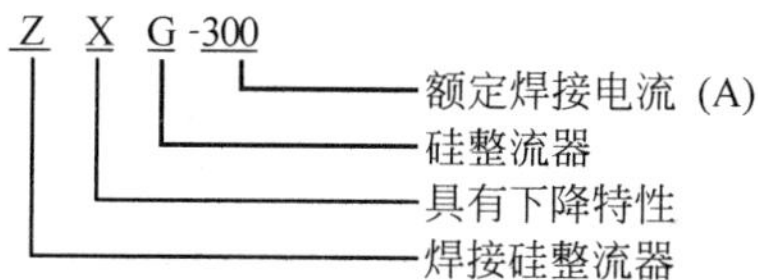

5.2.3 焊条

1. 焊条的组成及其作用

手工电弧焊采用的电焊条是由焊芯和药皮两部分组成的。

1) 焊芯

金属焊芯作为电极，起传导焊接电流、产生电弧的作用，焊芯熔化又作为焊缝的填充金属。因此，焊芯的化学成分直接影响焊缝质量。焊芯通常为含碳、硫、磷较低的专用金属丝。焊芯的直径称为焊条直径，其长度即焊条长度。常用的焊条直径有 2.0、2.5、3.2、4.0、5.0mm 等，焊条长度在 250～450mm 之间。

2) 药皮

药皮是压涂在焊芯表面上的涂料层，它由多种矿石粉、铁合金粉和粘结剂等原料按一定比例配置而成。其主要作用是：

(1) 改善焊接工艺性。药皮能使电弧易于引燃，保持电弧稳定燃烧，有利于焊缝成形，减少飞溅等。

(2) 机械保护作用。在高温电弧作用下，药皮分解产生大量气体并形成熔渣，对熔化金属起保护作用。

(3) 冶金处理作用。通过冶金反应去除有害杂质(如氧、氢、硫、磷等)，同时添加有益的合金元素，改善焊缝质量。

2. 焊条的分类和表示方法

1）焊条的分类

焊条有很多种。按熔渣化学性质的不同，焊条可分为酸性焊条和碱性焊条两大类。药皮成分以酸性氧化物为主的，称酸性焊条。其电弧较稳定、飞溅小，熔渣流动性和覆盖性均好，故焊缝外表美观、焊波细密、成形平滑。但焊缝的力学性能一般，抗裂性较差。酸性焊条适应性较强，交、直流电焊机均可适用。生产中常用的酸性焊条有钛钙型焊条。

药皮成分以碱性氧化物为主的，称碱性焊条。其引弧较困难，电弧不够稳定，适应性较差，一般仅适用于直流弧焊机，只有当药皮中含有多量稳弧剂时，才可以交、直流两用。但是焊缝的力学性能和抗裂性较好，适用于中碳钢、高碳钢的焊接。生产中常用的碱性焊条是以碳酸盐和萤石为主的低氢钠型焊条。

2）焊条的表示方法

焊条按用途可分结构钢焊条、不锈钢焊条、钼和铬钼耐热钢焊条、堆焊焊条、低温焊条、铸铁焊条、镍和镍合金焊条、铜和铜合金焊条、铝和铝合金焊条、特殊用途焊条等。

GB/T 5117—1995 规定，碳钢焊条的型号编制方法是以英文字母 E 后面加 4 位数字来表示，具体如下：

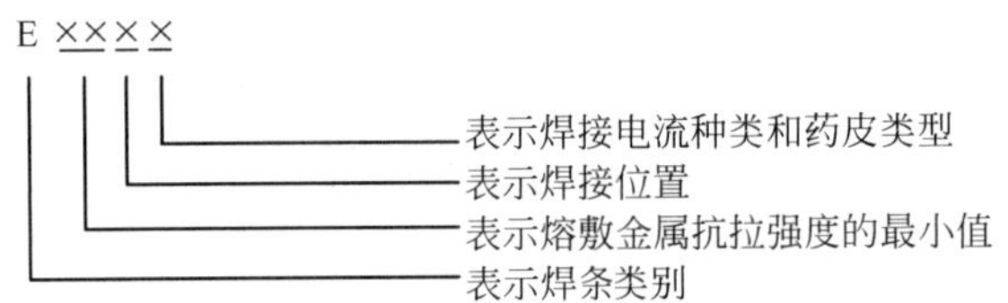

两种典型碳钢焊条型号如表 5.1 所示。

表 5.1　两种典型碳钢焊条

型号	药皮类型	焊接位置	电流种类
E4303	钛钙型	全位置	交、直流
E5015	低氢钠型	全位置	直流反接

5.2.4 焊接工艺规范

为保证焊接质量，必须选择合适的焊接工艺参数。手工电弧焊的工艺规范包括焊条直径、焊接电流、焊接速度、电弧长度（电压）和焊接层数等参数。

1. 焊条直径

焊条直径根据焊件的厚度和焊接位置来选择。一般厚焊件用粗焊条，薄焊件用细焊条。立焊、横焊和仰焊的焊条应比平焊细。平焊对接时焊条直径的选择如表 5.2 所示。

表 5.2　焊条直径的选择　　mm

工件厚度	＜4	4～8	8～12	＞12
焊条直径	≤板厚	3.2～4.0	4.0～5.0	4.0～6.0

2. 焊接电流和焊接速度

焊接电流是影响焊接接头质量和生产率的主要因素。确定焊接电流时，应考虑焊条直径、焊件厚度、接头形式、焊接位置等因素，其中主要是焊条直径。若焊接电流太小，则焊接生产率较低，电弧不稳定，还可能焊不透工件。若焊接电流太大，则会引起熔化金属的严重飞溅，甚至烧穿工件。焊接低碳钢时，焊接电流和焊条直径的关系可由下列经验公式确定：

$$I=(30\sim55)d$$

式中，I——焊接电流，A；

d——焊条直径，mm。

焊接速度是指焊条沿焊缝长度方向移动的速度。确定焊接电流和焊接速度的一般原则是：在保证焊接质量的前提下，尽量采用较大的焊接电流值，在保证焊透且焊缝成形良好的前提下尽可能快速施焊，以提高生产率。

3. 电弧电压的选择

在焊接过程中，电弧的长度决定电弧电压，影响焊缝宽度。电弧长，则焊接电压高，焊缝越宽；但电弧也不宜过长，否则电弧飘忽不定，熔滴过渡时容易产生飞溅，对电弧中的熔滴和熔池金属保护不良，导致焊缝产生气孔；而电弧太短，熔滴向熔池过渡时容易产生短路现象，导致熄弧，出现电弧燃烧不稳定的现象，从而影响焊缝的质量。因此，焊接时应尽量将电弧长度控制在适当的范围之内。

4. 焊接层数的选择

焊缝层数视焊件厚度而定。中、厚板一般都采用多层焊。焊缝层数多些，有利于提高焊缝金属的塑性、韧性。对质量要求较高的焊缝，每层厚度最好不大于 4mm。多层多道焊的前一条焊道对后一条焊道起预热作用，而后一条焊道对前一条焊道起热处理的作用，有利于提高焊接接头的塑性和韧性。

5. 焊缝的空间位置

按焊缝在空间所处的位置，可分为平焊、立焊、横焊和仰焊 4 种，如图 5.2 所示。

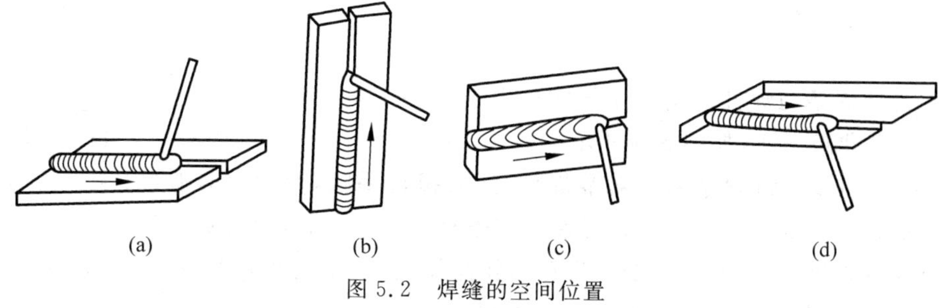

图 5.2 焊缝的空间位置

(a) 平焊；(b) 立焊；(c) 横焊；(d) 仰焊

平焊易操作，劳动条件好，生产率高，焊缝质量易保证，所以焊缝布置应尽可能放在平焊位置。立焊、横焊和仰焊时，由于重力作用，被熔化的金属要向下滴落而造成施焊困难，应尽量避免。

6. 焊接接头和坡口形式

根据焊接金属件的空间位置，常见的焊接接头形式有对接接头、搭接接头、角接接头和 T 字接头等，如图 5.3 所示。为了便于焊接，根据设计或工艺需要，在焊件的待焊部位加工并装配成一定几何形状的沟槽，即坡口。常见的坡口形式有 I 形、V 形、X 形、U 形等。

(a) (b) (c) (d)

图 5.3 焊接接头形式
(a) 对接接头；(b) 搭接接头；(c) 角接接头；(d) T 字接头

5.2.5 焊接操作

1. 电焊安全操作规程

焊接安全规程

(1) 焊接前应检查电焊机电气线路是否完好，二次线圈和外壳接地及电焊夹钳绝缘是否良好。

(2) 焊接场地内不准有易燃、易爆物品。严禁焊接封闭式的筒及易燃、易爆容器，以免引起爆炸伤人。

(3) 电焊时必须穿上工作服，戴好防护面罩、皮手套等，上衣不要系在裤子内，避免焊接熔渣灼烧身体。敲焊渣时要用防护面罩保护好眼睛。

(4) 推动电源开关时身体要偏斜，并一次推足。操作结束时，要拉断电源开关。

(5) 电焊场地要使用遮光屏，未操作的学生不要直视电弧，以防灼伤眼睛。

(6) 电焊机发生故障，发现电线破烂漏电或保险丝烧断，应切断电源停止使用，并立即通知设备管理人员组织修理。

(7) 电焊夹钳使用完毕后，不能放在工作台上，应将夹钳放到绝缘体上。

(8) 实习结束后，必须将电缆线圈好，并将电焊机擦拭干净，同时清扫周围场地，保持实习环境整洁。

2. 手工电弧焊的操作

手工电弧焊操作

手工电弧焊的操作包括引弧、运条和收尾。

1) 引弧

引弧是使焊条与焊件之间产生稳定的电弧。手工电弧焊引弧有两种形式：划擦法和敲击法，如图 5.4 所示。

(1) 划擦引弧。将焊条末端对准焊件，然后扭转手腕，像划火柴似地将焊条表面轻轻划擦，引燃电弧，再迅速将焊条提起 2～4mm，使电弧引燃并保持电弧的长度，使之稳定燃烧。划擦引弧操作简单，但易损坏焊件表面，造成焊件表面有电弧划伤痕迹，划动长度以 20～25mm 为宜。

(2) 敲击引弧。将焊条末端垂直对准焊件，再将手腕下弯，使焊条轻微碰击焊件后迅速提起 2～4mm，即引燃电弧。引弧后，手腕放平，使电弧长度保持在与所用焊条直径相适应的范围内，使电弧稳定燃烧。敲击引弧不会划伤焊件表面，不受焊件大小和形状限制。但在操作过程中不可使焊条敲击过猛，以防涂层脱落造成保护不良。

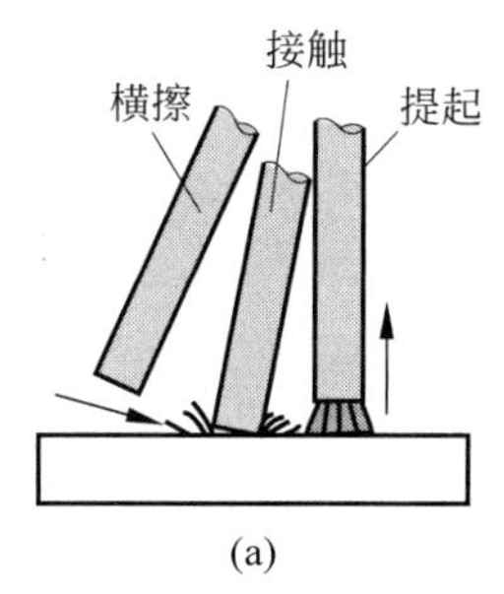

(a)

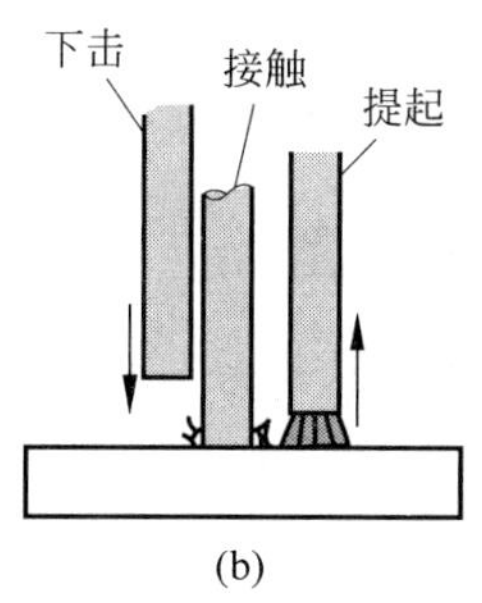

(b)

图 5.4 手工电弧焊引弧方式

(a) 划擦引弧；(b) 敲击引弧

2) 运条

焊条相对焊件的运动方式叫运条，也称为焊条的摆动。在焊接过程中，焊条除了沿其轴线向熔池送进和沿焊接方向均匀移动外，为了使焊缝宽度达到要求，焊条还应作适当的横向摆动。

3) 收尾

在焊接结束时，若直接熄灭电弧，则会在收尾处产生弧坑，降低了收尾处焊接接头的强度，且容易产生弧坑裂纹、气孔等缺陷。为避免这些缺陷，必须采取合理的收弧方法来填满焊缝收尾处的弧坑。常用的收弧方法有如下几种。

(1) 划圈收弧法。当焊条移至焊缝终端时，焊条进行圆圈运动，直至填满弧坑后再熄弧。此法适用于厚板。

(2) 回焊收弧法。当焊条移至收弧处时，稍作停留，接着回焊一小段后再熄弧。此法适用于碱性焊条。

(3) 反复熄弧-收弧法。当电弧移至焊缝终端时，进行多次熄弧和引弧动作，直到弧坑填满为止。此法适用于大电流或薄板焊接。

(4) 采用收弧板。用收弧板将不合要求的焊缝引出在工件的焊缝之外，然后切除。此法用于焊接重要结构。

5.3 气　　焊

5.3.1 气焊的过程及其特点

气焊是利用气体火焰作为热源，来熔化母材和填充金属的一种焊接方法。最常用的是氧乙炔焊，即利用乙炔(可燃气体)和氧(助燃气体)混合燃烧时所产生氧乙炔焰，来加热熔化工件与焊丝，冷凝后形成焊缝，如图 5.5 所示。氧乙炔焰的温度可达 3 000℃以上。

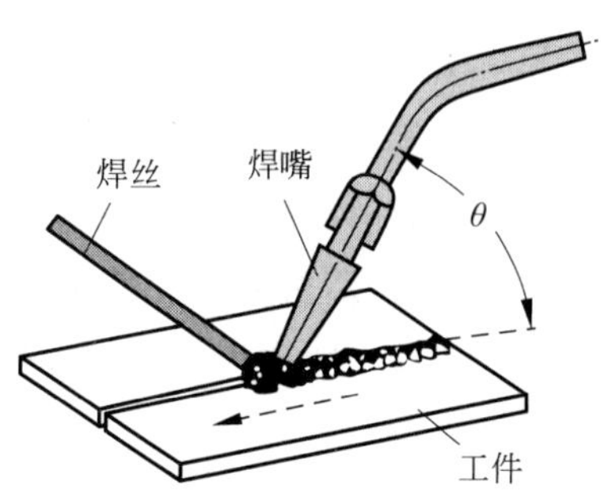

图 5.5 气焊示意图

它与电弧焊相比，气焊火焰的温度低，热量分散，加热速度较缓慢，故生产率低，工件变形严重，焊接的热影响区大，焊接接头质量不高。但是气焊设备简单，操作灵活方便，火焰易于控制，不需要电源。所以气焊主要用于焊接厚度 3mm 以下的低碳钢薄板，以及铜、铝等有色金属及其合金，还用于铸铁的焊补等。特别适用于没有电源的野外作业。

5.3.2 气焊设备

气焊所用的设备由氧气瓶、乙炔瓶、减压器、回火保险器、焊炬及管路系统等组成，如图 5.6 所示。

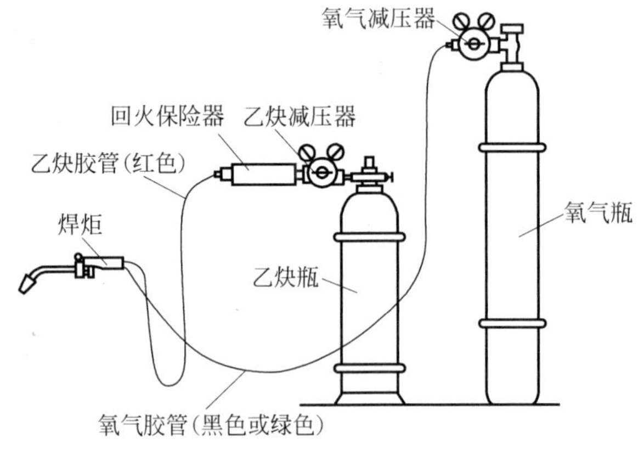

图 5.6　气焊设备

1. 氧气瓶

氧气瓶是储存和运输高压氧气的容器。容积一般为 40L，储氧的最大压力为 14.7MPa。按规定氧气瓶外表漆成天蓝色。并用黑漆标明“氧气”字样。氧气的助燃作用很大，如在高温下遇到油脂，会有自燃爆炸的危险。所以应正确地使用和保管氧气瓶：放置氧气瓶必须平稳可靠，不应与其他气瓶混在一起。气焊工作地与其他火源要距氧气瓶 5m 以上，禁止撞击氧气瓶，严禁沾染油脂等。氧气瓶口装有瓶阀，用以控制瓶内氧气进出，手轮逆时针方向旋转则可开放瓶阀，顺时针旋转则关闭。

2. 减压器

减压器是将高压气瓶中高压气体减压至焊炬所需的工作压力(0.1～0.3MPa)，供焊接使用。同时减压器还有稳压作用，以保证火焰能稳定燃烧。

3. 乙炔瓶

乙炔瓶是储存和运输乙炔的容器，其表面涂成白色，并用红漆写上“乙炔”字样。在乙炔瓶内装有浸满丙酮的多孔性填料，丙酮对乙炔有良好的溶解能力，可使乙炔稳定而安全地储存在瓶中，在乙炔瓶上装有瓶阀，用方孔套筒扳手启闭。使用时，溶解在丙酮中的乙炔就分离出来。通过乙炔瓶阀流出，而丙酮仍留在瓶内，以便溶解再次压入的乙炔，一般乙炔瓶上也要安装减压器。

4. 焊炬

焊炬是使乙炔和氧气按一定比例混合，并获得稳定气焊火焰的工具。常用的焊炬是低压焊炬或称射吸式焊炬，其型号有H01-2、H01-6、H01-12等多种。各种型号的焊炬一般备有3～5个大小不同的焊嘴，以便焊接不同厚度的焊件。

5. 回火保险器

正常气焊时，火焰在焊炬的焊嘴外面燃烧，但当气体供应不足、焊嘴阻塞、焊嘴太热或焊嘴离焊件太近时，火焰会沿乙炔管路往回燃烧。这种火焰进入喷嘴内逆向燃烧的现象称为回火。如果回火蔓延到乙炔瓶，就可能引起爆炸事故。回火保险器的作用就是截留回火气体，保证乙炔瓶的安全。

5.3.3 焊丝与焊剂

1. 焊丝

焊丝是气焊时起填充作用的金属丝。焊丝的化学成分直接影响焊接质量和焊缝的力学性能。各种金属焊接时，应采用相应的焊丝。在焊接低碳钢时，常用的气焊丝的牌号有H08和H08A等。焊丝的直径要根据焊件厚度来选择。

2. 焊剂

气焊时焊剂的作用是：保护熔池，减少空气的侵入，去除气焊时熔池中形成的氧化杂质，增加熔池金属的流动性。焊剂可预先涂在焊件的待焊处或焊丝上，也可在气焊过程中将高温的焊丝端部在盛装焊剂的器具中定时地沾上焊丝，再添加到熔池。低碳钢气焊时一般不使用焊剂。在气焊铸铁、合金钢和有色金属时，则需用相应的焊剂。焊剂的主要成分有硼酸、硼砂和碳酸钠等。

5.3.4 气焊的基本操作

1. 气焊的安全操作规程

(1) 氧气、乙炔气焊接设备，必须由专职人员操作和保管，其他人员不得擅自使用。

(2) 气焊前应仔细检查减压阀、焊枪、橡皮管接头处是否漏气，检查时不准用明火，只能用肥皂水检测。

(3) 氧气瓶和乙炔瓶存放和使用时都必须保持安全距离和直立放置，不准倾倒卧放。乙炔、氧气库房内严禁吸烟和使用明火以及其他可能发生火星的工作，以免引起燃烧及爆炸。移动时不准撞击和在地上滚动，放置氧气瓶周围温度不得超过120℃。

(4) 乙炔气及氧气瓶的阀门、减压阀和软管接头，绝对不可染上油脂和油污。氧气软管和乙炔软管相互不能代用。

(5) 气焊和切割前必须戴好防护眼镜，在点火和调节火焰时，焊炬火焰要向下射。

(6) 焊接场地内不准有易燃、易爆物品。严禁对封闭式的筒及松香筒、香蕉水筒、氢气筒等易燃、易爆容器进行气焊或切割,以免引起爆炸伤人。

(7) 气焊或切割时若发生回火,应立即关闭乙炔和氧气阀门,以防火焰倒袭,避免事故发生。

(8) 实习结束后,必须关紧乙炔和氧气阀门,再将减压阀调整螺钉放松,并将氧气皮带和乙炔皮带圈好放到指定位置,清扫周围场地,保持实习环境整洁。

2. 气焊的操作

1) 氧乙炔焰的点燃、调节和熄灭

(1) 点火操作

气焊操作

先将氧气瓶和乙炔气瓶阀门拧开,调整气瓶上的压力表读数到所需要的压力值。点火时,先打开焊炬上的氧气开关,放出微量氧气,再拧开乙炔开关,放出少量的乙炔。当两种气体混合后,将焊嘴接近火源,点燃混合气体。点火时如果出现连续的"放炮"声,则说明乙炔不纯,这时需放出不纯的乙炔,再重新点火。有时出现不易点火的现象,多数情况是氧气开得过大所致,这时应将氧气调节阀关小。

(2) 火焰调节

焊接前,应根据所焊材料的种类和性质选择所用火焰的性质,再对火焰进行调节。

通过在焊炬上改变氧和乙炔的体积比,可以获得 3 种不同性质的气焊火焰:中性焰、碳化焰和氧化焰。

当氧与乙炔以 1.0~1.2 的体积比混合燃烧后生成中性焰。中性焰由焰心、内焰、外焰三部分组成,内焰温度最高,可达 3 000~3 200℃。中性焰适用于焊接低碳钢、中碳钢、紫铜和铝合金等多种材料。

当氧与乙炔以小于 1.0 的体积比混合燃烧后生成碳化焰。由于氧气较少,燃烧不完全,整个火焰比中性焰长,但温度比较低,最高温度低于 3 000℃。用碳化焰焊接会使焊接金属增碳,一般只用于高碳钢、铸铁等材料的焊接。

当氧与乙炔以大于 1.2 的体积比混合燃烧后生成氧化焰。由于氧气充足,燃烧比中性焰剧烈,火焰较短,温度比中性焰高,可达 3 100~3 300℃。氧化焰对焊接金属有氧化作用,一般不宜采用,但在焊接黄铜时可用氧化焰。

通常刚点燃的火焰多为碳化焰,若要调节成中性焰,则应逐渐开大氧气的阀门,加大氧气的供给量。直至火焰的内外焰、焰芯轮廓明显时,可认为是中性焰。调成中性焰后,若增加氧气或减少乙炔,可得到氧化焰;若增加乙炔或减少氧气则得到碳化焰。另外,由于所焊材料的厚度不同,火焰的大小也要随之而调节。一般情况下,若要减小火焰,应先减少氧气的供给量,后减少乙炔;反之,则应先增加乙炔的供给量,后增加氧气。

(3) 熄火操作

火焰的熄灭。需要熄灭火焰时,应先关闭乙炔调节阀,再关闭氧气调节阀。否则,就会出现大量的炭灰(冒黑烟)。

2) 起焊

起焊时由于刚开始焊,焊件温度较低或接近环境温度。为便于形成熔池,并利于对焊件进行预热,焊嘴倾角应大些,同时在起焊处应使火焰往复移动,保证在焊接处加热均匀。如果两焊件的厚度不相等，火焰应稍微偏向厚件，以使焊缝两侧温度基本相同，熔化一致，熔池刚好在焊缝处。当起点处形成白亮而清晰的熔池时，即可填入焊丝，并向前移动焊炬进行正常焊接。在施焊时应正确掌握火焰的喷射方向，使得焊缝两侧的温度始终保持一致，以免熔池不在焊缝正中而偏向温度较高的一侧，凝固后使焊缝成形歪斜。焊接火焰内层焰芯的尖端要距离熔池表面3～5mm，自始至终保持熔池的大小、形状不变。

起焊点的选择，一般在平焊对接接头的焊缝时，从对缝一端30mm处施焊，目的是使焊缝处于板内，传热面积大，当母材金属熔化时，周围温度已升高，从而在冷凝时不易出现裂纹。管子焊接时起焊点应在两定位焊点中间。

3）焊嘴和焊丝的运动

为了控制熔池的热量，获得高质量的焊缝，焊嘴和焊丝应作均匀协调的摆动。焊嘴和焊丝的运动包括3种动作：

（1）沿焊缝的纵向移动，不断地熔化工件和焊丝，形成焊缝。

（2）焊嘴沿焊缝作横向摆动，充分加热焊件，使液体金属搅拌均匀，得到致密性好的焊缝。在一般情况下，板厚增加，横向摆动幅度应增大。

（3）焊丝在垂直焊缝的方向送进，并作上下移动，调节熔池的热量和焊丝的填充量。

同样，在焊接时，焊嘴在沿焊缝纵向移动、横向摆动的同时，还要作上下跳动，以调节熔池的温度；焊丝除作前进运动、上下移动外，当使用熔剂时也应作横向摆动，以搅拌熔池。

在正常气焊时，焊丝与焊件表面的倾斜角度一般为30°～40°，焊丝与焊嘴中心线夹角为90°～100°。焊嘴和焊丝的协调运动，使焊缝金属熔透、均匀，又能够避免焊缝出现烧穿或过热等缺陷，从而获得优质、美观的焊缝。

焊嘴和焊丝的摆动方法及幅度与焊件厚度、材质、焊缝的空间位置和焊缝尺寸等因素有关。

4）接头与收尾

焊接中途停顿后，又在焊缝停顿处重新起焊和焊接时，把与原焊缝重叠部分称为接头。焊到焊缝的终端时，结束焊接的过程称为收尾。

接头时，应用火焰把原熔池重新加热至熔化形成新的熔池后，再填入焊丝重新开始焊接，并注意焊丝熔滴应与熔化的原焊缝金属充分熔合。接头时要与前焊缝重叠5～10mm，在重叠处要注意少加或不加焊丝，以保证焊缝的高度合适和接头处焊缝与原焊缝的圆滑过渡。

收尾时，由于焊件温度较高，散热条件也较差，所以应减小焊嘴的倾角和加快焊接速度，并应多加一些焊丝，以防止熔池面积扩大，避免烧穿。收尾时应注意使火焰抬高并慢慢离开熔池，直至熔池填满后，火焰才能离开。总之，气焊收尾时要掌握好倾角小、焊速增、加丝快、熔池满的要领。

在气焊的过程中除了上述的基本操作方法，焊嘴的倾斜角度是不断变化的。一般在预热阶段，为了较快地加热焊件，迅速形成熔池，焊嘴的倾斜角度为50°～70°；在正常焊接阶段，焊嘴的倾斜角度为30°～50°；在收尾阶段，焊嘴的倾斜角度为20°～30°。

5）左焊法和右焊法

焊丝和焊炬由接缝右端向左端移动，焊丝在焊炬前进方向的前面，火焰指向焊件金属的未焊部分，这种操作方法称为左焊法。反之，称为右焊法。

采用左焊法，这时焊炬火焰背着焊缝而指向焊件的未焊部分，并且焊炬火焰跟在焊丝后面运走，如图 5.7(a)所示。左焊法的基本特点是：操作简单，容易掌握，适于焊接较薄和低熔点的工件；但也存在着焊缝金属易氧化，冷却速度较快，热量利用率低的缺点。在采用左焊法时，焊工能很清楚地看到熔池上部凝固边缘，并可以获得高度和宽度均匀的焊缝；由于焊接火焰指向焊件的未焊部分，还对金属起到了预热的作用。一般左焊法用于焊接 5mm 以下的薄板和低熔点金属，具有较高的生产效率。

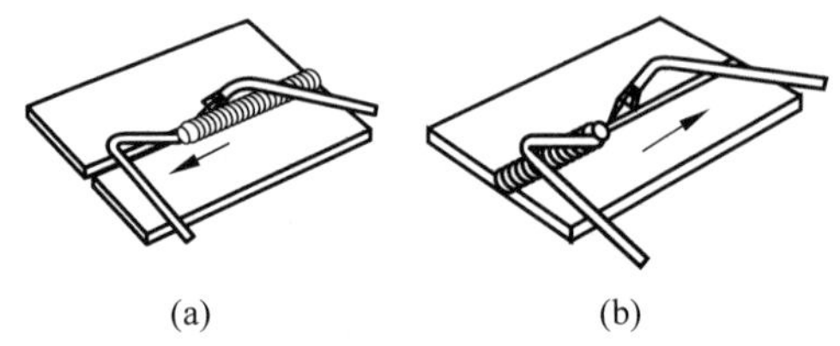

图 5.7 左焊法和右焊法示意图
(a) 左焊法；(b) 右焊法

采用右焊法，这时焊接火炬指向焊缝，并且焊接火焰在焊丝前面移动，如图 5.7(b)所示。采用右焊法时，由于焊接火焰始终对着熔池，形成遮盖，使整个熔池和周围空气隔离，所以能防止焊缝金属的氧化，减少气孔和夹渣的产生，同时使熔池缓慢冷却，从而改善了焊缝的组织。另外，由于焰芯距熔池较近以及火焰受到坡口和焊缝的阻挡，使焊接火焰的热量较为集中，火焰能量的利用程度较高，这样使得熔透度大、增加熔深并提高生产率。右焊法的主要缺点是不易掌握和对焊件没有预热作用，故右焊法较少采用。右焊法主要适用于焊接厚度较大或熔点较高的焊件。

5.4 气　割

5.4.1 气割的原理及特点

气割是利用可燃气体与氧气混合燃烧的预热火焰，将金属加热到燃烧点，并在氧气射流中剧烈燃烧而将金属分开的加工方法。可燃气体与氧气的混合及切割氧的喷射是利用割炬来完成的。气割所用的可燃气体主要是乙炔、液化石油气和氢气等。气割过程有 3 个阶段：

气割

(1) 预热。气割开始时，利用氧乙炔焰或氧丙烷焰将工件切割处预热到能发生剧烈氧化的燃烧温度。

(2) 燃烧。喷出高速切割氧流，使已预热的金属燃烧，生成氧化物。

(3) 熔化与吹除。金属燃烧生成的氧化物以及与反应表面毗邻的一部分金属被燃烧热熔化后，再被气流吹掉，完成切割过程。

燃烧热和预热火焰同时将邻近的金属预热到所需温度。整个气割过程中，被熔化的金属约占熔渣总量的 30%或更多。

可以气割的金属应符合下述条件。

(1) 金属的燃点应低于金属熔点。否则，切割时金属先熔化变成熔割状态，难以获得整齐的切口。低碳钢的燃点大约为 1 350℃，而熔点高于 1 500℃，满足气割条件。随着碳的质量分数增加，碳钢的熔点降低、燃点升高；碳的质量分数超过 0.7%时，燃点高于熔点，难以气割。

(2) 金属氧化物的熔点应低于金属本身的熔点，且流动性好，以使燃烧生成的氧化物能及时被熔化吹走。

(3) 金属与氧气燃烧所放出的热量应保证气割处的金属有足够的预热温度，以维持切割过程能连续进行，而且金属本身的导热性要低。

符合上述气割条件的金属有纯铁、低碳钢、中碳钢和低合金钢以及钛等。其他常用的金属如铸铁、不锈钢、铝和铜等，必须采用特殊的氧燃气切割方法或熔化方法切割。

与其他切割方法（如机械切割）相比，气割的特点是灵活方便、适应性强、可在任意位置和任意方向切割任意形状和厚度的工件、生产效率高、操作方便、切口质量较好、可采用自动或半自动切割，广泛用于型钢下料和铸钢件浇口的切除，有时可以代替刨削加工如厚钢板开坡口等。气割存在的问题是：切割材料有条件限制，适于一般钢材的切割。

5.4.2　气割设备

气割所需的设备中，除用割炬代替焊炬外，其他设备与气焊相同。

割炬又称割枪或割把，是气割必不可少的工具。割炬的作用是向割嘴稳定地供送预热用气体和切割氧，控制这些气体的压力和流量，调节预热火焰等。各种型号的割炬，配有几个大小不同的割嘴，用于切割不同厚度的工件。

5.4.3　气割操作

1. 预热

先在工件的边缘预热，使其温度达到燃烧温度（呈红色）。

2. 切割

慢慢开启切割氧气调节阀，当看到氧化铁渣被切割氧气流吹掉，便逐渐加大切割氧气流。待听到割件下面“啪啪”的声响，说明工件已被割穿。这时应按工件的厚度灵活掌握切割速度，沿着割样线向前切割。在切割过程中，割炬移动要均匀，割嘴离工件距离保持不变（3～5mm）。手工气割时，割嘴沿气割方向后倾 20°～30°，以提高气割速度。气割速度是否正常，可根据熔渣流动方向来判断。当熔渣的流动方向基本上与工件表面垂直时，说明气割速度正常；若熔渣成一定角度流出，后拖量较大，则说明气割速度过快。

3. 移位

气割较长割线时，一次割 300～500mm 后，需移动操作位置。此时，应先关闭切割氧气调节阀，将割炬火焰离开工件后再移动身体位置。接着切割时，割嘴一定要对准割线的接割处，并预热到燃烧温度，再缓慢开启切割氧气调节阀，继续切割。若续割薄板时，也可开启切割氧气流，再将割炬的火焰对准续割处切割。

4. 终割

气割临近终点时，割嘴应向气割方向后倾一定角度，使钢板下部提前割穿，并注意余料下落位置，然后将钢板全部割穿，以使收尾的割缝比较平整。气割完毕后，应迅速关闭切割氧气调节阀，并将割炬拿起，再关闭乙炔调节阀，最后关闭预热氧气调节阀。

5. 回火处理

气割过程中，若发现鸣爆及回火，应迅速关闭切割氧气调节阀和预热氧气调节阀，防止氧气倒流入乙炔管内。如果此时在割炬内还在发生“嘘嘘”的声响，说明割炬内回火尚未熄灭，应立即将乙炔调节阀关闭，使回火熄灭。过几秒钟后，再打开预热氧气调节阀，将混合气管内的碳粒和余焰吹尽，然后重新点燃，继续切割。产生鸣爆和回火现象的原因是由于割嘴过热或者氧化铁熔渣飞溅物堵住割嘴所致。因此在终止回火后，应去除粘在割嘴上的熔渣，并用通针捅通切割氧气射流孔。也可将割嘴放在冷水中冷却后再继续切割。

5.5 其他焊接方法简介

5.5.1 气体保护电弧焊

气体保护电弧焊简称气体保护焊或气电焊，它是利用电弧作为热源，气体作为保护介质的熔化焊。常用的保护气体有氩气和二氧化碳气体。

1. 氩弧焊

按照电极的不同，氩弧焊分为熔化极氩弧焊和非熔化极氩弧焊两种。

1）熔化极氩弧焊

熔化极氩弧焊采用焊丝作为电极。其工作原理是：焊丝通过送丝轮送进，导电嘴导电，在母材与焊丝之间产生电弧，使焊丝和母材熔化，并用惰性气体氩气保护电弧和熔融金属来进行焊接的，如图 5.8(a)所示。

2）非熔化极氩弧焊

非熔化极氩弧焊是以高熔点的金属钨或钨的合金材料作为电极，在惰性气体(氩气)的保护下，利用电极和工件之间产生的电弧热熔化母材和填充焊丝的焊接方法，如图 5.8(b)所示。在电极的周围通过喷嘴送进保护气体形成一个保护气罩，使钨极端头、电弧和熔池及已处于高温的金属不与空气接触。

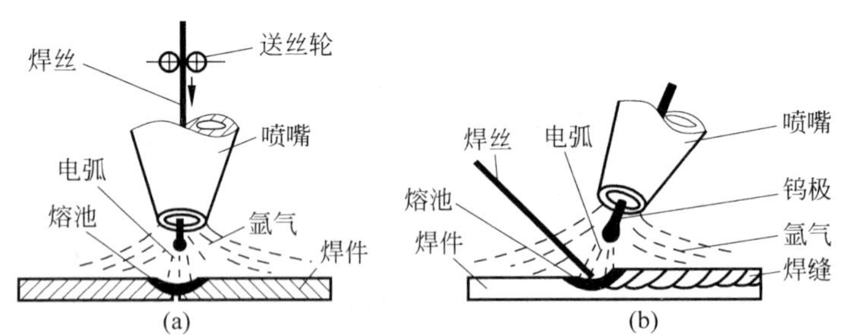

图 5.8 氩弧焊示意图

(a) 熔化极氩弧焊；(b) 非熔化极氩弧焊

氩气在高温下不和金属发生化学反应、不会引起气孔、没有分子分解或原子吸热的现象。氩弧焊用氩气保护效果很好，电弧稳定，电弧的热量集中，热影响区较小，焊后工件变形小，表面无熔渣。因此，可获得高质量的焊接接头；并且操作灵活，适用于各种位置的焊接，便于实现机械化和自动化。氩弧焊可用于几乎所有金属的焊接，但由于其成本较高，目前主要用于不锈钢、高强度合金钢以及易氧化的有色金属的焊接。

2. 二氧化碳气体保护焊

在焊丝熔化极电弧焊中，以二氧化碳作为保护气体，对电弧及熔化区的母材进行保护的焊接方法称为二氧化碳气体保护焊。二氧化碳在高温下会分解出氧而进入熔池，因此必须在焊丝中加入适量的锰、硅等脱氧剂。其主要优点是成本较低，焊接电流密度大，焊接速度快，生产率高，工件变形小，操作灵活，适用于各种位置的焊接，便于实现机械化和自动化。缺点是焊缝成形不太光滑，焊接时飞溅大。

由于二氧化碳是一种氧化性气体，所以不适于焊接有色金属和高合金钢，而主要用于焊接低碳钢和某些低合金结构钢。

5.5.2　埋弧自动焊

埋弧自动焊是电弧在焊剂层下燃烧进行焊接的方法，它以焊丝作为电极和填充金属。焊接时，引燃电弧、送丝、电弧沿焊接方向移动及焊接收尾等过程完全由机械来完成。埋弧自动焊过程如图 5.9 所示。

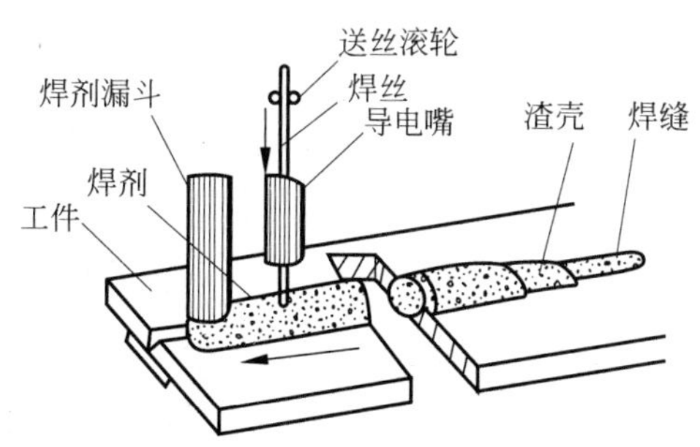

图 5.9　埋弧自动焊焊接过程

焊剂由漏斗流出后，均匀地堆敷在装配好的工件上，焊丝由送丝机构经送丝滚轮和导电嘴送入焊接电弧区。焊接电源的两端分别接在导电嘴和工件上。送丝机构、焊剂漏斗及控制盘通常都装在一台小车上以实现焊接电弧的移动。

焊接过程是通过操作控制盘上的按钮开关来实现自动控制的。焊接过程中，在工件被焊处覆盖着一层 30～50mm 厚的粒状焊剂，连续送进的焊丝在焊剂层下与焊件间产生电弧，电弧的热量使焊丝、工件和焊剂溶化，形成金属熔池，使它们与空气隔绝。随着焊机自动向前移动，电弧不断熔化前方的焊件金属、焊丝及焊剂，而熔池后方的边缘开始冷却凝固形成焊缝，液态熔渣随后也冷凝形成坚硬的渣壳。未熔化的焊剂可回收使用。

埋弧焊具有生产效率高、焊缝质量好、劳动条件好等优点，适用于中厚板长直焊缝的焊接。在船舶、锅炉与压力容器、化工设备、桥梁、起重机械、海洋工程结构等制造中广泛应用。

5.5.3　电阻焊

电阻焊是将被焊工件压紧于两电极之间，并施以电流，利用电流流经工件接触面及邻近区域产生的电阻热，将焊件连接处局部加热到熔化或塑性状态，使之形成金属结合的一种方法。电阻焊的主要方法有点焊、缝焊、凸焊、对焊等，如图 5.10 所示。

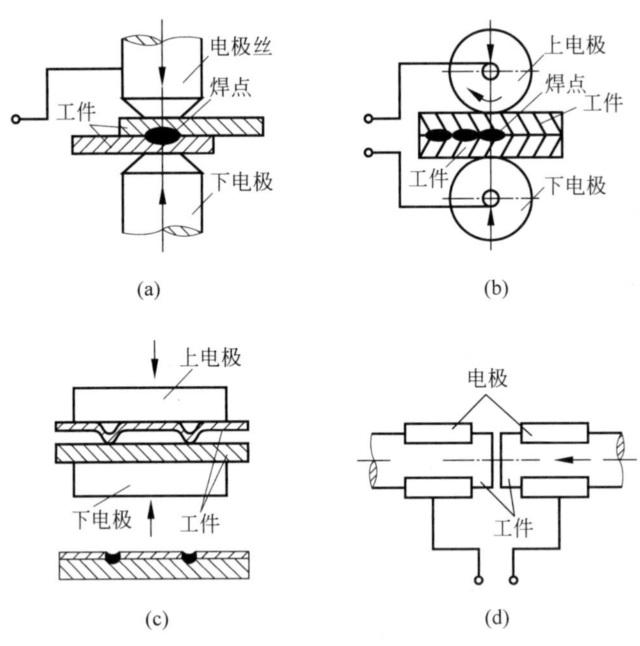

(a) (b) (c) (d)

图 5.10 电阻焊的方法

(a) 点焊；(b) 缝焊；(c) 凸焊；(d) 对焊

1. 点焊

点焊是将焊件装配成搭接接头，并压紧在两柱状电极之间，利用电阻热熔化母材金属，形成焊点的电阻焊方法。点焊主要用于薄板焊接。

点焊的工艺过程如下：

(1) 预压，保证工件接触良好。

(2) 通电，使焊接处形成熔核及塑性环。

(3) 断电锻压，使熔核在压力继续作用下冷却结晶，形成组织致密、无缩孔、裂纹的焊点。

2. 缝焊

缝焊的过程与点焊相似，只是以旋转的圆盘状滚轮电极代替柱状电极，将焊件装配成搭接或对接接头，并置于两滚轮电极之间，滚轮加压焊件并转动，连续或断续送电，形成一条连续焊缝的电阻焊方法。

缝焊主要用于焊接焊缝较为规则、要求密封的结构，板厚一般在 3mm 以下。

3. 凸焊

凸焊是点焊的一种变形形式。在一个焊件上有预制的一个或多个凸点，使其与另一个焊件的表面接触并通电加热到所需温度，然后压塌，使这些接触点形成焊点。

凸焊主要用于焊接低碳钢和低合金钢的冲压件。凸焊的种类很多，除板件凸焊外，还有螺帽和螺钉类零件的凸焊、线材交叉凸焊、管子凸焊、板材 T 形凸焊等。

4. 对焊

对焊是使焊件沿整个接触面焊合的电阻焊方法。对焊分为电阻对焊和闪光对焊两种。

1) 电阻对焊

电阻对焊是将焊件装配成对接接头,使其端面紧密接触,利用电阻热加热至塑性状态,然后断电并迅速施加顶锻力完成焊接的方法。电阻对焊主要用于截面简单、直径或边长小于20mm和强度要求不太高的焊件。

2) 闪光对焊

闪光对焊是将焊件装配成对接接头,接通电源,使其端面逐渐移近达到局部接触,利用电阻热加热这些接触点,在大电流作用下,产生闪光,使端面金属熔化,直至端部在一定深度范围内达到预定温度时,断电并迅速施加顶锻力完成焊接的方法。

闪光对焊的接头质量比电阻对焊好,焊缝力学性能与母材相当,而且焊前不需要清理接头的预焊表面。闪光对焊常用于重要焊件的焊接。可焊同种金属,也可焊异种金属。

电阻焊焊接电压很低(1～12V)、焊接电流很大(几千～几万安培),完成一个接头的焊接时间极短(0.01～几秒),故生产率高;加热时,对接头施加机械压力,接头在压力的作用下焊合,焊接时不需要填充金属。

电阻焊的应用很广泛,在汽车和飞机制造业中尤为重要,例如新型客机上有多达几百万个焊点。电阻焊在宇宙飞行器、半导体器件和集成电路元件等制造中都有应用。因此,电阻焊是焊接的重要方法之一。

5.5.4 钎焊

钎焊是利用熔点比母材(被钎焊材料)熔点低的填充金属(称为钎料或焊料),在低于母材熔点、高于钎料熔点的温度下,利用液态钎料在母材表面或间隙中润湿、铺展和在母材间隙中填缝,与母材相互溶解与扩散,而实现零件间的连接的焊接方法。按钎料熔点不同,钎焊分为软钎焊和硬钎焊两种。

软钎焊。软钎焊的钎料熔点低于450℃,常用的钎料是锡基钎料。软钎焊的接头强度低(小于70MPa),主要用于焊接受力不大和工作温度较低的工件,如各种电器导线的连接及仪器、仪表元件的钎焊。

硬钎焊。其钎料的熔点高于450℃,常用的有铝基、铜基、银基、镍基等合金钎料。硬钎焊的接头强度较高(大于200MPa),主要用于焊接受力较大、工作温度较高的工件,如各种机械零件的连接和刀具的焊接等。

钎焊时一般要用钎剂。钎剂的作用是去除母材和钎料表面的氧化物和油污杂质,保护钎料和母材接触面不被氧化,增加钎料的润湿性和毛细流动性。钎剂的熔点应低于钎料,钎剂残渣对母材和接头的腐蚀性应较小。软钎焊常用的钎剂是松香或氯化锌溶液,硬钎焊常用的钎剂是硼砂、硼酸和碱性氟化物的混合物。

钎焊的加热方式有烙铁加热、火焰加热、电阻加热、感应加热、浸渍加热和炉中加热等,相应的称烙铁钎焊、火焰钎焊、电阻钎焊等。

钎焊的特点是接头表面光洁,气密性好,形状和尺寸稳定,焊件的组织和性能变化不大,可连接相同的或不相同的金属及部分非金属。钎焊时,还可采用对工件整体加热,一次焊完很多条焊缝，提高了生产率。但钎焊接头的强度较低，多采用搭接接头，靠通过增加搭接长度来提高接头强度；另外，钎焊前的准备工作要求较高。目前，钎焊在硬质合金刀具、散热器、电真空器件、电机、仪器仪表等制造中得到了广泛的应用。

5.6 焊接缺陷与焊接检验

5.6.1 焊接缺陷

焊接过程中，在焊接接头中产生的不符合标准要求的缺陷称为焊接缺陷，在有焊接缺陷的接头中，会出现金属不连续、不致密或连接不良的现象。焊接缺陷的存在影响焊接接头的力学性能和密封性、耐蚀性等其他使用性能。焊接结构中的缺陷影响着焊接接头的质量，也是焊接结构破坏的主要原因之一。对于重要的焊接接头，一旦发现焊接缺陷，必须修补，否则可能产生严重的后果，缺陷如不能修补，会造成产品的报废。对于不太重要的焊接接头，如个别的小缺陷，在不影响使用的情况下可以不必修补。但在任何情况下，裂纹和烧穿都是不能允许的。

金属熔化焊焊缝缺陷分为如下几类。

1. 裂纹

焊接裂纹是指金属在焊接应力及其他致脆因素的共同作用下，焊接接头中局部区域金属原子结合力遭到破坏而形成的新界面所产生的缝隙。它具有尖锐的缺口和长宽比大的特征，是焊接结构中最危险的缺陷，如图 5.11 所示。

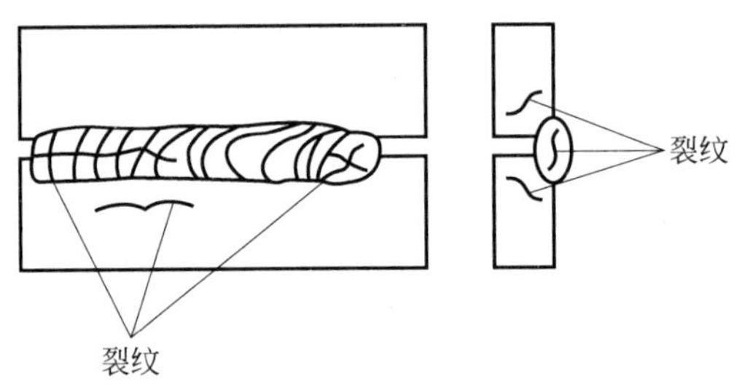

图 5.11 焊缝缺陷——裂纹

2. 孔穴

焊接时，熔池中的气体未在金属凝固前溢出，残存在焊缝之中所形成的空穴。气体可能是熔池从外界吸收的，也可能是焊接冶金过程中反应生成的。孔穴有时是单个出现，有时以成堆的形式聚集在局部区域，其形状有球形、条虫形等，如图 5.12 所示。

3. 固体夹杂

(1) 夹渣：焊后残留在焊缝中的熔渣称为夹渣。其形状一般呈线状、长条状、颗粒状及其他形式。它主要发生在坡口边缘和每层焊道之间非圆滑过渡的部位，在焊道形状发生突变或在深沟的部位也容易产生夹渣，如图5.13所示。

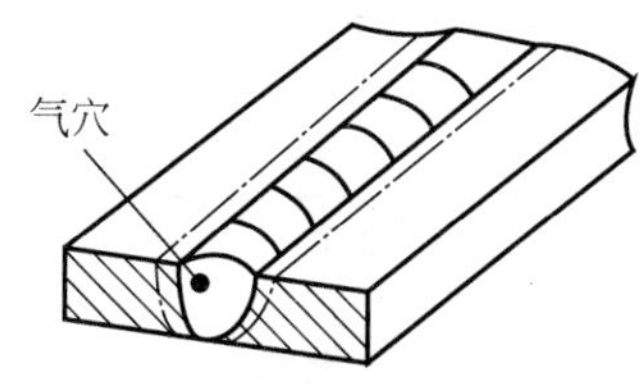

图5.12 焊缝缺陷——气穴

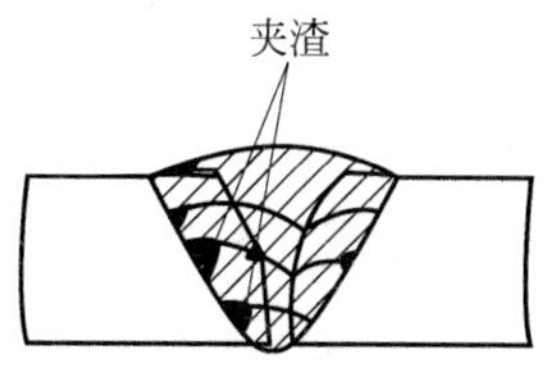

图5.13 焊缝缺陷——夹渣

(2) 夹钨：在进行钨极氩弧焊时，若钨极不慎与熔池接触，使钨的颗粒进入焊缝金属中而造成夹钨。

4. 未熔合和未焊透

(1) 未熔合：在焊缝金属和母材之间或焊道金属与焊道金属之间未完全溶化结合的部分。常出现在坡口的侧壁、多层焊的层间及焊缝的根部。如图5.14(a)所示。

(2) 未焊透：焊接时，母材金属之间应该熔合而未焊上的部分。出现在单面焊的坡口根部及双面焊的坡口钝边。未焊透会造成较大的应力集中，往往从其末端产生裂纹，如图5.14(b)所示。

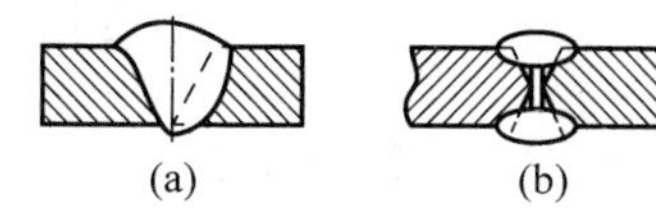

图5.14 焊缝缺陷——未熔合与未焊透
(a) 未熔合；(b) 未焊透

5. 形状缺陷

(1) 咬边：由于焊接参数选择不当，或操作工艺不正确，沿焊趾(焊缝表面与母材的交界处)的母材部位产生沟槽或凹陷称为咬边，如图5.15所示。

(2) 焊瘤：焊接过程中，熔化金属流淌到焊缝之外未熔化的母材上所形成的金属瘤。如图5.16所示。

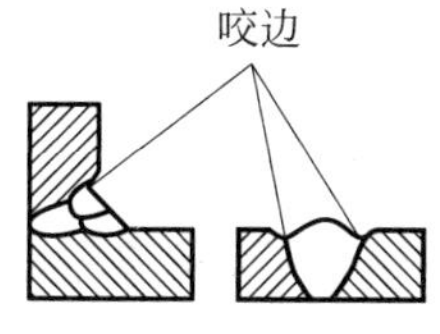

图5.15 焊缝缺陷——咬边

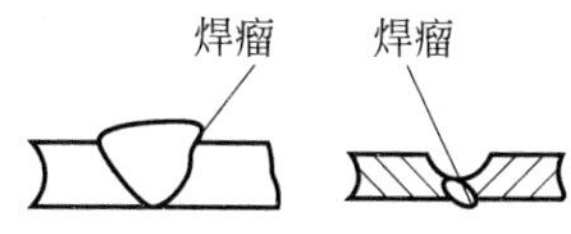

图5.16 焊缝缺陷——焊瘤

(3) 烧穿和下塌：焊接过程中，熔化金属自坡口背面流出，形成穿孔的缺陷叫烧穿，如图5.17所示。穿过单层焊缝根部，或在多层焊接接头中穿过前道融敷金属塌落的过量焊缝金属称为下塌，如图5.18所示。

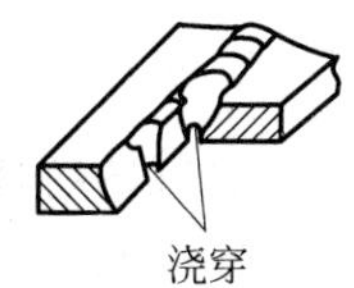

图5.17 焊缝缺陷——烧穿

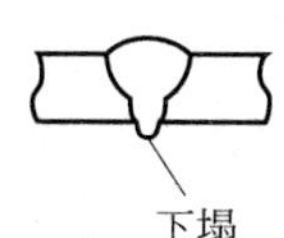

图5.18 焊缝缺陷——下塌

(4) 错边和角度偏差：由于两个焊件没有对正而造成板的中心线平行偏差称为错边，如图5.19所示。当两个焊件没有对正而造成它们的表面不平行或不成预定的角度称为角度偏差，如图5.20所示。

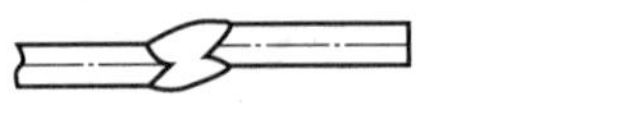
图5.19 焊缝缺陷——错边

图5.20 焊缝缺陷——角度偏差

(5) 焊缝尺寸、形状不合要求：焊缝的尺寸缺陷是指焊缝的几何尺寸不符合标准的规定。焊缝的形状缺陷是指焊缝外观质量粗糙、鱼鳞波高低、宽窄发生突变、焊缝与母材非圆滑过渡等。

6. 其他缺陷

(1) 电弧划伤：在焊缝坡口外部引弧时产生于母材金属表面上的局部损伤。

(2) 飞溅：焊接过程中，熔化的金属颗粒和熔渣向周围飞散的现象称为飞溅。

5.6.2 焊接检验

1. 焊接检验的类别

焊接检验过程主要分为3个阶段，即焊前准备的检验、焊接过程中的检验和焊后的质量检验。做好焊前准备工作是为了减少或避免焊接缺陷的产生；焊接过程中的检验是保证产品质量，防止产生废品和返工的重要措施；焊后的质量检验是为了最后验证产品质量能否达到设计要求。

焊接检验可分为破坏性检验、非破坏性检验和声发射检验3类，每类中又有若干具体的检验方法，如图5.21所示。

破坏性检验是从焊件或试件上切取试样，或以产品(或模拟体)的整体做试验，以检查其各种力学性能的试验方法。破坏性检验要破坏焊缝或接头，通常是在工艺评定阶段在随产品一起焊接的试板上进行，因此所获得的数据有很大的随机性和局限性。

非破坏性检验是指对于一些重要的焊接结构必须采用不破坏其原有的形状、不改变或不影响其使用性能的检测方法，来保证产品的安全性和可靠性，因此非破坏性检验——无损检测技术在当今获得很大的发展。

声发射检验是利用材料或结构在外力或内力作用下产生变形或断裂时发出的声发射信号来确定缺陷的产生、运动和发展情况。声发射检验技术已被广泛应用于焊接工艺研究和一些重要焊接结构的连续监视和评价。

2. 常用焊接检验方法

1) 射线探伤

射线探伤是利用射线可穿透物质和在穿透物质时能量有衰减的特性来发现缺陷的一种探伤方法。按所使用的射线源种类不同，可分为X射线探伤、γ射线探伤和高能射线探伤等。它可以检验金属材料和非金属材料及其制品的内部缺陷。具有缺陷检验的直观性、准

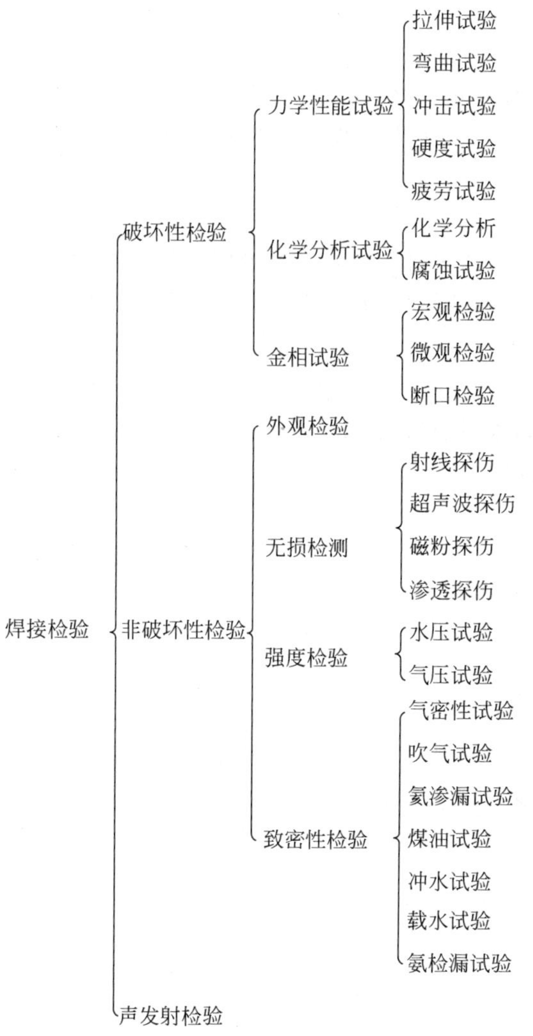

图5.21　主要焊接检验方法

确性和可靠性，且射线底片可作为质量凭证存档；缺点是设备复杂，成本高，射线对人体有害等。射线探伤又称为射线检验。

2）超声波探伤

超声波探伤是利用超声波在物质中的传播、反射和衰减等物理特征来发现缺陷的一种探伤方法。按其工作原理可分为脉冲反射法、穿透法和共振法超声波探伤等。与射线探伤相比，超声波探伤具有灵敏度高，探测速度快，成本低，操作方便，探伤厚度大，对人体和环境无害，特别对裂纹、未熔合等危险性缺陷探伤灵敏高等优点。但也存在缺陷评定不直观，定性定量与操作者的水平和经验有关，存档困难等缺点。在探伤中，常与射线探伤配合使用，提高探伤结果的可靠性。超声波探伤又称超声波检验。

3）磁粉探伤

磁粉探伤是利用磁粉在处于磁场中的焊接接头中的分布特征，检测铁磁性材料表面及近表面缺陷的一种无损探伤方法，是常用的磁力探伤方法（即磁粉法、磁敏探头法和录磁法）

之一。

4）渗透探伤

渗透探伤是利用带有荧光染料（荧光法）或红色染料（着色法）渗透剂的渗透作用，显示缺陷痕迹的无损探伤方法。可用于各种金属材料和非金属材料构件表面开口缺陷的质量检验。

5）煤油试验

煤油的渗透性很强，可透过极小的贯穿性缺陷。将煤油涂在焊缝一侧，在另一侧涂白粉水溶液并使其干燥。当煤油透过后，在白粉处显示明显的油斑，可确定贯穿性缺陷的位置和大小。

6）水压试验

将焊接容器灌满水，排尽空气，用水压泵加入静水压力并维持一定的时间，观察焊缝位置是否有泄漏，并确定缺陷位置。

第6章 CHAPTER 6

车削加工

6.1 概　　述

车削加工是在车床上利用工件与刀具的相对运动进行切削加工的方法。车削是以工件旋转为主运动，车刀纵向或横向移动为进给运动的一种切削加工方法，如图6.1所示。车削是最基本、最常见的切削加工方法，在生产中占有十分重要的地位。

车削概述

车削加工的工件尺寸公差等级一般为IT7～IT9级，表面粗糙度为Ra12.5～1.6μm。

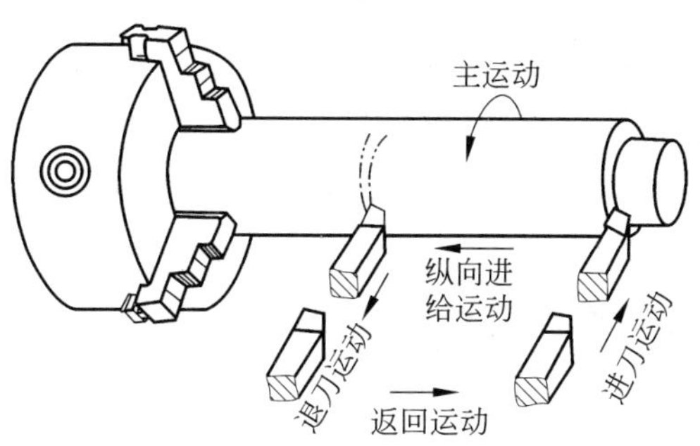

图6.1　车削加工

车削加工的应用范围很广，主要用于加工各种回转体表面，如图6.2所示。

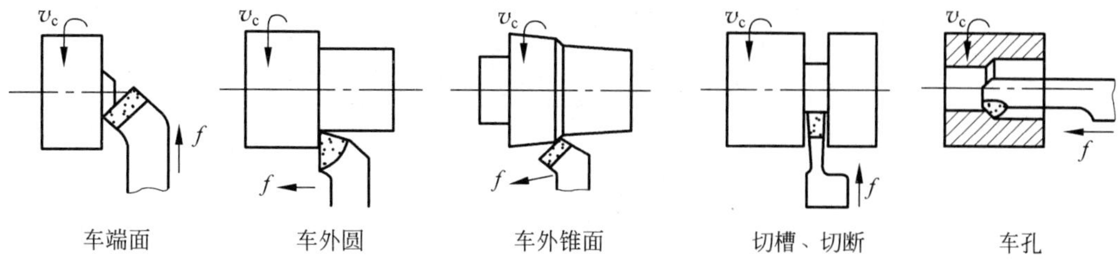

图6.2　车削加工的应用范围

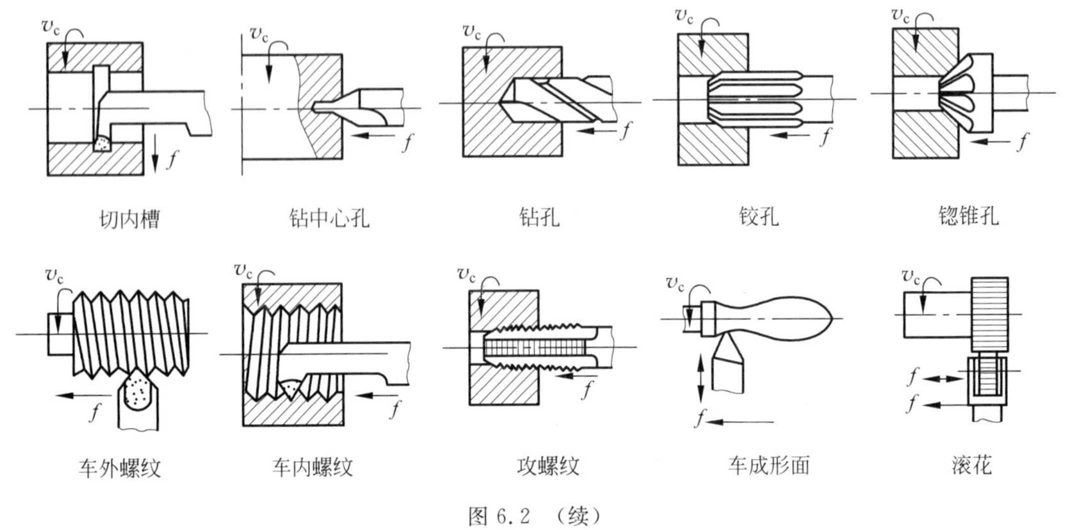

图 6.2 （续）

6.2 普通车床

6.2.1 卧式车床的组成

C6132A1 型卧式车床的主要组成部分有床身、主轴箱、进给箱、溜板箱、光杠和丝杠、刀架和尾座、床脚，如图 6.3 所示。

车床组成

(1) 床身：是车床的基础件，在床身上安装着车床的各个主要部件。它的功用是支撑各主要部件，并使它们在工作时保持准确的相对位置。床身由床脚支撑并固定在地基上。

(2) 主轴箱：箱内装有主轴和变速机构。电动机的运动经皮带传给主轴箱，再经过内部主轴变速机构，将运动传给主轴。通过变换主轴箱外部手柄的位置来操纵

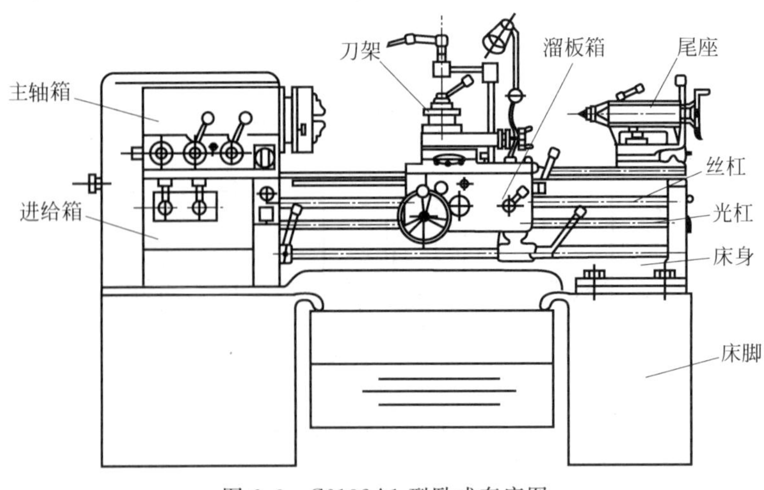

图 6.3 C6132A1 型卧式车床图

变速机构,使主轴获得不同的转速。而主轴的旋转运动又通过挂轮机构传给进给箱。主轴为空心结构,前端外锥面安装三爪卡盘等附件来夹持工件,前端内锥面用来安装顶尖,内部通孔可穿入长棒料。

(3) 进给箱:它将主轴传来的旋转运动,通过其内部的齿轮机构,传给光杠或丝杠。一般进给时,将运动传给光杠,使拖板和车刀按要求的速度作直线进给运动;车削螺纹时,将运动传给丝杠,使拖板和车刀按要求的速比作很精确的直线运动,加工出要求螺距的螺纹。

(4) 溜板箱:通过溜板箱中的传动机构,可使光杠的转动变为刀架的纵向或横向进给运动。也可使丝杠的转动通过溜板箱的开合螺母,使刀架作纵向移动,以车削螺纹。

拖板分大拖板、中拖板和小拖板3层,大拖板与溜板箱相连接,可沿床身导轨作纵向移动;中拖板可沿大拖板的导轨作横向移动;小拖板置于中拖板上,用转盘形式与中拖板相连,转盘上有导轨,小拖板可沿导轨作短距离移动。当转盘转动处于不同位置时,小拖板带动刀架可作纵向、横向或斜向的移动。

(5) 光杠和丝杠:通过光杠或丝杠,将进给箱的运动传给溜板箱。自动进给时用光杠,车削螺纹时用丝杠。

(6) 刀架:位于溜板的上部,用来装夹车刀。

(7) 尾座:位于床身的尾架导轨上,并可沿此导轨纵向调整位置。它的功用是用顶尖支撑工件,还可以安装钻头等孔加工刀具,以进行孔加工。

(8) 床脚:支撑床身并与地基连接。

6.2.2 卧式车床的型号

机床的型号是用来表示机床的类别、特性、组系和主要参数的代号。按照国标规定,机床型号由汉语拼音字母及阿拉伯数字组成,例如C6132A型普通车床,型号中的代号及数字的含义如下:

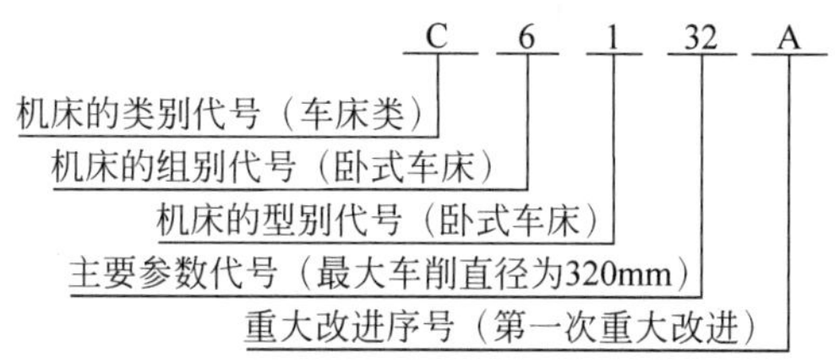

6.2.3 卧式车床的传动系统

C6132A1型卧式车床的传动系统传动路线如图6.4所示。

C6132A1型车床的传动系统由主运动传动系统和进给运动传动系统两部分组成。

(1) 主传动系统:电动机转动经带传动,再经床头箱中的主轴变速机构把运动传给主轴,使主轴产生旋转运动。

(2) 进给传动系统:主轴的旋转运动经挂轮变速机构、进给箱中的齿轮变速机构、光杠或丝杠、溜板箱把运动传给刀架,使刀具纵向或横向移动,或车螺纹纵向移动。

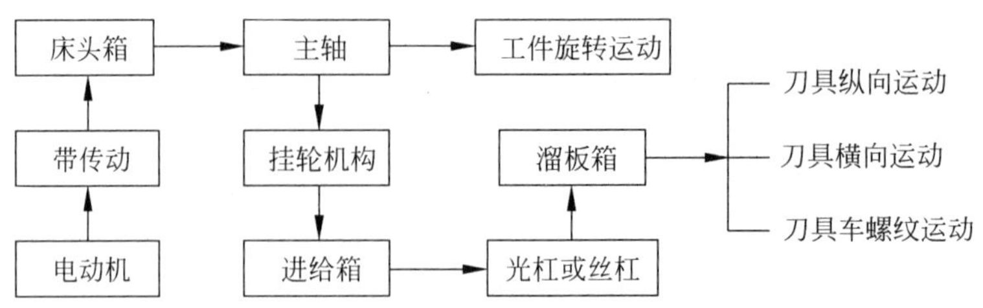

图 6.4 C6132A1 型卧式车床的传动系统传动路线

6.3 车削刀具的基本知识

6.3.1 车刀的种类和用途

车刀的种类很多,分类方法也不同,一般常按照车刀的用途、形状或刀具的材料等进行分类。

车刀按用途分为外圆车刀、端面车刀、内孔车刀、切断或切槽刀、螺纹车刀及成形车刀等。内圆车刀按其能否加工通孔又分为通孔车刀或不通孔车刀。车刀按形状分为直头或弯头车刀、尖刀或圆弧车刀、左或右偏刀等。车刀按材料分为高速钢车刀和硬质合金车刀等。按被加工表面精度的高低,车刀可分为粗车刀和精车刀。车刀按结构分为整体车刀、焊接车刀、焊接装配车刀、机夹车刀和可转位车刀等。图 6.5 所示为车刀按用途分类的情况及所加工的各种表面。

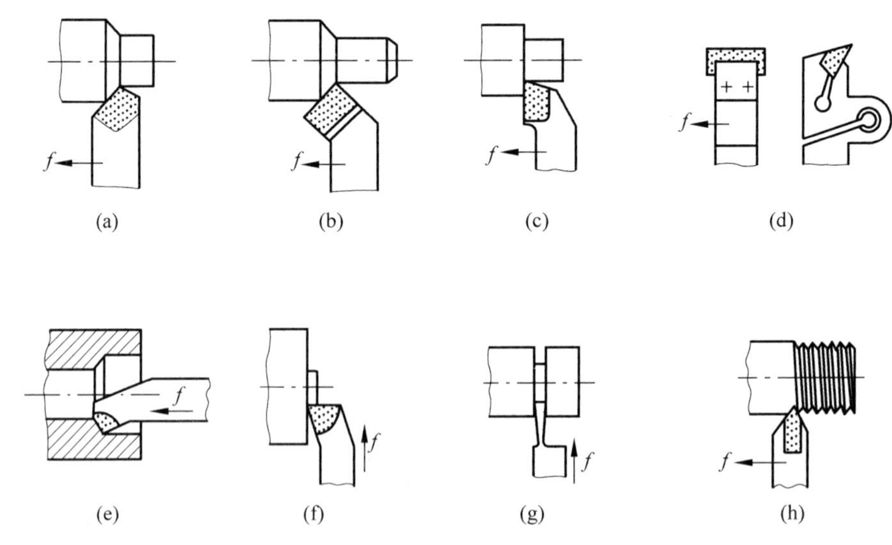

图 6.5 常用车刀种类和用途

(a) 直头外圆车刀;(b) 弯头外圆车刀;(c) 90°外圆车刀;(d) 宽刃精车外圆车刀;
(e) 内孔车刀;(f) 端面车刀;(g) 切断车刀;(h) 螺纹车刀

6.3.2　车刀的装夹步骤和装夹要求(以外圆车刀为例)

1. 车刀的安装

1) 车刀的正确安装(见图 6.6)

(1) 车刀刀尖应与工件中心线等高;

(2) 刀杆应与工件轴心线垂直;

(3) 车刀伸出刀架的长度,一般不超过刀杆厚度的两倍;

(4) 车刀下面的垫片要放平,并尽可能用厚的垫片,以减少垫片数目。

车刀安装

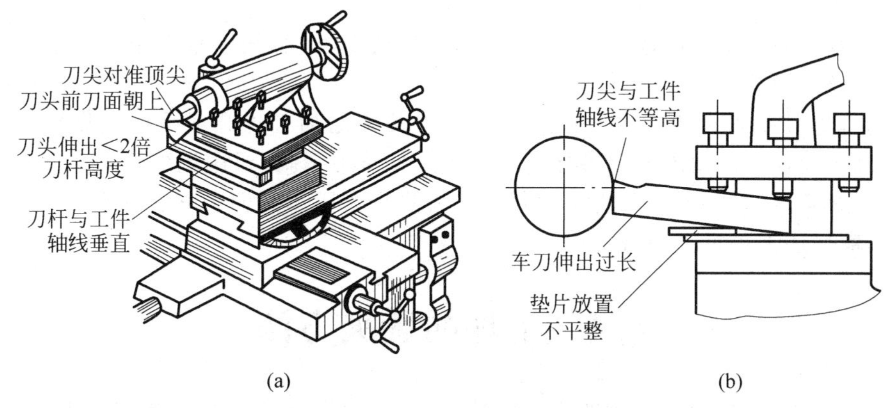

图 6.6　车刀的安装

(a) 正确;(b) 错误

2) 车刀刀尖对准工件中心的方法。装刀时,一般先用目测法大致调整至中心后,再利用尾座顶尖高度或用测量刀尖高度的方法将车刀装至中心。具体的操作方法如下。

(1) 目测法。移动大拖板和中拖板,使刀尖靠近工件,目测刀尖与工件中心的高度差,选用相应厚度的垫片垫在刀杆下面。注意:选用的垫片必须平整,数量尽可能少,垫片安放时要与刀架面齐平。

(2) 顶尖对准法。使车刀刀尖靠近尾座顶尖中心,根据刀尖与顶尖中心的高度差调整刀尖高度,刀尖应略高于顶尖中心 0.2～0.3mm,当螺钉紧固时,车刀会被压低,这样刀尖的高度就基本与顶尖的高度一致。

(3) 测量刀尖高度法。用钢直尺将正确的刀尖高度量出,并记下读数,以后装刀时就以此读数来测量刀尖高度进行装刀。

另一种方法是将刀尖高度正确的车刀连垫片一起卸下,用游标卡尺量出高度尺寸,记下读数,以后装刀时,只要测量车刀刀尖至垫片的高度,读数符合要求即可装刀。

上述 3 种方法装刀均有一定误差,在一般情况下可以使用,但如车端面、圆锥等要求车刀必须严格对准工件中心时,就要用车端面的方法进行精确找正。

3) 车刀的紧固。车刀紧固前要目测检查刀杆中心与工件轴线是否垂直,如不符合要求,要转动车刀进行调整,位置正确后,先用手拧紧刀架螺钉,然后再使用专用刀架扳手将前、后两个螺钉轮换逐个拧紧。注意:刀架扳手不允许加套管,以防损坏螺钉。

2. 切断刀与螺纹车刀的安装

1）切断刀的安装

（1）切断刀一定要装得与工件中心线一样高，否则不仅不能把工件切下来，而且很容易使切断刀折断。

（2）切槽刀和切断刀的中心线必须装得与工件中心线成90°，否则车刀的副刀刃就会与工件两侧面产生摩擦。

（3）切断刀的底平面如果不平，就会引起后角变化，在切断时，车刀的某一副后面就会与工件强烈摩擦。

2）三角螺纹车刀的安装

三角螺纹车刀刀尖高度应对准工件轴线，刀尖角60°中心线应垂直于工件轴线，否则会使车出的螺纹牙形歪斜。

装刀时，将刀尖高度对准工件中心，然后用样板在已加工外圆或平面上靠平，将螺纹车刀两侧切削刃与样板的角度槽对齐作透光检查。如车刀歪斜，要用铜棒轻轻敲刀杆，使车刀位置对准样板角度，符合要求后将车刀紧固。为防止紧固车刀时有可能会使车刀产生很小的位移，紧固后还需再重复检查一次。

6.4 工件的装夹方法

要使工件通过机械加工达到所规定的技术要求，就必须在进行切削前使工件在机床上具有正确的位置，称为定位。在工件定位后将其固定，使其在加工过程中能承受切削力，并保持其定位位置不变的过程称为夹紧。工件的装夹包括定位和夹紧。

安装工件的主要要求：保证工件的加工精度，装夹可靠和具有高的生产率。工件的装夹可利用不同的附件，进行不同方法的安装。

1. 三爪卡盘

三爪卡盘是车床上常用的附件，能同时进行自动定位和夹紧，一般用来夹持圆形及边数为3的整数倍的多边形截面（三角形、六边形等）外表面或内表面的工件，进行各种机械加工，夹紧力可调，定心精度高，能满足普通精度机床的要求。三爪卡盘构造如图6.7所示。

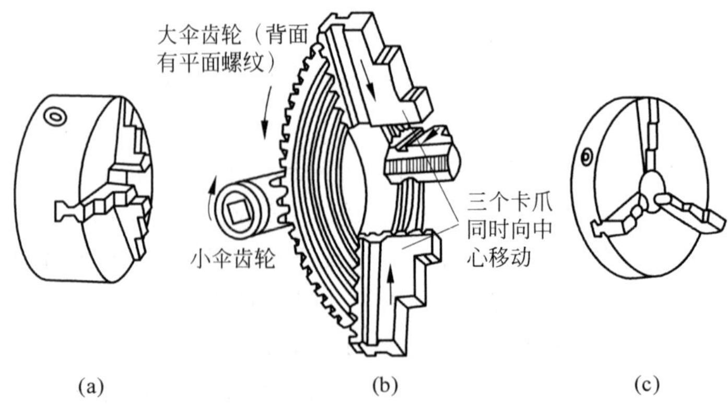

图6.7 三爪卡盘

(a) 三爪卡盘外形；(b) 三爪卡盘结构；(c) 反三爪卡盘

当转动小伞齿轮时，可使与它相啮合的大伞齿轮随之转动，大伞齿轮背面的平面螺纹就使 3 个爪卡同时向中心靠近或退出，以夹紧不同直径的工件。由于 3 个爪卡是同时移动的，所以用于夹持圆形截面工件可自行对中，其对中的准确度为 0.05～0.15mm。三爪卡盘还附带 3 个反爪，换到卡盘体上即可用来安装直径较大的盘形工件(见图 6.7(c))。

三爪卡盘适合于装夹短棒料或圆盘类等工件。

2. 四爪卡盘

四爪卡盘外形如图 6.8 所示。它的 4 个卡爪通过 4 个调整丝杠独立移动，因此，不但可以装夹截面是圆形的工件，还可以装夹截面是方形、椭圆或其他不规则形状的工件。由于四爪卡盘比三爪卡盘的夹紧力大，也常用来装夹较重的圆形截面工件。如果把 4 个卡爪各自掉头安装到卡盘体上，起到"反爪"作用，即可安装较大的工件。由于四爪卡盘的 4 个卡爪是独立移动的，在安装工件时必须进行仔细的找正工作。一般用划针盘按工件外圆表面或内孔表面找正(见图 6.9(a))。如果零件的安装精度要求很高，三爪卡盘不能满足安装精度要求时，也往往在四爪卡盘上安装。这时须用百分表找正(见图 6.9(b))，安装精度可达 0.01mm。

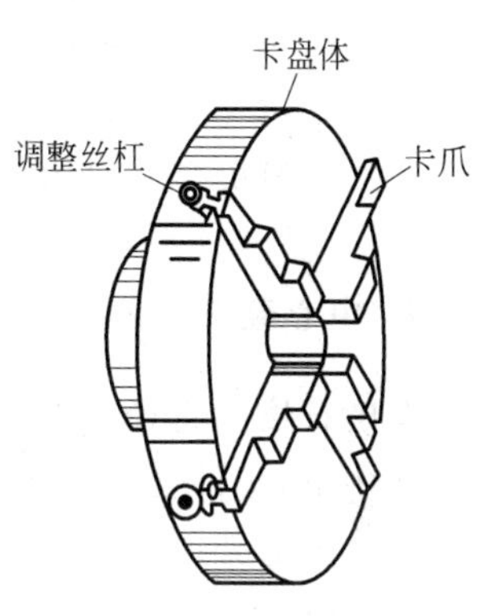

图 6.8　四爪卡盘

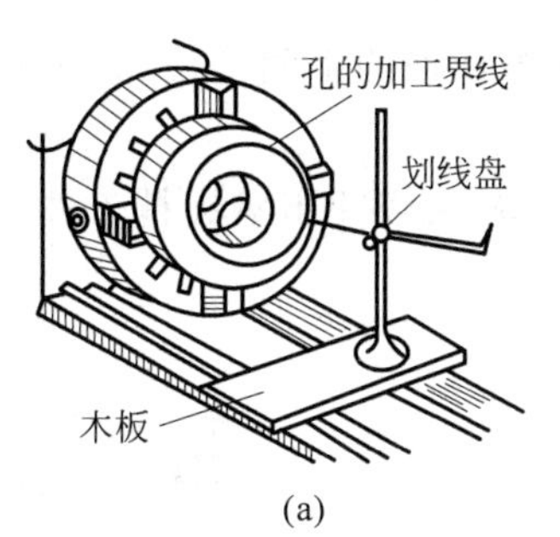

(a)

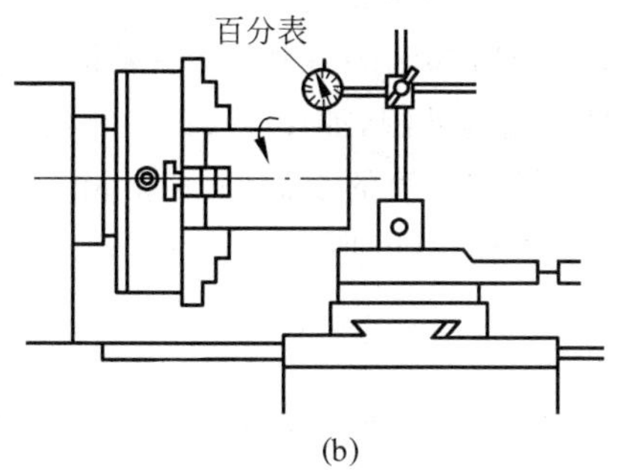

(b)

图 6.9　用四爪卡盘安装工件时的找正

(a) 用划针盘找正；(b) 用百分表找正

3. 顶尖

顶尖适合于安装长轴类工件进行低速精加工和半精加工，常用的顶尖有死顶尖和活顶尖两种。

如图 6.10 所示，前后顶尖是用来确定工件位置的，拔盘和卡箍则用以带动工件旋转。以两顶尖来装夹工件，多用于工件在加工过程中，需多次装夹，又要求有同一定位基准。钻中心孔时主轴转速要高，进给速度要慢。中心孔如图 6.11 所示。

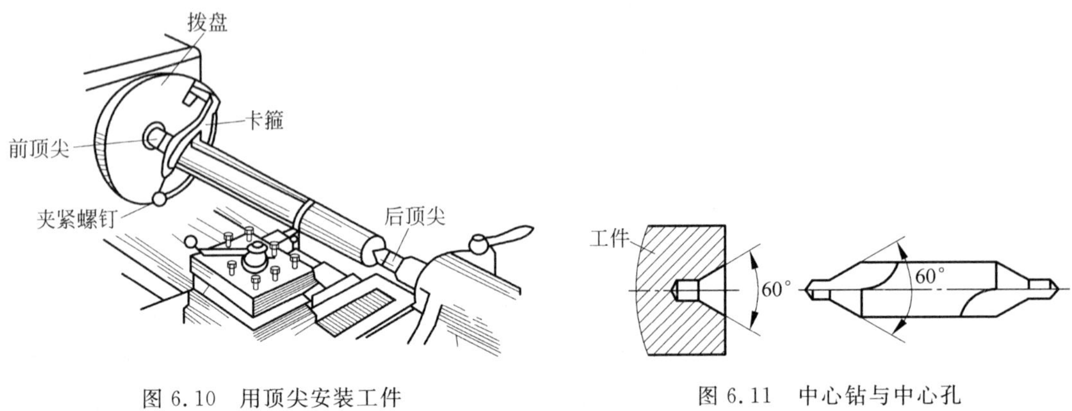

图 6.10 用顶尖安装工件

图 6.11 中心钻与中心孔

4. 中心架与跟刀架

车削长度为直径 10 倍以上的细长轴时，由于工件本身的刚性不足，在工件质量和切削力的作用下，工件会产生弯曲变形，影响加工精度。为了防止工件的弯曲，应采用附加辅助支承——中心架或跟刀架。

1）中心架

中心架固定于床身上，其 3 个支承爪支承于零件预先加工的外圆表面上。

中心架的应用有两种情况：

（1）加工细长阶梯轴的各外圆，一般将中心架支撑在轴的中间部位，先车右端各外圆，调头后再车另一端的外圆，如图 6.12(a)所示。

（2）加工长轴或长筒的端面以及端部的孔和螺纹等，可以用卡盘夹持工件左端，用中心架支撑右端，如图 6.12(b)所示。

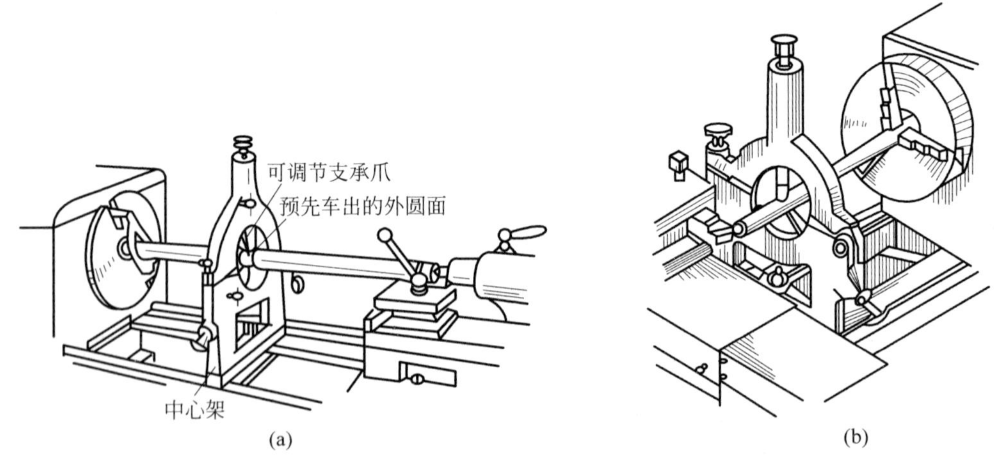

图 6.12 中心架的应用

(a) 用中心架车外圆；(b) 用中心架车端面

2）跟刀架

跟刀架固定在大拖板上，随大拖板移动一起作纵向运动。跟刀架一般为两个支承爪，紧跟在车刀后面起辅助支撑作用。因此，跟刀架主要用于细长光轴的加工。跟刀架的应用见图6.13。使用跟刀架需先在工件右端车削一段外圆，根据外圆调整两支承爪的位置和松紧，然后即可车削光轴的全长。

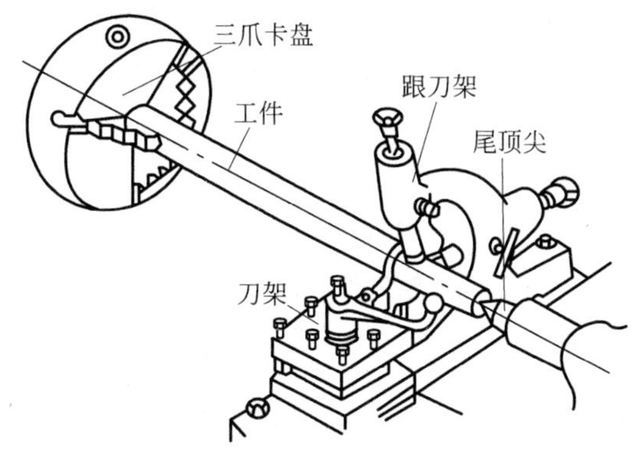

图6.13 跟刀架的应用

使用跟刀架或中心架时，工件被支承部分应是加工过的外圆表面，并且加机油润滑。工件的转速不能很高，以免工件与支承爪之间摩擦过热而烧坏或磨损支承爪。

5. 花盘和弯板

花盘是一个大圆盘，盘上有几条狭长的通槽，用以安插螺栓，将工件或其他附件紧固在花盘上，如图6.14所示。在车床上加工大而扁且形状不规则的零件，或要求零件的一个面与安装面平行，或要求孔、外圆的轴线与安装面垂直时，可以把工件直接压在花盘上加工。花盘的端面必须平整，并与主轴中心线垂直。

有些复杂的零件，要求孔的轴线与安装面平行或要求两孔的轴线垂直相交，则将弯板压紧在花盘上，再把零件紧固在弯板上，如图6.15所示。弯板上贴靠花盘和安放工件的两个面，应有较高的垂直度要求，弯板要有一定的刚度和强度，装在花盘上要经过仔细的找正。

用花盘、弯板安装工件，由于重心偏向一边，要在另一边加平衡，以减小转动时的振动。

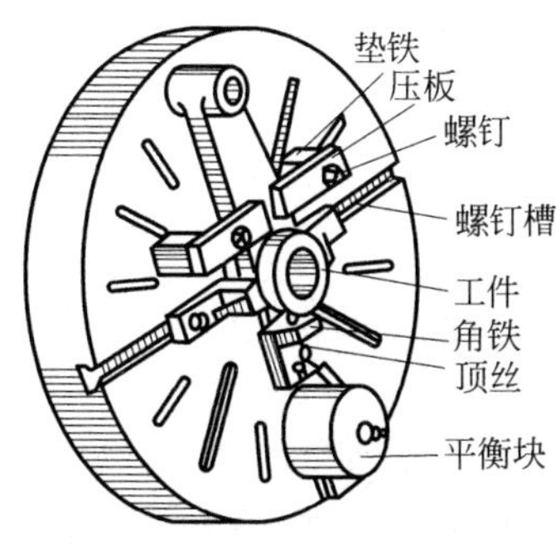

图6.14 在花盘上安装零件

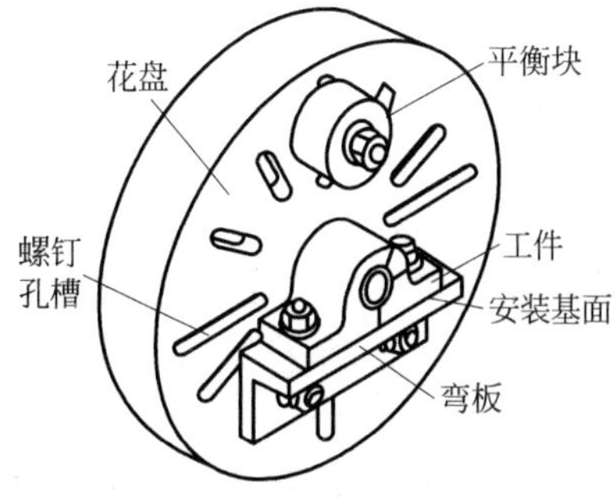

图6.15 在花盘弯板上安装零件

6. 心轴

对于孔与外圆的同轴度以及两端面对孔的垂直度要求都比较高的盘套类零件，往往难以用卡盘装夹满足全部这些要求,这时,就需要用已经加工好的内孔表面定位,将工件套紧在特制的心轴上,把工件和心轴一起用两顶尖安装在机床上,再精车有关的表面。常用的心轴有圆柱心轴和锥度心轴。

锥度心轴的锥度一般为(1∶2 000)～(1∶5 000),工件装入后靠摩擦力与心轴紧固。这种心轴装卸方便,对中准确,能提高心轴的定位精度,但不能承受较大的切削力,多用于盘套类零件的精加工。

圆柱心轴的对中准确度较前者差,它是以外圆柱面定心、端面压紧来装夹工件的。心轴与工件孔一般采用间隙配合,所以工件能很方便地套在心轴上,但由于配合间隙较大,一般只能保证同轴度在 0.02mm 左右。心轴装夹工件如图 6.16 所示。

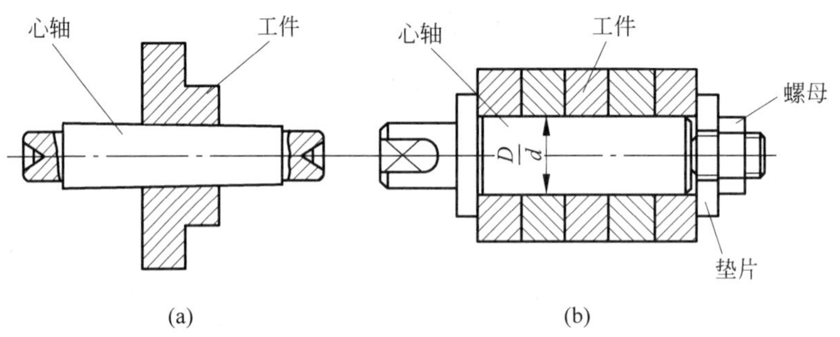

图 6.16 心轴装夹工件

(a) 圆锥心轴装夹工件;(b) 圆柱心轴装夹多个工件

6.5 车削加工实训

6.5.1 车床操作安全规则

(1) 开车前,检查主轴手柄、变速齿轮的手柄位置是否正确,以防开车时因突然撞击而损坏车床。

车床安全操作

(2) 车床启动后,应让电动机空转几分钟,以使润滑油散布至需要润滑的地方。尤其是冬天,工作前开慢车空转更为必要。

(3) 车床工作时禁止改变主轴转速,主轴变速必须停车后进行。变换走刀箱手柄位置,应放在低速时进行。

(4) 为了保持丝杠的精度,除车螺纹外,不得使用丝杠进行自动进刀。

(5) 不许在卡盘上、床身导轨上敲击或校直工件。

(6) 实习结束时,应将大拖板摇至尾座末端,各转动手柄放到空挡位置,然后关闭电源。

(7) 实习结束后,应清除车床上及车床周围的切屑和冷却液,并用干净抹布擦净导轨、丝杠和光杠等处,然后加油保养。

(8) 工作时要穿工作服或紧身衣服,袖口要扎紧。

(9) 操作者应佩戴工作帽,女同学的头发应放到帽子里。

(10) 机床启动加工时手和身体不能靠近正在旋转的机件,如皮带轮和齿轮等。

(11) 工件和车刀必须装夹牢固,否则会飞出伤人。

(12) 车床开动时,不能测量工件,也不要用手去摸工件表面。

(13) 不可用手直接清除切屑,应用专制的钩子清除。

(14) 在车床上工作时,不能戴手套。

6.5.2　车床的操作方法

车床操作方法

车床的具体操作方法可见二维码对应视频。

6.5.3　车削加工基本方法

1. 工件安装

工件的安装方法见二维码对应视频。

工件安装

2. 车端面

轴类、盘、套类工件的端面经常用来作轴向定位、测量的基准。车削加工时,一般都先将端面车出。端面的车削加工见图 6.17。

对端面进行车削的方法叫做车端面。常用的车刀车端面的方法有弯头刀和偏刀车削端面等。

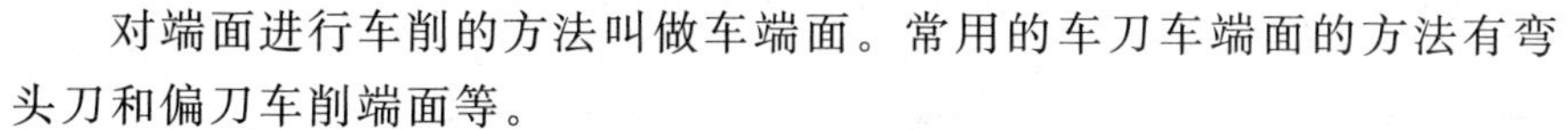

用 90°左偏刀车端面,如图 6.18(a)所示。特点是切削轻快顺利,适用于有台阶面平面的车削。用 45°车刀车端面,如图 6.18(b)、(c)所示。特点是刀尖强度好,适用于车大平面,并能倒角与车外圆。用 60°～75°车刀车端面,如图 6.18(d)所示。特点是刀尖强度好,适用于用大切削量车大平面。用 90°右偏刀车端面,如图 6.18(e)、(f)、(g)所示。图 6.18(e)为车刀由外向中心进给,用副切削刃进行切削,切削不顺利,容易产生凹面;图 6.18(f)为由中心向外进给,利用主切削刃切削,切削顺利,适合精车平面;图 6.18(g)为在副切削刃上磨出前角,由外向中心进给。

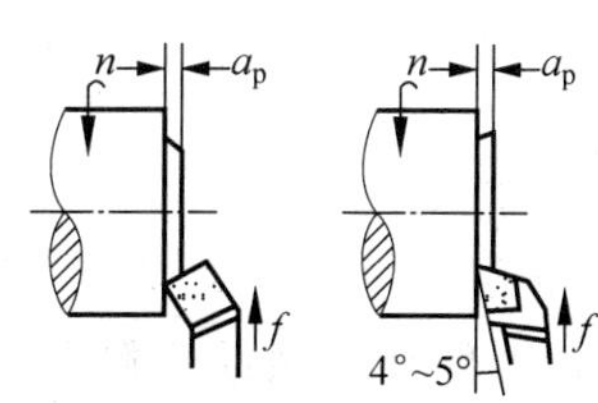

图 6.17　车端面

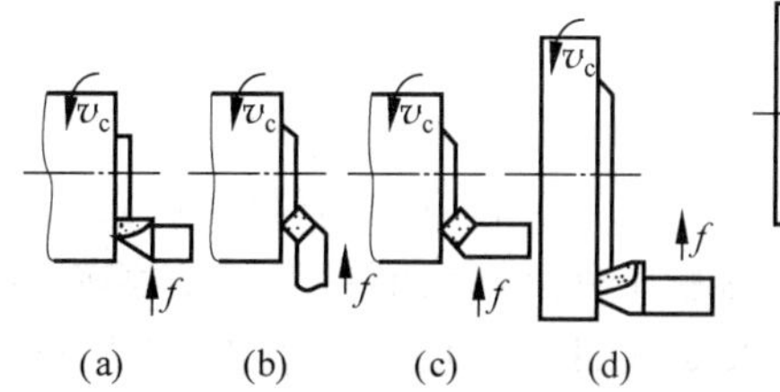

图 6.18　车端面的方法

对于既车外圆又车端面的场合,常使用弯头车刀和偏刀来车削端面。弯头车刀是用主切削刃担任切削,适用于车削较大的端面。偏刀从外向里车削端面,是用车外圆时的副切削刃担任切削,但因为副切削刃的前角较小,因而会产生切削不够的问题;若从内向外车削端面,便没有切削不够的问题,不过工件必须有孔才行。

车削端面步骤如下:

(1) 安全检查,即刀架极限位置检查。启动车床前,用手转动卡盘一周,检查有无碰撞,工件是否夹紧。检查的目的是防止车刀切至工件左端极限位置时卡盘或卡爪碰撞刀架或车刀。

车削端面

(2) 选择主轴转速和进给量,调整有关手柄位置。

(3) 开车对刀,移动刀架,使车刀刀尖接触工件端面最高点。

(4) 对好刀后大拖板原地不动,中拖板退出工件表面,小拖板在原有刻度基础上前进。

(5) 双手均匀向前摇中拖板车削工件(或采用自动进给),直至车到工件圆心处后车刀横向退出。

(6) 检查工件端面是否车平。如没有车平,则重复操作步骤(4)、(5)。

3. 车外圆及台阶

外圆车削是最常见的车削加工,如图 6.19 所示。尖刀主要用于粗车外圆和高度不大的台阶;弯头刀用于车削外圆、端面和倒角;偏刀的主要偏角为 90°,车外圆时径向力较小,常用来车削细长轴。车削高度在 5mm 以下的台阶时,可以在车外圆时同时车出;车高度在 5mm 以上的台阶时,应分层进行切削。车削外圆步骤如图 6.20 所示。

车外圆

(1) 选择主轴转速和进给量,调整有关手柄位置。

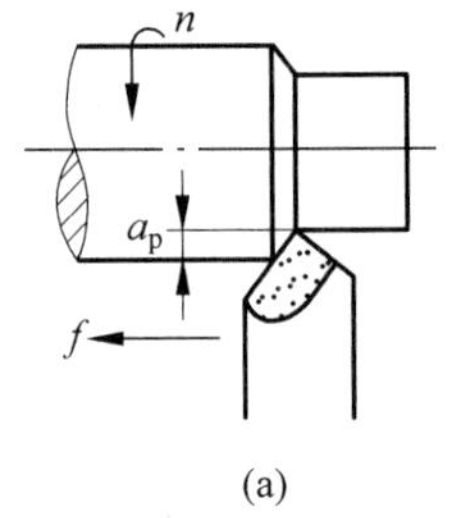

(a)

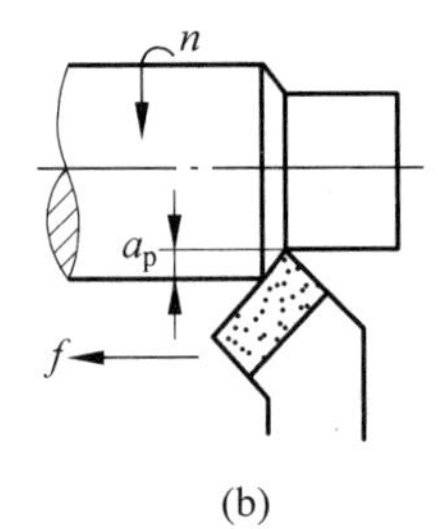

(b)

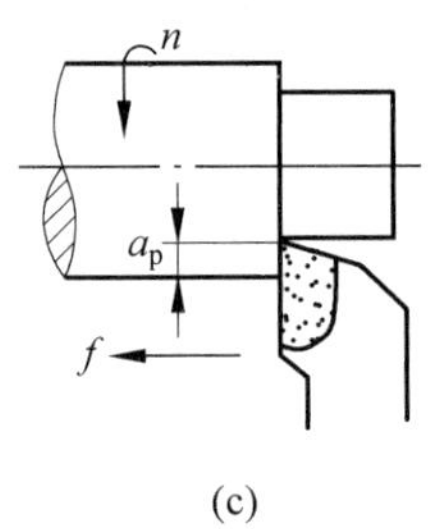

(c)

图 6.19 外圆车削

(a) 尖刀车外圆;(b) 弯头刀车外圆;(c) 右偏刀车外圆

(2) 开车,将车刀刀尖与刚刚车好的工件端面接触,并将大拖板刻度盘向前进方向调零。

(3) 用大拖板手轮带动刻度盘旋转,将车刀摇至所要车削的长度处放好。

(4) 用车刀刀尖轻轻接触工件外圆表面留下一条痕迹,作为画线记号。

(5) 将车刀退出摇至接近工件端面的外圆表面处,将车刀刀尖和工件外圆表面接触后中拖板刻度原地不动,大拖板迅速带动车刀离开工件表面,则中拖板的刻度就是切削深度的前进基准。

(6) 对完刀后,用刻度盘调整切削深度。在用刻度盘调整切深时,应了解中滑板刻度盘的刻度值,就是每转过一小格时车刀的横向切削深度值。然后根据切深,计算出需要转过的格数。SK360 型车床中拖板刻度盘的刻度值每一小格为 0.05mm(直径的变动量)。

(7) 试切,检查切削深度是否准确,横向进刀。

(8) 纵向自动进给车外圆。

(9) 测量外圆尺寸。

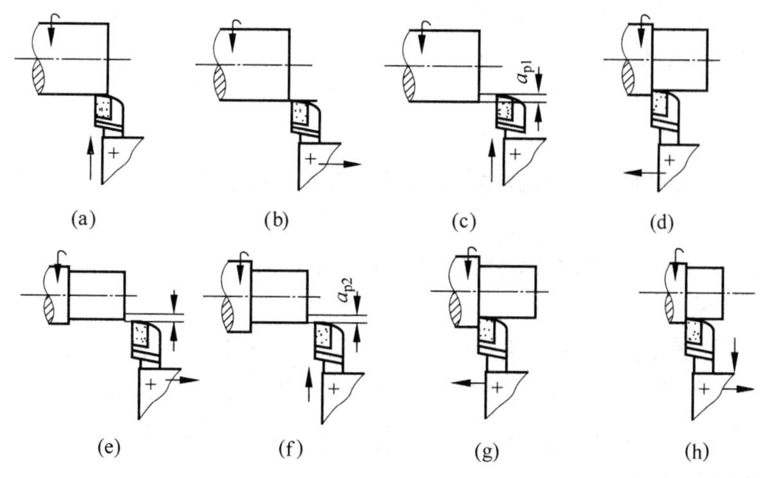

图 6.20 车削外圆基本步骤

(a) 开车对接触点；(b) 向右退出车刀；(c) 横向进刀；(d) 纵向切削至终点；(e) 向右退出车刀；(f) 再次横向进刀；(g) 再次纵向切削；(h) 横向退刀再纵向退刀

车削工件时要准确、迅速地控制切深，必须熟练地使用中拖板的刻度盘。中拖板刻度盘装在横丝杠轴端部，中拖板和横丝杠的螺母紧固在一起。由于丝杠与螺母之间有一定的间隙，进刻度时必须慢慢地将刻度盘转到所需的格数。如果刻度盘手柄摇过了头，或试切后发现尺寸太小而须退刀时，为了消除丝杠和螺母之间的间隙，应反转半周左右，再转至所需的刻度值上，如图 6.21 所示。

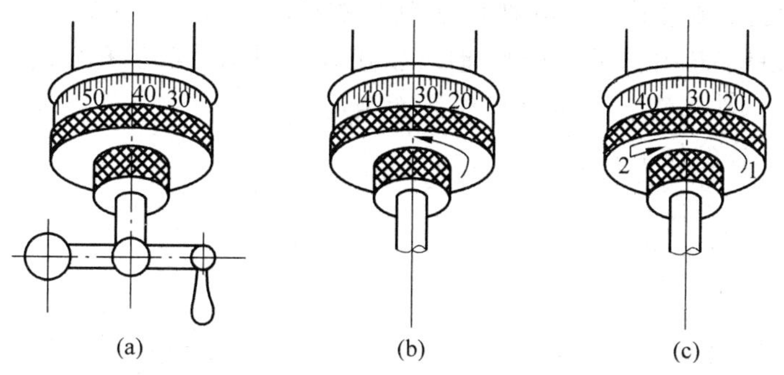

图 6.21 手柄摇过头的纠正方法

(a) 要求手柄转到 30 但摇过头到 40；(b) 错误：直接退回 30；(c) 正确：反转一圈后在重新摇

4. 中心孔及内孔加工

1）钻中心孔

(1) 准备工作

① 用三爪自定心卡盘装夹工件，并车平两端面。

② 根据图样要求选用中心钻头。

③ 将中心钻头装入钻夹头内紧固，然后将锥柄擦净，用力插入尾座套筒内。

④ 调整尾座与工件的距离，然后锁紧。

⑤ 选择主轴转速，要求 $n>1\,000$r/min。

(2) 钻中心孔的方法

向前移动尾座套筒，当中心钻钻入工件端面时，速度要减慢，并保持均匀，随时加入切削液。当中心钻钻到尺寸时，先停止进给，再停车，利用主轴惯性修整中心孔表面。

2) 钻通孔

(1) 开动机床，缓慢均匀地摇动尾座手轮，使钻头缓慢切入工件，待两切削刃完全切入工件时，加足切削液。

(2) 双手交替摇动手轮，使钻头均匀地向前切削，并间断地减轻手轮压力以断屑。

(3) 钻比较深的孔时，观察到切屑排出困难，应将钻头及时退出，清除切屑后再继续钻孔。

(4) 在孔即将钻透时，应减慢进给速度，使孔能比较整齐地钻穿，以免损坏钻头。一旦把孔钻穿，应及时退出钻头。

3) 钻不通孔

钻不通孔与钻通孔的操作方法基本相同。所不同的是钻不通孔要控制钻孔的深度尺寸，具体操作方法如下：

(1) 开动机床，稳定均匀地摇动手轮，当钻尖刚开始切入工件碍面时，记下尾座套筒上的标尺读数，或用钢直尺测量出套筒伸出的长度尺寸。钻孔时的深度尺寸等于原读数加上孔深尺寸。

(2) 双手均匀地摇动手轮钻孔，当套筒标尺上读数达到所要求的孔深尺寸时，退出钻头。

4) 扩孔和铰孔

扩孔常用于铰孔前或磨孔前的预加工，常使用扩孔钻作为钻孔后的预精加工，如图 6.22 所示。为了提高孔的精度和降低表面粗糙度，常用铰刀对钻孔或扩孔后的工件再进行精加工，如图 6.23 所示。在车床上加工直径较小而精度要求较高和表面粗糙度要求较细的孔时，通常采用钻、扩、铰的加工工艺进行。

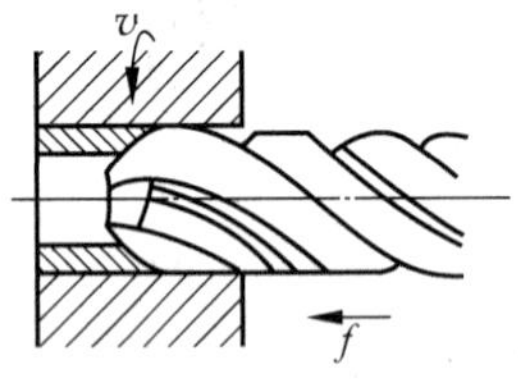

图 6.22 车床扩孔

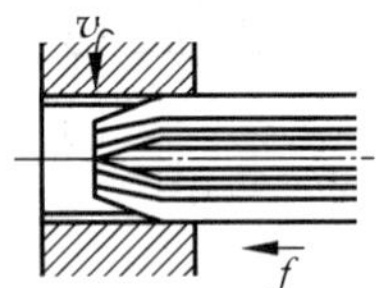

图 6.23 车床铰孔

5) 镗孔

镗孔是用镗刀对已经铸出、锻出和钻出的孔作进一步加工，以扩大孔径，提高精度，降低表面粗糙度和纠正原孔的轴线偏斜，如图 6.24 所示。

车床镗孔常选用内孔镗刀，通常有通孔镗刀和盲孔镗刀两种，其切削部分的几何形状与外圆车刀相似。通孔镗刀用于镗通孔，盲孔镗刀用于镗不通孔或台阶孔。

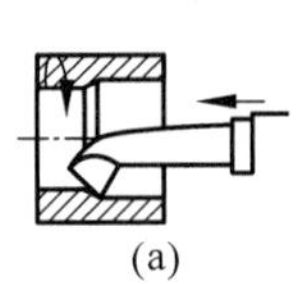
(a)

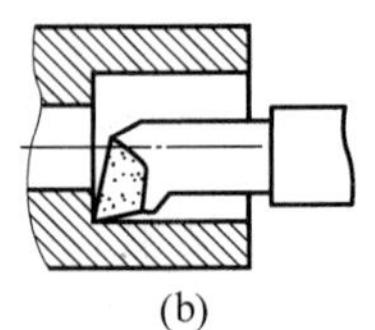
(b)

图 6.24 车床镗孔
(a) 镗通孔；(b) 镗不通孔

为了增加刀具刚度，适应较深孔的加工，还可采用装夹式内孔镗刀。选用内孔镗刀时，刀杆应尽可能粗，刀杆工作长度应尽可能短。

在车床上镗孔要比车外圆困难，因镗杆直径比外圆车刀细得多，而且伸出很长，因此往往因刀杆刚性不足而引起振动，所以切削深度和进给量都要比车外圆时小些，切削速度也要小10%～20%。镗不通孔时，由于排屑困难，所以进给量应更小些。

镗孔的操作方法与车外圆基本相同，不同的是镗内孔时中拖板进退刀的动作正好与车外圆的动作相反。

5. 车圆锥

1）转动小拖板车圆锥

转动小拖板车圆锥如图6.25所示，当内外锥面的圆锥角为α时，将小刀架扳转$\alpha/2$，即可加工。

此法操作简单，可加工任意锥角的内外锥面。但其加工长度受小刀架行程限制，只能手动进给，劳动强度较大，表面粗糙度为12.5～3.2μm。所以只适宜单件小批生产时加工精度较低和长度较短的圆锥面。

2）偏移尾座法

如图6.26所示，将尾座带动顶尖横向偏移距离S，使得安装在两顶尖间的工件回转轴线与主轴轴线成半锥角α。这样车刀作纵向走刀车出的回转体母线与回转体中心线呈斜角，形成锥角为2α的圆锥面。尾座的偏移量$S=L\sin\alpha$，当α很小时$S=L\tan\alpha=\dfrac{(D-d)L}{2l}$。偏移尾座法能切削较长的圆锥面，并能与自动走刀车外圆一样进行自动走刀，表面粗糙度可达6.3～1.6μm。由于受到尾部偏移量的限制，一般只能加工小锥度圆锥，也不能加工内锥面。

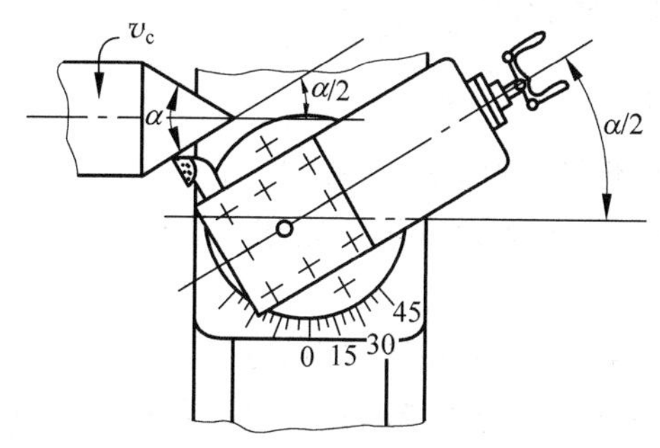

图6.25　转动小拖板车圆锥

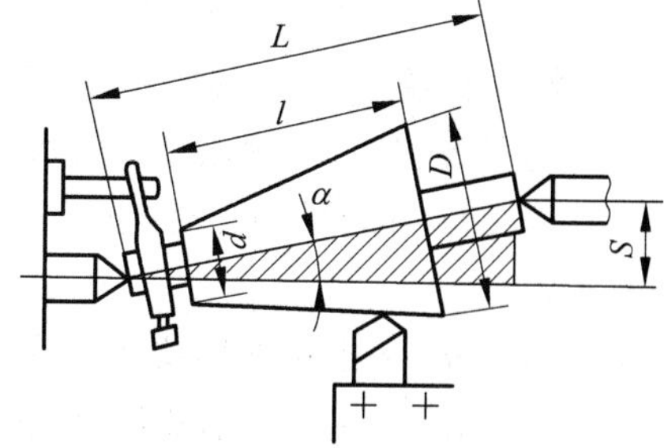

图6.26　偏移尾座法车圆锥

3）宽刀法

宽刀法只适用于短圆锥面的加工，其特点是用主切削刃形成锥面。使用此法加工圆锥面要求宽刀刀刃必须平直，安装时使刀刃与工件旋转轴线相交为圆锥半角并在同一水平面内。

6. 车削螺纹

机械结构中带有螺纹的零件很多，各种机器设备部件之间的连接，常用螺钉或螺栓与螺母来固定。螺纹的加工方法很多，车螺纹是常用的基本方法之一，一般是在普通车床上进行。

螺纹的种类甚多，分类方法也很多。按其所在位置来分，有外螺纹（位于圆柱的外表）和内螺纹（位于内孔的孔壁）；按其牙型来分，有三角螺纹（见图 6.27(a)）、矩形螺纹（见图 6.27(b)）和梯形螺纹（见图 6.27(c)）等。同时，在每种螺纹中也有单线和多线、右旋和左旋之分。

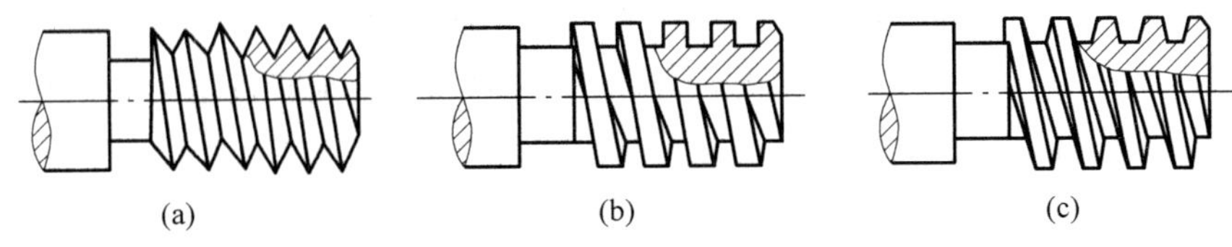

图 6.27　螺纹种类

1）螺纹要素及其代号

图 6.28 标注了三角螺纹各部分的名称代号。

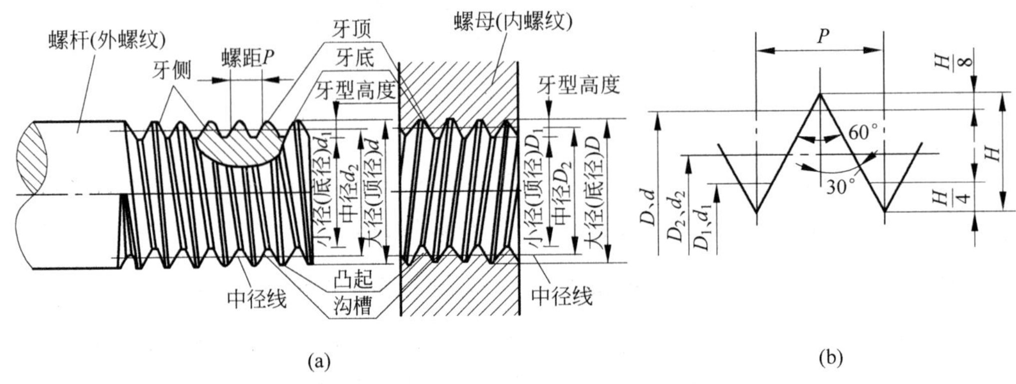

图 6.28　普通螺纹各部分名称代号

（1）螺纹直径

螺纹直径的代号，大写用于内螺纹，小写用于外螺纹，如图 6.28 所示。

大径（D、d）：即螺纹的公称直径，是指与外螺纹牙顶或内螺纹牙底相重合的假想圆柱面的直径。

小径（D_1、d_1）：指与外螺纹牙底或内螺纹牙顶相重合的假想圆柱面的直径。

中径（D_2、d_2）：是一个假想圆柱的直径，此假想圆柱称为中径圆柱。中径圆柱直径通过牙型沟槽和凸起宽度相等的地方。

（2）牙型

牙型指通过螺纹轴线的剖面上螺纹的轮廓形状，以牙型角表示。牙型角是螺纹两侧面的夹角，公制三角螺纹为 60°，英制三角螺纹为 55°。

（3）螺距（P）

螺距指螺纹相邻两牙对应两点间的轴向距离，公制螺纹的螺距以 mm 为单位，英制螺纹以每英寸牙数表示。

2）普通螺纹的各部分基本尺寸

普通米制三角螺纹简称普通螺纹，牙型角 α 为 60°，其各部分基本尺寸如下：

螺纹外径　（公称直径）d　　　　螺纹中径　$d_2 = d - 0.65P$

螺纹内径　$d_1 = d - 1.08P$　　　　理论牙高　$H = 0.866P$

工作牙高　$h = 0.54P$

3）螺纹车削方法

（1）螺纹车刀及其安装

螺纹牙型角 α 要靠螺纹车刀的正确形状来保证，因此三角螺纹车刀刀尖及刀刃的交角应为60°。刀具用样板安装，应保证刀尖分角线与工件轴线垂直。

（2）螺纹车削过程

① 将车刀、工件按要求装夹，并检查其牢固性和正确性，检查无误后开动车床，操纵拖板，使车刀与工件轻微接触，记下刻度盘读数，向右退出车刀，如图6.29(a)所示。

② 略作横向进给，推上开合螺母，在工件表面车出一条螺纹线，横向退出车刀，停车，如图6.29(b)所示。

③ 开反车，使车刀退到工件右端，停车，用钢直尺测量螺距是否正确，如图6.29(c)所示。

④ 使用刻度盘上的刻度，调整切削量度，开车切削，如图6.29(d)所示。如果车削的材料是钢材，应加切削液。

⑤ 车刀将行到终点时，先快速退出车刀，然后停车，开反车退回车刀，如图6.29(e)所示。

⑥ 再次横向进给，继续切削，如图6.29(f)所示。经过多次横向进给，并停车检验合格，即可卸下工件。车削过程的切削深度，可采用递减值，如0.5、0.3、0.2、0.15、0.1、0.05mm等。

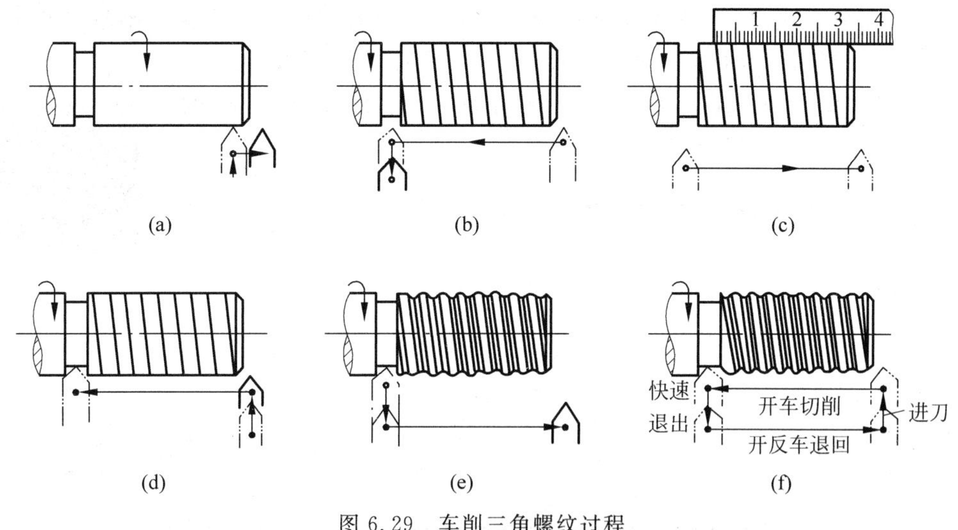

图6.29　车削三角螺纹过程

7. 切槽及切断

1）切槽

回转体工件表面经常存在一些沟槽，如退刀槽、砂轮越程槽等。在工件上车削沟槽的方法称为切槽。车削5mm以下窄槽时，主切削刃的宽度等于槽宽，在横向进刀中一次车出。车削宽度大于5mm的宽槽时，先沿纵向分段粗车，再精车出槽深及槽宽，见图6.30。

2）切断

切断要用切断刀。切断刀的形状与切槽刀相似，但刀头窄而长，容易折断。工件直径较小时，可采用直进法，即仅用横向进给，便可完成切断工件；若工件直径较大，可采用左右进刀法，即在横向进给时，稍作左右纵向进给，见图 6.31。

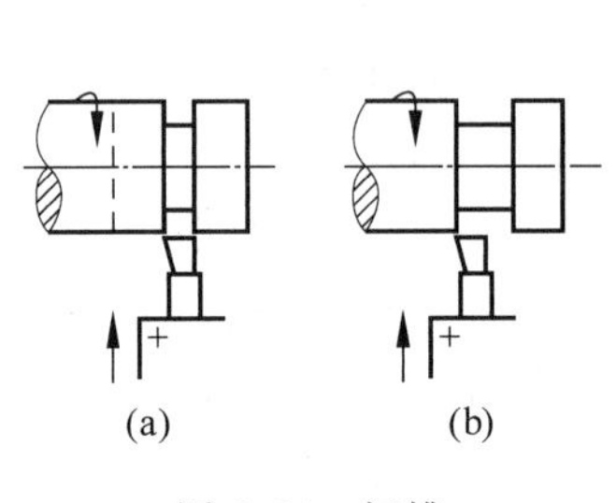

图 6.30 切槽

(a) 窄槽；(b) 宽槽

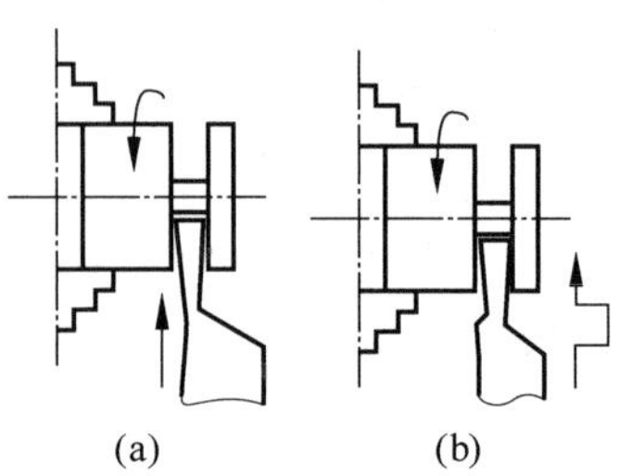

图 6.31 切断

(a) 直进法；(b) 左右借刀法

若采用一夹一顶装夹工件时，不要把工件切断，当切至离中心 1～2mm 时即可卸下，然后敲断或锯断。当发现切断表面出现凹凸不平或者有扎刀痕迹时，应及时刃磨车刀。若切断过程出现切不进时，应立即退刀，检查切断刀是否对中或者是否锋利。

8. 滚花

滚花，或称压花，也是车床上常见的工作之一。滚花是用滚花刀挤压工件表面，使其产生塑性变形而形成花纹。工件要装夹牢靠，以承受很大的挤压力。滚花刀要与工件表面平行接触或稍向前倾，以利挤入。滚花开始时，为减少径向挤压力，可以使滚花刀一半宽度接触工件，进刀够深后随着定刀逐渐全部接触工件。滚花时注意：工件的转速要低，进刀要猛，要给以足够的润滑液。

6.5.4 车削加工综合实践

综合加工练习(一)

1. 综合加工练习件(一)(图 6.32 和表 6.1)

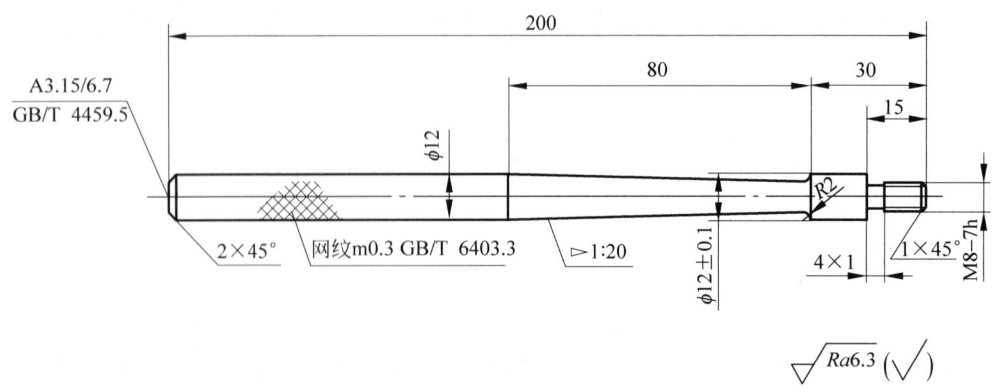

图 6.32 综合练习件(一)

表 6.1 综合练习件(一)加工工序

序号	工种	工序内容	设备	刀具或工具	装夹方法
1	下料	下料 ϕ13×202	锯床	—	—
2	车	伸出约 30mm 长,车削端面,$n\approx$410～570r/min	车床	右偏刀	三爪卡盘
3	车	打 A3.15/6.7 中心孔,$n\approx$800～820r/min	车床	中心钻	三爪卡盘
4	车	调头伸出 40～50mm,$n\approx$410～570r/min 车削端面	车床	右偏刀	三爪卡盘
5	车	车削 ϕ12×30,ϕ8×15 台阶外圆(先粗车后精车)	车床	右偏刀	三爪卡盘
6	车	调头装夹 ϕ8×15 处,顶尖顶住 A3.15/6.7 中心孔,一夹一顶方法车削 ϕ12×170 外圆,$n\approx$410～570r/min	车床	75°外圆刀	三爪卡盘
7	车	$n\approx$105r/min 加工网纹 90mm 长	车床	滚花刀	三爪卡盘
8	车	倒角 2×45°	车床	75°外圆刀	三爪卡盘
9	车	将小拖板顺时针旋转 1°30′,$n\approx$410～570r/min,手动小托板车圆锥(先粗车后精车)	车床	75°外圆刀	三爪卡盘
10	车	一夹一顶切槽 4mm×1mm	车床	切槽刀	三爪卡盘
11	车	调头装夹网纹处套螺纹,$n\approx$30～40r/min 套螺纹	车床	圆板牙	三爪卡盘

2. 综合加工练习件(二)(图 6.33 和表 6.2)

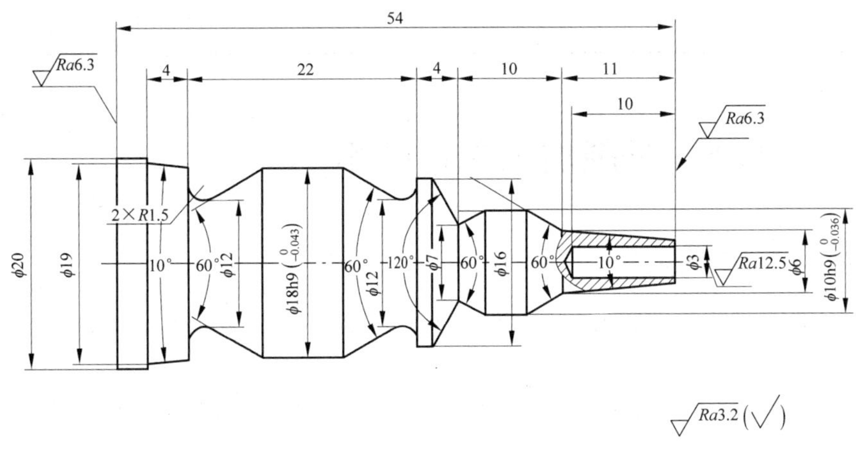

图 6.33 综合加工练习件(二)

综合加工练习(二)

表 6.2 综合加工练习件(二)加工工序

序号	工种	工序内容	设备	刀具或工具	装夹方法
1	下料	下料 ϕ22×85	锯床	—	—
2	车	伸出 70～75mm 长车削端面,$n\approx$410～570r/min	车床	右偏刀	三爪卡盘
3	车	粗加工 ϕ20×54、ϕ19×51、ϕ18×47、ϕ16×25、ϕ10×21、ϕ6×11 外圆,直径余量 0.5～0.8mm,$n\approx$410～570r/min	车床	右偏刀	三爪卡盘
4	车	用 A3 中心钻钻中心孔,$n\approx$820r/min	车床	中心钻	三爪卡盘
5	车	用 ϕ2.7 钻头钻 ϕ3×10 孔,$n\approx$820r/min	车床	钻头	三爪卡盘
6	车	铰 ϕ3×10 孔,$n\approx$25～37r/min	车床	铰刀	三爪卡盘

续表

序号	工种	工序内容	设备	刀具或工具	装夹方法
7	车	小拖板逆时针旋转 5°车 $\phi6$、$\phi20$ 两处圆锥，粗加工 $n\approx$ 410～570r/min，精加工 $n\approx$105r/min	车床	右偏刀	三爪卡盘
8	车	小拖板逆时针旋转 30°车 $\phi10$ 处圆锥，粗加工 $n\approx$410～570r/min，精加工 $n\approx$105r/min	车床	右偏刀	三爪卡盘
9	车	车 $\phi18$ 两端切槽深为 3mm，$n\approx$410～570r/min	车床	$R1.5$ 圆槽刀	三爪卡盘
10	车	小拖板逆时针旋转 30°车 $\phi18$ 锥面，粗加工 $n\approx$410～570r/min，精加工 $n\approx$105r/min	车床	$R1.5$ 圆槽刀	三爪卡盘
11	车	小拖板顺时针旋转 30°车 $\phi18$ 锥面，粗加工 $n\approx$410～570r/min，精加工 $n\approx$105r/min	车床	$R1.5$ 圆槽刀	三爪卡盘
12	车	小拖板顺时针旋转 30°刀架定位靠牢主刀刃夹角成 60°，用小拖板进行车削 $\phi16$ 处圆锥，粗加工 $n\approx$410～570r/min，精加工 $n\approx$105r/min	车床	右偏刀	三爪卡盘
13	车	精车 $\phi20$、$\phi18$、$\phi16$、$\phi10$ 外圆至要求	车床	右偏刀	三爪卡盘
14	车	小拖板复位到 0°装切断刀保证长度切断，$n\approx$410～570r/min	车床	切断刀	三爪卡盘
15	车	掉头装夹 $\phi18$ 外圆（垫铜皮），平端面并倒角，$n\approx$410～570r/min	车床	右偏刀	三爪卡盘
16	检	检验			

6.6 车削加工先进技术

6.6.1 高速切削技术

高速切削是指在比常规切削速度高出 5～10 倍以上的速度（700～7 000m/min）进行的车削加工。

车削时，切削温度开始会随着车削速度的增高而增高，当车削速度到达一定值时，切削温度会有一个最大值。当车削速度继续增高时，切削温度则会随着切削速度的增高而下降。这就是高速车削的车削机理。

高速切削适用的场合是：

(1) 铝及铝合金工件，其切削速度可以非常高；

(2) 铸件加工；

(3) 高强度难加工材料，这种材料在常速下是很难进行车削加工的；

(4) 薄壁件，易受力变形的高精度工件；

(5) 加工余量很大的工件，可充分发挥高速车削高切除率的优势；

(6) 热敏件，易受热变形的高精度工件。

高速车削中常用的刀具材料有超细晶粒硬质合金、涂层硬质合金、陶瓷材料和超硬材料。

6.6.2　精密车削技术

精密车削一般是指车削精度在10～0.1μm，相当于IT5级精度和IT5级精度以上，表面粗糙度为Ra0.8～0.2μm的车削加工。精密车削通常都采用很小的背吃刀量和进给量，在半精加工以后，从工件上切去一层很薄的余量，从而取得较高的车削精度。常用的精密车削方法有镜面车削、高速精镗等。

6.6.3　超精密车削技术

超精密车削是指被车削零件的尺寸精度为0.1～0.01μm，表面粗糙度为0.01μm级的车削方法。要实现0.1μm的加工精度，最后一道工序就必须能做到切除小于0.1μm的极微小的表面层。要去除如此微薄的金属层，其关键是刀具刃口要锋利，即刀具刃口的圆弧半径R要小于0.1μm，R越小，刀具越锋利，切除微薄余量就越顺利。

超精密车削主要用于铝铜等有色金属及其合金的切削加工。金刚石是超精密切削加工最适宜的刀具材料，由于金刚石刀具材料脆、怕振动，因而不适宜切削黑色金属材料。

6.6.4　特种车削技术

1. 超声振动车削技术

超声振动车削是在传统的车削加工过程中，给刀具一个有规律的可控制的超声波频率的强迫振动，使刀具在有规律的高频振动状态下进行车削，这种车削技术改变了传统车削加工过程，提高了零件的车削加工进度与表面质量。

据有关资料介绍，对于难加工材料进行振动切削时，工件的表面粗糙度达Ra0.08～0.06μm，切削力比普通切削减少1/3～1/2，刀具耐用度提高30～60倍，生产率提高1～3倍。

2. 加热车削技术

加热车削技术，就是在车削加工中利用加热的方法，将剪切面上的材料进行局部瞬时加热，使其温度上升到一定范围，以改善其材料的物理力学性能，从而达到容易切削的一种新型的车削方法。常用的加热车削方法有等离子电弧加热车削和激光辅助车削(LAT)等。加热车削主要用于难加工金属材料的车削加工。

加热车削技术的特点是：

(1) 提高了车削加工的表面质量。

(2) 减小切削力，提高了加工精度。

(3) 能提高车削加工的效率，降低成本。

(4) 可提高刀具的耐用度。

3. 低温车削技术

低温车削有低温工件车削和低温刀具车削两种。

(1) 低温工件车削技术。低温工件车削，是将工件冷却至－20～－150℃，以降低金属材料的塑性、韧性，提高其脆性，来改善工件材料切削性能的一种加工方法。工件材料经过低温处理后，改善了切削性能，可使切削力下降，切削温度降低，表面粗糙度值 Ra 减小。低温车削常用冷冻液将工件冷冻降温到低温车削所要求的温度。

(2) 低温刀具(冷刀)车削技术。低温刀具车削，是将刀体温度制冷到－20℃以下，以改善车削性能的一种车削方法。

4. 加磁车削技术

加磁车削技术，是通过在工件或车刀上加磁的方法，来改善切削条件，从而提高车削效果的一种新的车削方法。加磁车削的方法有两种：工件加磁车削法和刀具加磁车削法。

加磁车削能提高刀具的耐用度，减小车削中的振动，减小车削加工中的受力变形，提高车削精度，提高车削表面质量，并提高车削效率。

第7章

CHAPTER 7

铣削加工及其他切削加工方法

7.1 概　　述

铣削加工是在铣床上利用铣刀的旋转运动和工件的移动来加工零件，以获得符合图样规定的尺寸精度、形状精度、位置精度及表面粗糙度的加工方法。是金属切削加工中常用的加工方法之一。

7.1.1 铣削加工的特点及加工范围

铣削加工时，由于铣刀是多刃刀具，多个刀齿同时参加切削，使刀齿有利于散热。因此可获得较高的生产率，使刀具的耐用度也有所提高。但是在铣削过程中，就每个刀齿来看，其切削过程属于断续切削，易产生冲击和振动，影响加工质量。

铣削的加工范围很广，在铣床上选用不同的铣刀，配备万能分度头、回转工作台等多种附件，可对各种平面、沟槽、等分面（花键、齿轮、离合器等）及成形面等进行加工。也可以用于钻孔、镗孔。在铣床上能加工的典型表面，如图7.1所示。

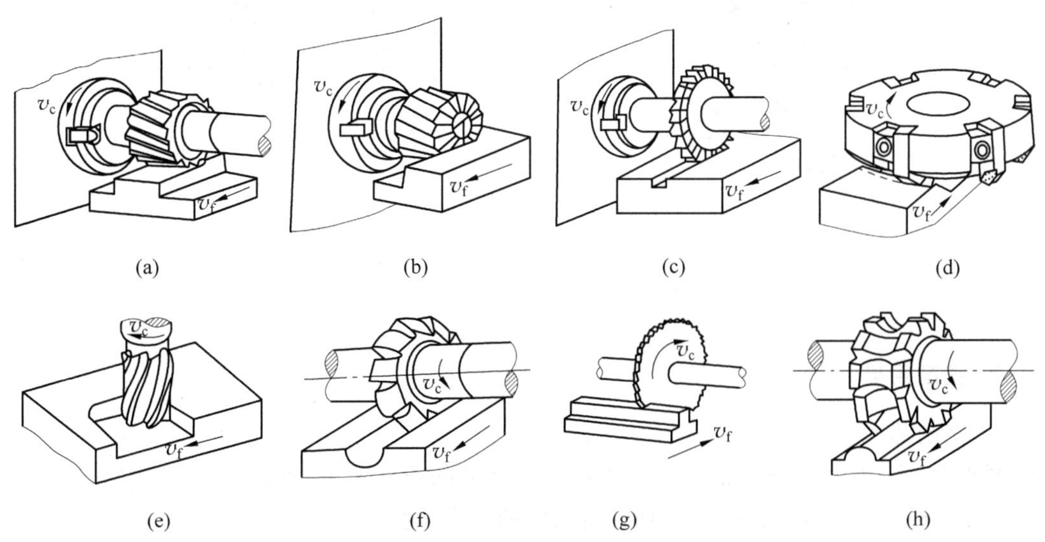

图7.1　铣削加工的应用范围

(a)、(d) 铣平面；(b) 铣台阶面；(c) 铣直角槽；(e) 铣凹平面；(f)、(h) 铣成形面；(g) 切断；(i)、(j) 铣键槽；(k) 铣T形槽；(l) 铣燕尾槽；(m) 铣V形槽；(n) 铣齿轮；(o) 铣型腔；(p) 铣螺旋面

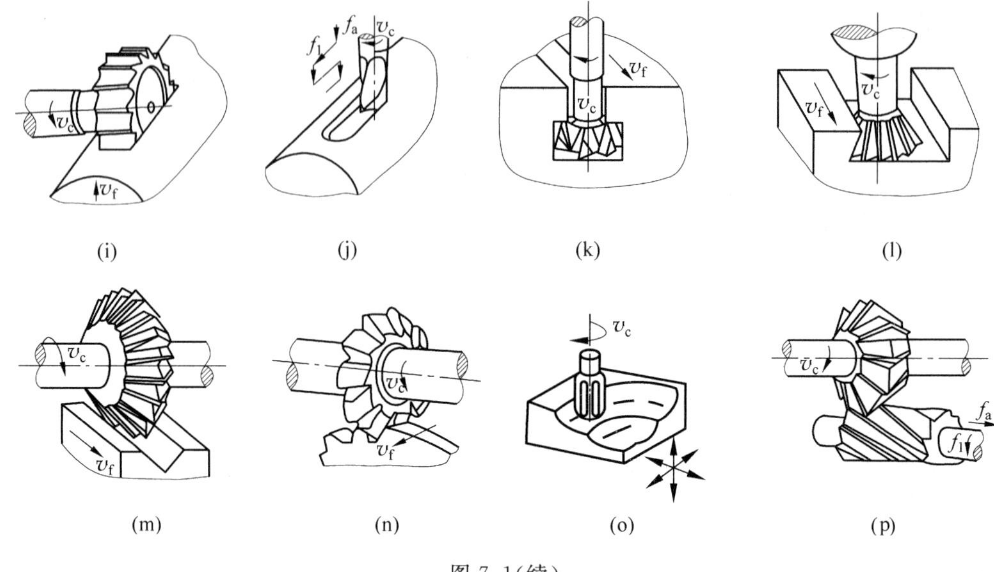

图 7.1(续)

铣削加工可以对工件进行粗加工和半精加工，其加工精度可达 IT8～IT9，表面粗糙度为 $Ra6.3 \sim 1.6\mu m$。

7.1.2 铣削运动和铣削用量

1. 铣削运动

在铣削加工时，铣刀的旋转是主运动，工件的移动或回转运动是进给运动。铣削用量包括铣削速度、进给量、铣削深度、铣削宽度，如图 7.2 所示。

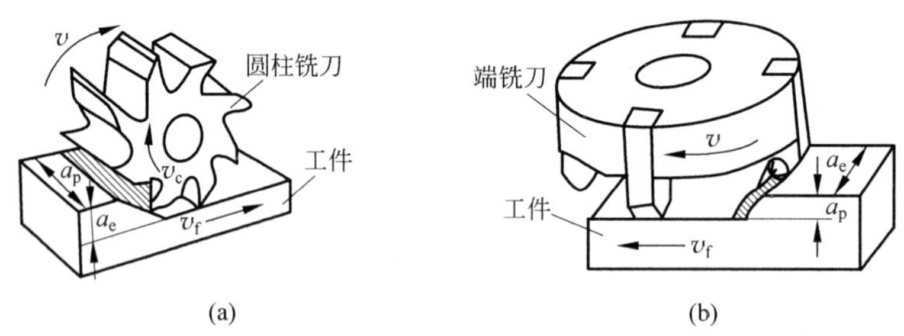

图 7.2 铣削运动及铣削用量

(a) 在卧式铣床上铣平面；(b) 在立式铣床上铣平面

2. 铣削用量

1) 铣削速度

铣削速度是切削刃选定点相对于工件的主运动的瞬时速度，即铣刀最大直径处的线速度，单位为 m/min。铣削速度与主轴转速之间的关系，用下式表示：

$$v_c = \frac{\pi D n}{1\,000}$$

式中，v_c——铣削速度，m/min；

D——铣刀直径，mm；

n——铣刀转速，r/min。

在生产加工中，一般都先确定铣削速度 v_c，然后再根据铣刀直径来选取主轴转速 n。

2）进给量

进给量是指工件相对于铣刀单位时间内移动的距离。有以下3种表示方法：

（1）每转进给量 f：铣刀每转一圈，工件相对铣刀沿进给方向移动的距离（单位为mm/r）。

（2）每分进给量 v_f：铣削中每分钟内工件相对于铣刀移动的距离（单位为mm/min）。

（3）每齿进给量 f_z：指多齿刀具每转或每行程中每齿相对工件在进给运动方向上的位移量（单位为mm/z）。

三种进给量之间的关系为

$$v_f = nf = znf_z$$

式中，n——铣刀转速，r/min；

z——铣刀齿数。

3）铣削深度（背吃刀量）

铣削深度是指铣刀在一次进给中所切掉工件的深度，也就是铣削中待加工面与已加工面之间的垂直距离。用 a_p 表示，单位为mm。

4）铣削宽度 a_e（侧吃刀量）

铣削宽度指铣刀在一次进给中所切掉工件的宽度。用 a_e 表示，单位为mm。

3. 铣削用量的选择

铣削用量应根据工件材料、加工表面余量的大小、工件加工表面尺寸精度和表面粗糙度要求，以及铣刀、机床、夹具等条件来确定。

粗加工时，为提高生产率，先选择大的切削深度，其次选择较大的进给量，最后选择适当的切削速度。

精加工时，为保证质量，应选择小的进给量和进给速度，尽可能增加铣削速度。

7.1.3　铣工安全操作规程

（1）必须熟悉本铣床的基本结构、性能、规范，掌握基本操作方法和维护保养知识。

（2）实习时应紧束着装，头发长的学生应将头发塞入安全帽内。操作时不准戴围巾、领带，不得穿裙子、拖鞋、凉鞋，严禁戴手套进行操作。

（3）开机前应先检查各手轮、手柄、按钮位置是否适当，各油路润滑系统是否良好，限位挡块是否正常。

（4）工件和刀具装夹必须牢固、可靠，刀具的转动方向与工作台的进刀方向应准确无误，铣刀刀杆及套筒各端要贴合。

（5）移动工作台、升降台应先松开刹紧螺钉。使用快速进给，当接近工件时要点动，保证刀具与工件留有一定距离。

（6）不准在机床运转时移动调节手柄，不准在机床未停妥时测量、拆装工件或调整工件及变速。

(7) 切削时，禁止靠近工件进行观视，更不准将身体的任何部位触及机床的旋转部分。在加工零件过程中，严禁用毛刷清理铁屑，需加工完毕方可清理。

(8) 机床操作机构，禁止纵横与上下同时进给。操作时严禁离开工作岗位，确需离开必须停机、断电。

(9) 工作台上不得放置工具、量具及其他物件，量具需摆放在其专用盒里并与工具分开放。

(10) 多人合用一台机床只能一个人操作。

(11) 加工完毕后的工件应锉去毛刺，倒钝锐边。

(12) 实习结束后，必须将机床各部位擦拭干净，机床表面加上润滑机油，同时清扫周围场地，保持实习环境整洁。

7.2 铣　　床

7.2.1 铣床的种类及型号

在现代机器制造中，铣床占金属切削机床总数的 25%左右。铣床的类型很多，有卧式铣床、立式铣床、工具铣床、仪表铣床、龙门铣床、仿形铣床及其他专用铣床等，应用较为广泛的有卧式铣床和立式铣床。

铣床型号由机床类代号，通用特性及结构特性代号，组、型代号，以及主参数或设计序号组成。这里介绍 X6132A 的型号意义。在 X6132A 中，X 代表铣床类代号；6 代表卧式铣床组(5 代表立式铣床组)；1 代表万能升降台铣床(0 代表普通升降台铣床)；32 代表工作台工作面宽度的 1/10，即 320mm；A 代表经过一次重大改进(B 为二次重大改进)。

7.2.2 卧式铣床

1. 卧式铣床的用途

卧式铣床加工范围很广，可以加工沟槽、平面、成形面、螺旋槽等。根据加工范围的大小，卧式铣床又可分为普通卧式铣床和卧式万能铣床。卧式万能铣床与普通卧式铣床相比，卧式万能铣床的纵向工作台与横向工作台之间有一转台，使用时，可以按照需要在−45°～±45°范围内扳转角度，加工螺旋槽、轴向凸轮槽等工件。

2. 卧式铣床的结构

卧式铣床的主要特征是主轴与工作台面平行，即主轴呈水平位置。X6132 型卧式万能升降台铣床(见图 7.3)由床身、横梁、主轴、主轴变速机构、纵向工作台、转台、横向工作台、升降台、进给变速机构、底座等组成。

卧式铣床结构

(1) 床身：机床的主体，其作用是连接和支承铣床的其他部件。其前壁有燕尾形垂直导轨，用于安装升降台供其上下移动使用；顶部有水平燕尾形导轨，用于安装横梁供其水平移动。后面装有电动机。内部有主轴变速机构、主轴传动系统及电气装置等。

(2) 横梁：在机床的顶部。与床身水平导轨连接，可沿水平导轨移动。作用是安装刀杆支架，配合刀杆支架支撑刀杆，减少切削中的振动。

(3) 吊架(支架)：安装于横梁上。作用是支撑铣刀刀杆的外段。

(4) 主轴变速机构：在床身内部，作用是对主轴转速进行变速，使主轴有 18 种转速。

(5) 主轴：传递机床动力的主要部件。作用是安装铣刀(刀杆)并带动其作旋转运动。

(6) 纵向工作台：安装在转台的上面，工作台面上有 3 条 T 形槽。作用是用于安装工件或夹具，并且可以带动工件或夹具沿转台上的导轨作纵向进给运动。

(7) 转台：位于纵向工作台与横向工作台之间。作用是可以按照加工需要在±45°范围内水平将纵向工作台扳转，便于加工螺旋槽等工件。

(8) 横向工作台：安装在升降台上面的水平导轨上。作用是带动纵向工作台一起沿升降台上水平导轨作横向进给运动。

(9) 升降台：安装在床身前面的垂直导轨上。作用是支撑工作台，并带动工作台作垂直升降进给运动。

(10) 进给变速机构：安装在升降台内部。作用是对进给速度进行变速，使工作台有 18 种进给速度。

(11) 底座：安装在床身的底部。作用是支撑铣床的全部总量及盛装冷却液。

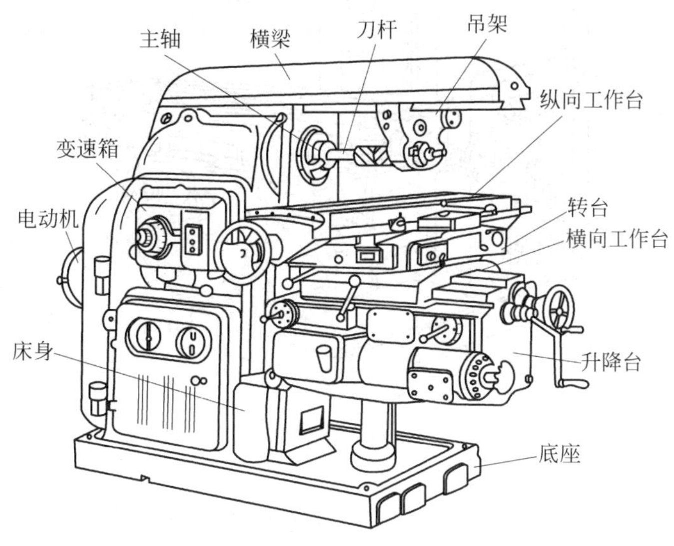

图 7.3　卧式万能铣床

7.2.3　立式升降台铣床

1. 立式铣床的用途

立式铣床加工范围很广，在立式铣床上可以利用面铣刀、立铣刀、成形铣刀等，铣削各种沟槽、表面；另外，配合机床附件，如回转工作台、分度头，还可以加工圆弧、曲线外形、齿轮、螺旋槽、离合器等较复杂的零件。

立式铣床由于操作时观察、检查和调整铣刀位置等都比较方便，又便于装夹硬质合金刀具进行高速铣削，生产率高，故应用广泛。

2. 立式铣床的结构

立式铣床结构

立式铣床的主轴与工作台面垂直。立式铣床安装主轴的部件称为立铣头。立铣头可以在垂直面内旋转±45°，便于铣削斜面。

立式铣床和卧式铣床的结构相似，外形如图 7.4 所示，其主要组成部分与万能卧式铣床基本相同，除主轴所处位置不同外，它没有横梁、吊架和转台。铣削时，铣刀安装在主轴上，由主轴带动作旋转运动，工作台带动工件作纵向、横向、垂向移动。

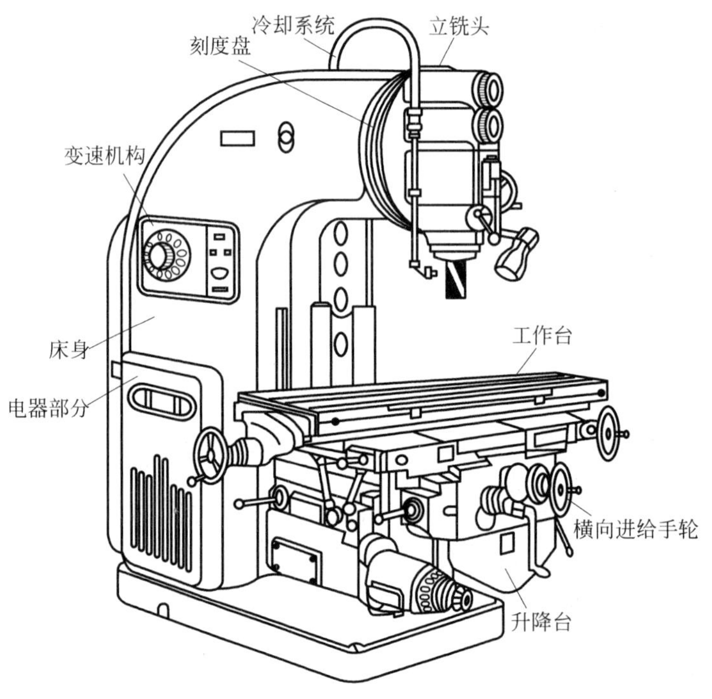

图 7.4 立式铣床

3. 立式铣床的操作

立式铣床的操作见二维码对应视频。

立式铣床操作

7.2.4 铣削常用附件

铣床常用附件有平口钳、万能立铣头、回转工作台及万能分度头等。

1. 平口钳

平口钳是一种通用夹具，主要用来安装支架、盘套、板块、轴类等零件，它既是附件又是夹具。常用的平口钳有 3 种，分别是一般平口钳和回转式平口钳和万向平口钳，如图 7.5 所示。

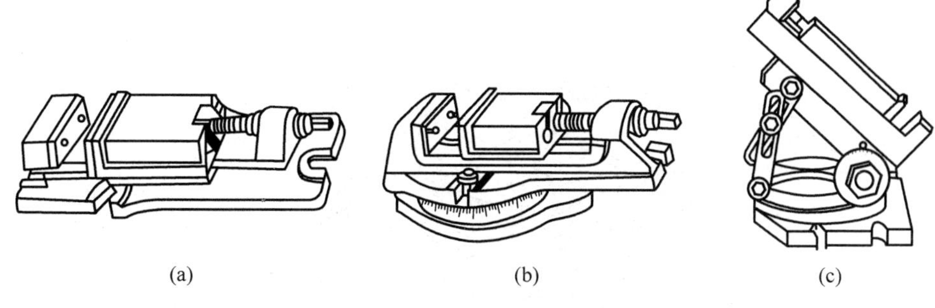

(a)　(b)　(c)

图 7.5　平口钳

(a) 一般平口钳；(b) 回转式平口钳；(c) 万向平口钳

平口钳适用于装夹一些小型或形状较规则的零件；回转式平口钳则在平口钳装夹基础上可将工件在水平面内转动一定角度；万向平口钳则是在平口钳装夹基础上将工件水平在垂直平面内转动，但其刚性较差，只能采用较小的铣削用量。

2. 万能立铣头

万能立铣头是铣床的重要附件。利用它不仅能完成各种立铣工作，而且还可以根据铣削的需要，将铣头主轴扳转成任意角度进行加工，做到一机多用，从而扩大了卧式铣床的功能。

图 7.6(a)所示为万能铣头(将铣刀扳成垂直位置)的外形图。其底座用螺栓固定在铣床的垂直导轨上。铣床主轴的运动通过铣头内的两对伞齿轮传到铣头主轴上。铣头的壳体可绕铣床主轴轴线偏转任意角度，如图 7.6(b)所示。铣头主轴壳体还能在壳体上偏转任意角度，如图 7.6(c)所示。因此，铣头主轴能在空间偏转成所需要的任意角度。

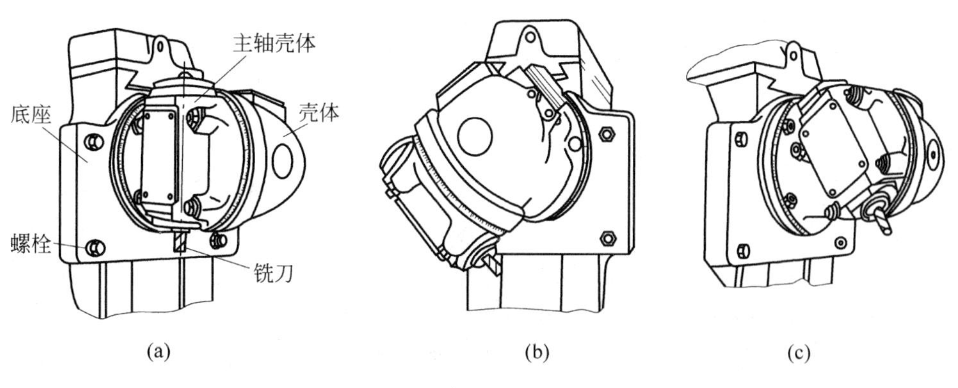

(a)　(b)　(c)

图 7.6　万能立铣头

3. 回转工作台

回转工作台外形如图 7.7 所示。主要用于加工圆弧面和加工零件的分度，可铣削圆弧曲线外形、平面螺旋槽。回转工作台有多种类型，常用的是立轴式手动回转工作台和机动回转工作台。

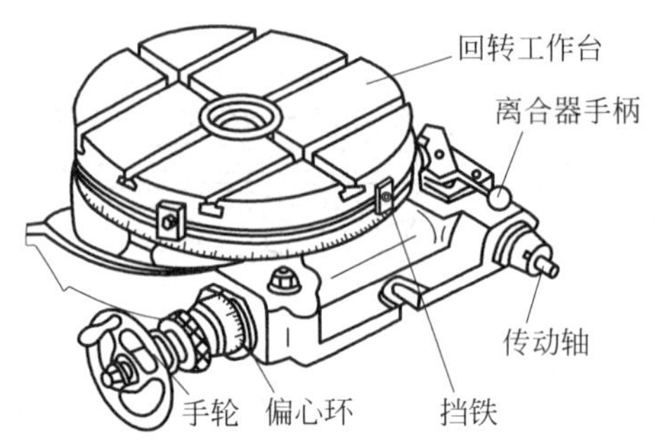

图 7.7 回转工作台

回转工作台的转盘与下面的蜗轮相连，蜗轮与蜗杆连接，蜗杆又与手轮相连，所以手轮转动时，转盘通过蜗轮蜗杆传动机构也跟着转动。在转盘的圆周上刻有 360°角度，在手轮上也装有一个刻度环，可以用来观察与确定转台的位置。

4. 万能分度头

在铣削加工中，常会遇到铣等分面、螺旋槽、齿轮、花键和刻线等工作。这时，工件每铣过一面或一个槽之后，需要转过一个角度，再铣削第二面、第二个槽等，这种工作叫做分度。分度头就是根据加工需要，对工件在水平、垂直和倾斜位置进行分度的机构。其中最为常见的是万能分度头。

万能分度头是铣床的重要精密附件，用来完成铣削等分面、齿轮轮齿等工作，使用它可扩展铣床的加工工艺范围。分度头的种类很多，有简单分度头、万能分度头、光学分度头、自动分度头等。

1）万能分度头的结构

万能分度头的结构如图 7.8 所示，主轴安装在回转体内，回转体由两侧轴颈支承在底座上，可使主轴轴线在垂直平面内调整一定的角度（－6°～＋90°），从而与工作台形成一定的夹角，以适应各种工件的加工需要。调整角度到位后可由回转体锁定螺钉锁紧。分度头主轴是两端具有锥度的空心轴，前端锥孔用于安装顶尖或心轴，可与顶尖座配合装夹工件。其前端外部也可设置定位锥面，用于安装三爪卡盘来装夹工件。其后端锥孔用于安装挂轮轴，并经挂轮与侧轴连接实现差动分度。分度头的基座上有两个导向定位键，可嵌入工作台的 T 形槽内，可使分度头的主轴与工作台纵向平行。

分度盘也称孔盘，如图 7.9 所示。分度盘的两端面均有在不同半径的同心圆上分布着不同孔数的等分小孔，以满足各种分度数的需求。

万能分度头备有两块分度盘，常用的孔圈孔数如下：

第一块正面：24、25、28、30、34、37；

反面：38、39、41、42、43。

第二块正面：46、47、49、52、53、54；

反面：57、58、59、62、66。

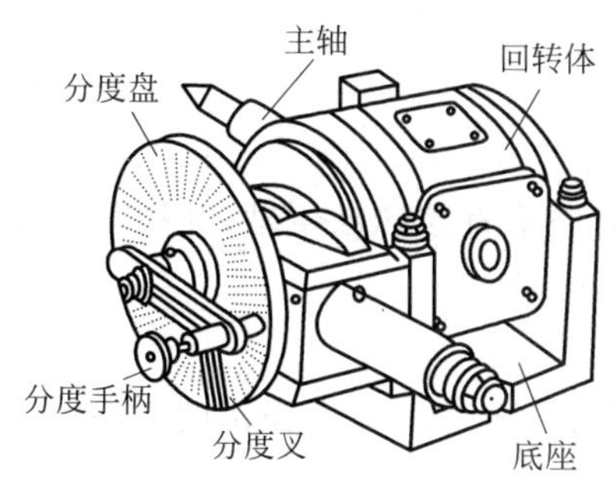

图 7.8　万能分度头

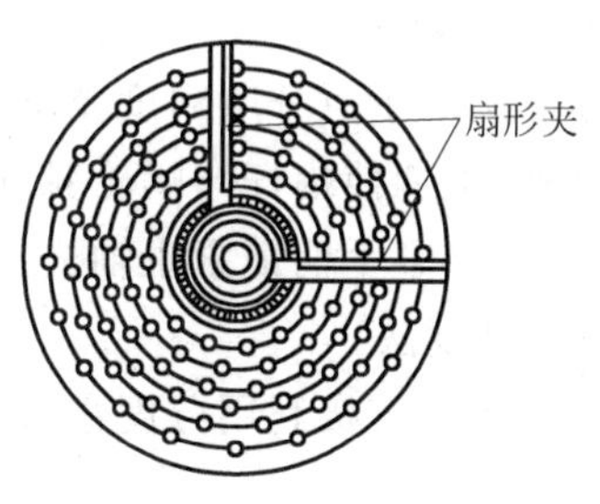

图 7.9　分度盘

2）传动原理

万能分度头的传动原理如图 7.10 所示。分度时，转动分度手柄，通过传动比为 1∶1 的齿轮与 1∶40 的蜗轮蜗杆传动带动分度头主轴(工件)转动，从而进行分度。因此，分度手柄转过 40 圈，则分度头主轴带动工件转过一圈。假设将一个工件圆周分成 z 等份，则每次分度时，工件应转过 $1/z$ 圈。因此，分度头手柄每次转数可以由下列比例关系得出：

$$1:\frac{1}{40}=n:\frac{1}{z}$$

因此

$$n=40\times\frac{1}{z}=\frac{40}{z}$$

式中，n——分度手柄圈数；

40——分度头的定数；

z——工件的等分数。

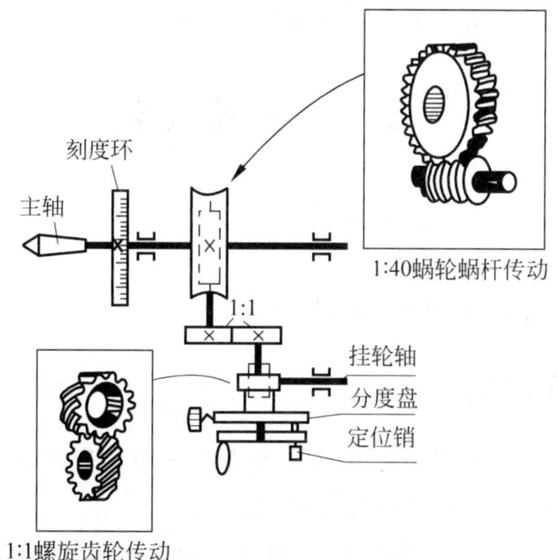

图 7.10　万能分度头的传动原理图

3）分度方法

在分度头的分度工作中，分度方法有直接分度法、简单分度法、角度分度法以及差动分度法等。

(1) 直接分度法

直接分度法用于对分度精度要求不高,且分度数较少的工作。应用时,首先松开主轴锁紧手柄,并操纵手柄使蜗杆与蜗轮脱开啮合,然后用手直接转动主轴,并按刻度盘控制主轴的转角,最后用锁紧手柄锁紧主轴。

(2) 简单分度法

简单分度法是直接利用分度盘进行分度的方法。$n=40/z$ 所表示的方法即为简单分度法,即

$$n=\frac{40}{z}$$

为使分度时容易记忆,可将上式写成如下形式:

$$n=\frac{40}{z}=a+\frac{p}{q}$$

式中,a——每次分度时手柄所转过的整数圈;

q——所用孔盘中孔圈的孔数;

p——手柄转过整数转后,在 q 个孔上转过的孔间距数。

例 7.1 要铣一齿轮,其齿数为 $z=28$。问每铣一齿后,分度手柄应转多少圈?

解 将 $z=28$ 代入公式,选用 28 的孔圈,则

$$n=\frac{40}{z}=\frac{40}{28}=\frac{10}{7}=1\frac{3}{7}$$

得

$$n=1\frac{3}{7}=1\frac{12}{28}$$

即每铣一个齿后,分度手柄的定位销必须在 28 的孔圈上转 1 圈又 12 个孔距。

7.3 铣刀及安装

铣刀是一种多刃刀具,每一个刀齿相当于一把车刀,切削时每个刀齿周期性切入切出工件。因此有利于散热,生产率高。

制造铣刀的材料一般都用高速钢和硬质合金。

7.3.1 铣刀的分类

铣刀的种类繁多,根据铣刀安装方式可分为带孔铣刀和带柄铣刀。

带孔铣刀为以孔安装的铣刀,一般用于卧式铣床。

常见的带孔铣刀有圆柱铣刀、圆盘铣刀、角度铣刀、成型铣刀等,如图 7.11 所示。

带柄铣刀为以柄安装的铣刀,一般多用于立式铣床。带柄铣刀又可分为直柄铣刀和锥柄铣刀。如图 7.12 所示,常见的带柄铣刀有立铣刀、键槽铣刀、T 形槽铣刀、镶齿端铣刀等。

另外,按铣刀刀齿在刀体上的分布可以分为圆柱铣刀和端铣刀。圆柱铣刀的刀齿在刀体圆周分布。端铣刀的刀齿主要分布在刀体端面上。

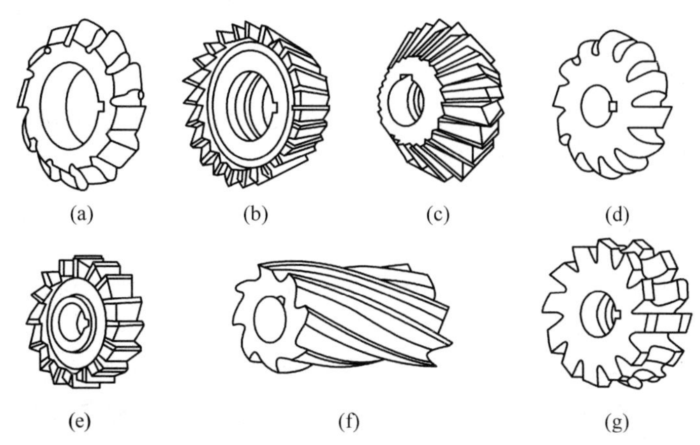

图 7.11 带孔铣刀

(a) 模数铣刀；(b) 单角铣刀；(c) 双角铣刀；(d) 凸圆弧铣刀；
(e) 三面刃铣刀；(f) 圆柱铣刀；(g) 凹圆弧铣刀

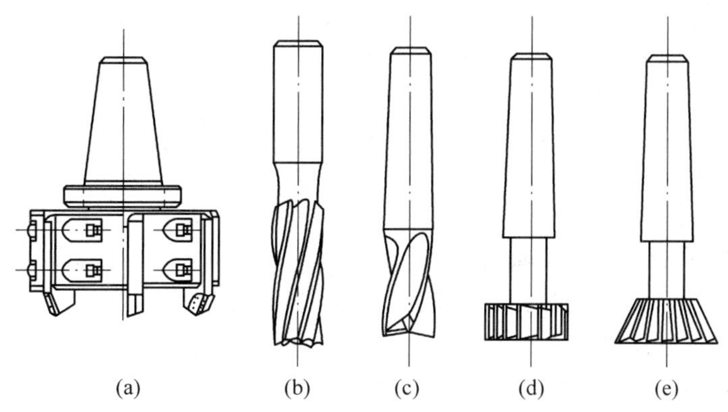

图 7.12 带柄铣刀

(a) 面铣刀；(b) 立铣刀；(c) 键槽铣刀；(d) T 形槽铣刀；(e) 燕尾槽铣刀

7.3.2 铣刀的用途

(1) 立铣刀：用于铣削平面、沟槽和台阶面。

(2) 端铣刀：主要用于铣平面和台阶。

(3) 盘铣刀：盘铣刀用于铣凹槽和台阶。

(4) 键槽铣刀：用于铣键槽。

(5) 圆柱铣刀：刀齿分布在圆柱的柱面上，这种铣刀用于铣削平面。

(6) 锯片铣刀：用于铣窄槽和切断。

(7) 成形铣刀：用于加工成形面，如凸凹半圆铣刀、齿轮铣刀等。

(8) T 形槽铣刀：用于加工 T 形槽。

(9) 燕尾槽铣刀：用于加工燕尾槽。

7.3.3 铣刀的安装

铣刀安装是铣削工作的一个重要组成部分，铣刀安装是否正确，直接影响到加工质量，而且也影响铣刀的使用寿命，所以必须按要求进行安装。

1. 带孔铣刀的安装

带孔铣刀的中心有一个孔，无法直接安装到主轴锥孔上，所以必须先安装在铣刀刀杆上。

带孔铣刀须用长刀杆和拉杆安装，拉杆用于拉紧刀杆，保证刀杆外锥面与主轴锥孔紧密配合，套圈用来调整带孔铣刀的位置，吊架用来增加刀杆的刚度，如图 7.13 所示。

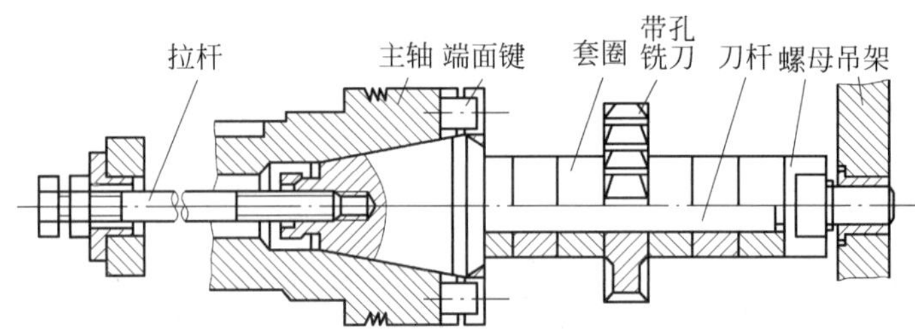

图 7.13 带孔铣刀的安装

安装带孔铣刀时应注意：

(1) 铣刀应尽可能地靠近主轴，以保证铣刀杆的刚度。

(2) 套筒的端面和铣刀的端面必须擦干净，以减小铣刀的跳动。

(3) 拧紧刀杆的压紧螺母时，必须先装上吊架，以防刀杆受力弯曲。

(4) 斜齿圆柱铣刀所产生的轴向切削力应指向主轴轴承。

2. 带柄铣刀的安装

带柄铣刀的安装主要是靠柄部定心来安装或夹持的。

(1) 锥柄铣刀可直接或通过过渡锥套安装在铣床主轴的锥孔中，如图 7.14(a)所示。

① 当铣刀的锥柄尺寸和锥度与铣床主轴孔相同时，铣刀可直接装入铣床主轴孔内，用拉紧螺杆从主轴孔的后面拉紧铣刀即可。

② 当铣刀的锥柄尺寸和锥度与铣床主轴孔不同时，应采用过渡套进行安装(过渡套的内孔尺寸要与铣刀锥柄相同，外锥尺寸要与主轴孔相同)。

(2) 直柄铣刀因直径尺寸较小，可以用通用夹头和弹簧夹头安装。弹簧夹头夹紧力大，铣刀装卸方便，夹紧精度较高，使用起来比较方便，如图 7.14(b)所示。

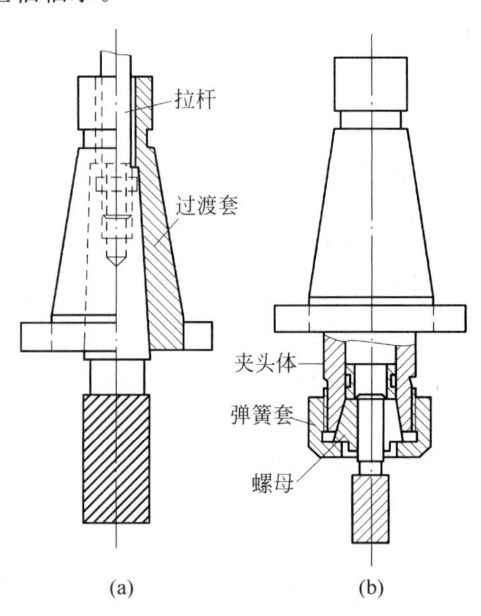

图 7.14 带柄铣刀的安装

7.4 铣削加工

7.4.1 铣削方式

铣削方式与刀具的耐用度、工件表面粗糙度、铣削的平稳性和生产效率都有很大的关系。铣削时，应选择合适的铣削方式。

1. 周铣与端铣

用圆柱铣刀的圆周刀齿加工平面称为周铣，如图7.15(a)所示。用铣刀的端面齿刃加工平面称为端铣，如图7.15(b)所示。采用端铣时，刀杆的刚性好，同时参加切削的刀齿较多，且工作部分较短，工作过程较平稳。端铣刀除主切削刃担任切削工作外，端面切削刃还可起修光作用，所以加工表面的粗糙度较小。镶硬质合金刀片的端铣刀，可以进行高速铣削，这样既可提高生产率，又可减小表面粗糙度。所以，端铣在生产率和表面质量上均优于周铣，在较大平面的铣削中多使用端铣。周铣可使用多种形式的铣刀，常用于平面、台阶、沟槽及成型面的加工，适用性好，在生产中用得也比较多。

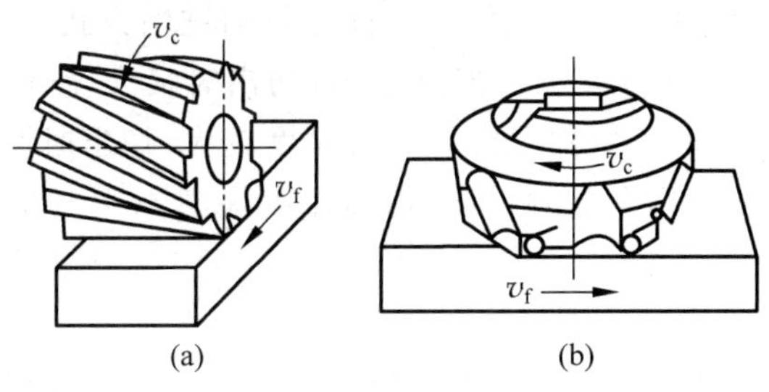

图7.15 周铣和端铣

(a) 周铣；(b) 端铣

2. 逆铣和顺铣

周铣分为逆铣和顺铣两种。

(1) 逆铣：铣刀旋转方向与工件的进给方向相反的铣削方式，如图7.16(a)所示。

特点：铣削时每齿切削厚度由小到大。优点是铣削过程较平稳；缺点是每个刀齿开始切入时与已加工表面都有一小段滑行挤压过程，从而加速了刀具的磨损，增加了已加工表面的硬化程度。由于这种铣削平稳，所以被广泛应用。

(2) 顺铣：铣刀旋转方向与工件的进给方向相同的铣削方式，如图7.16(b)所示。

特点：铣削时每齿切削厚度由大到小，对表面没有硬皮的工件易于切入，而且铣刀对工件的切削分力垂直向下，有利于工件的夹紧。铣刀的使用寿命比逆铣时提高2～3倍，表面粗糙度要比逆铣时小。但是由于切削时进给丝杠与螺母之间存在传动间隙，致使工作台产生窜动，容易损坏刀具和工件。因此，当铣削余量较小、切削力小于工作台和导轨面之间的摩擦力时，多采用顺铣。机床有消除丝杠螺母间隙的机构时，也可采用顺铣。

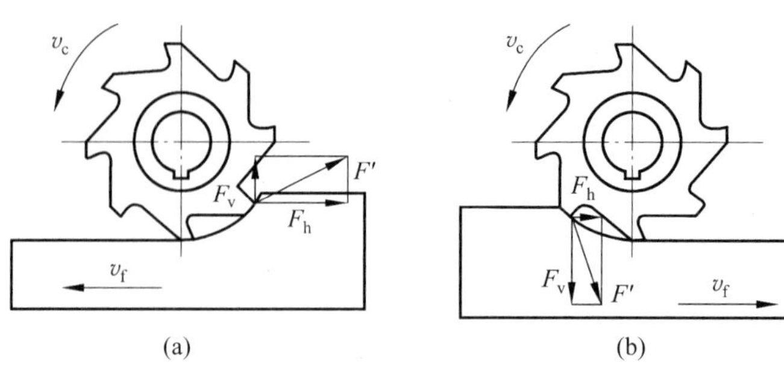

图 7.16 逆铣和顺铣

(a) 逆铣；(b) 顺铣

3. 对称铣和不对称铣

用端铣刀铣削时的铣削方式包括对称铣和不对称铣，如图 7.17 所示。

(1) 对称铣：铣削时铣刀的轴线位于工件的中心的铣削方式。对称铣削时，铣刀位于工件表面的对称线上，切入和切出的切削层厚度相同且最小，有较大的平均切削厚度。常用于铣削淬硬钢或机床导轨，工件表面粗糙度均匀，刀具耐用度较高。

(2) 不对称铣：铣削时铣刀的轴线偏于工件一侧的铣削方式。不对称铣削包括不对称逆铣和不对称顺铣。不对称逆铣切入时厚度最小，切出时最大，铣削碳钢和合金钢时，可减小切入冲击，提高使用寿命；不对称顺铣切入时厚度较大，切出时厚度较小，实践证明不对称顺铣用于加工不锈钢和耐热合金时，可使切削速度提高 40%～60%，并可减少硬质合金的热裂磨损。

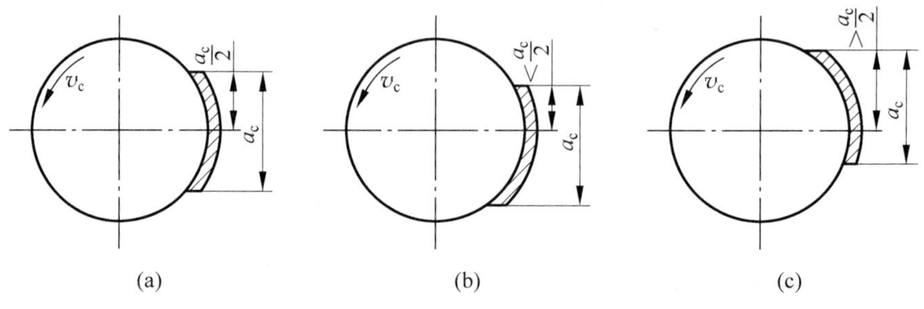

图 7.17 对称铣和不对称铣

(a) 对称铣削；(b) 不对称逆铣；(c) 不对称顺铣

7.4.2 平面铣削实例

平面是机械零件的基本表面之一。平面铣削的技术要求包括平面度、平行度、表面粗糙度和相关毛坯表面加工余量的尺寸要求。

运用工件装夹方法、铣刀、铣床和铣削方式的不同组合，可以加工各种形状零件上的平面。例如，在卧式铣床上用圆柱铣刀铣平面，在立式铣床上用面铣刀加工垂直面和平行面，如图 7.18 所示。

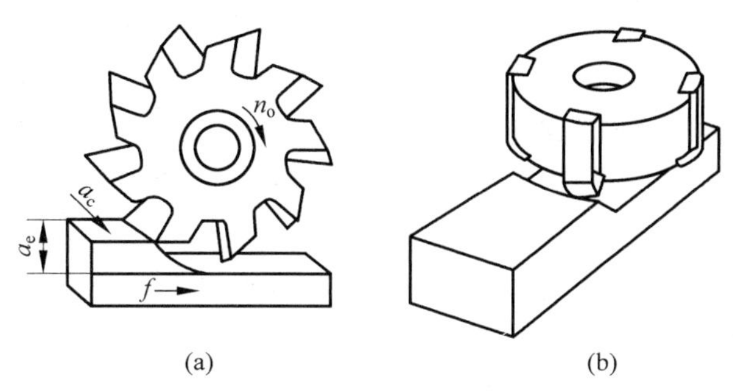

图 7.18　铣削平面

(a) 圆柱铣刀铣平面；(b) 端铣刀铣平面

1. 用圆柱铣刀铣平面

铣平面

(1) 选择与安装铣刀。由于圆柱铣刀铣平面时，排屑顺利，铣削平稳，所以常用圆柱铣刀铣平面。当工件表面粗糙度 Ra 值较小，且加工余量不大时，选用细齿铣刀；当表面粗糙且加工余量较大时，选用粗齿铣刀。铣刀的刃长最好要大于工件待加工面的宽度，以保证一次进给铣完待加工面。

(2) 选择铣削用量。根据工件材料、加工余量、工件宽度及表面粗糙度等要求综合确定，通常采用粗铣和精铣两次铣削完成。

(3) 工件的装夹方法。根据工件形状、加工平面的部位及尺寸公差和形位公差的要求，选取合适的装夹方法，常用平口钳或螺栓压板装夹工件。用平口钳装夹工件时，要校正平口钳的固定钳口，对工件进行找正，并根据选定的铣削方式，调整好铣刀与工件的相对位置。

(4) 操作方法。根据选取的铣削速度，调整机床主轴的转速。根据选取的进给速度调整机床的每分钟进给量。铣削宽度的调整是在铣刀旋转后进行的。先使铣刀轻微接触工件表面，记住此时升降手柄的刻度值，再将铣刀退离工件，升高工作台并调整好铣削深度，固定升降和横向进给手柄。开车使铣刀旋转，先手动纵向进给，当工件被轻微切削后改用自动进给。铣削一遍后，停自动进给，停车，下降工作台。测量工件尺寸，观察加工表面质量，重复对工件进行铣削加工达到合格尺寸。

2. 用端铣刀铣平面

由于端铣刀多采用硬质合金刀头进行铣削，又由于端铣刀的刀杆短、强度高、刚性好，铣削中振动小，因此可用端铣刀高速强力铣削平面，其生产率高于周铣，因此被广泛采用。

用端铣刀铣平面的方法与步骤，基本上与用圆柱铣刀铣平面的方法和步骤相同，可参考圆柱铣刀铣平面的方法进行。

3. 铣斜面

工件上的斜面常用下面几种方法进行铣削。

(1) 使用斜垫铁铣斜面。如图 7.19 所示，在工件的基准下面垫一块斜垫铁，则铣出的平面就与基准面倾斜一定角度。改变斜垫铁的角度，即可加工不同角度的斜面。

(2) 利用分度头铣斜面。如图 7.20 所示，用万能分度头将工件转成所需位置铣出斜面。

(3) 用万能立铣头铣斜面。如图 7.21 所示，由于万能立铣头能改变刀轴的空间位置，因此可以转动立铣头使刀具相对工件倾斜一个角度来铣斜面。

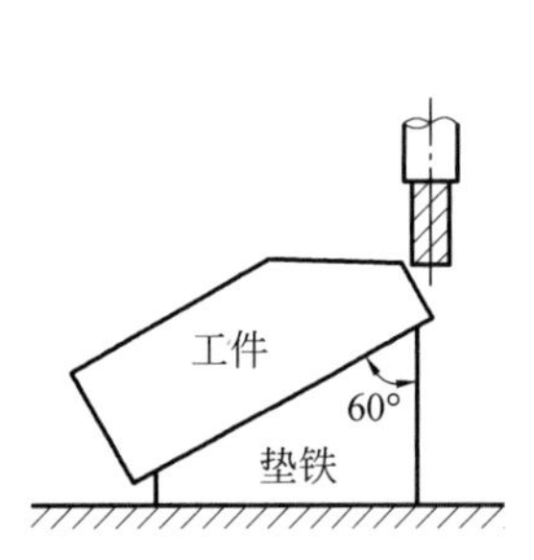

图 7.19 用斜垫铁铣斜面

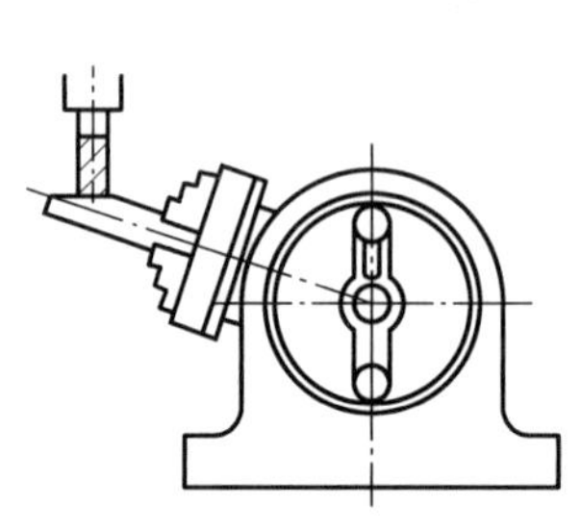

图 7.20 用分度头铣斜面

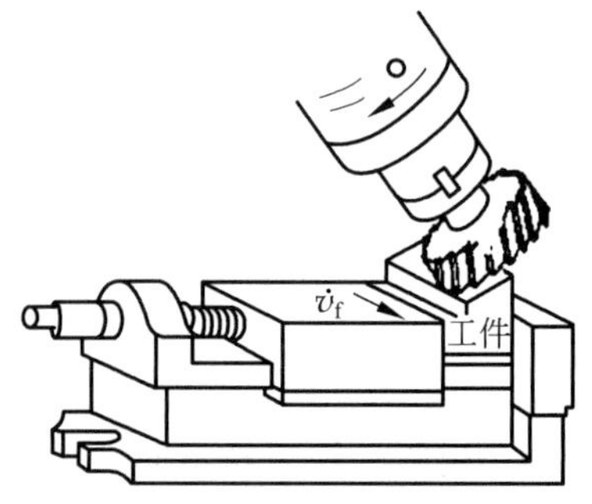

图 7.21 万能立铣头铣斜面

4. 铣六棱柱

铣六棱柱的方法见二维码对应视频。

铣六棱柱

5. 铣沟槽

在铣床上可以加工键槽、直槽、角度槽、T 形槽、V 形槽、燕尾槽、螺旋槽等各种沟槽。这里介绍键槽、T 形槽与螺旋槽的加工。

1) 铣键槽

一般传动轴上都有键槽，按其结构特点可分为封闭式和敞开式两种。在轴上铣键槽时，常用平口钳、抱钳、V 形铁或分度头装夹工件，如图 7.22 所示。

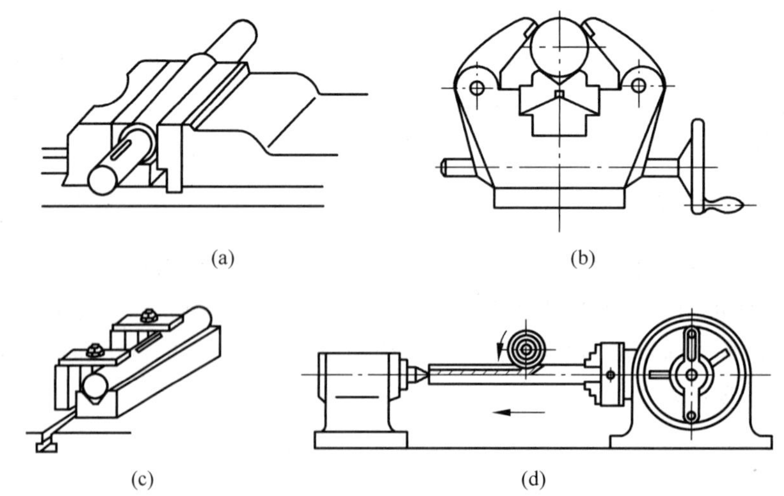

图 7.22 铣键槽工件的安装

(a) 用平口钳装夹；(b) 用抱钳装夹；(c) 用 V 形块装夹；(d) 用分度头安装

铣封闭式键槽一般是在立铣床上用键槽铣刀或立铣刀进行，如图 7.23 所示。铣敞开式键槽一般是在卧式铣床上用三面刃铣刀加工。

2）铣 T 形槽

T 形槽应用较广，如铣床、刨床、钻床的工作台上都有 T 形槽，用来安装紧固螺栓，以便将夹具或工件紧固在工作台上。铣 T 形槽一般在立式铣床上进行，通常分为 3 个步骤：

(1) 用立铣刀铣出直槽，如图 7.24(a)所示。

(2) 用 T 形槽铣刀铣削两侧横槽，如图 7.24(b)所示。

(3) 如 T 形槽的槽口有倒角要求时，用倒角铣刀进行倒角，如图 7.24(c)所示。

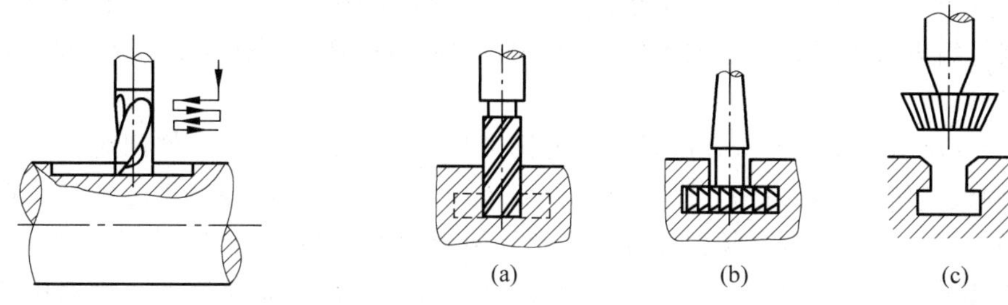

图 7.23　铣封闭式键槽　　图 7.24　铣 T 形槽

3）铣螺旋槽

铣削加工中常会遇到铣斜齿轮、麻花钻、螺旋铣刀的螺旋槽工作。

铣削时，刀具作旋转运动；工件一方面随工作台作匀速直线移动，同时又被分度头带动作旋转运动(见图 7.25)。根据螺旋线形成原理，要铣削出一定导程的螺旋槽，必须保证当工件随工作台纵向进给一个导程时，刚好转过一圈。这可以通过改变工作台丝杠和分度头之间的齿轮传动比来实现。

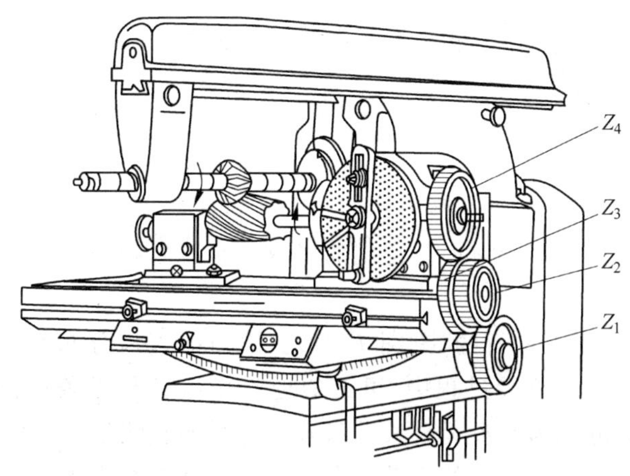

图 7.25　铣螺旋槽时的传动示意图

7.4.3　齿轮加工

齿轮齿形的切削加工有两大类：成形法和展成法。

1. 成形法

成形法加工直齿圆柱齿轮，是在铣床上利用刀刃形状与被切齿轮齿槽形状相同或相近的成形铣刀逐个进行铣削而成。这种方法的特点是设备简单、刀具成本低、加工精度和生产效率低，一般适用于齿轮精度要求不高的单件或小批量生产。

齿轮铣刀也称模数铣刀。齿轮铣刀分为两类：一是圆盘形齿轮铣刀，用于卧式铣床加工模数 $m<10$mm 的齿轮；另一类是指状齿轮铣刀，用于立式铣床上加工模数 $m>10$mm 的齿轮。

齿轮铣刀的选择是根据被加工齿轮的模数和齿数来选择的。同一模数的齿轮铣刀有 8 把，分为 8 个刀号，每号铣刀只适用于加工一定齿数范围的齿轮。由于齿轮铣刀的刀齿轮廓是根据每组齿数中最少齿数的齿轮设计和制造的，所以加工其他齿数的齿轮时，只能获得相近的齿形。

图 7.26 所示为用成形法在卧式铣床上铣直齿圆柱齿轮的方法。铣削时首先选择及安装铣刀，调整工作台使铣刀中心平面对准分度头顶尖中心。工件一般用心轴安装在铣床的分度头和尾架上。安装时必须保证分度头和尾架顶尖的中心连线与工作台台面平行，且与纵向工作台进给方向一致。利用齿轮铣刀对齿轮齿间进行铣削，每铣完一齿就用分度头进行一次分度，再铣下一个齿间。

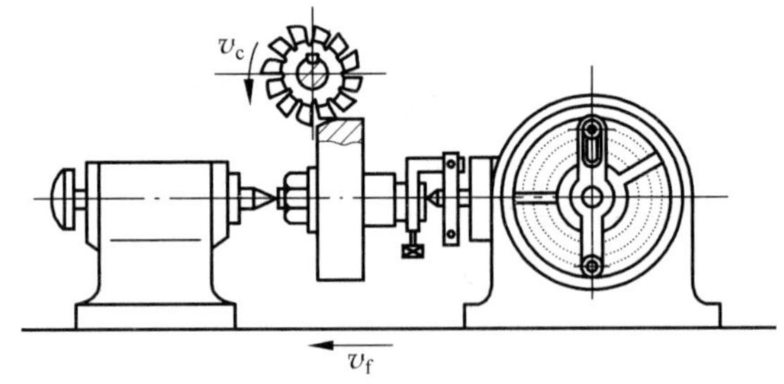

图 7.26 成形法加工齿轮

2. 展成法

展成法是利用齿轮刀具与被切齿轮相互啮合运转而切出齿形的一种加工方法。展成法适合加工大批量、精度要求高的齿形。常用的展成法有滚齿和插齿。

1）滚齿加工

滚齿加工是在滚齿机上进行的(见图 7.27)。滚刀的刀齿分布在相当于蜗杆的螺旋线上，其法向剖面为齿条。在滚齿过程中，可近似地看作齿轮与齿条保持强制啮合的运动关系。滚刀的连续旋转，可视为一根无限长的齿条作连续的直线运动。

在滚齿时，必须保证滚刀刀齿的运动方向与被加工齿轮的齿槽一致。由于滚刀的刀齿分布在螺旋线上，刀齿的方向与滚刀轴线并不垂直，这就要求把刀架扳一个角度。滚切直齿轮时，这个角度就是滚刀的螺旋升角。滚切斜齿轮时还要考虑齿轮的螺旋角。

滚刀与普通铣刀的切削作用不同点在于：普通铣刀的刀齿是排列在一个回转面上，而滚刀刀齿则排列在一个螺旋面上。滚刀在旋转时，每一个刀齿旋转到前一刀齿的角度位置的同时，相应地产生沿滚刀轴向的位移，其大小等于螺旋线的导程。此时工件还配合滚刀刀

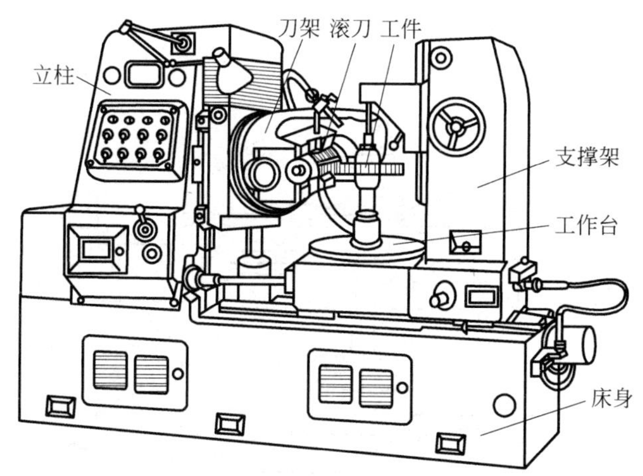

图 7.27 滚齿机

齿的位移进行旋转运动，于是就产生切削，这时滚刀的刀齿顺序地进入被切齿轮渐开线轮廓位置而切出渐开线齿形来，如图 7.28 所示。

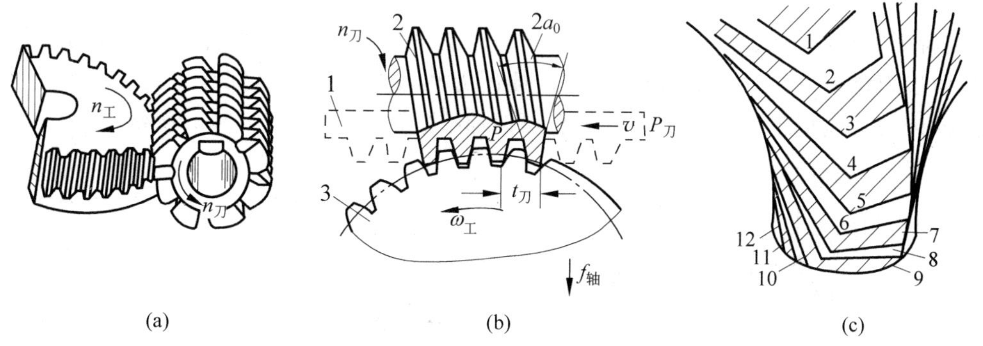

图 7.28 滚齿工作原理

注：图(c)中数字表示滚刀刀齿进入顺序

每一把滚刀可以加工出模数相同、齿数不同的渐开线齿轮。

滚齿加工外圆柱直齿轮时，有以下几个运动：

(1) 主运动，即切削运动为滚刀的旋转运动。

(2) 分齿运动，即工件的旋转运动，用来保证滚刀的转速和被切齿轮的转速之间的啮合关系，单头滚刀转一圈，被切齿轮应转过一个齿。

(3) 垂直进给运动，即滚刀沿工件轴向的垂直进给，以保证切出整个齿宽。

(4) 径向进给运动，即滚刀沿工件齿深方向水平进给，以便切出全齿深。

与铣齿相比、滚齿加工的齿形精度高，生产效率高，齿表面粗糙度值小，一般滚齿精度可达 IT7～IT8 级，齿表面粗糙度 Ra 值可达 3.2～1.6μm。

滚齿除了可以加工直齿、斜齿的外圆柱齿轮外，也能加工蜗轮，但不能加工内齿轮和相距太近的多联齿轮。

2) 插齿加工

插齿加工是在插齿机上进行的，如图 7.29 所示。插齿加工的过程相当于一对齿轮作无间隙啮合运动,如图 7.30(a)所示。

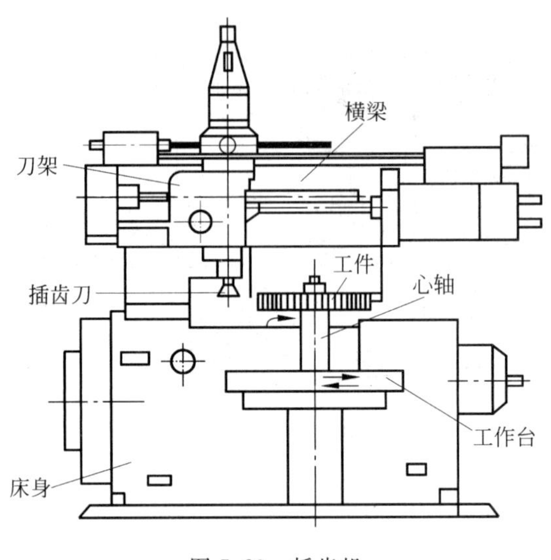

图 7.29 插齿机

插齿刀的形状类似于一个齿轮,在齿上磨出前角和后角,从而使它具有锋利的刀刃。插齿时,插齿刀作上下往复切削运动,同时使插齿刀和被加工齿轮之间保证严格的啮合关系。这样,插齿刀就能把工件上齿槽部分的金属切掉形成齿形,如图 7.30(b)所示

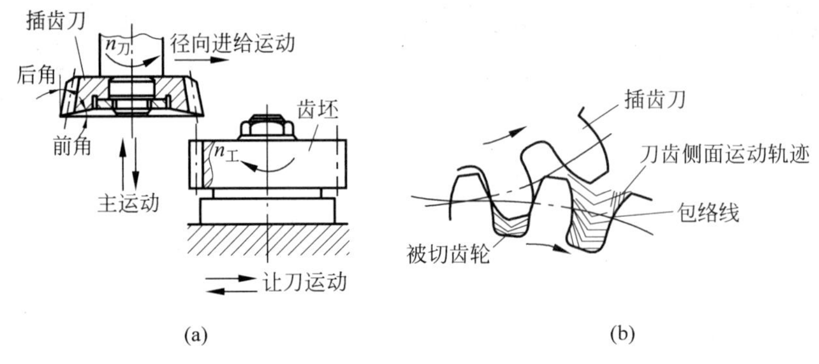

图 7.30 插齿工作原理

(a) 插齿刀及其运动;(b) 插齿刀切去工件齿间的情况

插齿加工所能达到的齿轮精度等级为 IT7~IT8,齿面表面粗糙度 Ra 值为 3.2~1.6μm。同一把插齿刀可以加工相同模数而齿数不同的齿轮的齿形。

插齿机一般用于加工内外直齿圆柱齿轮、双联齿轮和多联齿轮。结合附件,还可加工齿条、斜齿圆柱齿轮等。

插齿加工中,插齿机有 5 种运动:

(1) 主运动:插齿刀上下往复直线运功(切削运动)。

(2) 分齿运动:插齿刀与被切齿坯间强制地保持着一对齿轮传动的啮合关系的运动。

(3) 径向进给运动:为逐渐切至齿的全深,插齿刀向齿坯中心的切入运动。

(4) 圆周进给运动:插齿刀每往复一次在分度圆周上所转过的弧长的毫米数。

（5）让刀运动：插齿刀上下往复运动中，向下是切削行程，向上是退回行程。在插齿刀回程时，为避免刀具与工件表面摩擦而划伤已加工表面和减少刀具的磨损，工作台带着工件让开插齿刀，而在插齿时工作台又需恢复原位。工作台的这个运动称为让刀运动。

7.5　其他切削加工方法

7.5.1　钻削和镗削

加工零件上分布着许多大小不同的孔，其中那些数量多、直径小、精度要求不很高的孔大多在钻床上加工；而大的孔，尤其是相互位置精度要求较高的孔系加工，则应在镗床上进行。

1. 钻削

钻削是孔加工最常用的方法之一，一般用于粗加工，其加工的尺寸精度为 IT10 以下，表面粗糙度 Ra 值为 50～12.5μm。除钻削外，扩孔和铰孔也是孔加工的常用方法。

1）钻削的特点与应用

钻孔与车外圆相比有很多不利条件，其特点可概括如下：

（1）钻头刚性差

由于钻头的长度一般比较长，其直径又受加工孔径的限制。为容纳和排出切屑，要求钻头上尽可能有较大的螺旋槽，这使钻心变细，再加上钻头只有两条比较窄的棱边，导向作用较差，加工时容易“引偏”，降低加工质量和生产效率。

（2）切削条件差

钻孔时一般是半封闭式的切削，排屑和散热困难，冷却条件极差，钻头容易磨损。另外加工过程中观察和测量皆不方便。

在钻床上可完成的工作很多，如钻孔、扩孔、铰孔和攻螺纹等，其应用范围如图 7.31 所示。

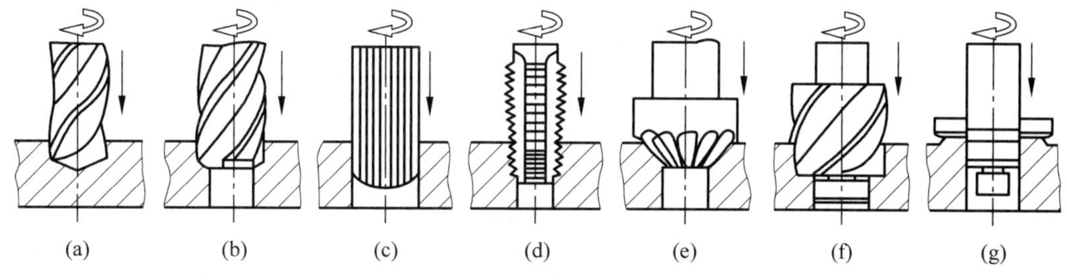

图 7.31　钻床应用范围

(a) 钻孔；(b) 扩孔；(c) 铰孔；(d) 攻螺纹；
(e) 锪锥形沉孔；(f) 锪圆柱形沉孔；(g) 锪凸台平面

钻削主要用于以下几类孔的加工：

（1）精度和表面质量要求不高的孔。

(2) 精度和表面质量要求较高的孔，需要用钻孔作为预加工工序。

(3) 内螺纹在攻螺纹前所需的底孔。

在成批和大量生产中，为了保证加工精度、提高生产效率和降低加工成本，广泛使用钻模(见图 7.32)、多轴钻(见图 7.33)或组合机床(见图 7.34)。

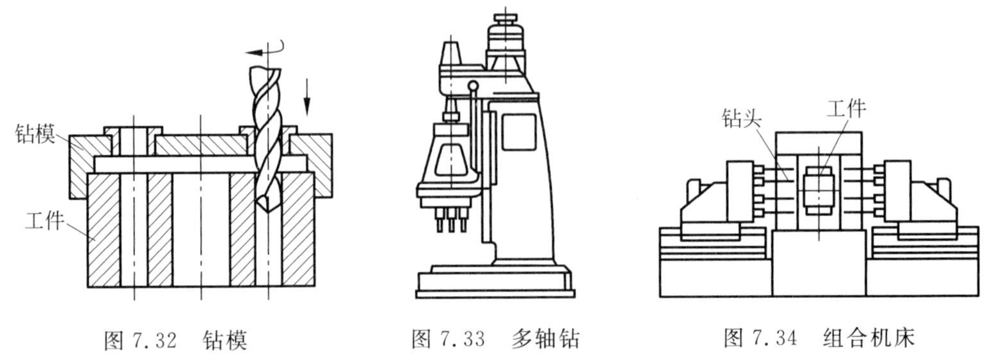

图 7.32 钻模　　图 7.33 多轴钻　　图 7.34 组合机床

2) 钻削工具

钻削工具主要是钻头，有麻花钻、中心钻、扁钻、深孔钻等，其中以麻花钻应用最为广泛，分为直柄钻和锥柄钻两类，直柄钻传递扭矩较小，锥柄钻顶部是扁尾，起传递扭矩作用。

麻花钻通常用高速钢制成，特别适合于 30mm 以下的孔的粗加工，有时也可用于扩孔。它由刀柄、颈部及刀体组成，如图 7.35 所示。

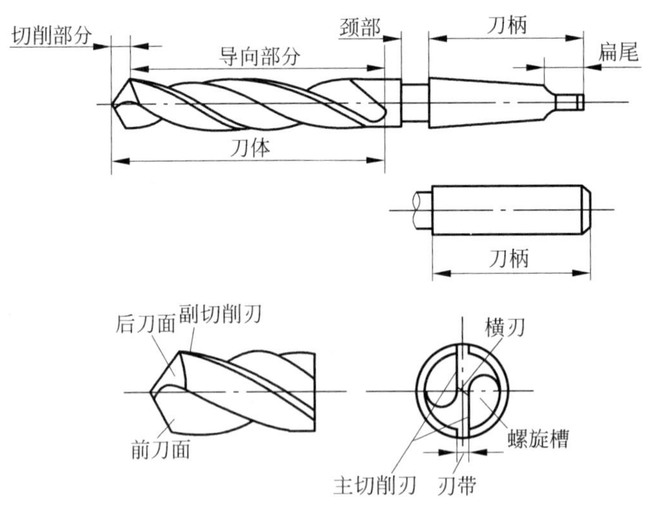

图 7.35 麻花钻的结构

(1) 刀柄：是钻头的夹持部分，起传递动力的作用。

(2) 颈部：是在制造钻头时砂轮磨削退刀用的，钻头直径、材料、厂标一般也刻在颈部。

(3) 刀体：刀体的前端为切削部分，承担主要的切削工作；后端为导向部分，起引导钻头的作用，也是切削部分的后备部分。刀体有两个对称的刀瓣、两条对称的螺旋槽，导向部分磨有两条棱边。

中心钻，如图 7.36 所示，用于加工轴类工件的中心孔。钻孔时，先打中心孔，有利于钻头的导向，可防止孔的偏斜。

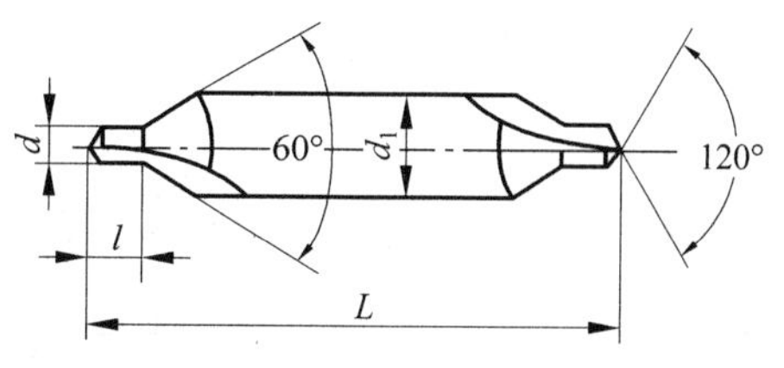

图 7.36　中心钻

3）钻床

钻床是进行孔加工的机床，种类很多，常用的有台式钻床、立式钻床和摇臂钻床。

（1）台式钻床

台式钻床简称台钻，它是放在台桌上使用的小型钻床，如图 7.37 所示。一般用于加工小型零件上的直径<12mm 的小孔，主要用于仪表制造、钳工和装配等工作。

（2）立式钻床

图 7.38 所示为立式钻床，主要由机座、立柱、变速箱、进给箱和工作台组成。变速箱固定在立柱顶部，内装电动机、变速机构及操纵机构。进给箱内有主轴、进给变速机构和操纵机构。电动机的运动通过变速箱使主轴带动钻头旋转，获得各种所需的转速，同时也把动力传给进给箱，通过进给箱的传动机构，使主轴随着主轴套筒按需要的进给量作直线进给运动。进给箱右侧的手柄用于主轴的上下移动，钻头装在主轴孔内，工件安装在工作台上。工作台和进给箱都可以沿立柱调整其上下位置，以适应不同高度的工件需要。立式钻床的主轴位置是固定的，为使钻头与工件上孔的中心对准，必须移动工件，因而操作不方便，生产效率不高，常用于单件、小批生产中加工中、小型工件上较大的孔。立式钻床的规格用最大钻孔直径表示，其最大钻孔直径有 25、35、40、50mm 等几种。

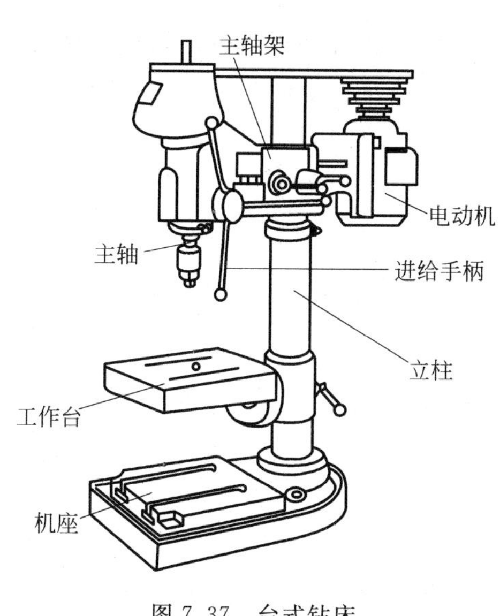

图 7.37　台式钻床

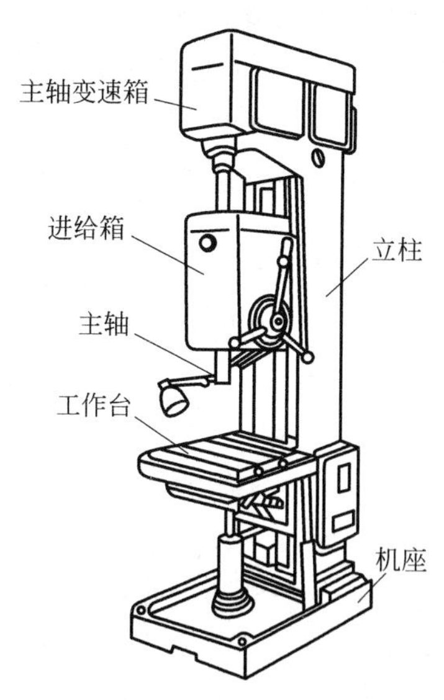

图 7.38　立式钻床

（3）摇臂钻床

在大型的工件上钻孔，希望工件不动，钻床主轴能任意调整其位置，这就需用摇臂钻床。图 7.39 所示为摇臂钻床，由机座、立柱、摇臂、主轴箱、工作台等部分组成。摇臂可绕立柱回转，主轴箱可沿摇臂的导轨作水平移动。这样可很方便地调整主轴的位置，对准工件被加工孔的中心。工件可以安装在工作台上，如工件较大，可移走工作台，将工件直接装在机座上。

摇臂钻床适用于单件或成批生产的大、中型工件和多孔工件的孔加工。

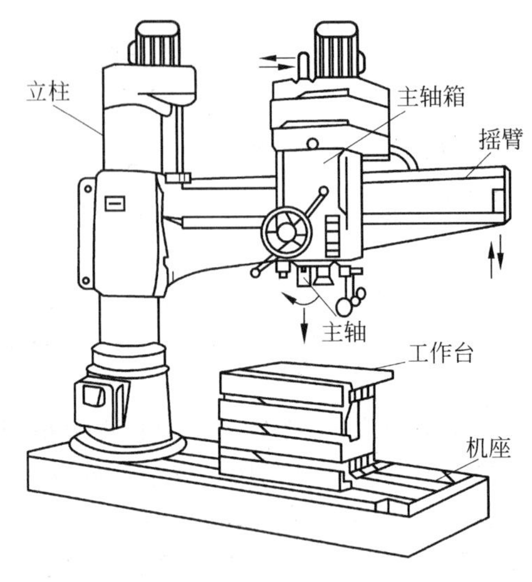

图 7.39 摇臂钻床

4）扩孔和铰孔

用扩孔钻对已有的孔(铸孔、锻孔、钻孔)作扩大加工称为扩孔。扩孔所用的刀具是扩孔钻。扩孔尺寸公差等级可达 IT9～IT10，表面粗糙度 Ra 值可达 3.2μm。扩孔可作为终加工，也可作为铰孔前的预加工。

铰孔是用铰刀对孔进行最后精加工的一种方法，铰孔可分为粗铰和精铰。精铰加工余量较小，只有 0.05～0.15mm，尺寸公差等级可达 IT7～IT8，表面粗糙度 Ra 值可达 0.8μm。铰孔前，工件应经过钻孔、扩孔(或镗孔)等加工。铰孔所用刀具是铰刀。

2. 镗削加工

1）镗削的特点与应用

镗削加工是用镗刀对已加工出的孔进行加工，以扩大孔径，提高尺寸及位置精度和表面质量的孔加工方法。镗孔加工精度高，可达 IT6～IT8，表面粗糙度 Ra 值为 1.6～0.4μm。

镗床用于对大型或形状复杂的工件进行孔加工。在镗床上除了能进行镗削加工外，还能进行钻孔、扩孔、铰孔，及加工端面、外圆柱面、内外螺纹等。镗刀结构简单，通用性好，既可粗加工，也可半精加工及精加工。

2）卧式镗床

在镗床中，卧式镗床是应用最广泛的一种。图 7.40 所示为卧式镗床的外形图。镗床床身上装有前立柱、后立柱和工作台，装有主轴和转盘的主轴箱装在前立柱上，后立柱上装有可上下移动的尾座。镗床进行切削加工时，镗刀可以安装在镗刀杆上，也可以安装在主轴箱外端的大转盘上，它们都可以旋转，以实现切削运动。进给运动可以由工作台带动工件来完成，安放工件的工作台可作横向和纵向的进给运动，还可回转任意角度，以满足在工件不同方向的垂直面上镗孔的需要。此外，镗刀主轴可轴向移动，以实现纵向进给。当镗刀安装在大转盘上时，还可以实现径向的调整和进给。镗床主轴箱可沿前立柱的导轨作垂直的进给运动。

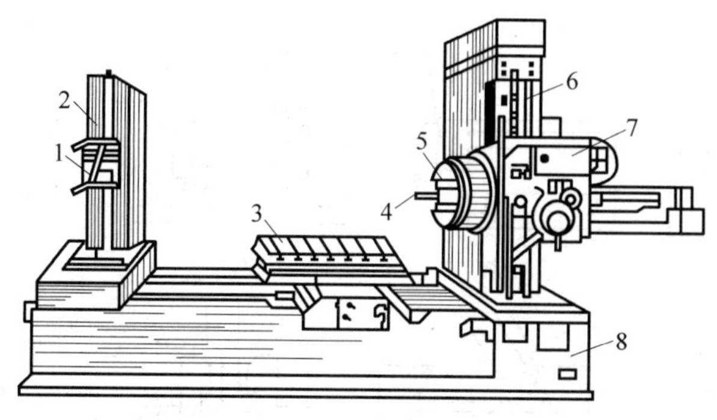

图 7.40　卧式镗床

1—尾座；2—后立柱；3—工作台；4—主轴；5—转盘；6—前立柱；7—变速箱；8—床身

镗床加工范围如图 7.41 所示。

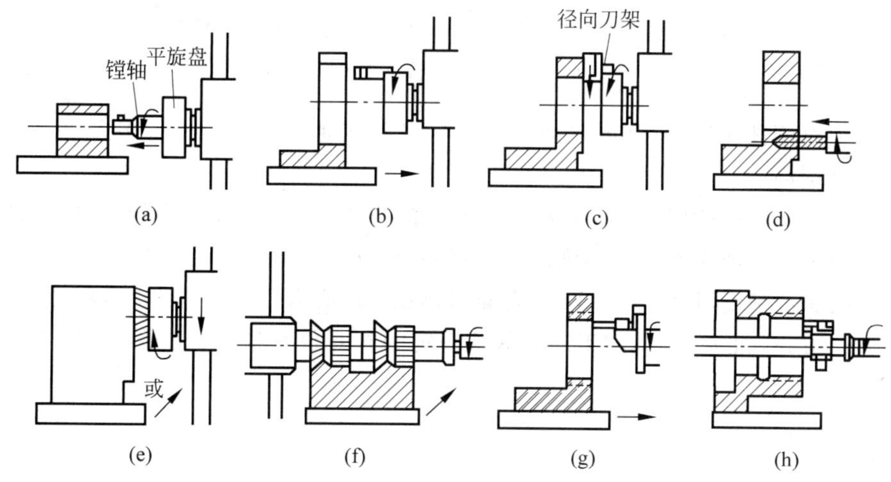

图 7.41　镗床加工范围

(a) 镗刀杆进给镗孔；(b) 用刀盘镗大孔；(c) 用刀盘镗端面；(d) 钻头钻孔；(e) 端铣端面；(f) 铣成形面；(g) 用刀盘车螺纹；(h) 用刀杆车螺纹

7.5.2　刨削加工

1. 概述

在刨床上用刨刀对工件进行切削加工的方法叫做刨削。它主要用来加工水平面、垂直面、台阶、斜面和各种沟槽等，刨削的加工范围如图 7.42 所示。

1）刨削的运动

刨床刨削的主运动为刨刀的往复直线运动。进给运动为刨刀每次退回后，工件的间歇、横向的水平移动。

2）刨削的特点

(1) 刨削加工生产率一般较低。刨削是不连续切削过程，刀具切入、切出时切削力有突变，将引起冲击和振动，限制了刨削速度的提高。此外，由于刨刀返回行程时不工作，因而生

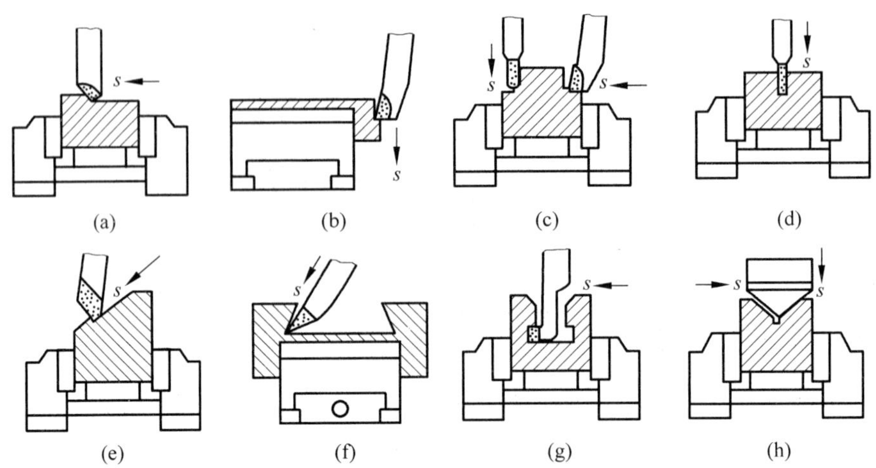

图 7.42 刨削的加工范围

(a) 刨平面；(b) 刨垂直面；(c) 刨台阶面；(d) 刨直角沟槽；
(e) 刨斜面；(f) 刨燕尾槽；(g) 刨 T 形槽；(h) 刨 V 形槽

产率较低。但对于狭长表面(如导轨面)的加工，以及在龙门刨床上进行多刀、多件加工，其生产率可较铣削高。

(2) 刨削加工通用性好，适应性强。刨床结构简单，调整和操作方便；刨刀形状简单，刃磨和安装方便；切削时不需加切削液。故在单件、小批生产和修配工作中得到广泛应用。

(3) 刨削加工精度可达 IT8～IT9，表面粗糙度 Ra 值为 12.5～3.2μm，用宽刀精刨时，Ra 值可达 1.6μm。此外，刨削加工还可保证一定的相互位置精度，如面对面的平行度和垂直度等。

2. 刨床

常用的刨床有牛头刨床、龙门刨床等。

1) 牛头刨床

牛头刨床是刨削类机床中应用较广泛的一种。它适于刨削长度不超过 1 000mm 的中、小型工件。牛头刨床的外观如图 7.43 所示，主要由以下几部分组成。

(1) 床身。用来支承和连接刨床的各部件，其顶面水平导轨供滑枕作往复运动用，侧面垂直导轨供横梁(连同工作台)升降用。床身内部装有变速机构和摆杆机构。

(2) 滑枕。用来带动刀架(连同刨刀)沿床身水平导轨作直线往复运动。

(3) 刀架。用以夹持刨刀，并可使刨刀作上下移动，以实现进刀或作垂直进给。当转盘转过一定角度后，还可使刨刀作斜向进给。

(4) 横梁。可带动工作台沿床身垂直导轨作升降运动。其腔内装有工作台进给丝杠。

(5) 工作台。用来安装工件，可随横梁作上下调整，并可沿横梁作水平方向移动或作间歇进给运动。

2) 龙门刨床

龙门刨床的结构如图 7.44 所示，因有一个龙门式的框架而得名。

龙门刨床工作台的往复运动为主运动，刀架移动为进给运动。横梁上的刀架可在横梁

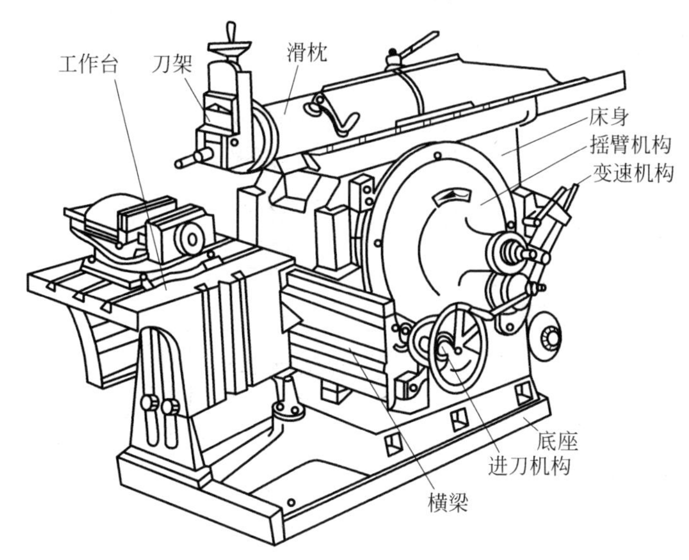

图 7.43　牛头刨床

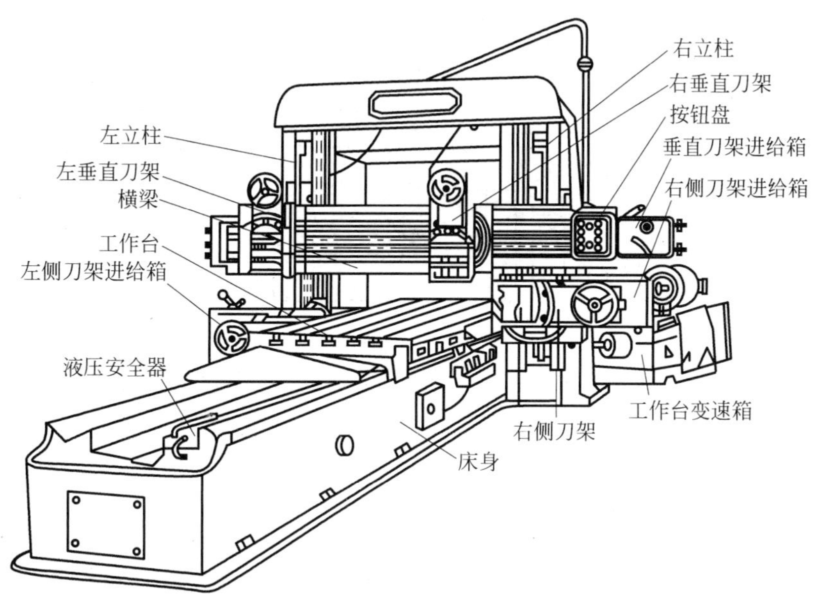

图 7.44　龙门刨床

导轨上作横向进给运动，以刨削工件的水平面。立柱上的侧刀架，可沿立柱导轨作垂直进给运动，以刨削垂直面。刀架亦可偏转一定角度以刨削斜面。横梁可沿立柱导轨上下升降，以调整刀具和工件的相对位置。

龙门刨床主要用来加工大平面，尤其是长而窄的平面，也可用来加工沟槽或将几个中小型零件串联安装在一起同时加工平面。用龙门刨床进行精刨，可得到较高的精度和较低的表面粗糙度（$Ra2.5\sim0.32\mu m$）。有的刨床还附有铣头和磨头等部件，可兼作铣床、磨床用。

7.5.3 拉削加工

在拉床上用拉刀对工件进行切削加工的过程称为拉削加工。在拉削过程中，由拉刀作直线主运动，进给运动则依靠拉刀的齿升量，在一次行程完成粗精加工。

拉床的结构简单，一般采用液压传动。图 7.45 为卧式拉床。

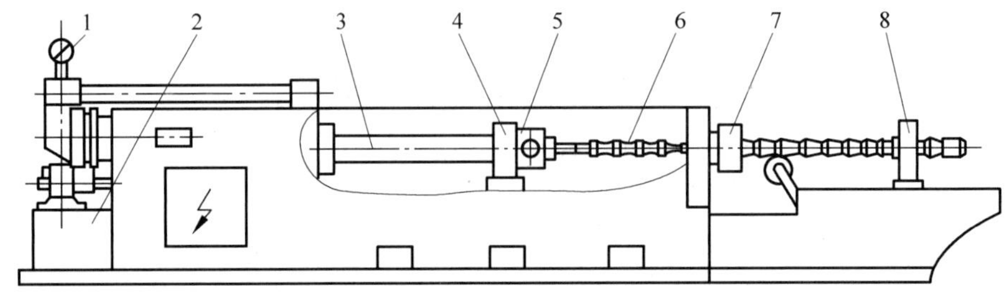

图 7.45 卧式拉床

1—压力表；2—液压部件；3—活塞拉杆；4—随动支架；5—刀架；6—拉刀；7—工件；8—随动刀架

拉削时使用的刀具是拉刀，其切削部分由一系列的刀齿组成。这些刀齿一个比一个高地排列着。当拉刀相对工件作直线移动时，拉刀上的刀齿一个一个地从工件上切削一层金属(见图 7.46)。当全部刀齿通过工件后，即完成了工件的加工。

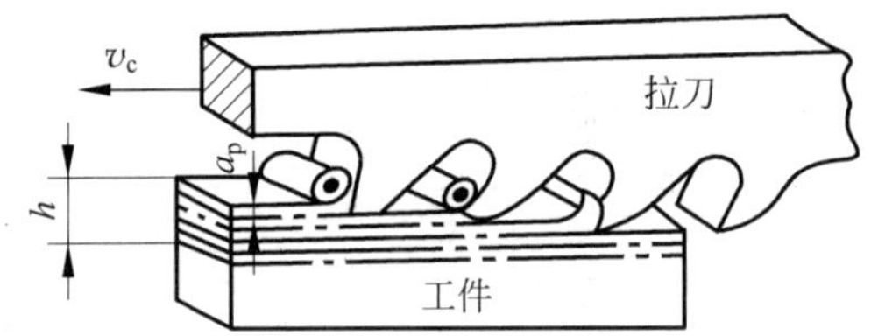

图 7.46 拉削过程

图 7.47 为圆孔拉刀，各部分的名称和作用如下。

(1) 柄部：用来将拉刀夹持在机床上，以传递动力。

(2) 颈部：柄部和过渡锥的连接部分。

(3) 过渡锥：颈部与前导部之间的过渡部分，起对准中心作用。

(4) 前导部：切削部进入工件前，起引导作用，防止拉刀歪斜。并可检查拉前孔径是否太小，以免拉刀第一个刀齿因余量太大而损坏。

(5) 切削部：担负切削工作，包括粗切齿及精切齿，每个刀齿都有齿升量。

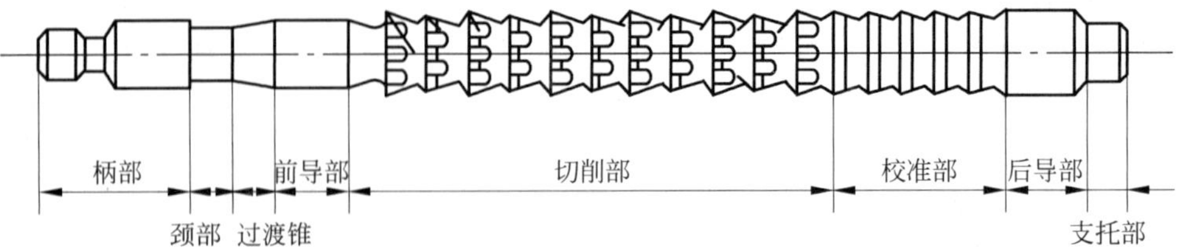

图 7.47 圆孔拉刀

(6) 校准部：起刮光、校准作用，提高工件表面质量及精度。刀齿无齿升量。

(7) 后导部：保持拉刀最后的正确位置，防止拉刀在即将离开工件时因工件下垂而损坏已加工面及刀齿。

(8) 支托部：支持拉刀不使其下垂。

在拉床上可加工各种孔、槽、平面、成形表面，如图 7.48 所示。拉削加工的孔必须预先加工过(钻、镗等)，被拉孔的长度一般不超过孔径的 3 倍。拉削加工精度为 IT7～IT9，表面粗糙度可达 $Ra1.6\sim0.4\mu m$。

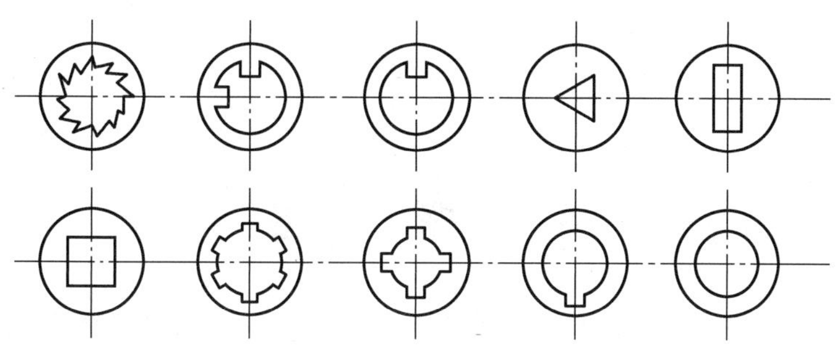

图 7.48　拉削加工的形状

拉削具有如下工艺特点：

(1) 拉削时拉刀的直线移动为主运动，全部加工余量是借助于拉刀上刀齿齿升量在一次行程中分层切除的，生产效率很高。

(2) 拉刀是一种定形刀具。拉削适宜加工各种型孔及型面，但不能加工台阶孔、盲孔和特大孔。对于薄壁孔，由于切削力大，易变形，一般不宜拉削。

(3) 由于拉床采用液压传动，工作平稳，而切削速度很低，因此可获得较高的加工质量。

(4) 一把拉刀只适宜加工一种规格尺寸的孔或槽。拉刀制造复杂，成本较高，因此拉削加工主要用于大批量生产中。

第8章 CHAPTER 8

磨削加工

8.1 概　　述

磨削是在磨床上用砂轮切除工件上多余材料的加工方法。它是对机械零件进行精加工的主要方法之一。磨削是砂轮上的磨料(刀尖)对工件表面进行切削、刻划、滑擦3种情况的综合作用,磨削的实质是一种多刀多刃的超高速切削过程,如图8.1所示。

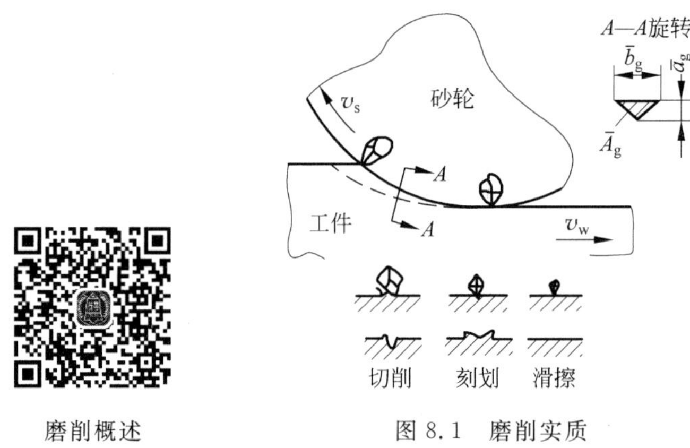

磨削概述

图8.1　磨削实质

8.1.1　磨削运动与磨削用量

磨削时砂轮与工件的切削运动也分为主运动和进给运动,进给运动一般分为圆周进给运动、纵向进给运动和横向进给运动,如图8.2所示。

(1) 主运动,即砂轮高速旋转。主运动用于直接切除工件表层金属,使之变为切屑形成工件新表面。

(2) 圆周进给运动,即工件绕本身轴线的旋转运动。

(3) 纵向进给运动,即工件相对于砂轮沿轴向的移动。工件每转一转,工件相对于砂轮的轴向移动距离就是纵向进给量 $f_{纵}$,单位mm/r。一般 $f_{纵}=(0.2\sim0.8)B$,B 为砂轮宽度。粗磨时,$f_{纵}$ 取大值;精磨时,$f_{纵}$ 取小值。

(4) 横向进给运动,即砂轮径向切入工件的运动。它在行程中一般是不进给的,而是在行程结束时周期地进给。

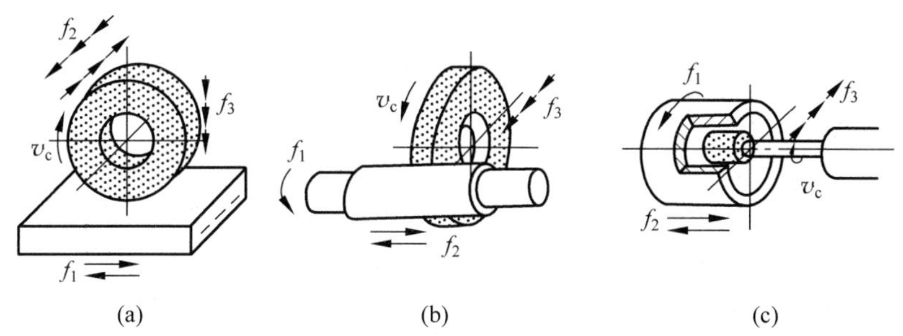

图 8.2　磨削运动

(a) 磨平面；(b) 磨外圆；(c) 磨内圆

8.1.2　磨削特点及加工范围

磨削用的砂轮是由磨料和粘结剂做成的，是磨削的主要工具。普通磨削加工所达到的精度为 IT5～IT7，表面粗糙度一般为 Ra0.8～0.2μm。根据零件表面不同，它可分为外圆、内圆、平面及成形磨削(包括齿轮、螺纹面等)，如图 8.3 所示。虽然从本质上来说，磨削加工是一种切削加工，但与通常的切削加工相比，却有以下特点：

(1) 砂轮上每一粒砂粒相当于一个切削刃，因此磨削属于多刃、微刃切削。

(2) 加工质量好，精度高。

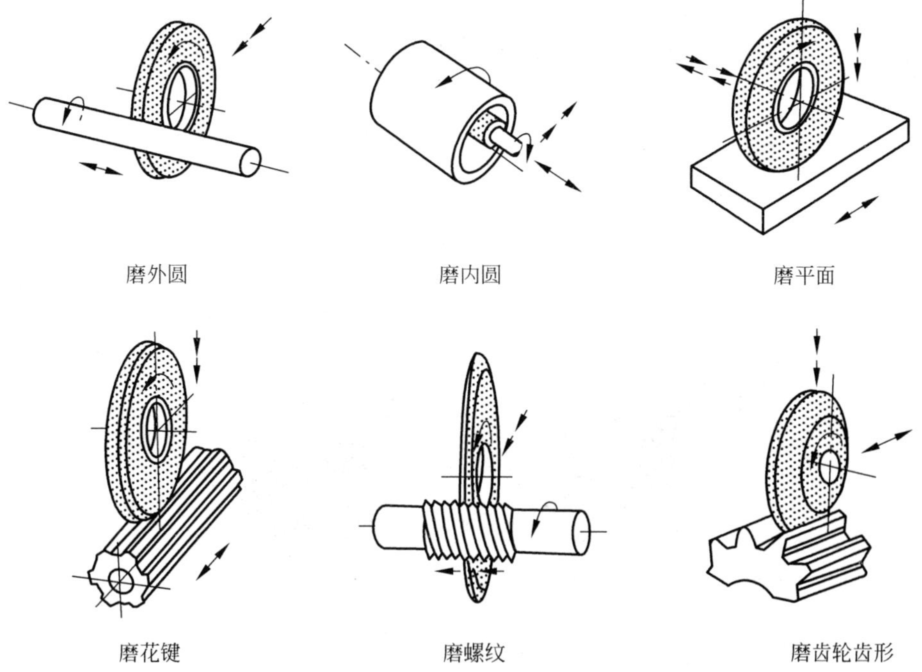

图 8.3　常见磨削加工类型

(3) 磨削速度大,磨削温度高。磨削区温度可达 800～1 000℃。

(4) 加工范围广,除了可以加工碳钢、铸铁等常用金属材料,还可加工淬火钢、硬质合金等高硬度材料。但磨削不适宜加工硬度低而塑性大的有色金属材料。

8.1.3 磨工安全操作规程

(1) 必须熟悉所操作的磨床的基本结构、性能、规范,掌握基本操作方法和维护保养知识。

(2) 实习时应将上衣袖口、下襟扎紧,头发长的学生应将头发塞入安全帽内。操作时不准戴围巾、领带,严禁戴手套操作。

(3) 开机前应先检查砂轮罩、卡盘、挡铁是否紧固,机械、液压、润滑冷却、电磁吸盘各系统是否正常,防护装置是否齐全。并开空车 1min,以排除液压系统中的空气。

(4) 磨削时,人不准站在砂轮旋转线正面,要站在侧面。首件第一刀要用试探式慢进给,测量尺寸时外圆磨床砂轮要快速退出,平面磨床砂轮也要远离工件。

(5) 外圆磨床上纵向挡铁的位置要调整适当,使砂轮不致撞到顶尖或夹具上;平面磨床磨削高而狭或底部接触面较小的工件时,前后要放置挡铁。

(6) 卡盘装夹工件必须牢固,卡盘钥匙勿忘立即取下。使用内圆磨具时,刀架要紧固,并检查快速进给的联锁装置是否牢靠。

(7) 工作台上不得放置工具、量具及其他物件。切削时禁止靠近工件进行观察,不准将身体的任何部位触及机床的旋转部分。

(8) 操作时严禁离开工作岗位,确需离开必须停机、断电。

(9) 操作结束后,先关冷却液,让砂轮空转 1～2min 进行脱水,使砂轮退到安全位置后关闭电源。

(10) 实习结束后,必须将机床各部位擦拭干净,机床表面加上润滑机油,并清扫周围场地,保持实习环境整洁。

8.2 磨　　床

磨床是指用磨具或磨料加工工件各种表面的机床。磨床的种类很多,专用性较强,常用的有外圆磨床、内圆磨床、平面磨床及无心磨床及工具磨床等。此外,还有专用的螺纹磨床、齿轮磨床、曲轴磨床、导轨磨床等。

磨床类型

外圆磨床

8.2.1 外圆磨床

外圆磨床分为普通外圆磨床和万能外圆磨床。在普通外圆磨床上可磨削工件的外圆柱面和外圆锥面，在万能外圆磨床上还能磨削内圆柱面和内圆锥面。外圆磨床的主参数为最大磨削直径。图 8.4 为 M1432A 型万能外圆磨床。型号中，M 为磨床类代号，14 为万能外圆磨床，32 表示最大磨削直径为 320mm，A 为在性能和结构上经过一次重大改进。

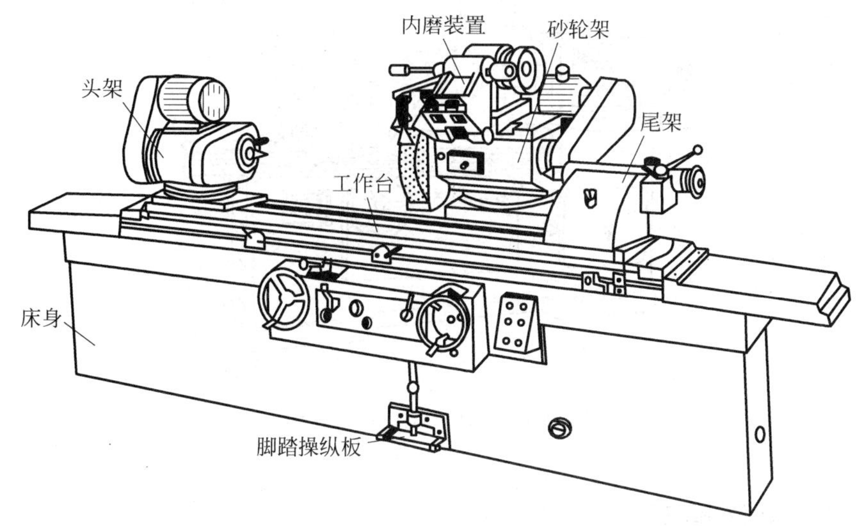

图 8.4　M1432A 型万能外圆磨床

万能外圆磨床主要由床身、工作台、砂轮架、头架、尾架等组成。

(1) 床身。用来支承和连接各部件。为提高机床刚度，磨床床身一般为箱型结构，上部装有纵向导轨和横向导轨，用来安装工作台和砂轮架。工作台可沿床身纵向导轨移动，砂轮架可沿横向导轨移动。床身内部装有液压传动系统。

(2) 工作台。安装在床身的纵向导轨上，由上、下工作台两部分组成。上工作台可绕下工作台的心轴在水平面内调整某一角度来磨削锥面。下工作台下装有活塞，可通过液压机构使工作台作往复运动。

(3) 头架。装有主轴，在主轴端部可以安装顶尖、拨盘或卡盘，以便装夹工件。主轴由单独电动机通过胶带带动变速机构变速，使工件可获得不同的转动速度，来完成圆周进给运动。头架还可以在水平面内偏转一定的角度。

(4) 砂轮架。用来安装砂轮，并由单独电动机驱动，通过皮带传动带动砂轮高速旋转。砂轮架可在床身后部的导轨上作横向移动，移动方式有自动断续进给、手动进给、快速接近和退出工件，以完成横向进给。砂轮架还可绕垂直轴调整某一角度。

(5) 内圆磨头。装有主轴，主轴上可安装内圆磨削砂轮，由单独电动机经平皮带直接传动，用来磨削工件的内圆表面。内圆磨头可绕砂轮架上的销轴翻转，使用时翻下，不用时翻向砂轮架上方。

(6) 尾架。尾架的套筒内有顶尖，用来支承工件的另一端。它可根据工件的长度在工作台上纵向移动调整。扳动杠杆，套筒可伸出或缩进，以便装卸工件。

8.2.2　内圆磨床

内圆磨床主要用来磨削内圆柱面，图 8.5 所示为 M2120 型内圆磨床。型号中，M 代表磨床的代号，21 表示内圆磨床，20 表示磨削最大孔径的 1/10(即磨削最大孔径是 200mm)。

内圆磨床由床身、工作台、头架、砂轮架、砂轮修整器等部件组成。

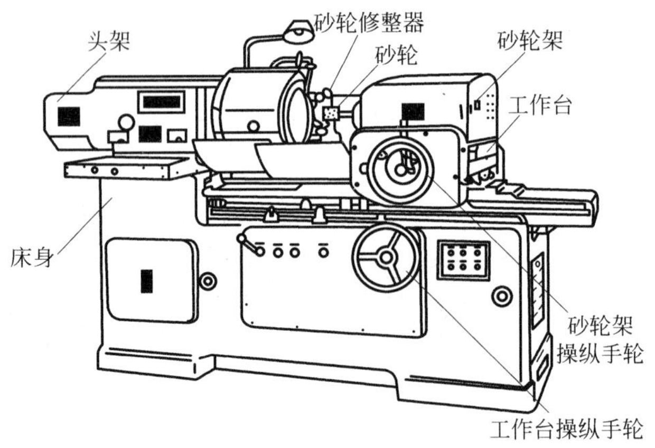

图 8.5 M2120 型内圆磨床图

8.2.3 平面磨床

平面磨床

平面磨床根据砂轮主轴的位置不同可分为卧轴和立轴磨床。立轴式平面磨床用砂轮端面进行磨削，卧轴式平面磨床用砂轮圆周面进行磨削。它们主要用于磨削工件上的平面。图 8.6 所示为 M7120A 型卧轴矩台平面磨床。型号中，M 为磨床的代号，71 代表卧轴矩台平面磨床，20 代表工作台宽度的 1/10(即磨床工作台宽度为 200mm)，A 代表在性能和结构上做过一次重大改进。

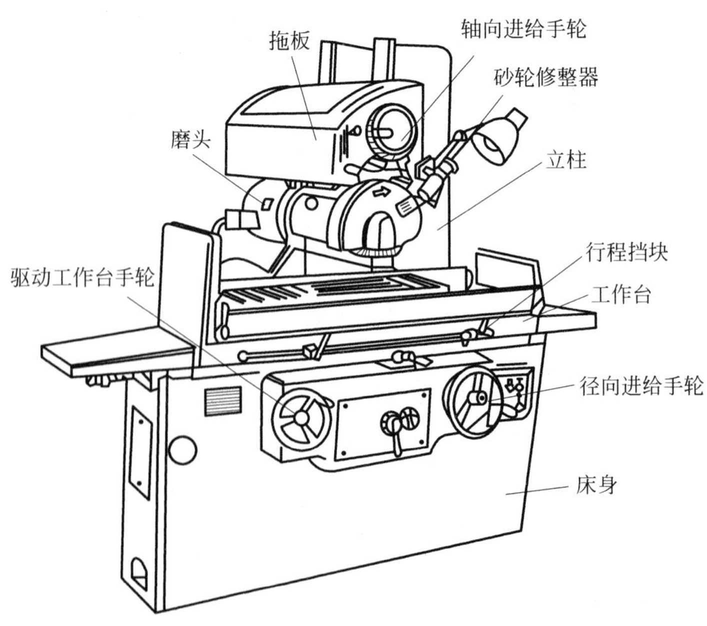

图 8.6 M7120A 型平面磨床

M7120A 型平面磨床由床身、工作台、立柱、磨头及砂轮修整器等部件组成。长方形工作台装在床身的导轨上，由液压驱动实现工作台的往复运动，也可由手轮操纵，以进行必要的调整。工作台上装有电磁吸盘或其他夹具，用来装夹工件。砂轮装在磨头上，由磨头壳体内电机直接驱动旋转，磨头沿拖板的水平导轨可作横向进给运动，这可由液压驱动或手轮操纵。转动手轮，拖板可沿立柱的导轨垂直移动，以调整磨头的高低位置及完成垂直进给运动。

8.3 砂　　轮

砂轮是由许多细小而又极硬的磨料用结合剂粘结在一起，通过高温烧结而成的多孔材料，如图 8.7 所示。磨料、结合剂和空隙是构成砂轮的三要素，其中磨料相当于切削刀具的切削刃；结合剂是使磨料的位置固定，并使砂轮具有一定的形状和强度；空隙有容纳切屑及磨削液的作用。

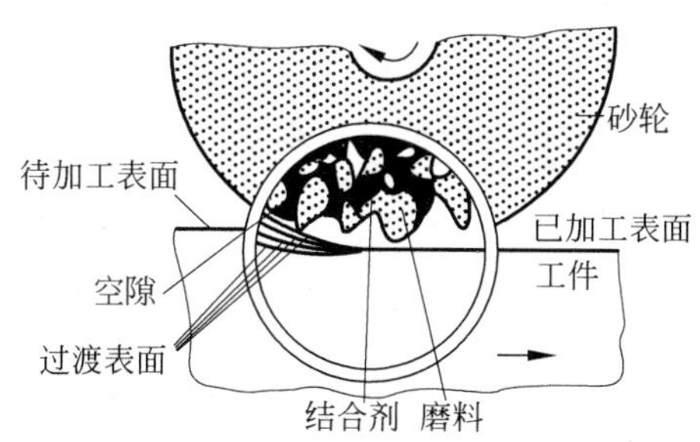

图 8.7　砂轮的构造

8.3.1　砂轮的特性

砂轮类型

1）磨料

磨料直接担负着切削工作。磨削时，它要在高温下经受剧烈的摩擦及挤压作用。所以磨料必须具有很高的硬度、耐热性以及一定的韧性，还要具有锋利的切削刃口。

常用的磨料分类代号、特性及适用范围见表 8.1。

表 8.1　磨料分类代号

系列	磨粒名称	代号	特性	适用范围
氧化物系 Al_2O_3	棕色刚玉	A	硬度较高、韧性较好	磨削碳钢、合金钢、可锻铸铁、硬青铜
	白色刚玉	WA		磨削淬硬钢、高速钢及成形磨
碳化物系 SiC	黑色碳化硅	C	硬度高、韧性差、导热性较好	磨削铸铁、黄铜、铝及非金属等
	绿色碳化硅	GC		磨削硬质合金、玻璃、玉石、陶瓷等
高硬磨料系 CBN	人造金刚石	SD	硬度很高	磨削硬质合金、宝石、玻璃、硅片等
	立方氮化硼	CBN		磨削高温合金、不锈钢、高速钢等

磨料颗粒的大小用粒度表示。一般直径较大的砂粒称为磨粒，其粒度用磨粒所能通过的筛网号表示。例如，60 号粒度的磨粒说明能通过每英寸长有 60 个孔眼的筛网，而不能通过每英寸有 70 个孔眼的筛网。直径极小的砂粒称为微粉，其粒度用磨粒自身的实际尺寸表示。粒度号数越大，颗粒越小。一般情况下粗加工及磨削软材料时选用粗磨粒，精加工及磨削脆性材料时，选用细磨粒。一般磨削的常用粒度为 36＃～100＃。

2）结合剂

结合剂的作用是将磨粒粘结在一起，并使砂轮具有所需要的形状、强度、耐冲击性、耐热性等。粘结越牢固，磨削过程中磨粒就越不易脱落。常用的结合剂有金属结合剂、陶瓷结合剂、树脂结合剂和橡胶结合剂。

砂轮表面上的磨粒在外力的作用下脱落的难易程度称为硬度。砂轮的硬度主要取决于结合剂的粘结能力及含量，与磨粒本身的硬度无关。磨粒轻易脱落，则砂轮的硬度低，称为软砂轮；磨粒难脱落，则砂轮的硬度就高，称为硬砂轮。

选择砂轮的硬度主要根据工件材料特性和磨削条件来决定。过软的砂轮，磨粒会过早地脱落，损耗过大，并使工件表面粗糙度增大和精度下降；过硬的砂轮，使磨粒被磨钝后不易脱落，仍在磨削，使磨削热增加，造成工件烧伤和变形。一般磨削软材料时应选用硬砂轮，磨削硬材料时应选用软砂轮。成形磨削和精密磨削需保持砂轮的形状精度，也应选用硬砂轮。

3）组织

砂轮的组织是指磨粒和结合剂的疏密程度，它反映了磨粒、结合剂、气孔三者之间的比例关系。砂轮组织分为紧密、中等和疏松三大类。砂轮的组织对磨削生产率和工件表面质量有直接影响。一般的磨削加工广泛使用中等组织的砂轮；成形磨削和精密磨削则采用紧密组织的砂轮；而平面端磨、内圆磨削等接触面积较大的磨削以及磨削薄壁零件、有色金属、树脂等软材料时，应选用疏松组织的砂轮。

8.3.2 砂轮的形状和尺寸

为适应各种磨床结构和磨削加工的需要，砂轮可制成各种形状与尺寸。常用砂轮的形状见表 8.2。

表 8.2 常用砂轮形状、代号及用途

砂轮名称	代号	简图	主要用途
平行砂轮	P		磨削外圆、内圆、平面及无心磨削
双斜边砂轮	PSX		磨削齿轮和螺纹
薄片砂轮	PB		切断和开槽
筒形砂轮	N		立轴端磨平面

续表

砂轮名称	代号	简图	主要用途
杯形砂轮	B		磨削平面内圆及刀具刃磨
碗形砂轮	BW		导轨磨及刀具刃磨
碟形砂轮	D		磨削铣刀、拉刀、铰刀等以及齿轮齿形磨削

为了方便使用，在砂轮的非工作面上一般都印有砂轮的特性代号，如图8.8所示。例如，砂轮上的标志为P400×50×203A60L6V35，它的含义是：

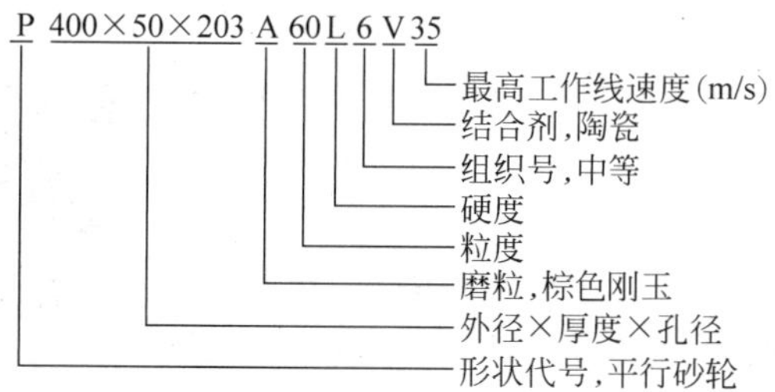

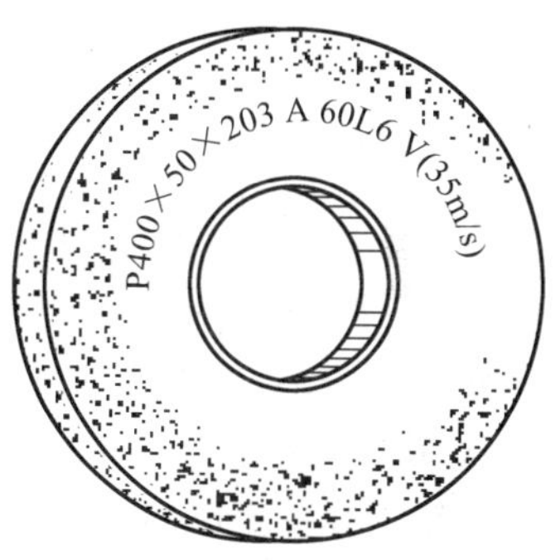

图8.8 砂轮标志

8.3.3 砂轮的检查、安装、平衡和修整

1）砂轮的检查

因砂轮在高速运转的情况下工作，所以砂轮安装前要进行裂纹检查，严禁使用有裂纹的砂轮。通过外观检查确认无表面裂纹的砂轮，一般还要用木锤轻轻敲击，声音清脆的为没有裂纹的好砂轮。

2）砂轮的平衡

由于砂轮各部分密度不均匀、几何形状不对称以及安装偏心等各种原因，往往造成砂轮重心与其旋转中心不重合，即产生不平衡现象。不平衡的砂轮在高速旋转时会引起振动，影响磨削质量和机床精度，严重时还会造成机床损坏和砂轮碎裂。因此在安装砂轮前都要进行平衡。砂轮的平衡有静平衡和动平衡两种。一般情况下，只须作静平衡，但在高速磨削（线速度大于50m/s）和高精度磨削时，必须进行动平衡。图8.9为砂轮静平衡示意图。

砂轮静平衡调整

3）砂轮的安装

最常用的安装方法是用法兰盘安装，如图8.10所示。夹持砂轮的单面法兰盘盘径不应小于砂轮外径的1/3，一般为砂轮直径的一半，而且两个夹盘盘径必须相等。安装时，砂轮和法兰之间应垫上1～1.5mm厚的弹性垫圈（材料为皮革或橡胶），砂轮内孔与轴配合要留

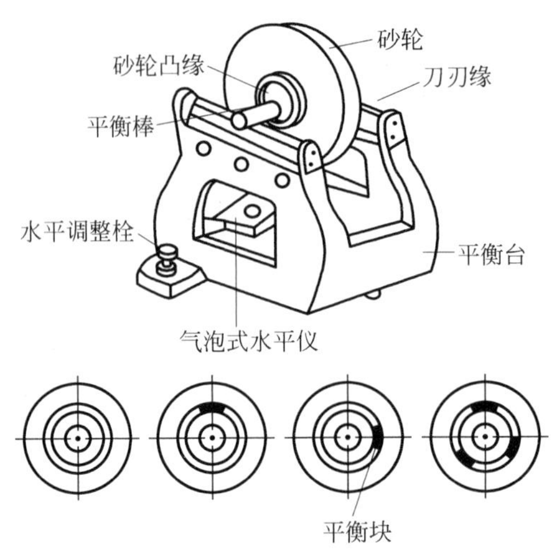

图 8.9 砂轮的静平衡

有适当的空隙，以免磨削时的热膨胀导致砂轮碎裂；但配合间隙不宜过大，否则砂轮会产生偏斜，失去平衡；固定砂轮螺母，其螺纹应和砂轮旋转方向相反，以免因转动而使螺母脱出，发生意外事故。

砂轮修整

4）砂轮的修整

砂轮工作一定时间后，出现磨粒钝化、表面空隙被磨屑堵塞、外形失真等现象时，必须除去表层的磨料，重新修磨出新的刃口，以恢复砂轮的切削能力和外形精度。砂轮修整一般利用金刚石工具采用车削法，一般以湿修为主，如图 8.11 所示。

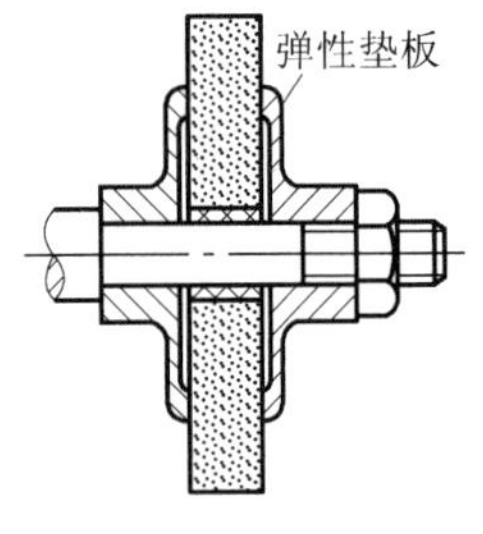

图 8.10 砂轮的安装

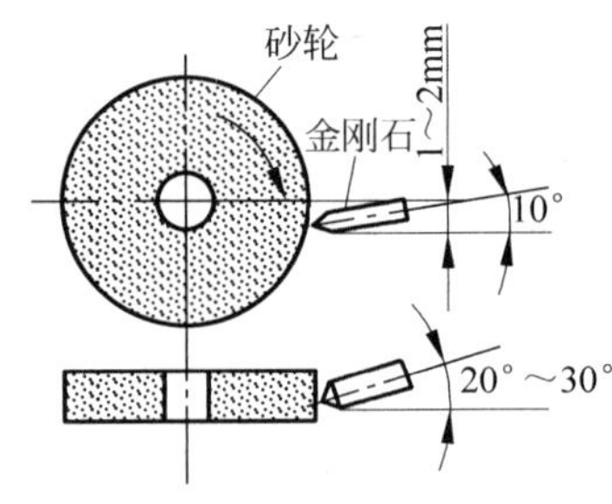

图 8.11 砂轮的修整

8.4 磨削的基本方法

平面磨床磨削锤头练习

8.4.1 磨平面

1. 工件装夹方法

在平面磨床上磨平面时，工件一般安装在磁性工作台上，靠电磁铁的吸力将工件吸在工作台面上。这种磁性夹具的特点是装卸工件迅速,操作方便,通用性好。工件的夹持是通过面板吸附于电磁吸盘上,当线圈中通有直流电时,面板与盘体形成磁极产生磁通,此时将工件放在面板上,一端紧靠定位面,使磁通成封闭回路,将工件吸住。工件加工完成后,只要将电磁吸盘激磁线圈的电源切断,即可卸下工件。当磨削键、垫圈、薄壁套等尺寸小而壁较薄的零件时,因零件与工作台接触面积小、吸力弱,容易被磨削力弹出去而造成事故。因此安装这类零件时,须在工件四周或左右两端用挡铁围住,以免工件松动,见图 8.12。

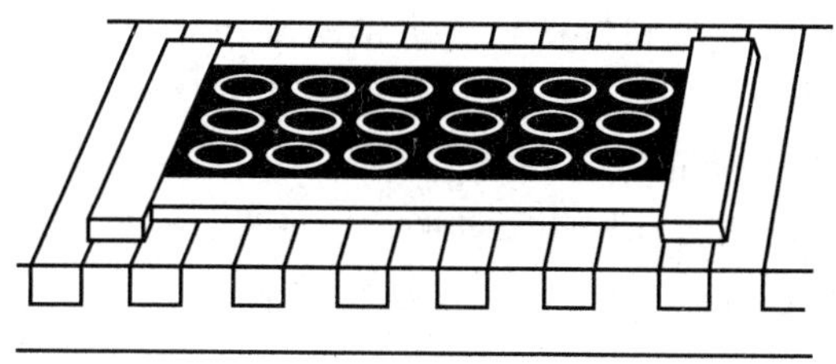

图 8.12　用挡铁围住工件

2. 磨削方法

磨平面时,一般是以一个平面为基准磨削另一个平面。若两个平面都要磨削且要求平行时,则可互为基准,反复磨削。

平面磨削常用的方法有周磨和端磨两种。

周磨是用砂轮的圆周面磨削平面,如图 8.13 所示。周磨时,砂轮与工件的接触面积很小,排屑和冷却条件均较好,所以工件不易产生热变形。而且因砂轮圆周表面的磨粒磨损较均匀,故加工质量较高,此法适用于精磨。

端磨是用砂轮的端面磨削工件平面,如图 8.14 所示。端磨平面时,砂轮与工件接触面积大,冷却液不易浇注到磨削区内,所以工件热变形大,而且因砂轮端面各点的圆周速度不同,端面磨损不均匀,所以加工精度较低。但因其磨削效率较高,适用于粗磨。

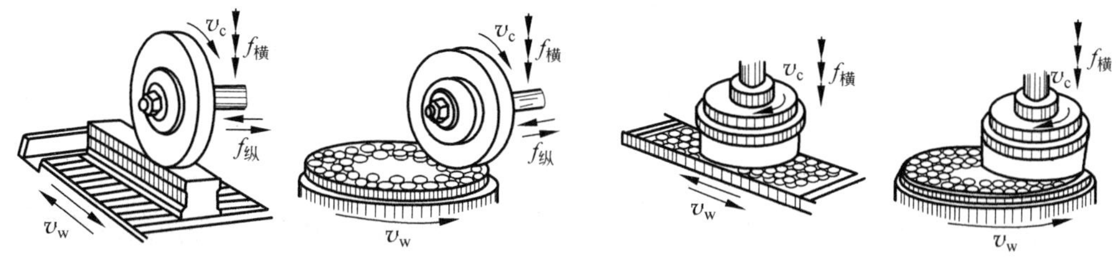

图 8.13　周磨法　　图 8.14　端磨法

磨削过程中一般应使用切削液。切削液主要有三大作用：一是降低磨削区的温度,起冷却作用；二是减少砂轮与工件之间的摩擦,起润滑作用；三是冲走脱落的沙粒和磨屑,防止砂轮堵塞。切削液的使用对磨削质量有重要影响。

8.4.2　磨外圆

外圆磨削是指磨削工件的外圆柱面、外圆锥面等,外圆磨削可以在外圆磨床上进行,也可以在无心磨床上进行。

1. 工件的安装

在外圆磨床上，工件的常用装夹方法有双顶尖装夹、卡盘装夹、心轴装夹等。其中最常用的装夹方法是用前、后顶尖装夹工件，其特点是迅速方便、加工精度高。

外圆磨床磨削光轴练习

(1) 双顶尖安装。在装夹时利用工件两端的中心孔，把工件支承在前、后顶尖上，工件由头架的拨盘和拨杆经夹头带动旋转。与车削不同的是，磨床采用的顶尖都不随工件一起转动，并且尾座顶尖是靠弹簧推紧力顶紧工件的，这样可以获得较高的加工精度。

由于中心孔的几何形状将直接影响工件的加工质量，因此，磨削前应对工件的中心孔进行修研。特别是对经过热处理的工件，必须仔细修研中心孔，以消除中心孔的变形和表面氧化皮等。

(2) 卡盘安装。端面上没有中心孔的短工件可用三爪或四爪卡盘装夹，装夹方法与车削装夹方法基本相同。

(3) 心轴安装。盘套类工件常以内圆定位磨削外圆，此时必须采用心轴来装夹工件。心轴可安装在顶尖间，有时也可以直接安装在头架主轴的锥孔里。

2. 磨削方法

在外圆磨床上磨外圆的方法常用的有纵磨法和横磨法两种，如图 8.15 所示。

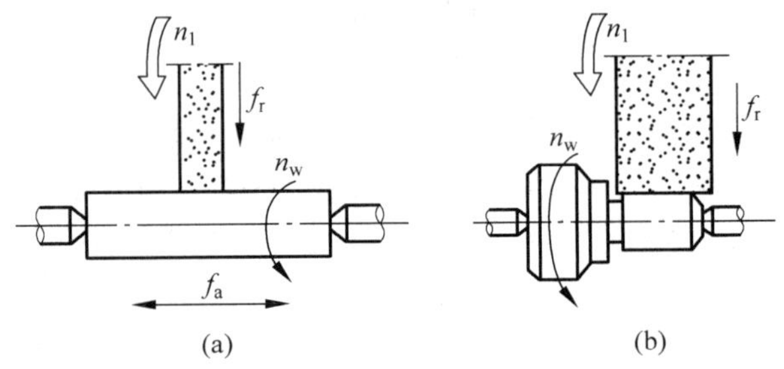

图 8.15 外圆磨削方法

(a) 纵磨法；(b) 横磨法

(1) 纵磨法。磨削时，工件旋转并随工作台一起作纵向往复运动，实现圆周进给运动和纵向进给运动。砂轮除作高速旋转运动外，还在工件每纵向行程终了时进行横向进给。常选用的砂轮圆周速度为 30～35m/s，工件圆周进给速度为 10～30m/min，纵向进给量为工件每转移动砂轮宽度的 0.2～0.8 倍，横向进给量为工件每往复移动 0.005～0.04mm。这种磨削方法加工质量高，但效率较低。纵磨法在生产中应用广泛，特别是在单件、小批量生产以及精磨时均采用此法。

(2) 横磨法。采用横磨法磨削外圆时，砂轮宽度比工件的磨削宽度大，工件不需作纵向进给运动，由砂轮作高速旋转运动和连续或断续的横向进给运动。横磨法的特点是生产效率高，并适用于成形磨削。然而，在磨削过程中砂轮与工件接触面积大，使得磨削力增大，工件易发生变形和烧伤。另外,砂轮形状误差直接影响工件几何形状精度,磨削精度较低,表面粗糙度值较大。它适于磨削长度较短的外圆表面及两侧都有台阶的轴颈。

3. 外圆锥面磨削

磨削外圆锥面的常用方法有转动工作台法(见图 8.16)和转动头架法(见图 8.17),前者适用于锥度小、锥面长的工件,后者适用于锥度较大而锥面较短的工件。

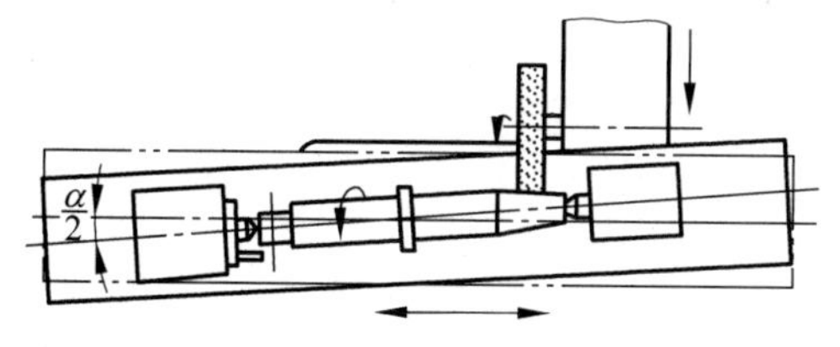

图 8.16 扳转工作台磨外圆锥面

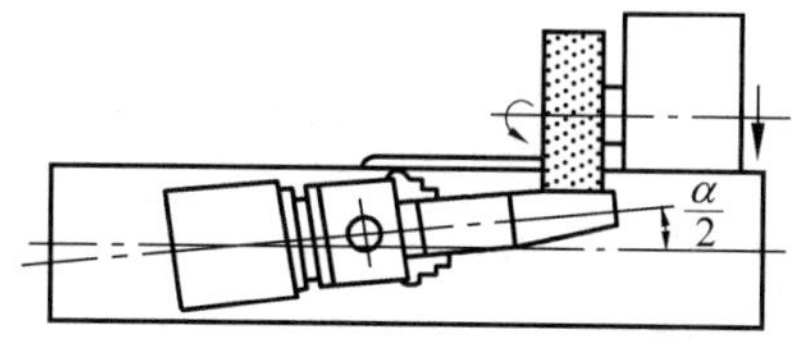

图 8.17 扳转头架磨外圆锥面

8.4.3 磨内圆

在普通内圆磨床或万能内圆磨床上磨削内圆,工件常用三爪卡盘或四爪卡盘安装,长工件则用卡盘与中心架配合安装。磨削运动与外圆磨削基本相同,只是砂轮旋转方向与工件旋转方向相反。磨削时一般采用纵磨法,当磨削短孔或内成形面时采用横磨法,如图 8.18 所示。

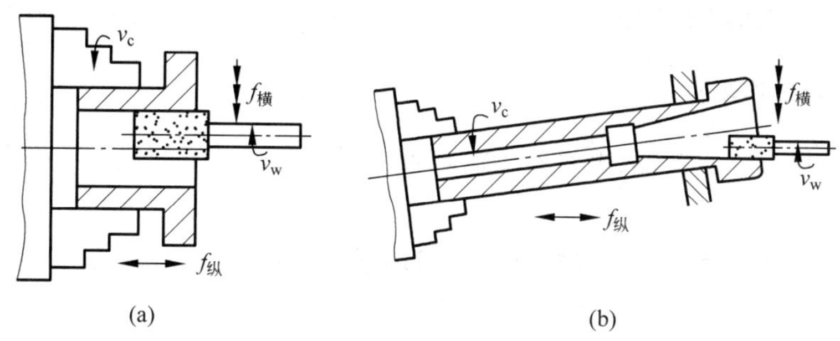

图 8.18 磨内圆的方法

(a) 磨内圆;(b) 扳转上工作台磨内圆锥

与外圆磨削相比,内圆磨削有以下特点:

(1) 砂轮受到工件孔径限制,切削速度难以达到磨外圆的速度,表面粗糙度不易减小。

(2) 砂轮轴直径小、悬伸长、刚度差,易弯曲变形和振动,只能采用较小的磨削深度和进给量,生产效率较低,对加工精度和表面质量也有很大影响。

(3) 砂轮与工件成内切圆接触,接触面积大,磨削热多,散热条件差,工件表面易烧伤。

(4) 冷却液不易进入磨削区域,磨屑也不易排出,磨屑易积聚而造成砂轮堵塞,并影响工件表面质量。

所以,磨内圆比磨外圆生产率低,加工精度和表面质量较难控制。

第9章 CHAPTER 9

钳　工

1. 概述

钳工大多是手持工具对工件进行加工、修整、装配的工种。其主要基本操作包括划线、錾削、锯削、锉削、钻孔、扩孔、锪孔、铰孔、攻螺纹、套螺纹、矫正和弯形、铆接、刮削、研磨、机器装配调试、设备维修等。

钳工概述

钳工的常用设备和工具有钳工工作台、台虎钳、砂轮机、台式钻床以及锉刀、刮刀、铰刀等各种简单工具。

钳工工具简单，操作灵活，可以完成用机械加工不方便或难以完成的工作。因此，尽管钳工大部分是手工操作，劳动强度大，生产率低，对工人技术水平要求也高，但在机械制造和修配工作中，钳工仍是必不可少的重要工种。

2. 钳工安全操作规程

(1) 实习前应先检查铁锤、锉刀等手柄是否牢固，冲头、凿子的尾部不得有裂纹、卷边、毛刺等。

(2) 使用的工具应选择合适，禁止随意敲打。凿子凿削时，不能正面对人，并保持一定的安全距离。

(3) 存放划线蓝油应注意防火，不得接近明火。划针盘使用后应将划针落下，折合垂直放置。

(4) 使用手锯时，工件必须钳牢，锯条要张紧，用力不能过猛，在工件即将锯断时，应注意防止锯条折断，弹出伤人。

(5) 使用台钻时应将上衣袖口、下襟扎紧，头发长的同学，应将头发塞入安全帽内。操作时严禁披着上衣、戴围巾、头巾以及戴手套操作。

(6) 钻孔应有适当夹具，夹紧后方可进行加工，绝不能用手代替夹具。钻通孔将穿时，不可用力过猛，防止冲撞受伤。钻大孔时必须分几次扩孔，以防钻屑飞出伤人。

(7) 钻孔、攻螺纹加冷却液要用小毛刷，禁止用棉纱蘸水。

(8) 用手锤敲打工件时要注意周围是否有人和障碍物，拿手锤的手不能戴手套。

(9) 要用刷子清除铁屑，不准用手直接清除或用嘴吹铁屑，以免割伤手指和伤害眼睛。

(10) 实习结束后,必须将钻床各部位擦拭干净,表面加上防锈机油,同时清理工作台及工作场所,保持实习环境整洁。

9.1 划　　线

9.1.1 划线的作用和种类

划线是指根据图样要求,在工件毛坯或半成品的表面上划出加工界线的一种操作。在单件小批量生产中,划线是机械加工的重要工序之一。划线也是钳工的一项基本功。划线的正确与否,直接关系到机械零件加工的质量和生产效率。

划线

1. 划线的作用

(1) 明确表示出加工余量、加工位置或工件加工时的找正线,作为机械加工和安装的依据。

(2) 通过划线检查毛坯的形状和尺寸,避免不合格毛坯投入机械加工而造成浪费。

(3) 通过划线合理分配铸、锻毛坯各加工表面的加工余量(俗称借料),从而少出或不出废品。在板料上按划线下料,可做到正确排料,合理使用材料。

2. 划线的种类

根据工件的形状不同,划线可分为平面划线和立体划线两种。平面划线是指只需在工件的一个平面上划线,即能完全表明加工尺寸界线的方法,如图 9.1 所示。立体划线是指同时在工件几个不同表面(通常是工件的长、宽、高 3 个方向面或其他倾斜的方向面)上进行划线才能表明尺寸界线的方法,如图 9.2 所示。

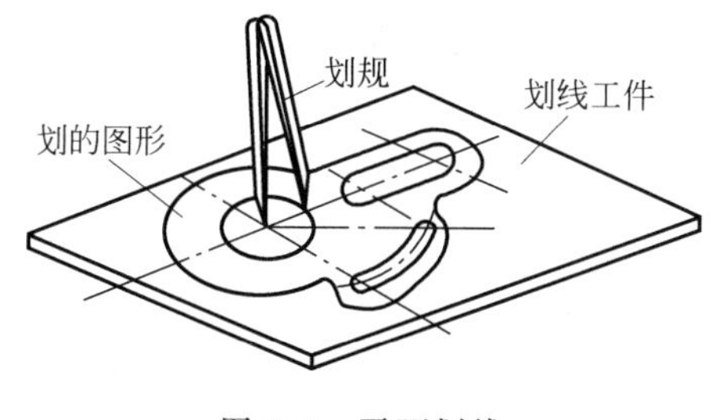

图 9.1　平面划线

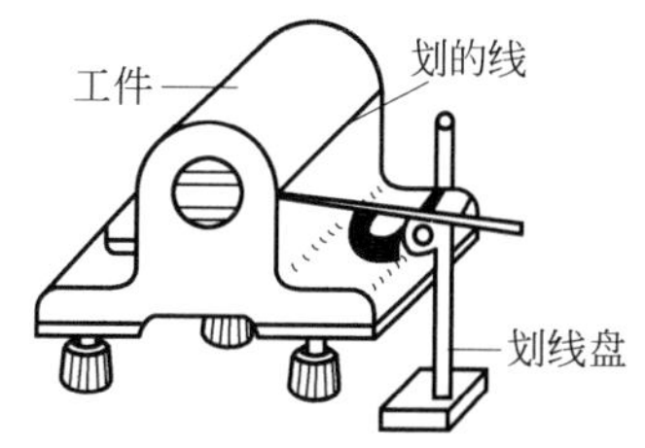

图 9.2　立体划线

9.1.2 划线工具

在划线工作中,为了保证尺寸的准确性和达到较高的工作效率,必须熟悉各种划线工具,并能正确使用。

1) 划线平板

划线平板是划线的基准工具,如图 9.3 所示。它是用铸铁制成的,上平面是划线时的基准平面，该平面经精刨或刮研而成。平板应安放稳固，上平面保持水平，不允许磕碰和锤击，并保持清洁。

2）方箱

划线方箱是一个空心的立方体或长方体，相邻平面相互垂直，相对平面互相平行，它是铸铁制造成的，并且各平面均经过精加工而成，如图 9.4 所示。它是用来支持划线的工具或夹持较小的工件。

图 9.3 划线平板

图 9.4 方箱

3）V 形铁

V 形铁主要是用来固定圆形工件（见图 9.5）。V 形铁用铸铁或碳钢制成，相邻各边互相垂直，V 形槽一般呈 90°或 120°，以便划出工件的中心线或中心点。

4）角尺

角尺（见图 9.6）是钳工常用的测量工具，在划线时常用作划垂直线或平行线时的导向工具，也可用来找正工件在平台上的垂直位置。它是由中碳钢制成的，经过磨削和刮研而成，两条直角边之间为较精确的 90°。

图 9.5 V 形铁

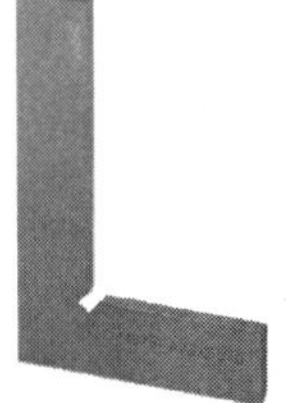

图 9.6 角尺

5）划针

划针（见图 9.7）是用来在工件表面上划线的工具，常配合钢尺、角尺或样板等导向工具一起使用。划针多用弹簧钢制成，其端部淬火后磨尖。

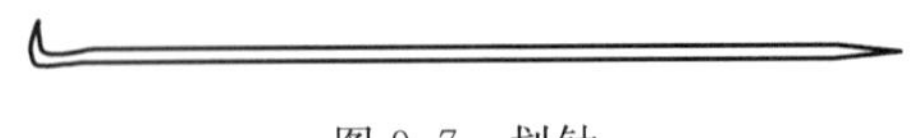

图 9.7 划针

6）划规

划规（见图 9.8）主要是用于划圆、量取尺寸和等分线段等。

7）划线盘

划线盘是用来划线或找正工件的位置。它是由底座、立柱、划针和夹紧螺母等组成，如

图 9.9 所示。调节划针到要求的高度，并在平板上移动划针盘，即可在工件上划出与平板平行的线。

8）样冲

样冲(见图 9.10)是在已划好的线上打冲样眼的工具，以便在划线模糊后仍能找到划线的位置。在圆规划圆弧前和在要打孔的孔心上，应打样冲眼以作定位用。

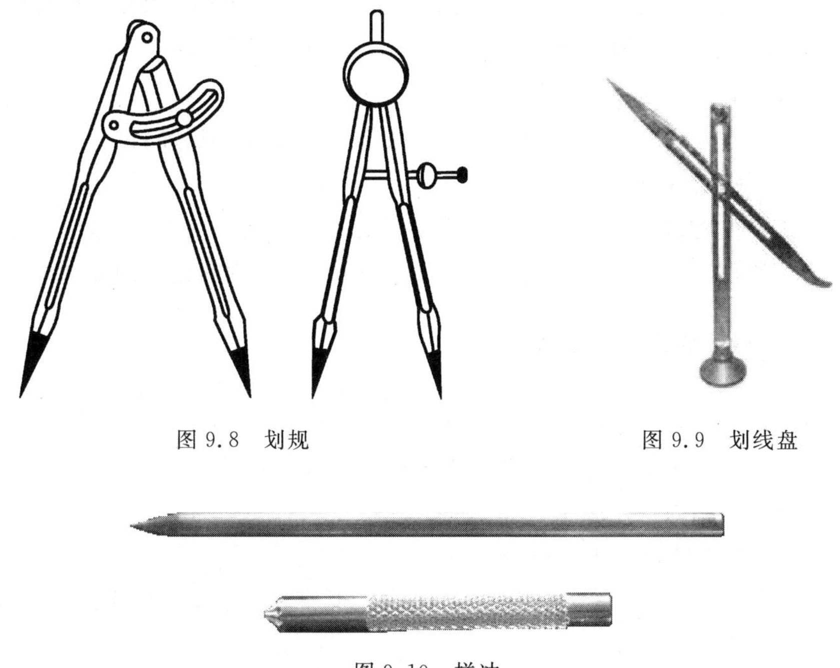

图 9.8 划规

图 9.9 划线盘

图 9.10 样冲

9）高度游标卡尺

高度游标卡尺是一种精密工具。它是由高度尺和划线盘组合而成的，如图 9.11 所示。它既可测量高度，又可用于半成品的精密划线。

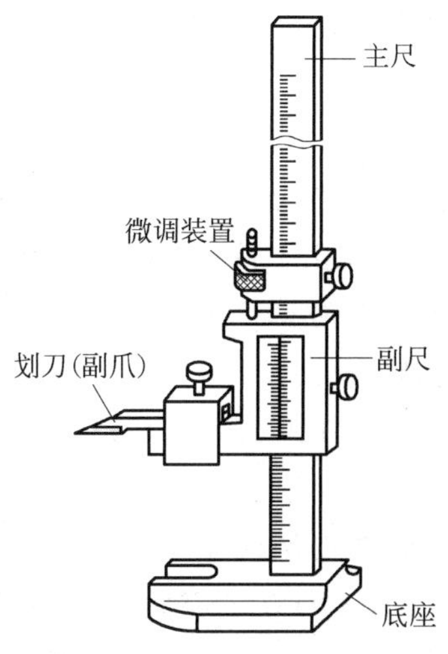

图 9.11 高度游标卡尺

9.1.3 划线前的准备

在进行划线之前，要事先做好准备工作。它主要包括工件的清理和涂色等。

1) 工件的清理

毛坯件的氧化皮、飞边、残留的泥砂污垢以及已加工工件上的毛刺、铁屑都必须预先清除干净，否则将影响划线的清晰度和损伤精密的划线工具。

2) 工件的涂色

为了使划出的线条清楚，一般都要在工件的划线部位涂上一层涂料。

3) 在工件孔中装中心塞块

在有孔的工件上划圆或等分圆周时，必须先求出孔的中心。为此，一般要在孔中装中心塞块。对于不大的孔，通常可用铅块敲入，较大的孔则可以用木料或可调节塞块。

9.1.4 划线基准的选择

为了确定工件上的点、线、面的位置，必须选择一些点、线、面作为依据，零件上用来确定点、线、面位置的依据叫做基准。划线时选择的基准称划线工准。

选择划线基准的原则：

(1) 选择工件的设计基准作为划线基准。

(2) 若毛坯上有重要孔，则以此孔轴线作为划线基准；如果没有重要孔，则应选择较大的平面作为划线基准。

(3) 若工件上有已加工过的平面，则应以此面作为划线基准。

平面划线有两个基准，立体划线有 3 个基准。通常，划线时先划划线的基准线。

9.1.5 划线的步骤

(1) 看懂零件图样，选择划线基准。以轴承座为例，零件图如图 9.12(a)所示。

(2) 检查和清理毛坯，并在划线表面上涂涂料及在工件孔中装中心塞块。

(3) 正确安放并找正工件，如图 9.12(b)所示。

(4) 划出基准线，然后画出其他水平线，如图 9.12(c)所示。

(5) 将工件翻转 90°，用 90°角尺找正工件，划线，如图 9.12(d)所示。

(6) 再将工件翻转 90°，用 90°角尺在两个方向上找正工件，划线，如图 9.12(e)所示。

(7) 根据图纸检查划线的正确性。

(8) 在线条上打出样冲眼，如图 9.12(f)所示。

划线操作时应注意：

(1) 工件夹持或支撑要稳妥，以防滑倒或移动。

(2) 在一次支撑中应将要划出的平行线全部划全，以免再次支撑补划时造成误差。

(3) 先划水平线，再划垂直线、斜线，最后划出圆弧、曲线等。

(4) 要正确使用划线工具，画出的线条要准确、清晰。

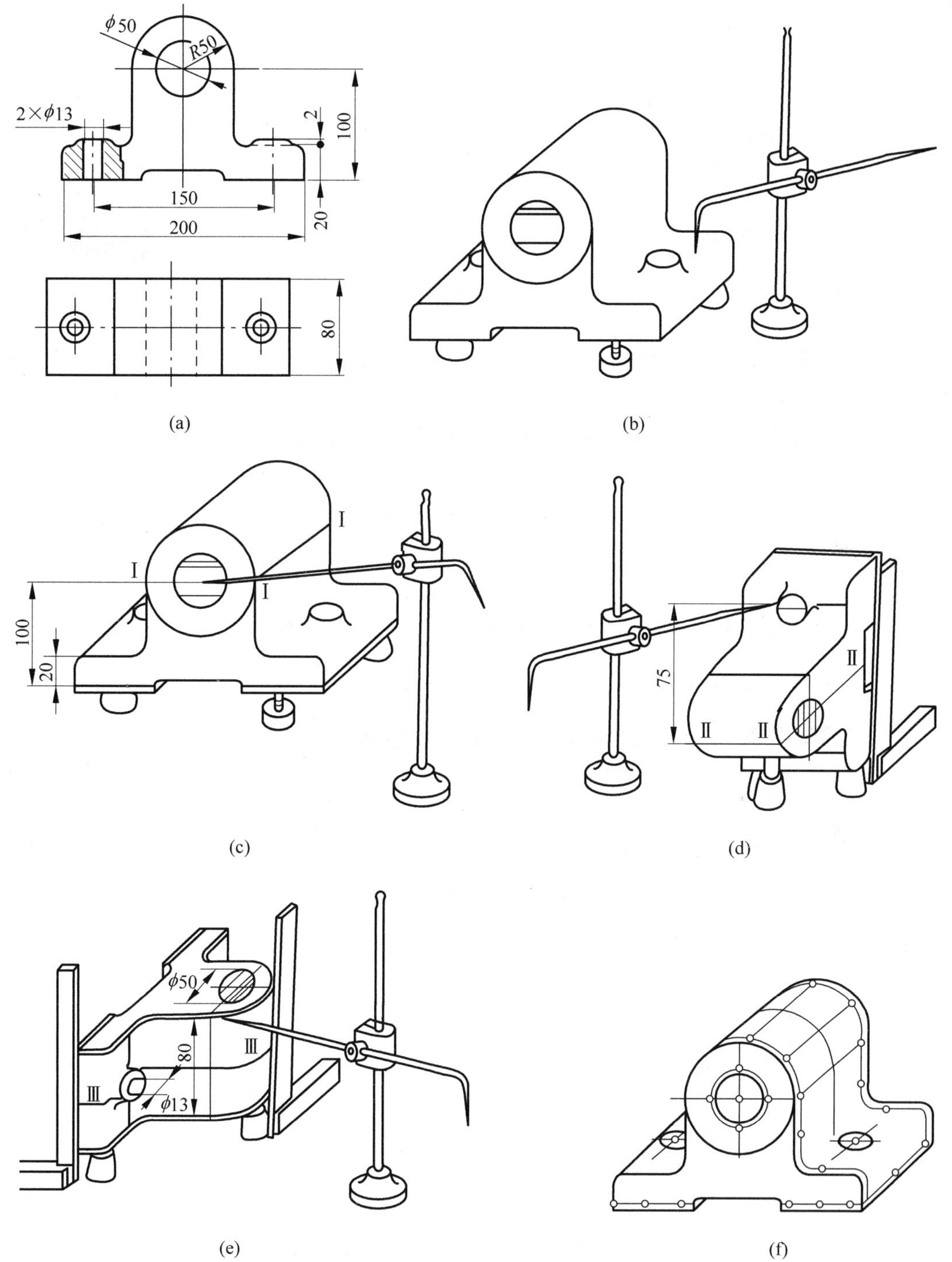

图 9.12 轴承座立体划线

(a) 轴承座零件图；(b) 根据孔中心及上平面，调节千斤顶，使工件水平；(c) 划底面加工线和孔中心线；(d) 转 90°，用角尺找正，划螺钉孔中心线；(e) 再翻转 90°，用角尺在两个方向找正，划螺钉孔及端面加工线；(f) 打样冲眼

9.2 錾　　削

錾削

錾削是用手锤敲击錾子对工件进行切削加工的一种方法。主要工作范围包括去除凸缘、毛刺，分割材料，錾油槽等，常用于不便于机械加工的场合。

9.2.1 錾削工具

1. 錾子

錾子一般是由碳素工具钢制成，刃部经淬火和回火处理。錾子的种类主要有 3 种：平錾（扁錾）、窄錾（尖錾）和油槽錾，如图 9.13 所示。

(1) 平錾（扁錾）。其切削部分扁平，用于去处凸缘、毛刺和分割材料等，应用广泛。

(2) 窄錾（尖錾）。其切削刃较短，主要用来錾槽和分割曲线形板材。

(3) 油槽錾。其切削刃很短，主要用来錾削润滑油槽。

2. 手锤

手锤是钳工的重要工具。錾削常用的手锤重约 0.5kg，锤柄全长约 300mm，如图 9.14 所示。

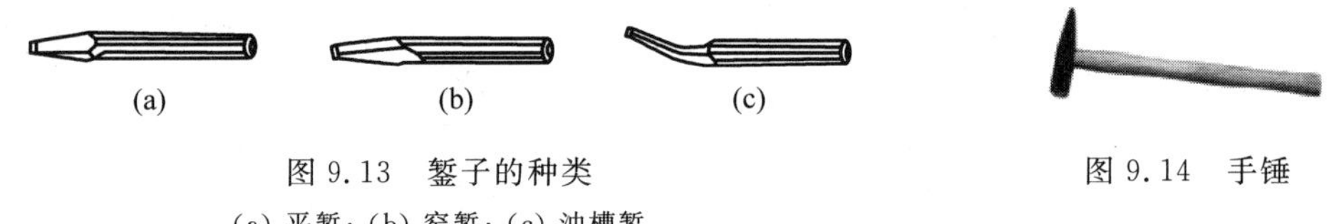

图 9.13　錾子的种类
(a) 平錾；(b) 窄錾；(c) 油槽錾

图 9.14　手锤

9.2.2 錾削方法

1. 錾削角度的选择

錾削切削时的角度如图 9.15 所示。

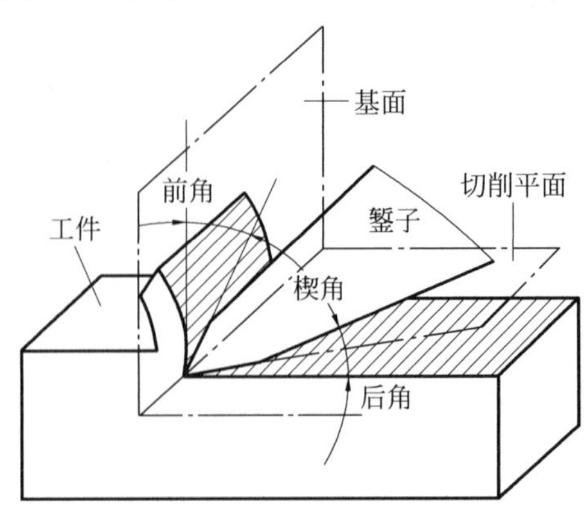

图 9.15　錾削切削时的角度

(1) 楔角：前刀面与后刀面所夹的锐角。楔角的大小由刃磨时形成。楔角越大，刃部的强度越高，但受到的切削阻力也越大。因此，在满足强度的前提下，楔角应尽量小。一般来说，錾削硬材料，楔角可磨大些，錾削软材料，楔角应小些。

(2) 后角：后刀面与切削平面所夹的锐角。后角的大小决定了切入深度及切削的难易程度。后角越大，切入深度越大，切削越困难；反之，切入就越浅，切削容易，但效率低。一般后角取5°～8°。

(3) 前角：前刀面与基面所夹的锐角。前角的大小决定切屑变形的程度及切削的难易度。

2. 錾削操作

1) 平面的錾削

錾削平面时，主要用扁錾，每次錾削余量为0.5～2mm。开始錾削时应从工件侧面的尖角处轻轻起錾。因为尖角处与切削刃接触面小，阻力小，易切入，能较好地控制加工余量，因而不致产生滑移与弹跳现象。起錾后，再把錾子逐渐移向中间，使切削刃的全宽参与切削。

当錾削接近尽头约10mm时，应掉头錾削，否则尽头的材料容易崩裂，如图9.16所示。对于铸铁等脆性材料，尤其应加以重视。

2) 板料的錾削

常用方法有：

(1) 在台虎钳上錾切。工件的切断线要与钳口平齐，工件要夹紧，用扁錾沿着钳口并斜对着板面(30°～45°)自右向左錾切或自左向右錾切。

(2) 对尺寸较大的薄板料在铁砧(或平板)上切断。应在板料下面衬以软材料，以免损坏錾子刃口，如图9.17所示。

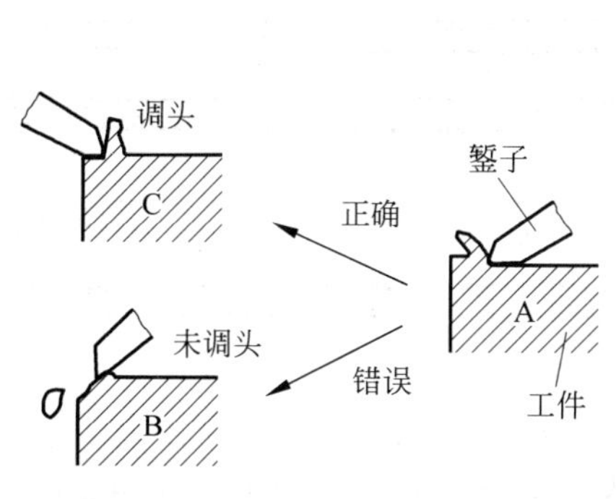

图9.16 錾削快到尽头时应调头

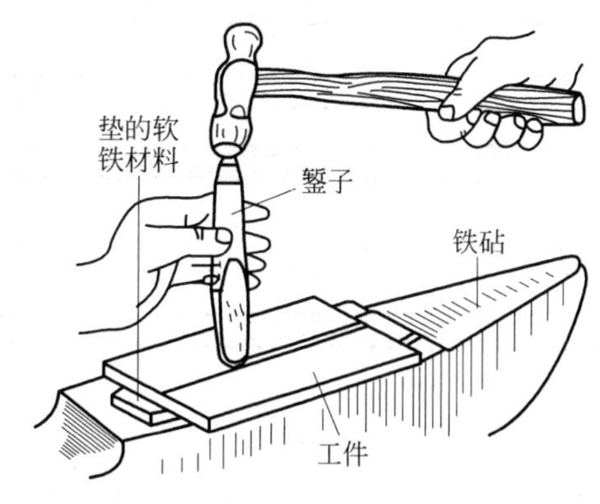

图9.17 錾削板料

9.3 锉　　削

用锉刀对工件表面进行切削加工的一种方法，是钳工的基本操作之一。锉削的应用范围很广，可以加工平面、曲面、型孔、沟槽和各种形状复杂的表面。

9.3.1 锉刀

锉刀是用碳素工具钢制成的，并经热处理淬硬。锉刀的结构如图 9.18 所示。

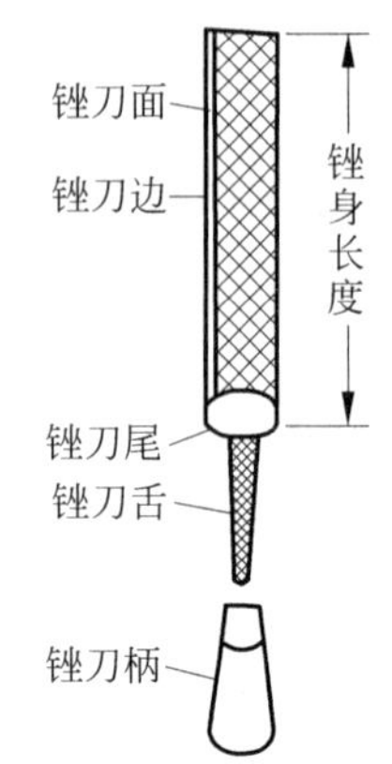

图 9.18 锉刀的结构

9.3.2 锉刀的种类及选择

1. 锉刀的种类

锉刀按横截面形状分为平锉(齐头平锉和尖头平锉)、方锉、圆锉、半圆锉、三角锉等(见图 9.19)。按用途可分为普通锉、特种锉和整形锉(什锦锉)3 类。其中，普通锉用于一般的锉削加工。整形锉用于修整工件上的细小部位，图 9.20 所示为各种整形锉。按锉刀的齿纹形式分，有单纹和双纹两种。常用的是双纹锉刀，其主、副锉纹交叉排列，双纹锉刀能把宽的锉屑分成许多小段，使锉削比较轻快。

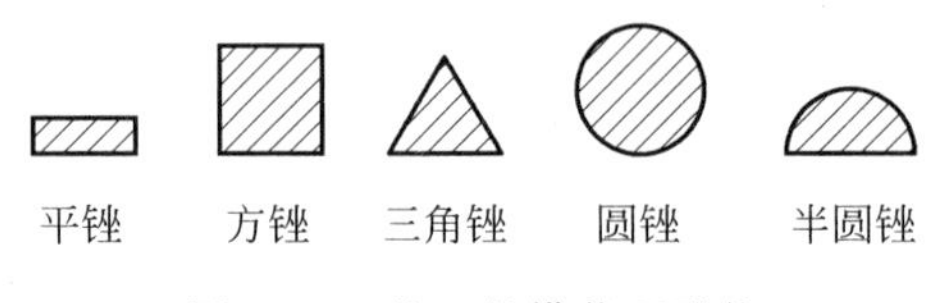

图 9.19 锉刀的横截面形状

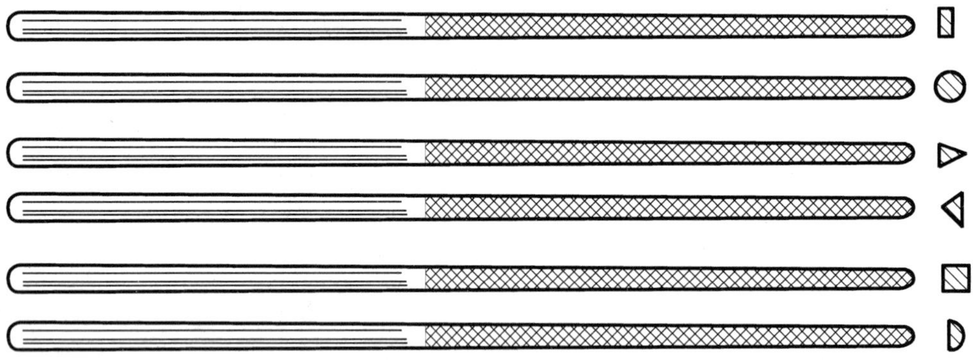
图 9.20 整形锉(什锦锉)

锉刀按每 10mm 长度内主锉纹条数的多少分为粗齿锉、中齿锉、细齿锉和油光锉，分别用于粗加工和精加工。锉刀按锉身长度分为 100、150、…、400mm 等。

2. 锉刀的选用

锉刀的长度按工件加工表面的大小选用，以操作方便为准。锉刀的横截面形状按加工工件表面的形状选用，图 9.21 表示了不同形状的工件选用不同形状锉刀的实例。

锉刀齿纹粗细的选用要根据工件的材料、加工余量、加工精度及表面粗糙度等情况综合考虑。一般粗锉刀用于锉软金属及加工余量大、精度等级低和表面粗糙度要求不高的工件，

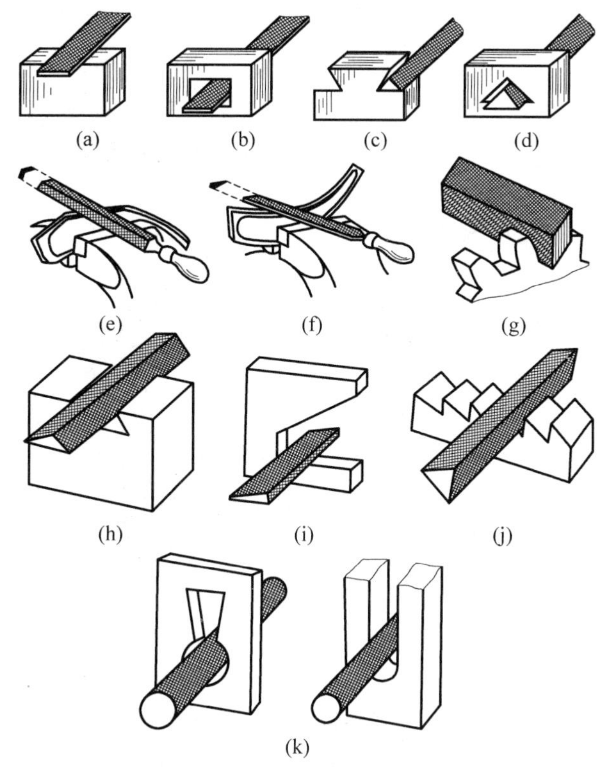

图 9.21 锉刀的用途

(a)、(b) 锉平面；(c)、(d) 锉燕尾和三角孔；(e)、(f) 锉曲面；(g) 锉楔角；(h) 锉内角；(i) 锉菱角；(j) 锉三角形；(k) 锉圆孔

细锉刀用于加工余量小、精度等级高和表面粗糙度要求高的工件。表 9.1 列出了粗、中、细 3 种锉刀通常的加工余量和所能达到的加工精度。

表 9.1 按加工精度选择锉刀

锉刀	适用场合		
	加工余量/mm	尺寸精度/mm	能获得的表面粗糙度/μm
粗锉	0.5～1	0.2～0.5	20～5
中锉	0.2～0.5	0.04～0.2	10～6.3
细锉	0.05～0.2	0.01 或更高	5～3.2
油光锉	0.01～0.05	0.01 或更高	3.2～0.8

9.3.3 锉刀握法与锉削姿势

1. 锉刀的握法

锉削

锉刀的握法正确与否对锉削质量、锉削力量的发挥和疲劳程度都有一定的影响。由于锉刀的大小和形状不同，所以锉刀的握法也不同。

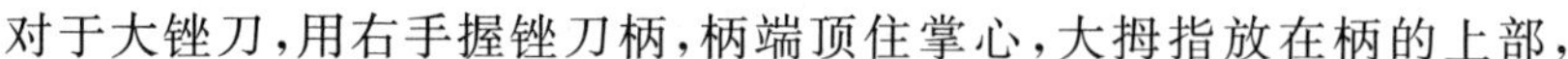

对于大锉刀，用右手握锉刀柄，柄端顶住掌心，大拇指放在柄的上部，

其余手指满握刀柄，如图 9.22(a)所示。左手的姿势可以有 3 种，见图 9.22(b)。

两手握锉刀姿势如图 9.22(c)所示，锉削时左手肘部要提起。

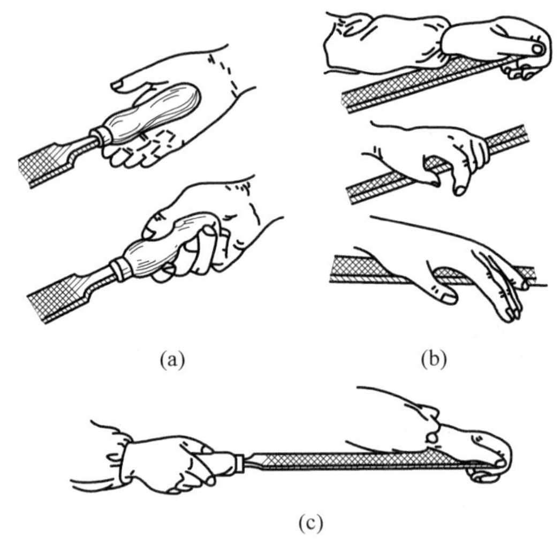

图 9.22 较大锉刀的握法

(a) 右手握法；(b) 左手握法；(c) 两手握锉刀的姿势

图 9.23(a)是中型锉刀的握法，右手握法与握大锉刀一样，左手只需用大拇指和食指轻轻地扶刀。图 9.23(b)是较小锉刀的握法，为了避免锉刀弯曲，用左手的几个手指压在锉刀的中部。图 9.23(c)是小锉刀的握法，只用一只手握住，食指放在上面。

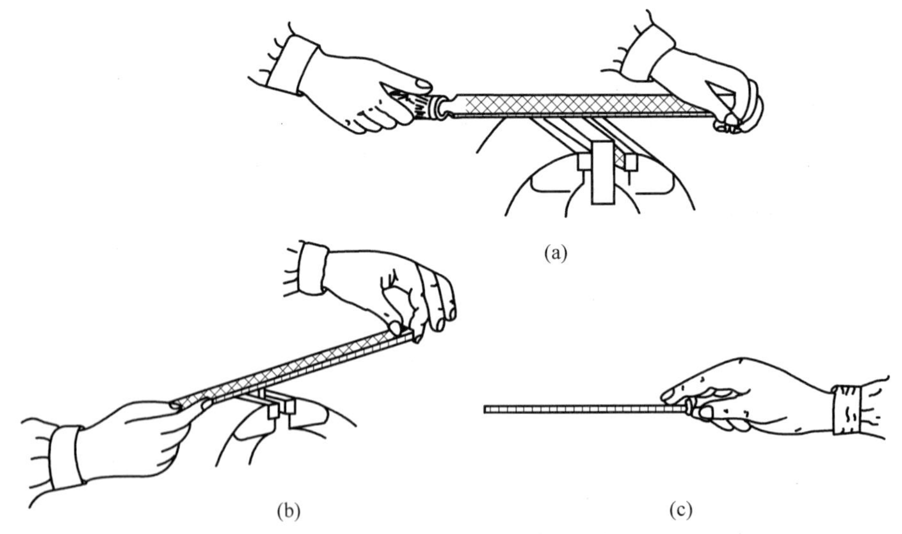

图 9.23 中、小型锉刀的握法

(a) 中型锉刀握法；(b) 小型锉刀握法；(c) 最小型锉刀握法

2. 锉削姿势

如图 9.24 所示，进行锉削时，身体的重量放在左脚上，右膝要伸直，脚始终站稳不移动，靠左膝的屈伸而作往复运动，锉削时要使锉刀的全长充分利用。锉的动作是由身体和手臂运动合成的。开始锉时身体要向前倾斜10°左右，右肘尽可能收缩到后方，如图9.24(a)所示。最初1/3行程时，身体前倾15°左右，使左膝稍弯曲，如图9.24(b)所示。其次1/3行程，右肘向前推进，同时身体亦渐倾斜到18°左右，如图9.24(c)所示。最后1/3行程，用右手腕将锉刀推进，身体随着锉刀的反作用力退回到15°位置，如图9.24(d)所示。锉削行程结束后，把锉刀略提起一些，手和身体都退回到最初位置，如图9.24(a)所示。

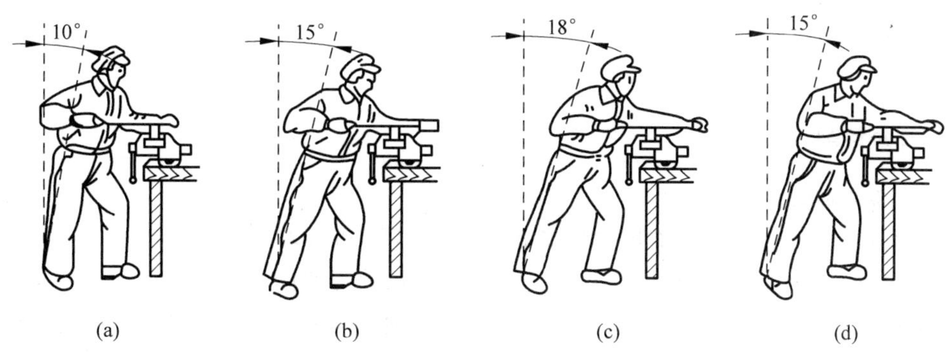

图9.24 锉削姿势

9.3.4 锉削方法

1. 平面锉削

平面锉削的方法有顺向锉、交叉锉和推锉3种。锉削速度一般应控制在40次/min以内。锉刀推出时动作稍慢，回程时稍快，动作要协调自如。锉削速度过快，操作者容易疲劳，锉刀磨损也快，而且操作动作也容易发生变形，最终导致工作效率低下或工件报废。

锉削方法

1）顺向锉

顺向锉是顺着同一个方向对工件进行锉削的方法，适用于较小平面的锉削，如图9.25所示。其中，图(a)多用于粗锉，图(b)只用于最后的锉光。顺向锉能得到正直的刀痕，比较整齐美观。

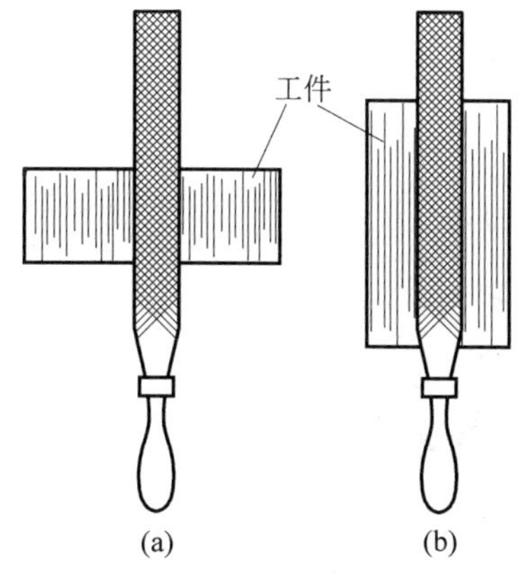

图9.25 顺向锉

2）交叉锉

如图9.26所示，锉刀与工件接触面大，锉刀容易掌握平稳，且能从交叉的锉痕上判断出锉削面的凸凹情况。交叉锉适用于粗锉较大的平面。当锉削余量不多时，再改用顺向锉进行修光。

3）推锉

如图9.27所示。推锉时的运动方向不是锉齿的切削方向，故切削效率不高，只适合于修光，特别是锉削狭长平面或采用顺向锉受阻时采用。

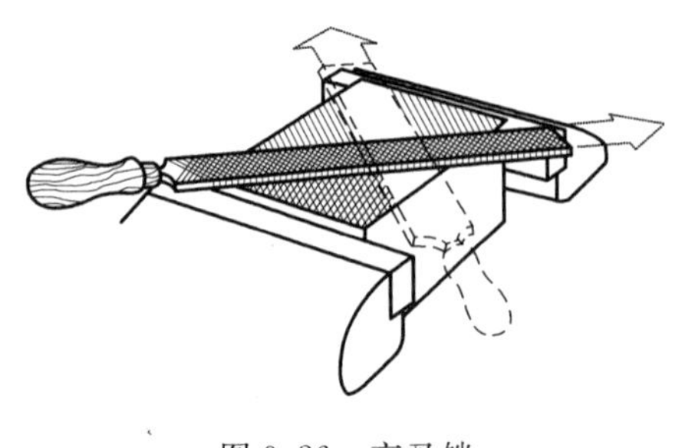

图 9.26 交叉锉

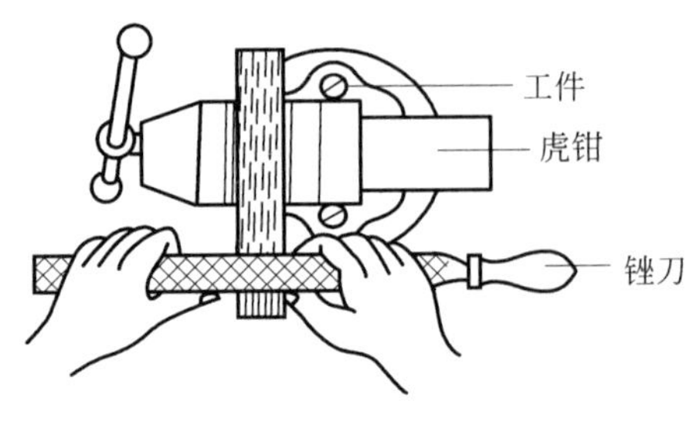

图 9.27 推锉

2. 曲面锉削

1）锉削外圆弧面

锉削外圆弧面用平锉刀，有顺着圆弧锉（简称滚锉）和横着圆弧锉两种方法，如图 9.28 所示。前者适用于精锉，而后者适用于粗锉。滚锉时，锉刀要同时完成向前推进和绕工件的中心转动两种运动，如图 9.29 所示。而两手运动的轨迹应该是两条渐开线，否则就锉不成圆弧。

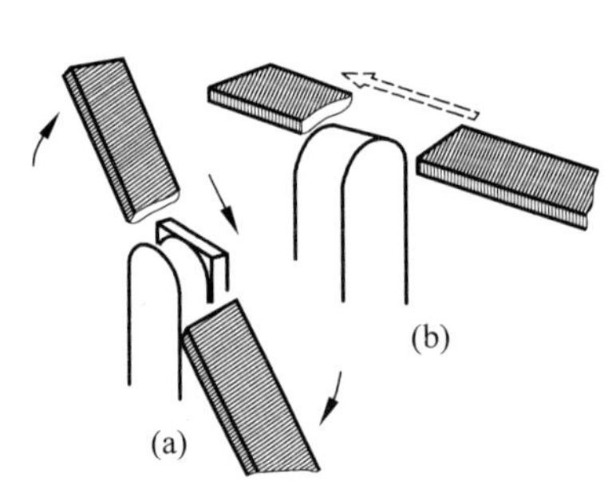

图 9.28 圆弧锉削

（a）顺着圆弧锉；（b）横着圆弧锉

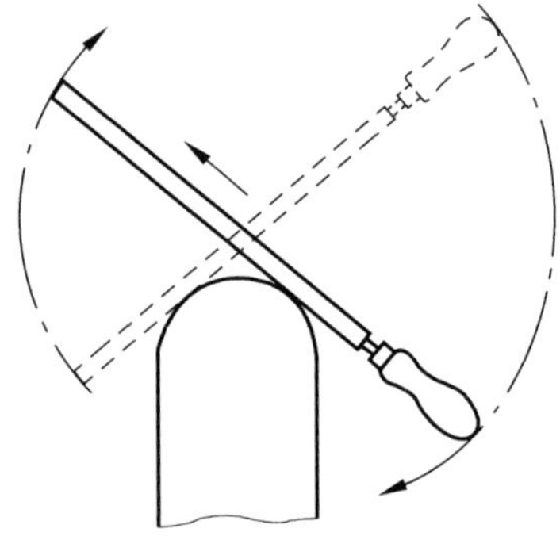

图 9.29 锉外圆弧时锉刀的运动

2）锉削内曲面

锉削内曲面时用圆锉、半圆锉或椭圆锉，锉刀同时要完成 3 个运动（见图 9.30）：

（1）向前推进。

（2）向左或向右移动（约半个到一个锉刀宽度）。

（3）绕锉刀自身轴线转动（顺时针方向或逆时针方向转动 90°左右）。

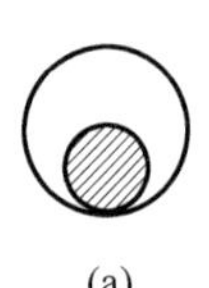

(a)

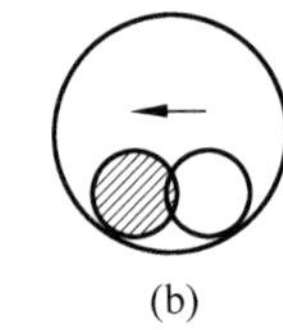

(b)

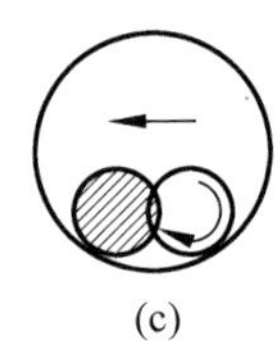

(c)

图 9.30 锉削内曲面

9.3.5 质量检验

锉削时，工件的尺寸可用直尺或游标卡尺测量，而工件表面的平整度和垂直度要用刀口尺(见图9.31)和直角尺以透光法来检查。

图9.31 刀口尺

图9.32所示为用刀口尺检查工件平整度的方法。检查时刀口尺只用3个指头——大拇指、食指、中指拿着(见图9.32(a))。如果刀口尺与平面间透过来的光线微弱而均匀，说明该面是平直的；假如透过来的光线强弱不一，说明该面高低不平，光线最强的部位是最凹的地方(见图9.32(b))。检查应在平面的纵向、横向和对角线方向多处进行(见图9.32(c))。移动刀口尺时，应该把它提起，并且小心地把它放到新的位置上。如把刀口尺在被检平面上来回拖动，则刀口很容易磨损。若没有刀口尺，则可用钢直尺按上述方法检查。

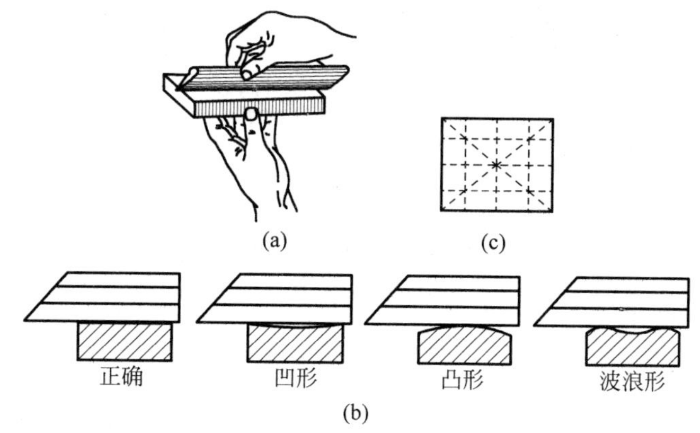

图9.32 用刀口尺检查平整度

(a) 刀口尺的使用；(b) 用透光法判断平面质量；(c) 工件上透光检查的部位

图9.33所示为用直角尺检查工件两平面垂直度的方法。检查前应先选基准面，然后对其他面进行检查。图中 A 面是基准平面，B 面是被检查平面，检查工件时将工件 A 面紧贴直角尺Ⅳ面，将Ⅲ面慢慢靠紧 B 面，再以透光法观测 B 面的状况，方法同刀口尺检查法类似。

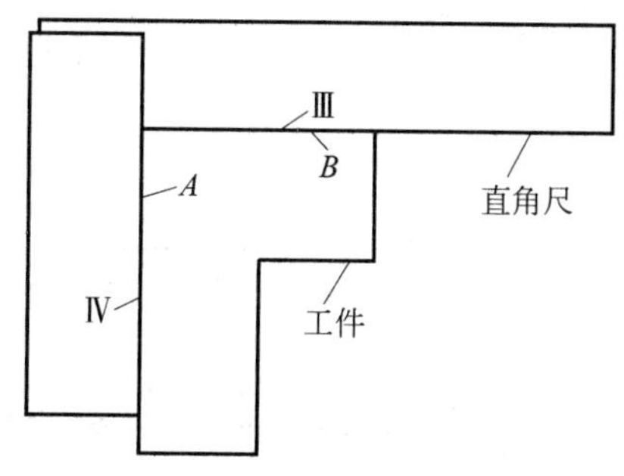

图9.33 用直角尺检查工件垂直度

9.4 锯　　削

锯削是用手锯对材料或工件进行切断或锯出沟槽等的加工方法。锯削的工作范围有：

(1) 锯断各种原材料或半成品(见图 9.34(a))；

(2) 锯掉工件上多余部分(见图 9.34(b))；

(3) 在工件上锯槽(见图 9.34(c))。

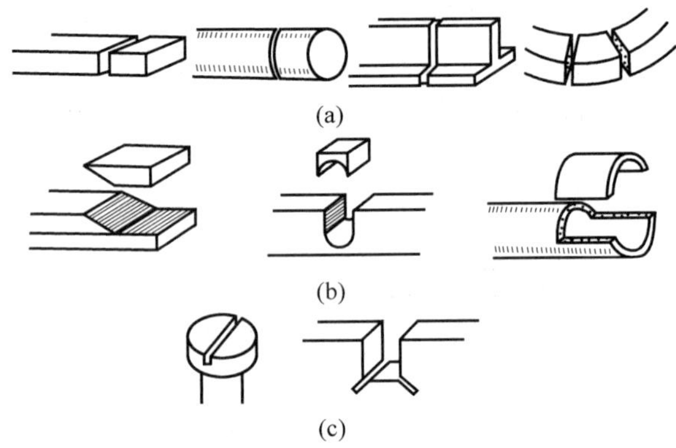

图 9.34　锯削的应用

9.4.1 锯削工具

1. 锯弓

锯弓用来安装和张紧锯条。锯弓有两种类型：固定式(见图 9.35(a))和可调整式(见图 9.35(b))。固定式锯弓的弓架是整体的，只能安装一种长度规格的锯条。可调整式锯弓的弓架分成两段，前段可在后段中伸出缩进，可以安装几种长度规格的锯条，目前被广泛应用。

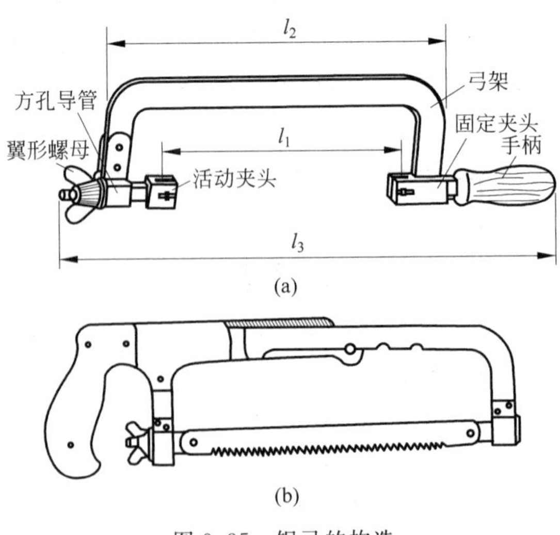

图 9.35　锯弓的构造

(a) 固定式锯弓；(b) 可调整式锯弓

2. 锯条

锯条一般用碳素工具钢制成,并经淬火和低温回火处理。锯条的规格是以两端安装孔的中心距来表示的,如图 9.36 所示。钳工常用的锯条规格长度为 300mm,宽度为 12mm,厚度为 0.8mm。

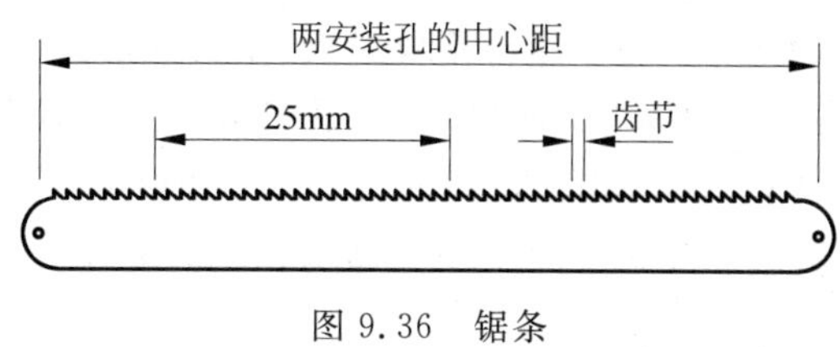

图 9.36 锯条

锯条上锯齿按一定规律左右错开,排列成波浪交叉形式,称为锯路。锯路使锯缝的宽度大于锯条背的厚度,使锯条在锯削时不会被锯缝夹住,减少锯条与锯缝间的摩擦,便于排屑,减少锯条的发热与磨损,延长使用寿命,提高锯削效率。

锯条按锯齿齿距的大小分为粗齿、中齿和细齿 3 种,锯齿的粗细是以锯条每 25mm 长度内含的齿数来表示,如表 9.2 所示。

表 9.2 锯条的种类及用途

锯齿的粗细	每 25mm 长度内含齿数目	用　　途
粗齿	14～16	锯铜、铝等金属及厚工件
中齿	18～24	加工普通钢、铸铁及中等厚度的工件
细齿	22～26	锯硬钢板料及薄壁管子

9.4.2 锯削方法

1. 锯条的安装

根据工件材料和锯削厚度选择合适的锯条。安装锯条时,要使齿尖的方向朝前,否则,不能正常切削。锯条的松紧度要适当,锯条安装得太松或太紧,锯条都容易折断,好的锯条应与锯弓在同一中心平面内,以保证锯缝正直。可以通过调节螺母来调整锯条的松紧程度,如图 9.37 所示。

2. 工件夹持

工件一般被夹持在台虎钳的左侧,以方便操作。工件的伸出端应尽量短,工件的锯削线应尽量靠近虎钳,从而防止工件在锯削过程中产生振动,如图 9.38 所示。

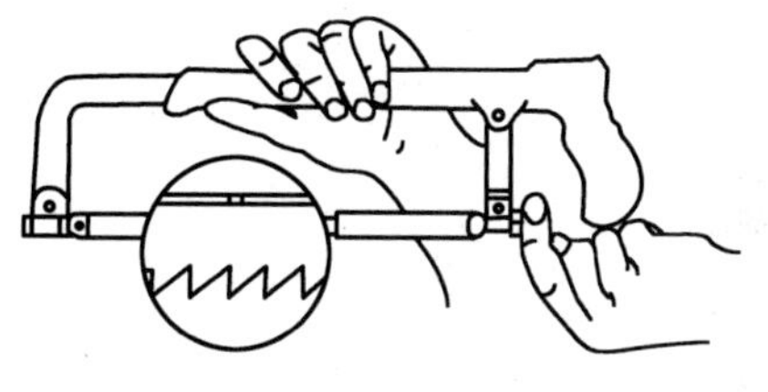

图 9.37 锯条的安装

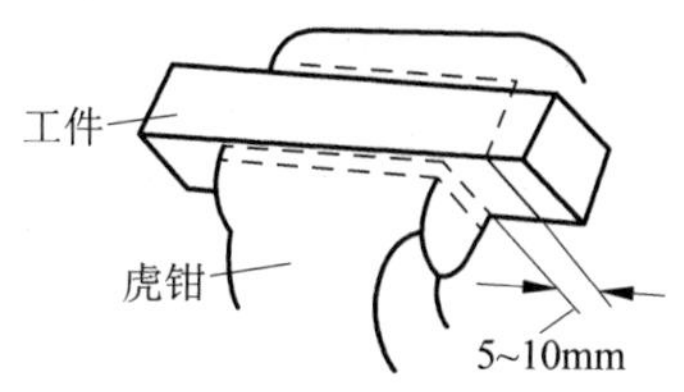

图 9.38 工件的夹持

3. 锯削姿势和锯削速度

锯削时，右手握稳锯柄，左手轻扶在弓架前端，双手握锯的方式如图 9.39 所示。锯削时的站立姿势与锉削基本相似。锯削时锯弓的运动方式分为两种。一种是直线运动，适合锯薄形工件和直槽；另一种是摆动式，类似于锉圆弧，这种方法可以减小切削阻力，提高工作效率。运动时握锯柄的右手施力，左手压力不要过大，主要是协助右手扶正锯弓。在锯弓推进时，身体略向前倾，自然地压向锯弓；回程时，左手在锯弓上不但不加压力，而且要把锯弓略微抬起一些，身体回到原来位置，如图 9.40 所示。锯削时，应尽量使用锯条的全长锯割，以避免局部磨损，一般锯条的往复长度应不小于锯条长度的 2/3。

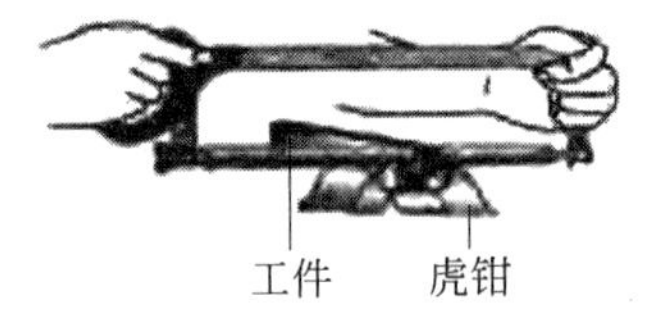

图 9.39　双手握锯的方式

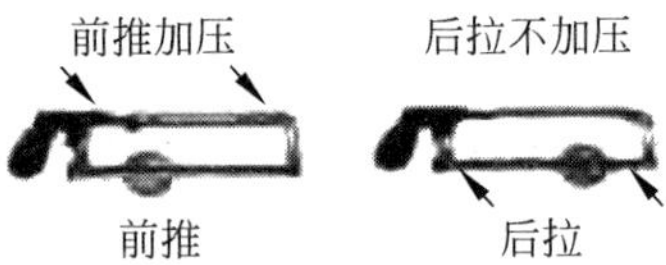

图 9.40　锯削时的施力方式

锯削速度以每分钟往复 40～60 次为宜，速度过快，易使锯条发热，磨损加剧。速度过慢直接影响锯削效率。一般锯软材料时可快些，锯硬材料时可慢一些。必要时可对锯条加冷却液。

4. 起锯方法

起锯是锯切工作的开始。起锯质量的好坏，直接决定锯割的质量。起锯时不论采取远起锯(见图 9.41(a))还是近起锯(见图 9.41(b))，起锯的角度要小于约 15°。起锯角度太大，锯齿容易被工件的棱边卡住(见图 9.41(c))，引起崩裂。起锯角太小，则锯齿不易切入，锯条容易滑到旁边而划伤工件表面。起锯时，一般用拇指靠稳锯条使它正确地锯在所需的位置，如图 9.42 所示。起锯时，压力要轻。

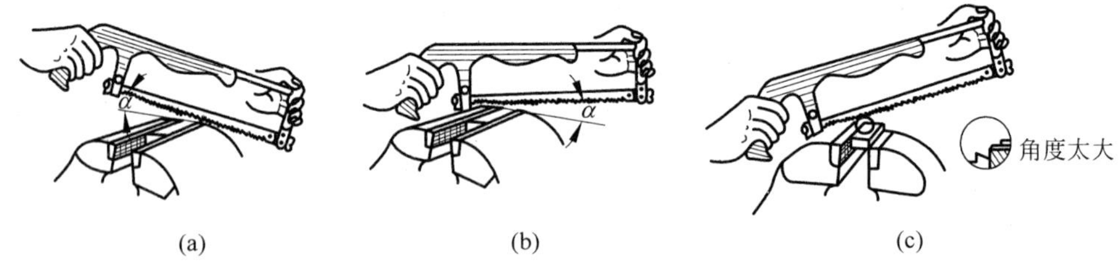

图 9.41　起锯
(a) 远起锯；(b) 近起锯；(c) 起锯角度太大

图 9.42　起锯方法

9.4.3 锯削实例

1. 棒料的锯削

棒料锯削时，如果要求锯出的断面比较平整，则应采用一次起锯，从一个方向起锯直到结束。若对断面要求不高，为减小切削阻力，则可采用多次起锯，在锯入一定深度后，将棒料转过一定角度重新起锯，如此反复几次从不同方向锯削，直至锯断。多次起锯较省力，可提高工作效率。

2. 管子的锯削

锯削管子时，每个方向只锯到管子的内壁处，然后把管子转动一个角度再起锯，且仍只锯到内壁处，如此多次，直至锯断，如图 9.43 所示。

若是薄壁管子，应用两块木制 V 形或弧形槽垫块来夹持薄壁管子，防止夹扁或夹坏表面。

3. 薄板料的锯削

锯削薄板料时，应将薄板料夹在两木块或金属之间，连同木块或金属一起锯削，这样可避免锯齿被钩住，如图 9.44 所示。

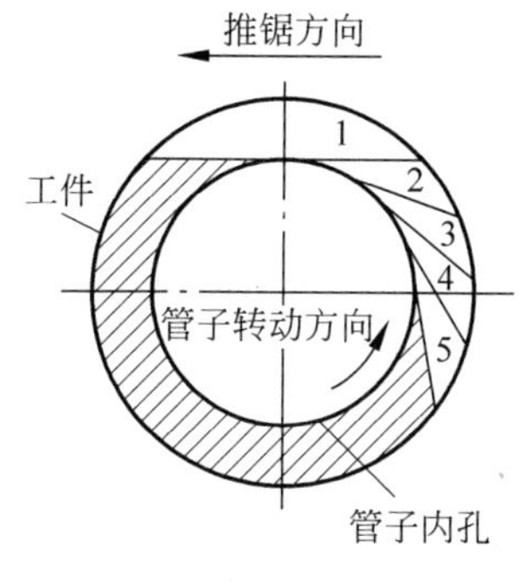

图 9.43 锯削管子

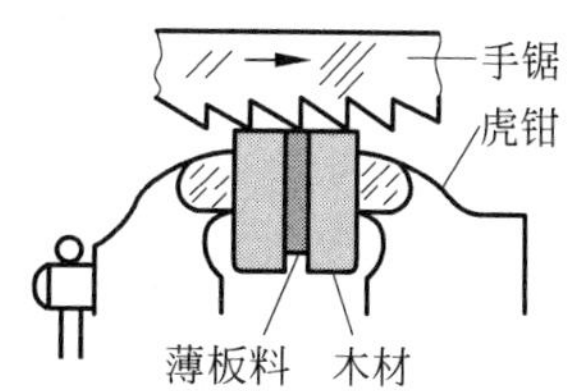

图 9.44 薄板料的锯削方法

4. 深缝的锯削

当锯缝的深度超过锯弓高度时，为防止锯弓与工件相撞，应在锯弓快要碰到工件时，将锯条拆出并转动 90°重新安装，或把锯条的锯齿朝向锯弓背进行锯削，如图 9.45 所示。

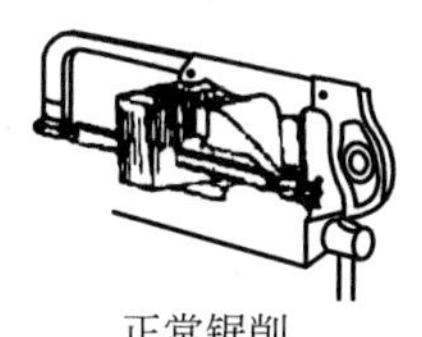

正常锯削

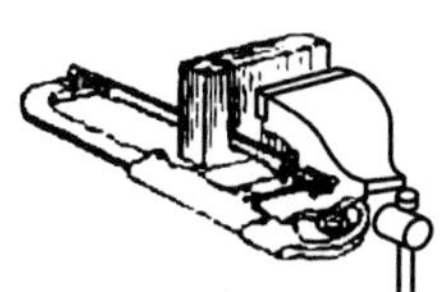

转90°安装锯条

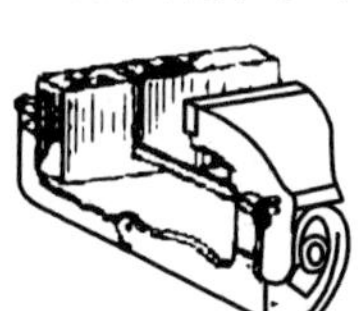

转180°安装锯条

图 9.45 锯削深缝

9.5 刮　　削

刮削是用刮刀在工件表面上刮掉一层很薄的金属层的操作。刮削是一种精密加工的方法，刮削后的表面具有良好的平面度，表面粗糙度可达 $Ra1.6$mm 以下。刮削生产率低，劳动强度大，因而可用磨削等机械加工方法代替。但对重要滑动表面，如机床导轨、滑动轴承等要求保持均匀接触的表面，在经过机械加工后，往往凭借刮削的方法来保证和进一步提高工件的精度。

9.5.1 刮刀的种类

刮刀是刮削的主要工具，一般用碳素工具钢或轴承钢制造，经热处理后，硬度可达 HRC60 左右。刮刀的端部用砂轮磨出刃口，再用油石磨光。当刮削硬度很高的工件表面时，也有用硬质合金刀片镶在刀杆上使用的。根据不同的刮削表面，刮刀可分为平面和曲面两大类。

1. 平面刮刀

如图 9.46 所示，常见的平面刮刀有以下几种：

(1) 手握刮刀。手握刮刀如图 9.46(a)所示，大多利用废旧锉刀磨光两面锉齿改制而成，刀体较短。刮削时，由双手一前一后握持着推压前进。

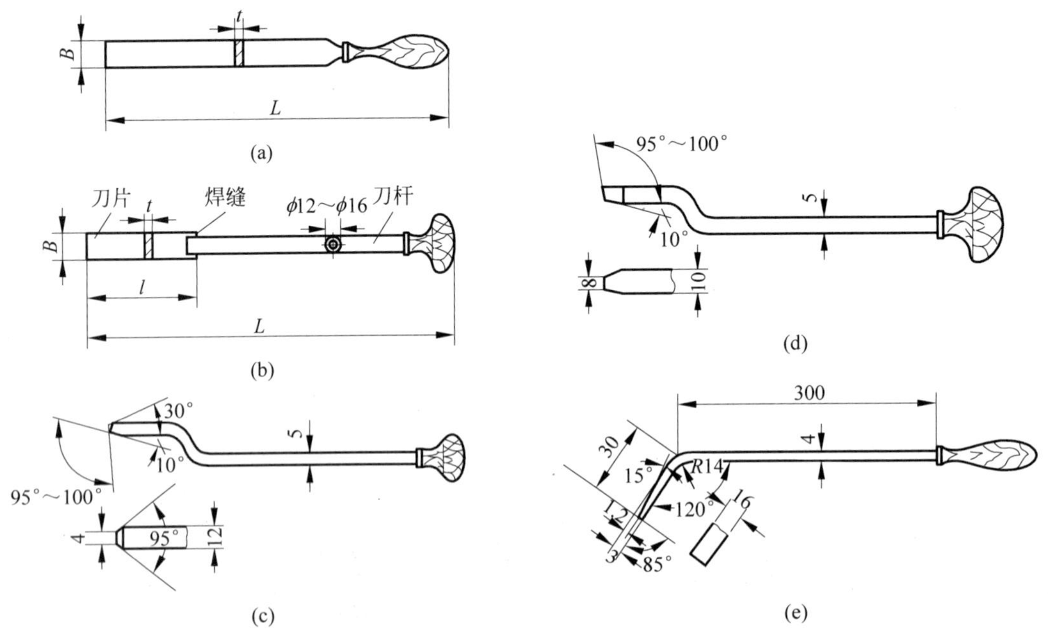

图 9.46　平面刮刀

(a) 手握刮刀；(b) 挺刮刀；(c) 精刮刀；(d) 压花刀；(e) 钩头刮刀

(2) 挺刮刀。挺刮刀如图 9.46(b)所示,具有较好的弹性。刮削时,随着运动的起伏能发生跳跃,切削效果较好。刀片与刀杆用铜钎焊焊接,如果刀片磨损,可将铜焊吹掉,焊上新的刀片,即可继续使用。

(3) 精刮刀与压花刀。精刮刀与压花刀如图 9.46(c)、(d)所示,刀体呈曲形,能增加弹性。刮削出来的工件表面质量好,刮削点平整美观,适合于刮削精密的铸铁导轨,刮削花纹较浅,并有压光作用。

(4) 钩头刮刀。钩头刮刀如图 9.46(e)所示,它的操作方法与其他刮刀相反,是左手紧握钩头部分用力往下压,右手抓住刀柄用力往后拉。这种拉刮方法在提高精度和降低劳动强度等方面都优于推刮。

2. 曲面刮刀

如图 9.47 所示,常见的曲面刮刀有三角刮刀、半圆头刮刀和柳叶刮刀。此类刮刀主要用来刮削内曲面(如滑动轴承、半圆轴瓦、轴套)以及刮去内孔毛刺等。

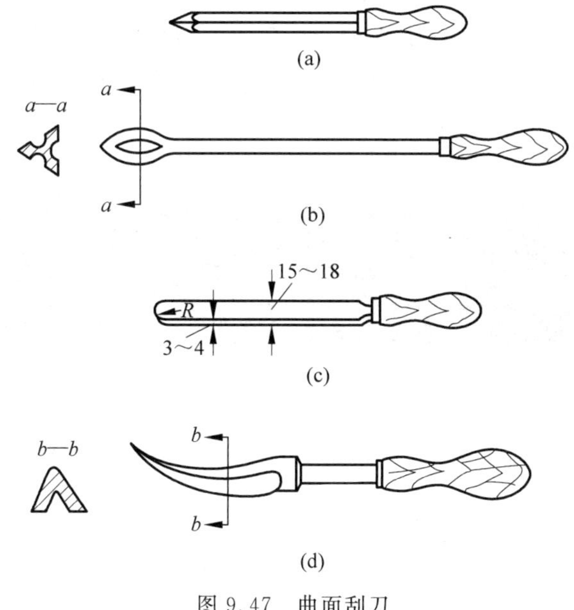

图 9.47 曲面刮刀

(a)、(b) 三角刮刀; (c) 半圆头刮刀; (d) 柳叶刮刀

(1) 三角刮刀。如图 9.47(a)、(b)所示的三角刮刀,是刮削曲面的主要工具,用途较为广泛。

(2) 半圆头刮刀。半圆头刮刀如图 9.47(c)所示,尺寸 R 视所刮削的曲面半径大小来决定。因其头部呈半圆形,所以刮出来的点子不易产生棱角,适用于刮削对开轴承等。

(3) 柳叶刮刀。柳叶刮刀如图 9.47(d)所示,它有两个刀刃,刀尖为精刮部分,后部为强力刮削部分,适合于刮削铜套和对开轴承等。

9.5.2 刮削的一般过程

刮削的一般过程可分为粗刮、细刮、精刮和刮花纹等。

1. 粗刮

首先要通过测量和显点以确定刮削部位。如果某一部位的刮削量很大，可集中在这个部位重刮数遍，但刀纹要交错进行，以保证每遍的刮削量均匀，防止刮出一个深凹。

2. 细刮与精刮

经过粗刮后的工件表面，其直线性误差基本上已达到要求，显点也稀稀落落地分布于整个平面。细刮时，只挑选大而亮的显点，而且每刮一次显点一次，显点也逐渐地由稀到密，由大到小，直至达到刮削要求。精刮在细刮的基础上进行，刮削方法与细刮相同，仍旧是挑选磨得最亮的显点刮削，刀纹要短要细，以达到更高的精度。

3. 刮花纹

工件经过刮削后，其表面已经形成了花纹，但这种花纹是不规则的，不够美观。所以一般对刮削后的工件表面，或经过精刨、精磨以后的表面，再刮一层花纹。例如对导轨来说，这样能够改善表面的润滑条件，减少摩擦阻力，从而提高耐磨性，延长使用寿命。并且可根据花纹的消失情况来判断导轨表面的磨损程度。

刮削时常见的花纹种类如图 9.48 所示。

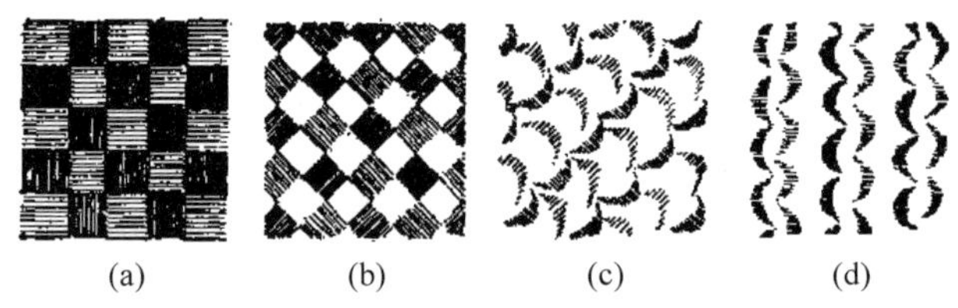

图 9.48 刮削的花纹种类

(a) 地毯花纹；(b) 斜花纹；(c) 月牙花纹；(d) 链条花纹

9.5.3 刮削精度检查

在刮削过程中，需要检测平面的高点，以便用刮刀将其刮平，其检测方法就是在工件上抹上显示剂，与检验平板配研，工件上的高点会将显示剂磨掉而显示亮点，然后用刮刀将其刮平；然后再与平板配研，直至符合要求。最终的刮削精度检查也是用标准平板进行配研显点的方法。

1. 显示剂

用标准平板检查刮削精度时，要先在工件刮削面涂上一层颜料，然后将工件刮削平面与标准平板互相摩擦，这样凸起处就会显示亮点。曲面(内孔和外圆)是用心轴、标准套或与其配合的轴、套相互摩擦的方法来校验的。这种颜料叫显示剂，常用的显示剂有红丹粉、蓝油等。利用显示剂校验的方法叫显示法，俗称密点子。

2. 刮削精度的检查

刮削精度是以 25mm×25mm 的正方形方框内均匀分布的贴合点的点数来表示的，如图 9.49 所示。例如，普通机床的导轨面要求 8～10 点，精密机床为 12～15 点。

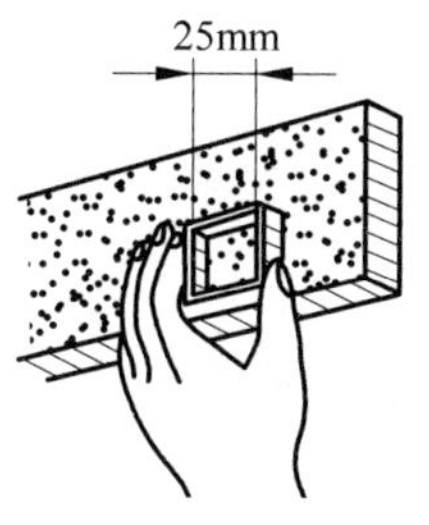

图 9.49 用方框检查点子数

9.6 钻　　孔

9.6.1 钻孔工具

1. 中心钻

直径 1～6mm 的中心孔一般用复合中心钻(见图 9.50)钻出。复合中心钻有普通的(见图 9.50(a))和带护锥的(见图 9.50(b))两种。工序长、精度要求高的工件为了避免 60°定心锥在搬运过程中被碰坏，一般采用带护锥的复合中心钻钻出其中心孔。复合中心钻是用高速钢制成的。

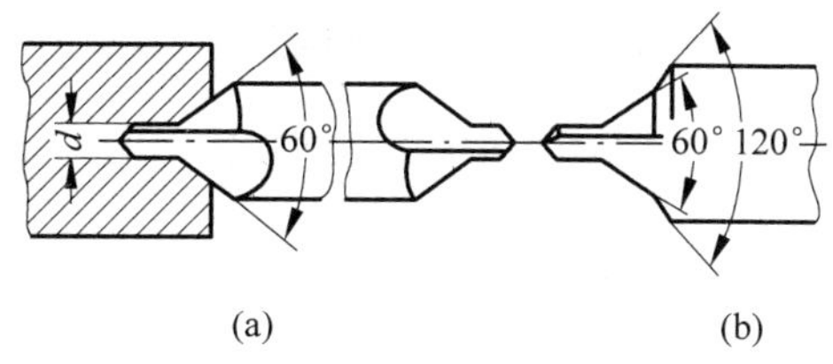

图 9.50 复合中心钻

(a) 普通的；(b) 带护锥的

钻孔

2. 麻花钻

麻花钻是最常用的钻头，有锥柄和直柄(见图 9.51)两种。一般地，直径大于 13mm 的钻头做成锥柄的，13mm 以下的钻头做成直柄的。麻花钻由柄部、颈部、工作部分组成。麻花钻工作部分材料是高速钢、淬硬至 HRC62～65。

麻花钻柄部供装夹用，并用来传递钻孔时所需的扭矩和轴向力。颈部位于工作部分与柄部之间，供磨削钻头时砂轮退刀用。钻头直径、材料、制造厂厂标一般刻印在颈部。工作部分又分切削部分和导向部分。切削部分担负主要的切削工作；导向部分在钻孔时起引导钻头方向的作用，同时还是切削部分的后备。工作部分有两条螺旋槽，它的作用是容纳和排除切屑。导向部分是两条狭窄的螺旋形的凸出棱边(见图 9.51)，它的直径略带倒锥度，前大后小，倒锥量为(0.03～0.12)mm/100mm。钻头直径较大时，倒锥也较大。这样既起到了引导钻头前进方向的作用，又减少了孔壁与钻头间的摩擦。工作部分的外形像根“麻花”，所以这种钻头称为“麻花钻”。

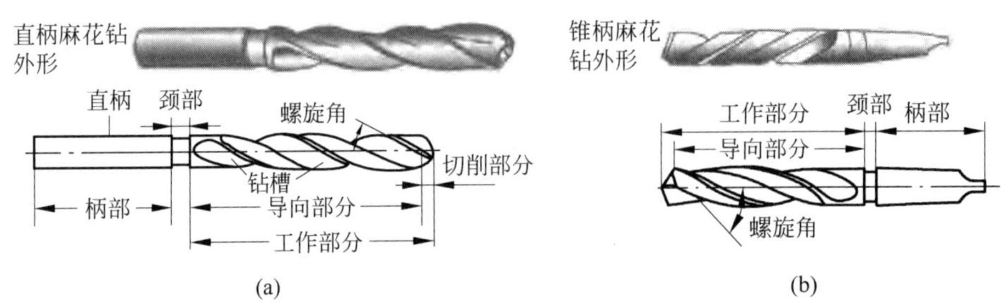

图 9.51 麻花钻
(a) 直柄麻花钻；(b) 锥柄麻花钻

9.6.2 钻孔的操作方法

1. 工件的装夹

工件的装夹依工件的形状、大小和批量而定。单件生产时多采用手虎钳、V 形块、平口钳和压板螺钉装夹，如图 9.52 和图 9.53 所示。批量生产时，为提高钻削加工质量和效率，常设计专用夹具来完成工件定位装夹和钻头的定位导向工作。

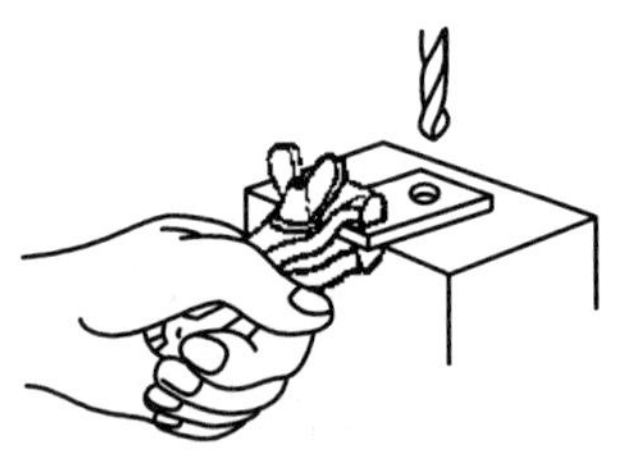

图 9.52 用手虎钳夹持工件

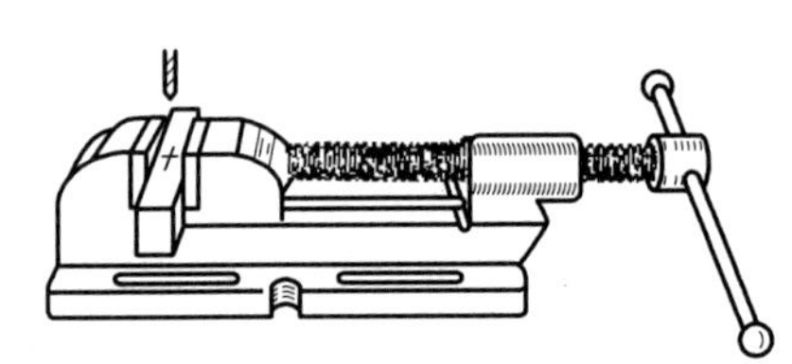

图 9.53 用平口钳夹紧工件

2. 钻孔操作

钻孔前先把孔中心的样冲眼打大些，用钻尖对准样冲眼。钻通孔在将要钻穿前，必须减小走刀量。钻不通孔时，要按钻孔深度调整好挡块。钻深孔时，一般钻进深度达到直径 3 倍左右时钻头必须退出排屑，以后钻头每钻进一些就要退出孔外排屑，以防止因切屑涨死而使钻头折断。

3. 钻孔操作安全注意事项

(1) 作业前对钻床、钻头、夹具、工件进行全面检查，确认无误后方可开机操作。

(2) 工件必须装夹牢固，钻头中心线应落在工件或夹具支撑面内。

(3) 切屑缠绕钻头时必须停车后用工具清理。

(4) 严禁戴手套操作和用手拉切屑。

9.7　攻螺纹与套螺纹

9.7.1　攻螺纹

用丝锥加工内螺纹的方法称为攻螺纹。攻螺纹使用的工具有丝锥和铰杠。

攻螺纹

1. 丝锥

丝锥是加工内螺纹的标准刀具,其结构简单,使用方便。丝锥又分为机用丝锥和手用丝锥。手用丝锥一般由两支或三支组成一组,分别称为头锥、二锥、三锥。内螺纹由各锥依次攻出。

丝锥结构如图 9.54 所示。丝锥由工作部分和尾柄部分组成。工作部分包括切削部分与校准部分。切削部分磨出锥角,以便将切削负荷分配在几个刀齿上。校准部分具有完整的齿形,用于校准已切出的螺纹,并引导丝锥沿轴向运动。尾柄部分有方榫,装在机床上的攻螺纹工具或扳手内来传递力矩。机用丝锥在方榫下面有一条圆槽可卡入钢球,以防止丝锥从攻螺纹工具中脱落。

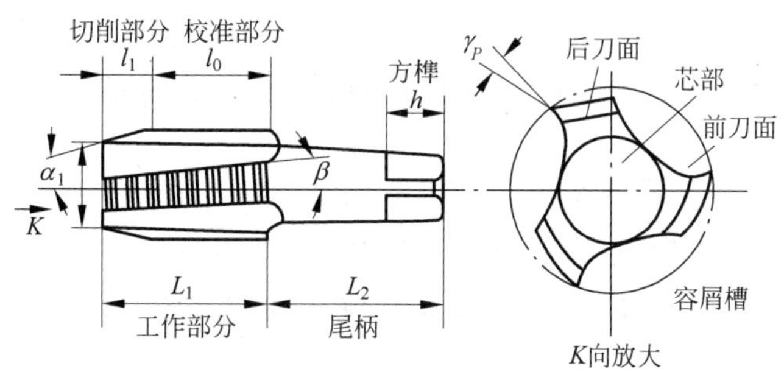

图 9.54　丝锥的结构

2. 铰杠

铰杠也称铰手,是手攻螺纹时夹持和扳转丝锥的工具,铰杠有固定铰杠(见图 9.55(a))和活动铰杠(见图 9.55(b))两种。常用的是活动铰杠,其方孔大小可以通过螺纹调节,以夹持不同规格的丝锥。

3. 攻螺纹操作

1) 攻螺纹前底孔直径的确定

攻螺纹前需要钻孔(底孔)。由于攻螺纹时丝锥的切削刃除对金属有切削作用外,还对工件材料产生挤压作用。挤压的结果可能造成丝锥被挤住,发生崩刃、折断及工件乱扣现

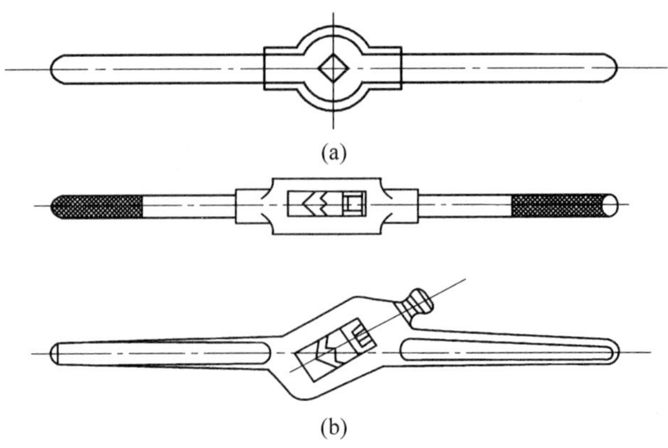

(a)

(b)

图 9.55 手用丝锥的普通铰杠
(a) 固定铰杠；(b) 活动铰杠

象。因此，应使钻孔孔径略大于螺纹小径。具体加工时，可结合工件材料的塑性和钻孔时的扩张量，采用下列经验公式，来选择标准钻头。

(1) 加工钢和塑性较大的材料时，钻头直径为

$$d = D - P$$

(2) 加工铸铁和塑性较小的材料时，钻头直径为

$$d = D - (1.05 \sim 1.1)P$$

式中，D——内螺纹大径(公称直径)；

P——螺距。

攻盲孔(不通孔)的螺纹时，因丝锥不能攻到孔底，所以孔的深度应大于螺纹长度，其大小可按以下公式计算：

$$孔的深度 = 要求螺纹的长度 + 0.7D$$

部分普通螺纹攻螺纹前钻孔用的钻头直径尺寸可从表 9.3 中查得。

表 9.3 钢材上攻螺纹底孔的钻头直径 mm

螺纹公称直径 D	2	3	4	5	6	8	10	12	14	16	20	24	27	30	36
螺距 P	0.4	0.5	0.7	0.8	1	1.25	1.5	1.75	2	2	2.5	3	3	3.5	4
钻头直径 d	1.6	2.5	3.3	4.2	5	6.7	8.5	10.2	11.9	13.9	17.4	20.9	23.9	26.3	31.8

2) 攻螺纹操作注意事项

(1) 两面孔口均应倒角，倒角直径略大于螺纹大径，以方便丝锥切入，并使两边孔口不会产生毛边，防止孔口螺纹崩裂。

(2) 攻螺纹前先要看清螺纹孔的规格，丝锥要与所攻螺纹孔规格一致。

(3) 攻螺纹时，丝锥必须与工件表面垂直，可用钢皮尺或直角尺在两个互相垂直的方向检查。

(4) 开始攻螺纹时要用些压力使丝锥咬进工件孔，当形成几圈螺纹后只要均匀转动丝锥铰杠就可以了。

(5) 攻螺纹时每正转 1～2 圈要倒退 1/4～1/2 圈，使切屑碎断后再往下攻，利于切屑排

出,尤其是攻塑性材料、攻深孔和不通孔时更要注意。攻不通孔要经常把丝锥退出孔外,倒出孔内的切屑。

(6) 钢件攻螺纹时要加润滑冷却液,以提高丝锥寿命和攻螺纹质量。

(7) 头锥攻完,用二锥和三锥时必须先用手将丝锥旋进螺纹孔,然后再用铰杠来扳。这点对小直径螺纹和细牙螺纹尤其重要。因为如二攻、三攻没对准原有的螺纹就用铰杠,则螺纹会乱扣导致报废。

(8) 攻 M8 以下螺纹孔时,一般用右手食指和中指夹住丝锥,右手掌捏住铰杠,一面加压一面转动铰杠,左手帮助转动铰杠。如铰杠转动而右手感到丝锥没有转动时,就要将丝锥倒转一下再正转,否则丝锥会折断。这种操作方法由于右手对丝锥所受切削负荷大小感觉灵敏,所以丝锥不易折断。攻 M4 以下螺孔时,只要用右手按上面的方法单独操作,不用左手帮助转动铰杠,否则丝锥容易折断。

9.7.2 套螺纹

用板牙加工外螺纹的操作方法称为套螺纹。

1. 套螺纹工具

1) 板牙

板牙是加工外螺纹用的标准刀具,用工具钢或高速钢制成。板牙的构造如图 9.56 所示,它相当于一个具有很高硬度的螺母,螺孔周围制有几个排屑孔。螺孔两端的锥度部分是其切削部分,承担主要的切削工作;位于两切削部分间的中段螺纹起修光和校准作用;排屑孔的主要作用是形成刀刃和排除切屑。

2) 板牙架

板牙架用来安装和带动板牙旋转进行套螺纹,它的构造和规格随板牙的外形和大小而定。图 9.57 是常用的板牙架。

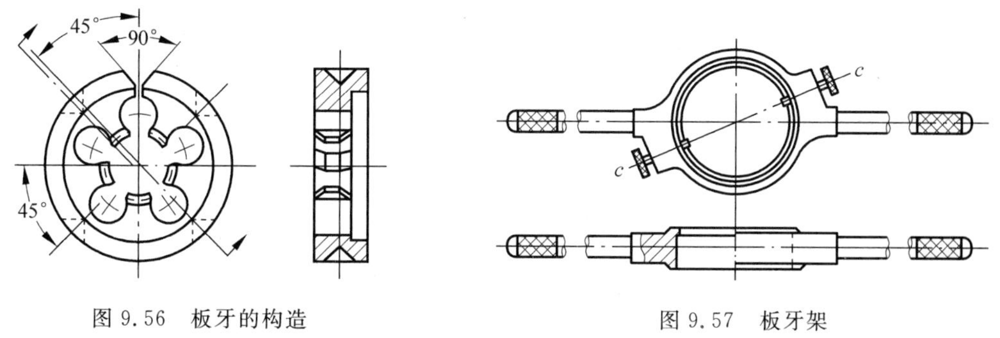

图 9.56 板牙的构造　　图 9.57 板牙架

2. 套螺纹方法

1) 套螺纹前圆杆直径的确定

套螺纹前的圆杆直径也要根据工件材料来确定。因在套螺纹和切削过程中也有挤压作用,所以圆杆直径一般略小于螺纹外径。可用经验公式近似计算:

$$D \approx d - 0.13P$$

式中，D——圆杆直径；

d——螺纹外径；

P——螺距。

在韧性材料上套螺纹的圆杆直径要比在脆性材料上套螺纹的圆杆直径略小些，部分螺纹套螺纹前的圆杆直径可参照表 9.4。韧性材料在表中取最小值，脆性材料则取最大值。

表 9.4 部分普通螺纹套螺纹时圆杆直径 mm

螺纹外径 d	螺距 P	圆杆直径 D		螺纹外径 d	螺距 P	圆杆直径 D	
		最小直径	最大直径			最小直径	最大直径
M6	1	5.8	5.9	M16	2	15.7	15.8
M8	1.25	7.8	7.9	M18	2.5	17.7	17.85
M10	1.5	9.75	9.85	M20	2.5	19.7	19.85
M12	1.75	11.75	11.9	M22	2.5	21.7	21.85
M14	2	13.7	13.85	M24	3	23.65	23.8

2）套螺纹方法和注意事项

（1）圆杆端部必须倒角，使板牙便于起削。

（2）在虎钳上垫上软钳口，将工件夹正夹牢，防止夹坏圆杆表面。

（3）将板牙嵌入板牙架，拧紧止头螺丝。套螺纹时应保持板牙端面与工件轴心线垂直，否则牙扣会一面深一面浅，而且容易崩牙。

（4）套螺纹时，右手握住板牙架的中间，加以适当压力，并顺时针旋转（左旋螺纹则逆时针旋转），使刀刃切入工件。当板牙已切入圆杆 1～2 个扣时，用目测或用测量工具检查校正，然后就不再加压力。两手控住板牙架手柄平稳地旋转，并经常进行适当反转，使切屑割断。

（5）套削直径较大的螺纹时（M16 以上），为了减小切削力，避免板牙齿扭崩，则可用调节板牙，分 2～3 次切削成。

（6）板牙每套完一次，需清除排屑孔内和齿上粘住的切屑，防止下一次套螺纹时影响螺纹表面粗糙度。

（7）套螺纹和攻螺纹一样，根据工件材料，加以适当的冷却润滑液，以提高工件质量和延长板牙的使用寿命。

9.8 装　　配

将零件和外购件按照规定的技术要求组装起来，并经过调试、检验，使之成为合格产品的工艺过程，称为装配。

装配工作是产品制造的一道重要工序，是保证产品达到各项技术指标的关键。机器质量的好坏，不仅取决于组成机器的各个零件的质量，在很大程度上取决于零件与零件的相互配合和零部件之间的相互位置、接触精度等。有时零件的制造误差稍大，而经过经验丰富的工人的严密细致的装配以及精确的调整，仍有可能装配出较高质量的产品。

9.8.1 装配方法

为了保证机器的精度和使用性能，满足零件、部件的配合要求，根据产品的结构、生产条件和生产批量等情况，装配方法可分为以下几种：

(1) 完全互换法。装配时在同类零件中任取一个零件，不需修配即可用来装配，且能达到规定的技术要求。装配精度由零件的制造精度保证。

完全互换法的特点是装配操作简便、生产率高，容易确定装配时间，有利于组织流水装配线，零件磨损后调换方便，但零件加工精度要求高，制造费用大。因此，适用于组成件数少，精度要求不高或大批量生产的机器。

(2) 选配法。将零件的制造公差放大到经济可行的程度，并按公差范围分成若干组，然后与对应的各组配件进行装配，以达到规定的配合要求。选配法的特点是零件制造公差放大后降低加工成本，但增加了零件的分组时间，还可能造成分组内零件不配套。适用于装配精度要求高、配合件的组数少的装配或成批生产。

(3) 修配法。装配时，根据实际测量的结果用修配方法改变某个零件的尺寸来达到规定的装配精度。修配法可使零件加工精度相应降低，减少零件的加工时间，降低制造成本，适用于单件小批生产。

(4) 调整法。装配时，通过调整某一个零件的位置或尺寸来达到装配要求。

9.8.2 装配工艺过程

1. 准备工作

装配的准备工作包括下面几个方面：

(1) 熟悉产品装配图，了解零件间的相互作用。

(2) 研究达到产品技术要求的装配工艺，确定装配顺序。

(3) 准备装配所需的工具、量具。

(4) 对零件进行整理和清洗。

2. 装配工作

装配工作通常分为组件装配、部件装配和总装配。

(1) 组件装配：若干个零件连接而成为一个单独的构件。

(2) 部件装配：由若干个零件和组件连接而成为一个整体的机构。

(3) 总装配：由若干个零件、组件和部件连接而成为一台完整的机器。

9.8.3 固定连接

1. 螺纹连接

螺纹连接是一种应用最广的连接方式，具有结构简单、装拆方便、连接可靠等优点。螺纹的规格有统一标准。螺钉、螺母等都有标准件供应。常用螺纹连接的种类、结构形式和应用见表9.5。

表 9.5　常用螺纹连接的结构

种　　类	结 构 形 式	应　　用
普通螺栓		用于通孔，损坏后容易更换
双头螺栓		多用于盲孔，被连接件需经常拆卸
螺钉		多用于盲孔，被连接件不常拆卸
紧定螺钉		用以固定两个零件的相对位置，可传递不大的力

螺纹连接的装配要求如下：

(1) 螺纹连接的预紧力。螺纹连接主要是达到紧固的目的，因此，必须保证螺纹副具有一定的摩擦力矩。

(2) 双头螺栓的装拆。为了保证双头螺栓紧固端与机体螺纹配合的紧固性，螺栓的紧固端可采用中径有一定过盈量的形式，常用的紧固端紧固形式是利用台肩或利用螺纹根部不完整的几圈螺纹。

(3) 螺钉、螺母的装配。为保证连接的可靠性，零件上与连接件结合的表面要光整，按需要在螺钉和螺母下放上适当的垫圈。

(4) 螺纹连接的防松。为了防止螺纹连接在工作中松动，必须采用一定的防松装置。常见的防松装置有双螺母防松、弹簧垫圈防松、开口销防松、止动垫圈防松等。

2. 键连接

键主要用于轴与轴上零件(如齿轮、带轮、联轴器等)在圆周方向的连接，用于传递扭矩，有时也作为导向零件。

键连接的种类很多，常用的有平键、半圆键、楔键和花键等。

平键中又有普通平键、导向平键和滑键之分，平键连接是靠侧面传递扭矩的，如图 9.58 所示。

进行平键装配时要注意：

(1) 把键槽的锐边修去，锉键的两侧面，达到配合要求。

(2) 锉键的两端面(半圆头或平头)，长度方向具有一定的间隙。

(3) 把键装在轴上，可用虎钳夹紧，也可用铜棒把键敲入，使键的底面与槽底贴合。

(4) 装配轴上零件，键顶面与轮毂间应有一定的间隙。普通平键在装配后，轴与轴上零件不应有相对转动；导向键和滑键在装配后，轴上零件的滑动不应有松紧现象。

半圆键连接也是靠键的侧面来传递扭矩的。与平键比较，半圆键的装配较方便，而且键能在轴槽内沿槽底摆动，装配也较容易，但对轴的强度削弱较大。因此，半圆键连接一般用于轻载和轴端为锥形的部位，如图 9.59 所示。

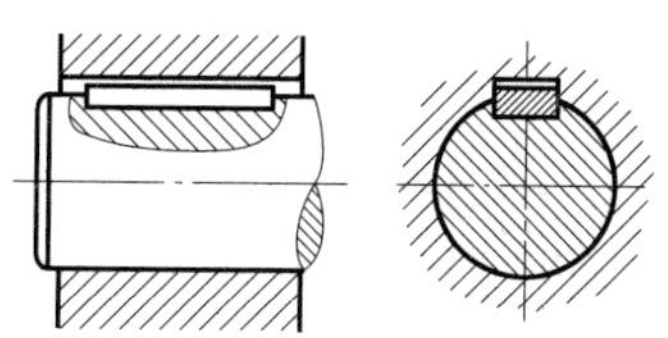

图 9.58　普通平键连接

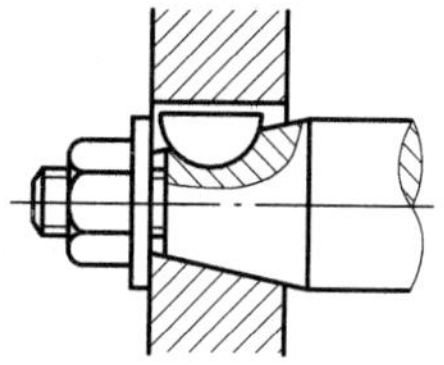

图 9.59　半圆键连接

楔键有普通楔键和钩头楔键之分，如图 9.60 所示，两者的区别仅在于钩头楔键带有一个供拆卸用的钩头。楔键连接中，键的顶面和轮毂键槽底面均带有 1∶100 的斜度。装配后就利用斜面的作用相互楔紧，以传递扭矩。楔键连接在传递扭矩的同时，还能承受一定的振动和轴向力。楔键连接适用于对中性要求不高，扭矩较大，且有一定振动的场合。

花键是键与轴制成一体，利用轴上的几个轴向凸齿与相配零件上相应的齿槽构成连接，见图 9.61。花键连接具有承载能力大，对中性好，便于导向等优点。所以应用很广泛，特别是在机床、汽车、拖拉机等的制造中。装配时，主要工作是修去毛刺和锐边。要求花键轴在孔中能滑动自如，无任何松紧现象，但也不能过松，不应感觉得到有相对转动的间隙。装配时要严格清洗，并涂以润滑油。

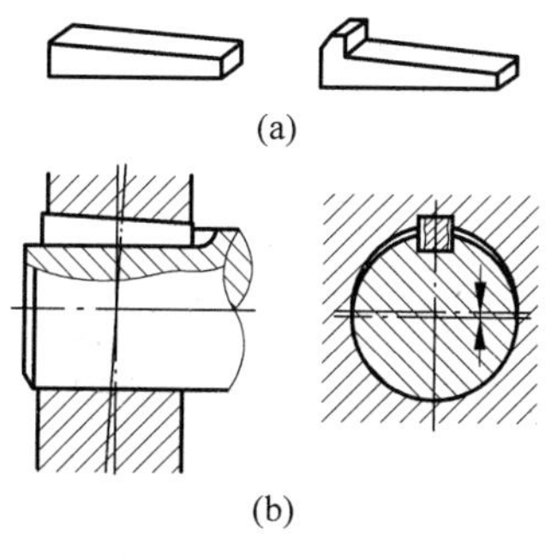

图 9.60　楔键连接

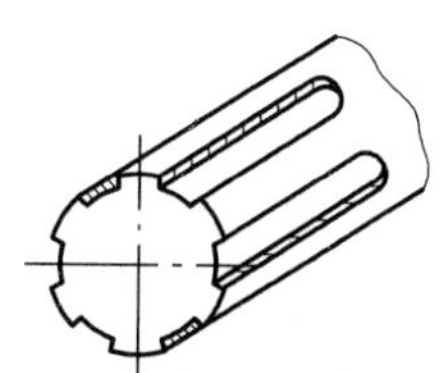

图 9.61　花键

3. 销连接

销连接主要用于定位、传递动力，有时也起保险作用。销连接一般是利用销子和销孔间的过盈来达到要求的。销钉为标准件，因此对销孔的精度要求就较高。销连接装配的主要要求是，被连接件处于正确的相对位置，销与销孔的配合精度符合装配要求，装配后被连接件之间不能有相对运动的间隙(除特殊要求外)。

9.8.4 滚动轴承装配

滚动轴承一般由外圈、内圈、滚动体、保持架组成。滚动轴承的类型很多,有深沟球轴承、圆柱滚子轴承、圆锥滚子轴承和滚针轴承等。最常用的是深沟球轴承。

滚动轴承内圈与轴、外圈与箱体或机架上的孔一般是过盈较小的过盈配合或是过渡配合。当轴受局部载荷时,滚动轴承外圈与孔的配合应该稍松些。

在装配滚动轴承前,先将轴承、轴和装配轴承外圈的孔用清洁的煤油或汽油洗涤。洗涤后配合面上涂以机油,装配时必须保证轴承的滚动体不受压力,配合面不擦伤。具体如图 9.62 和图 9.63 所示。

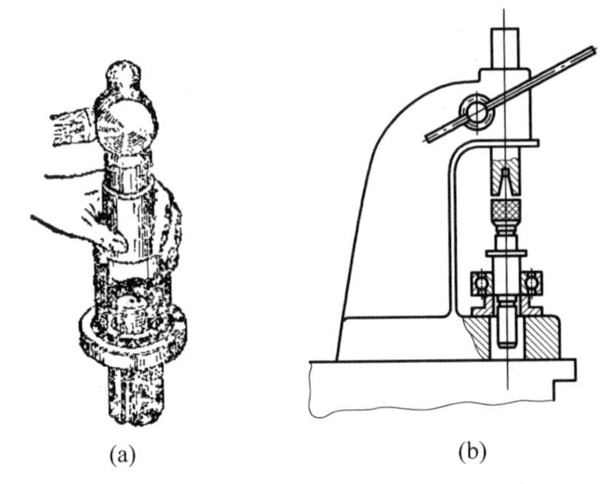

(a) (b)

图 9.62 深沟球轴承的装配

(a) 用套筒安装滚动轴承;(b) 滚动轴承的压入

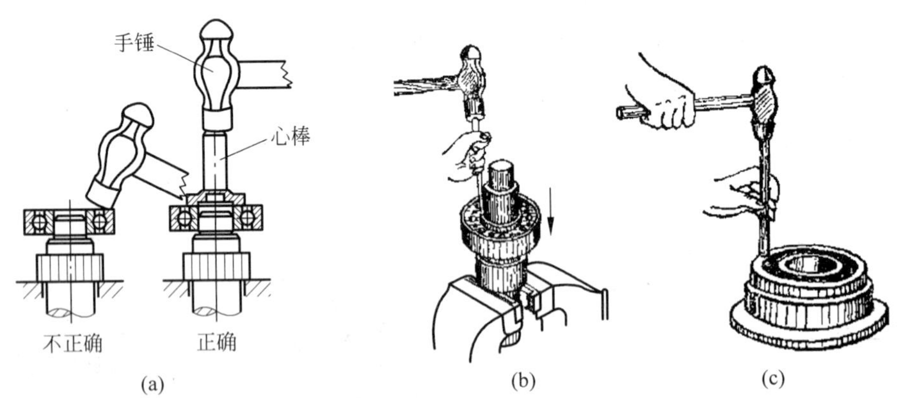

(a) (b) (c)

图 9.63 装配滚动轴承时的受力处

(a)、(b) 把轴承装在轴上;(c) 把轴承装在孔内

装配滚动轴承时要注意以下几点:

(1) 滚动轴承上标有规格、牌号的端面应装在可见的部位,以便于将来更换。

(2) 保证轴承装在轴上和轴承座孔中后,没有歪斜和卡住现象。

(3) 为了保证滚动轴承工作时有一定的热胀余地,在同轴的两个轴承中,必须有一个外圈(或内圈)可以在热胀时产生轴向移动,以免轴或轴承因没有这个余地而产生附加应力,甚至在工作时使轴承咬住。

(4) 轴承内要清洁，严格避免铜、铁屑进入轴承内。轴承内有时要加些润滑脂，通过加密封盖或密封圈来防止漏油。

(5) 装配后，轴承运转应灵活，无噪声。

9.8.5 部件的装配

部件的装配通常是在装配车间的各个工段(或小组)进行的。部件装配是总装配的基础，这一工序进行得好与坏，直接影响到总装的进行和产品的质量。

部件装配的过程包括以下 4 个阶段：

(1) 装配前按图纸检查零件的加工情况，进行补充加工，如零件单独地进行钻孔、铰孔、攻螺纹及其他钳工加工。

(2) 组合件的装配和零件相互试配。在这个阶段，常用选配或修配法来消除各种配合缺点。组合件装好后不再分开，以便一起装入部件内。而互相试配的零件，当缺点消除后，仍要加以分开(因它们不是属于同一个组合件)，但分开后须做好标记，以便重新装配时不致调错。

(3) 部件的装配及调整。这一阶段的工作内容，是以一定的次序将所有的组合件及零件互相连接起来，同时对某些零件正确地加以定位。经过这一阶段，对部件所提出的技术要求都应达到。

(4) 部件的试验。根据部件的用途进行工作试验。只有通过试验确定合格的部件，才可以进入总装配工厂进行总装配。

9.8.6 总装配

总装配就是把预先装好的部件、组合件和各个零件装配成机器。

在总装配时应注意以下事项：

(1) 执行装配工艺规程所规定的操作步骤和使用的工具。

(2) 任何机器的装配都应该按从里到外、从下到上，以不影响下道工序为原则的次序来进行。

(3) 装配要认真细心地进行。对各配合零件的操作，不能破坏零件的精度和表面粗糙度，对重要的复杂部分要重复地进行检查，以免搞错或多装、漏装零件。

(4) 在任何情况下，应保证污物不进入机器的部件、组合件或零件内，特别是在油孔及管口处要严防污物进入，此时可在孔口和管口涂黄油或用纱布包扎住。

(5) 机器总装后，要在滑动和旋转部分加润滑油，以防运转时有拉毛、咬住或烧毁的危险。

(6) 最后要严格按照技术要求，进行逐项的检查工作。

装配好的机器必须加以调整和试验。

调整的目的在于调节机器各相关零件的相互位置、配合间隙、结合松紧等，以及各个机构工作的协调性。

试验是用来确定机器工作的正确性和可靠性。试验可以分成两个阶段：空转试验和载荷试验。

9.9 钳工综合实践——典型零件加工

下面,以鸭嘴锤头(见图 9.64)为例,来说明典型零件的加工操作过程。材料为 45 钢,尺寸规格为 $\phi22\times98$,并已经用铣床加工好一个基准面,如图 9.65 所示。鸭嘴锤加工工艺如表 9.6 所示。

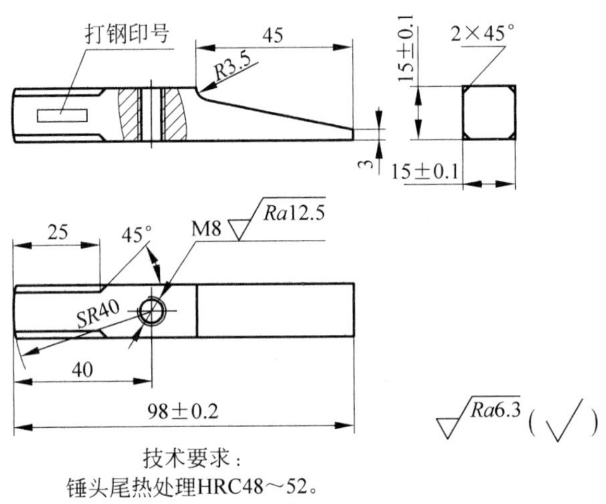

图 9.64 鸭嘴锤头

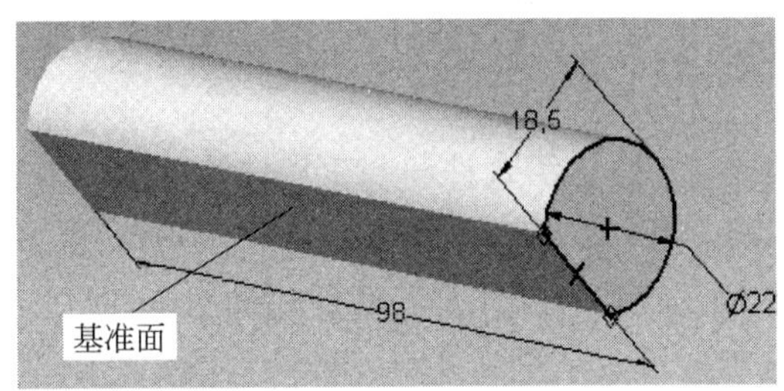

图 9.65 鸭嘴锤毛坯件

表 9.6 鸭嘴锤加工工艺

加工步骤及简图	加 工 内 容	所 用 工 具
	加工面 1: 1. 利用平板、方箱和高度尺画好加工尺寸线。 2. 利用手锯进行排料。 3. 利用锉刀锉面 1,并保证尺寸以及与基面的垂直度	1. 平板 2. 方箱 3. 高度尺 4. 锯弓及锯条 5. 锉刀 6. 游标卡尺 7. 直角尺

续表

加工步骤及简图	加 工 内 容	所 用 工 具
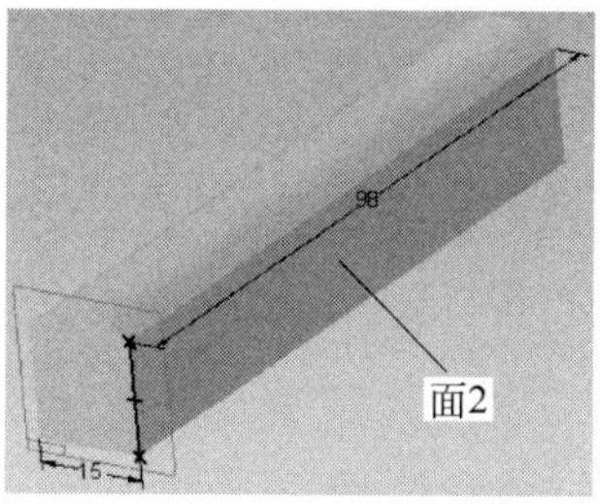 98 15 面2	加工面 2： 1. 利用平板、方箱和高度尺画好加工尺寸线。 2. 利用手锯进行排料。 3. 利用锉刀锉面 2，并保证尺寸以及与基面的垂直度	1. 平板 2. 方箱 3. 高度尺 4. 锯弓及锯条 5. 锉刀 6. 游标卡尺 7. 直角尺
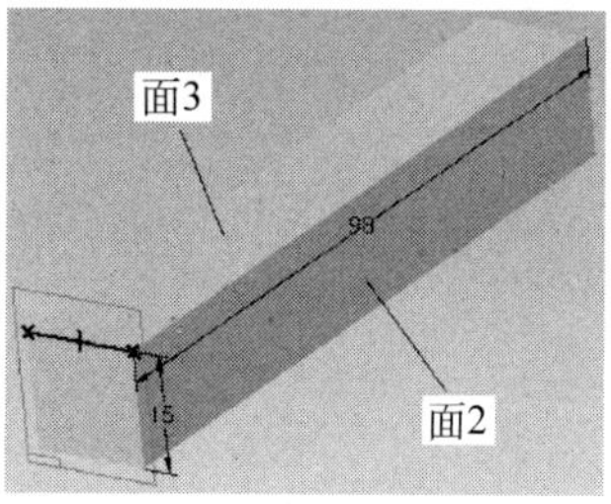 面3 98 15 面2	加工面 3： 1. 利用平板、方箱和高度尺画好加工尺寸线。 2. 利用手锯进行排料。 3. 利用锉刀锉面 3，并保证尺寸以及与面 1 和面 2 的垂直度	1. 平板 2. 方箱 3. 高度尺 4. 锯弓及锯条 5. 锉刀 6. 游标卡尺 7. 直角尺
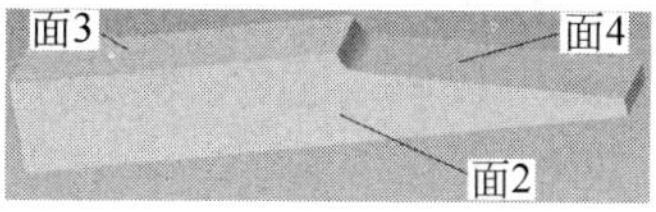 面3 面4 面2	加工面 4： 1. 根据图 9.64 划线并用手锯排料。 2. 用锉刀锉平，并保证尺寸	1. 平板 2. 方箱 3. 高度尺 4. 锯弓及锯条 5. 锉刀 6. 钢板尺 7. 划针 8. 划规
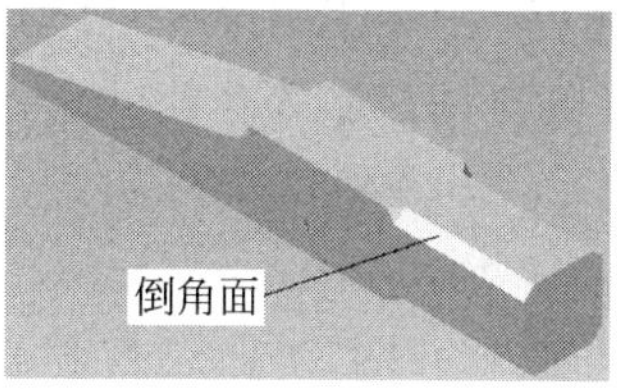 倒角面	加工倒角面： 1. 利用平板、方箱和高度尺画好加工尺寸线。 2. 利用手锯进行排料。 3. 利用锉刀锉平面	1. 平板 2. 方箱 3. 高度尺 4. 锯弓及锯条 5. 锉刀 6. 万能量角器一副
 球面	加工球面： 利用锉刀锉削左图所示的球面，并利用样板保证弧度	1. 锉刀 2. 样板一个
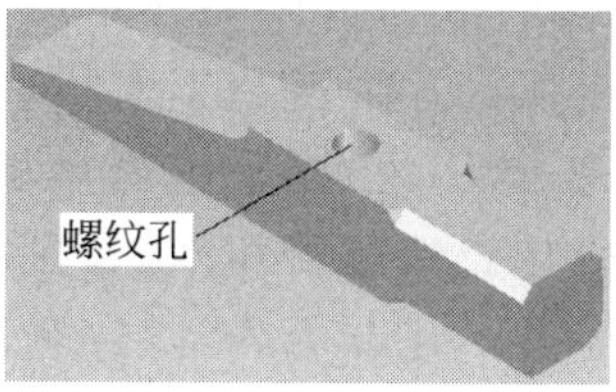 螺纹孔	钻孔： 1. 利用平板、方箱和高度尺画好加工尺寸线，打好样冲眼。 2. 计算出底孔的直径。钻孔，并用大于底孔直径的钻头进行孔口倒角。 攻螺纹： 用丝锥进行攻螺纹	1. 平板 2. 方箱 3. 高度尺 4. 样冲 5. 手锤 6. 台钻一台 7. $\phi 7$ 麻花钻 8. M8 手攻螺纹锥 9. 铰杆
最后，进行去毛刺，打钢号，上交		

第10章 CHAPTER 10

数控加工

10.1 数控加工概述

10.1.1 数控加工的基本概念

数控加工概述

数控技术(numerical control,NC)是用数字或数字化信号构成的程序对设备的工作过程实现自动控制的一门技术,简称数控。数控系统(numerical control system)是指采用数字控制技术的控制系统。数控设备是采用数控系统进行控制的机械设备,其操作命令需用数字或数字代码的形式来描述,工作过程是按照指令的程序自动进行。数控机床(numerical control machine tools)是指采用数字控制技术对机床的加工过程进行自动控制的一类机床,它是数控设备的典型代表。数控技术综合运用了微电子、计算机、自动控制、精密检测、机械设计与制造等技术的最新成果,具有动作顺序的程序自动控制,位移和相对位置坐标的自动控制,速度、转速及各种辅助功能的自动控制等功能。

为缩短新产品的开发周期,解决复杂型面零件的加工自动化问题,并保证产品质量,数控机床、加工中心(machining center,MC)、柔性制造系统(flexible manufacturing system,FMS)等先后产生。自1952年第一台数控机床问世至今的60多年中,以电子信息为基础,集传统的机械制造技术、计算机技术、现代控制技术、传感检测技术、信息处理技术、网络通信技术、液压传动技术、光电技术于一体的数控技术得到了迅速发展和广泛应用,这使得普通机械逐渐被高效率、高精度的数控机械所代替,从而形成了巨大的生产力,使制造业发生了根本性的变化。

数控技术已成为现代制造技术的基础,数控技术水平的高低、数控机床拥有量的多少已经成为衡量一个国家工业现代化水平的重要标志。数控机床已广泛应用于飞机、汽车、船舶、家电、通信设备等的制造。此外,数控技术也在机器人、绘图机械、坐标测量机、激光加工机、等离子切割机、注塑机等机械设备中得到了广泛应用。微电子技术(特别是数字计算机,尤其是微型计算机)的出现与发展,给数控技术提供了强有力的支持,使数控系统由模拟控制系统发展为数字控制系统。个人计算机直接用于数控系统而产生的计算机数控(computer numerical control,CNC)装置,不论是运算速度、精度,还是系统的稳定性、可靠性都比以前的数控系统有了极大的提高,给数控技术的发展带来了很强的生命力。

10.1.2 数控机床的组成

数控机床由输入输出装置、数控装置、伺服系统、机床本体、检测反馈系统等部分组成，如图10.1所示。

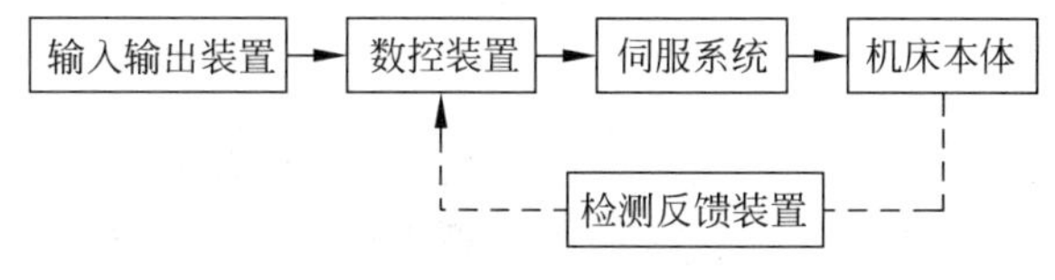

图10.1 数控机床的组成框图

1. 输入输出装置

输入输出装置主要实现程序的编制和修改、程序和数据的输入及显示、存储和打印等功能。早期的程序输入方式为穿孔纸带、磁带和磁盘等，目前较多采用的是键盘、手摇脉冲发生器、通信接口等方式。手摇脉冲发生器常用于调整机床和对刀，通信接口可实现与上位机的通信，键盘用于简单程序的手动输入。常用的输出装置有存储器、显示器等。

2. 数控装置

数控装置是数控机床的中枢。目前绝大部分的数控机床采用微机控制，所以称为CNC机床。数控装置由专用计算机及数控系统程序、可编程控制器、存储器等部分组成。数控装置实现加工程序储存、信息转换、插补运算、多轴联动控制、逻辑控制以及其他功能。数控机床的功能很大程度上由数控装置决定。

3. 伺服系统

伺服系统是由伺服控制电路、功率放大器和伺服电动机组成的数控机床执行机构，其作用是把来自数控装置的位置控制信息转化为各坐标轴方向的进给运动和定位运动。伺服系统作为数控机床的最后控制环节，其控制精度和相应动态特性对机床的工作性能、加工精度和加工效率有直接的影响。

4. 机床本体

机床本体是数控机床的主体，它是用于完成各种切削加工的执行部件。高精度和高生产率的自动化加工机床，比普通机床具有更好的抗振性和刚度，要求运动部件的摩擦因数要小，进给传动部件间隙要小，所以其设计要求比普通机床更严格，加工制造要求更精密，并采用加强刚性、减小热变形、提高精度的设计措施。

5. 检测反馈装置

在闭环和半闭环数控机床上，都有检测反馈装置，其作用是将机床移动的实际位置、速度参数检测出来，转换成电信号，并反馈到计算机中，使计算机能随时随地判断机床的实际位置、速度是否与指令一致，并发出指令，作相应的差值控制，补偿误差。

10.1.3 数控机床的分类及其应用

数控机床的品种很多，根据其加工、控制原理、功能和组成，可以从不同的角度进行分类。

1. 按加工工艺方法分类

1）金属切削类数控机床

与传统的车、铣、钻、磨、齿轮加工相对应的数控机床有数控车床、数控铣床、数控钻床、数控磨床、数控齿轮加工机床等。尽管这些数控机床在加工工艺方法上存在很大差别，具体的控制方式也各不相同，但机床的动作和运动都是数字化控制的，具有较高的生产率和自动化程度。

2）特种加工类数控机床

除了切削加工数控机床以外，数控技术也大量用于数控电火花线切割机床、数控电火花成型机床、数控等离子弧切割机床、数控火焰切割机床以及数控激光加工机床等。

3）板材加工类数控机床

常见的应用于金属板材加工的数控机床有数控压力机、数控剪板机和数控折弯机等。

2. 按控制运动轨迹分类

1）点位控制数控机床

点位控制数控机床的特点是机床移动部件只能实现由一个位置到另一个位置的精确定位，在移动和定位过程中不进行任何加工。机床数控系统只控制行程终点的坐标值，不控制点与点之间的运动轨迹，因此几个坐标轴之间的运动无任何联系。可以几个坐标同时向目标点运动，也可以各个坐标单独依次运动。

此类数控机床主要有数控钻床、数控冲床、数控点焊机等。

2）直线控制数控机床

直线控制数控机床可控制刀具或工作台以适当的进给速度，沿着平行于坐标轴的方向进行直线移动和切削加工，进给速度根据切削条件可在一定范围内变化。

3）轮廓控制数控机床

轮廓控制数控机床能够对两个或两个以上运动的位移及速度进行连续相关的控制，使合成的平面或空间的运动轨迹能满足零件轮廓的要求。它不仅能控制机床移动部件的起点与终点坐标，而且还能控制整个加工轮廓每一点的速度和位移，将工件加工成要求的轮廓形状。

常用的数控车床、数控铣床、数控磨床就是典型的轮廓控制数控机床。

3. 按伺服控制方式分类

1）开环控制数控机床

这类数控系统不带检测装置，也无反馈电路，以步进电动机为驱动元件。CNC 装置输出的指令进给脉冲经驱动电路进行功率放大，转换为控制步进电动机各定子绕组依此通电/断电的电流脉冲信号，驱动步进电动机转动，再经机床传动机构带动工作台移动。这种方式控制简单，价格比较低廉，被广泛应用于经济型数控系统中。

2）闭环控制数控机床

位置检测装置安装在机床工作台上，用以检测机床工作台的实际运行位置，并将其与 CNC 装置计算出的指令位置相比较，用差值进行控制。这类控制方式的位置控制精度很高，但系统复杂，成本较高。

3）半闭环控制数控机床

位置检测元件安装在电动机轴端或丝杠轴端，通过角位移的测量间接计算出机床工作台的实际运行位置来进行控制。可以获得比较稳定的控制特性，在实际应用中被广泛采用。

10.2　数控编程基础

10.2.1　程序编制的基本概念

数控加工程序编制就是将零件的加工信息、加工顺序、零件轮廓轨迹尺寸、工艺参数及辅助动作（变速、换刀、冷却液启停、工件夹紧松开）等，用规定的文字、数字、符号组成的代码，按一定的格式编写加工程序单，并将程序单的信息变成控制介质的整个过程。

1. 数控程序的编制方法

（1）手工编程。利用一般的计算工具，通过各种数学方法，人工进行刀具轨迹的运算，并进行指令编制。这种方式比较简单，容易掌握，适应性较大。适用于中等复杂程度程序、计算量不大的零件编程，对机床操作人员来讲必须掌握。

（2）自动编程。编程人员只要根据零件图纸的要求，按照某个自动编程系统的规定，将零件的加工信息用较简便的方式输入计算机，由计算机自动进行程序的编制，编程系统能自动打印出程序单和制备控制介质。适用于形状复杂的零件、形状不复杂但编程工作量很大的零件（如有数千个孔的零件），以及计算工作量大的零件。

（3）CAD/CAM。利用通用的微机及专用的自动编程软件，以人机对话方式确定加工对象和加工条件，自动进行运算和生成指令。采用这种方法编制较复杂的零件加工程序效率高，可靠性好。

2. 数控加工程序编制的内容和步骤

数控机床程序编制过程主要包括：分析零件图样和工艺处理、数学处理、编写程序单、输入数控系统及程序检验，其具体内容为：

（1）分析零件图样和工艺处理。对零件图形进行分析以明确加工的内容及要求，确定加工方案、选择合适的数控机床、设计夹具、选择刀具、确定合理的走刀路线及选择合理的切削用量等。

（2）数学处理。在完成工艺处理后，需根据零件的几何尺寸、加工路线，计算刀具中心的运动轨迹，以获得刀位数据。

（3）编写零件加工程序单、输入数控系统及进行程序检验。程序编制人员使用数控系统的程序指令，按照规定的程序格式，逐段编写零件加工程序单。将编制好的程序输入到数控系统，控制数控机床的工作。程序通常需要经过检验和试切后，才可用于正式加工。

10.2.2 数控机床坐标系

数控机床坐标系及其运动方向，在国际标准中有统一规定，我国国家标准 GB/T 19660—2005 规定了坐标系及其运动方向，与国际标准等效。

1. 数控机床坐标系的规定原则

(1) 刀具运动坐标与工件运动坐标。数控机床在加工零件时由于进给运动可以是刀具相对于工件的运动(如数车)，还可以是工件相对于刀具的运动(如数铣)。特规定：刀具相对于静止工件而运动的原则。

(2) 右手直角坐标系。标准的机床坐标系是一个右手笛卡儿直角坐标系，如图 10.2 所示。它规定了 X、Y、Z 这 3 个直角坐标轴的关系，用右手的拇指、食指和中指分别代表 X、Y、Z 轴，3 个手指互相垂直，所指方向分别为 X、Y、Z 的正方向。围绕 X、Y、Z 各轴的回转运动分别用 A、B、C 表示，其正方向用右手螺旋定则确定。图 10.3 和图 10.4 所示为卧式车床和立式铣床的标准坐标系。

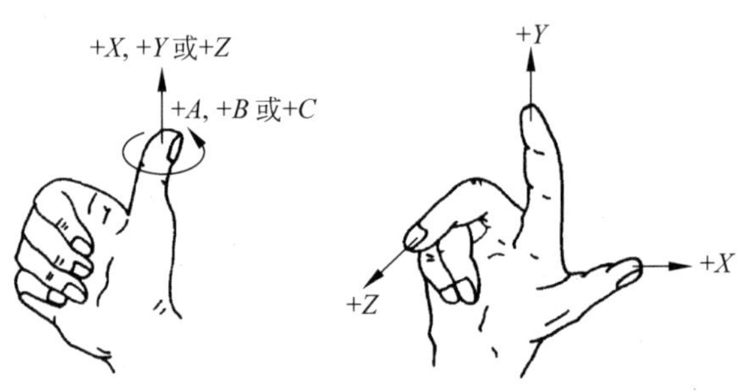

图 10.2 右手笛卡儿直角坐标系

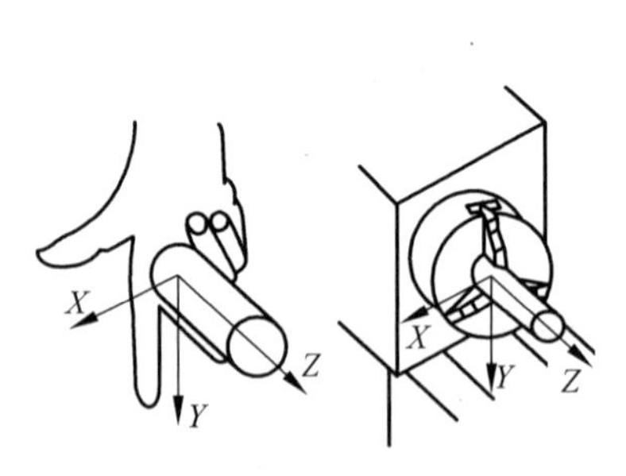

图 10.3 卧式车床坐标系

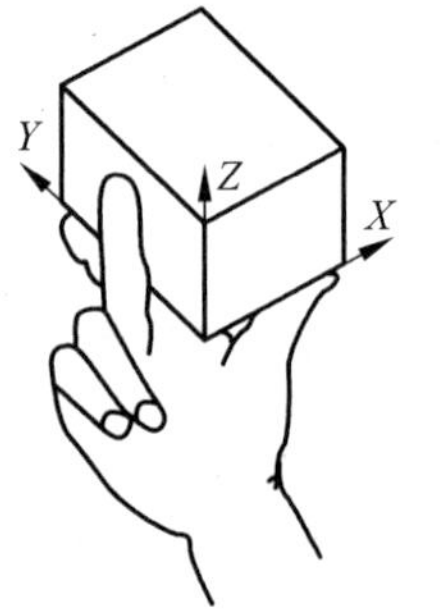

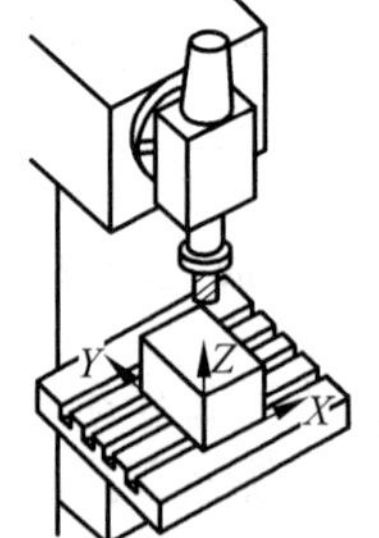

图 10.4 立式铣床坐标系

(3) 运动的正方向。运动的正方向是使刀具与工件之间距离增大的方向。

2. 坐标轴确定的方法

(1) Z 轴。Z 坐标的运动方向是由传递切削力的主轴决定的，即平行于主轴轴线的坐

标轴即为 Z 轴。增大刀具与工件之间距离的方向为正方向。

(2) X 轴。X 轴平行于工件的装夹平面，一般在水平面内。确定 X 轴的方向时，要考虑两种情况：

① 如果工件作旋转运动，则刀具离开工件的方向为 X 轴的正方向。

② 如果刀具作旋转运动，则分为两种情况：

Z 轴水平时，观察者沿刀具主轴向工件看时，$+X$ 运动方向指向右方。

Z 轴垂直时，观察者面对刀具主轴向立柱看时，$+X$ 运动方向指向右方。

(3) Y 轴。在确定 X、Z 轴的正方向后，可以根据 X 和 Z 轴的方向，按照右手直角坐标系来确定 Y 轴的方向。

3. 数控机床的两种坐标系

数控机床的坐标系包括机床坐标系和工件坐标系两种。

(1) 机床坐标系。机床坐标系又称为机械坐标系，是机床运动部件的进给坐标系，其坐标轴及方向按标准规定，其坐标原点的位置由各机床生产厂设定，称为机床原点。也可通过参数设置的方法，将机床原点设定在各坐标的正方向极限位置上。

(2) 工件坐标系。工件坐标系又称为编程坐标系，是在编程和加工中使用的坐标系，是程序的参考坐标系。工件坐标系的原点 O 也称为工件零点或编程零点，其位置由编程者设定，一般设在工件的设计、工艺基准处，便于尺寸计算。

10.2.3　数控加工程序的格式与组成

1. 加工程序的组成

一个完整的数控加工程序由程序号、程序内容和程序结束 3 部分组成。如：

```
O1000                                  程序号
N0010 G54 X100 Z50;  ┐
N0020 S300 M03       │
N0030 G00 X40 Z5;    ├                 程序内容
   ⋮                 │
N0120 M05;           ┘

N0130 M30;                             程序结束
```

(1) 程序号。程序号位于程序主体之前，是程序的开始部分，一般单独占一行。程序号一般由规定的字母 O 开头，后面跟 4 位数字来表示。

(2) 程序内容。程序内容部分是整个程序的核心部分，是由若干个程序段组成。每个程序段由一个或多个指令组成，表示数控机床要完成的全部动作。每个程序段一般独占一行。构成程序段的要素是字，一个程序段由一个或多个字组成。每个字由地址符(英文字母)和其后的字符(数字及符号)组成，如 X150.35，其数值不能超过数控系统允许的范围。

(3) 程序结束。程序最后是用辅助功能 M02(程序结束)或 M30(程序结束，返回起点)来表示整个程序的结束，一般要求单列一段。

2. 加工程序的结构

数控加工程序的结构格式，随数控系统功能的强弱而略显不同。对功能较强的数控系统，加工程序可分为主程序和子程序，其结构如下：

主程序：

```
O1003;                      主程序号
N10  S600 M03;
N20  G00  X100 Z100;
⋮
N100 M98 P1000 L3;          调用子程序
⋮
N260 M30;                   程序结束
```

子程序：

```
O1000;                      子程序号
N10 G01 U-12 F0.2;
N20 G04 X1;
N30 G01 U12 F0.2;
N40 M99;                    程序返回
```

1）主程序

主程序即加工程序，它由指定加工顺序、刀具运动轨迹和各种辅助动作的程序段组成，是加工程序的主题结构，在一般情况下，数控机床是按主程序的指令执行加工的。

2）子程序

(1) 子程序的定义。在编制程序时，有时会遇到一组程序段在一个程序中多次出现，或者在几个程序中都要用它的情况，这时可以将这个典型的加工程序做成固定程序，并单独加以命名，这组程序段就称为子程序。

(2) 使用子程序的目的和作用。使用子程序可以减少不必要的编程重复，从而达到简化编程的目的。

(3) 子程序的调用。子程序调用指令用于指定子程序名和在主程序中调用子程序命令。其格式随具体的数控系统而定，FANUC-T 系统子程序调用格式为：

```
M98  P_  L_;
```

其中，M98——子程序调用；

P——子程序号；

L——子程序重复调用次数。

(4) 子程序的返回。子程序返回主程序用 M99，它表示子程序运行结束，返回主程序。

3. 程序段格式

所谓程序段，就是为了完成某一动作要求所需“程序字”的组合。每一个“字”是控制机床的具体指令，它是由地址符（英文字母）和字符（数字及符号）组成的。程序段格式见表 10.1。

表 10.1 程序段格式

1	2	3	4	5	6	7	8	9	10	11
N_	G_	X_U_	Y_V_	Z_W_	I_ J_ K_R_	F_	S_	T_	M_	LF_
顺序号	准备功能	坐标尺寸				进给功能	主轴转速	刀具功能	辅助功能	结束符号

每种数控系统根据系统本身的特点及编程的需要，都有一定的程序格式。对于不同的机床，其程序的格式也不尽相同。因此，必须严格按照机床说明书的规定格式进行编程。

10.2.4 数控机床加工的常用指令

1. 数控机床常用的辅助功能指令(M 指令)

M 指令是用来控制机床各种辅助动作及开关状态的，如主轴的转与停、冷却液的开与关等。程序的每一个语句中 M 代码只能出现一次。下面介绍主要的 M 指令。

(1) M00：程序停止。执行含有 M00 指令的语句后，机床自动停止。如编程者想要在加工中使机床暂停(检验工件、调整、排屑等)，使用 M00 指令，重新启动后，才能继续执行后续程序。

(2) M01：选择停止。执行含有 M01 的语句时，如同 M00 一样会使机床暂时停止。但是，只有在机床控制盘上的“选择停止”键处于 ON 状态时，此功能才有效；否则，该指令无效。常用于关键尺寸的检验或临时暂停。

(3) M02：程序结束。该指令表明主程序结束，机床的数控单元复位，但该指令并不返回程序起始位置。

(4) M03：主轴正转。

(5) M04：主轴反转。

(6) M05：主轴停转。主轴停转是在该程序段其他指令执行完后才停止。

(7) M30 指令：程序结束。与 M02 指令一样，表示主程序结束。区别是，M30 指令执行后使程序返回开始状态。

(8) M08：冷却液开。

(9) M09：冷却液关。

(10) M98：调用子程序。

输入格式：

```
M98  P_L_;
```

其中，P——程序号；
L——调用次数。

新格式为：

M98 P XXX XXXX (前三位是调用次数，后四位是子程序名)

2. 数控机床常用的准备功能指令(G 指令)

为了便于理解，数控铣格式中的 X_Y_Z_和数控车格式中 X(U)_Z(W)_均用 P 来代替,P 为终点坐标值。

1) 快速点定位指令(G00)

该指令命令刀具以点位控制方式从刀具所在点快速移动到目标位置,无运动轨迹要求,不需特别规定进给速度。

输入格式:

```
G00 P_;
```

2) 直线插补指令(G01)

该指令用于直线或斜线运动,可沿 X 轴、Z 轴方向执行单轴运动,也可以沿 XZ 平面内执行任意斜率的直线运动。

输入格式:

```
G01 P_F_;
```

其中,F——有续效功能。

(1) 倒角

输入格式:

```
G01 P_C_F_;
```

(2) 倒圆角

输入格式:

```
G01 P_R_F_;
```

3) 圆弧插补指令(G02、G03)

该指令能使刀具沿着圆弧运动切出圆弧轮廓。G02 为顺时针圆弧插补指令,G03 为逆时针圆弧插补指令。

输入格式:

$$\begin{Bmatrix}\text{G90}\\ \\ \text{G91}\end{Bmatrix}\begin{Bmatrix}\text{G17}\\ \text{G18}\\ \text{G19}\end{Bmatrix}\begin{Bmatrix}\text{G02}\\ \\ \text{G03}\end{Bmatrix}\{\text{P\_}\}\begin{Bmatrix}\text{R\_}\\ \\ \text{I\_J\_K\_}\end{Bmatrix}\text{F\_};$$

其中,R——圆弧的半径值。当 $\alpha \leqslant 180°$时,R 用正值;当 $\alpha > 180°$时,R 用负值。

I、J、K——圆弧的起点到圆心的 X、Y、Z 轴方向的增量。

3. 刀具功能指令(T 指令)

选择刀具和确定刀具参数是数控编程的重要步骤,其编程格式因数控系统不同而异,该指令可指定刀具及刀具补偿,地址符号为 T。

输入格式:

```
T _ _ _ _;
```

其中,前两位是刀具序号,后两位是刀具补偿号。

10.3　数控车床编程及实例

10.3.1　数控车床加工操作步骤

1. 代码传输

1）机床接收步骤

(1) 工作方式选择开关切换至，屏幕左下角提示“EDIT”状态。

(2) 按编程面板第 5 行第 2 列 PROG 键；手动输入 Oxxxx(O＋四位数字)；按两次 → 键可显示机床存储目录。程序名取 O0001～O9999 中未出现的 4 位数字即可。

(3) 按显示屏下方最右侧对应的软键 → 。

(4) 按显示屏下方 (READ) 对应的软键。

(5) 按显示屏下方 (EXEC) 对应的软键。

(6) 显示屏右下方出现“标头 SKP”闪烁。

2）计算机传输步骤

(1) 选择“通信”“设置” 通信(C) 帮助(H) 发送(S)... 接收(R)... 设置(E)... 。

(2) 修改参数设置表。修改步骤：

① 选择“Fanuc” 参数类型 Fanuc ；

② 单击“初始参数”；

③ 波特率修改为“4800” 波特率 4800 ；

④ 取消发送前等待 XON 信号 □ 发送前等待XON信号，修改结果，如图 10.5 所示。

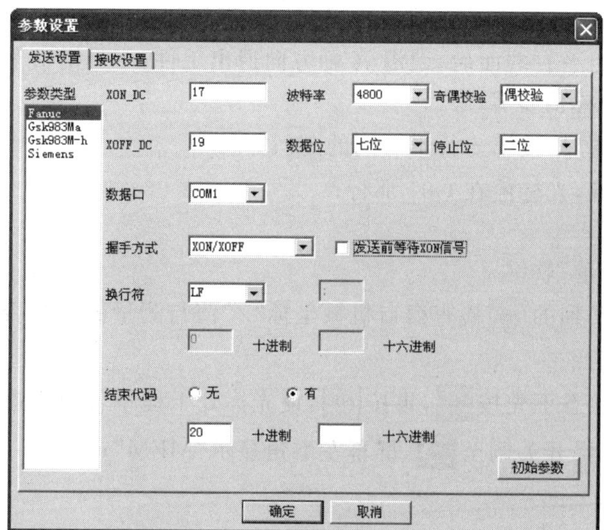

图 10.5　参数设置

单击“确定”按钮后等待文件发送完毕。发送同时，机床屏幕右下角会出现“输入”两字。

2. 检查并模拟加工

1）检查程序

（1）在“EDIT”状态下进行程序检查，分别输入 F/T/S，按中的进行查找。

（2）进给量“F”粗加工为 F0.3（其他 F 删掉）；精加工为 F0.1；刀号“T11”、转速粗加工为“S400”；精加工为“S600”。

2）模拟加工步骤

（1）在“EDIT”状态下先按PROG，再按RESET，使光标处于程序名的位置；

（2）工作方式选择开关调至，屏幕左下角显示“MEM”；

（3）按编辑面板第 6 行第 3 列的CUSTOM GRAPH；

（4）按显示屏下方“图形”对应的软键；

（5）锁住进给驱动锁DRIVE（左上方向）；

（6）按循环启动键；

（7）确认机床刀架没有移动的情况下可以按下“DRN”加速运行（模拟完取消加速）。

注意：模拟程序时允许主轴转动，刀架可以旋转换刀，但不允许刀架移动。如果刀架移动，需立刻按下红色急停开关，并报告指导教师。

3）装夹工件

（1）按下红色急停开关；

（2）装夹长度比加工长度多 10～15mm。

注意：卡盘扳手要随手拿下。

4）对刀

（1）切平右端面（以 1 号刀为例）

① 主轴正转按默认机床最后一次旋转速度。

② 手轮使用方法：选择手轮倍率→选择方向→转动手轮。

注意：移动刀架选择倍率 100，切削时选择 10，严禁使用 1 000 和 10 000。

③ 用外径车刀切平右端面后，刀沿 X 轴方向退出工件，不可沿 Z 轴方向移动刀具。

（2）保存 Z 轴坐标值步骤

① 保存坐标值窗口，按第 5 行第 3 列的OFFSET SETTING；

② 按屏幕下软键，光标停在 G01 那行；

③ 输入 Z0；

④ 按屏幕下“测量”软键；

⑤ 按第 5 行第 1 列的POS检查窗口机械坐标“Z”值与测量数值是否相同。

5）执行程序加工

（1）在“EDIT”状态下先按PROG，再按RESET，使光标处于程序名的位置；

（2）工作方式选择开关调至，屏幕左下角显示“MEM”；

（3）关闭DRN；

（4）调解加工倍率开关到 60～70；

(5) 按循环启动键。

注意：加工时加工者不可以离开机床，请通过防护窗观察加工情况，有问题请及时按下或，并报告指导教师。

6) 常用操作步骤

(1) 主轴正转：①工作方式选择开关 JOG；②按。

(2) 换刀：①工作方式选择开关 JOG；②按。

10.3.2　数控车 CAM 操作步骤

1. 绘图(CAXA 数控车 2013)

1) 软键界面(图 10.6)

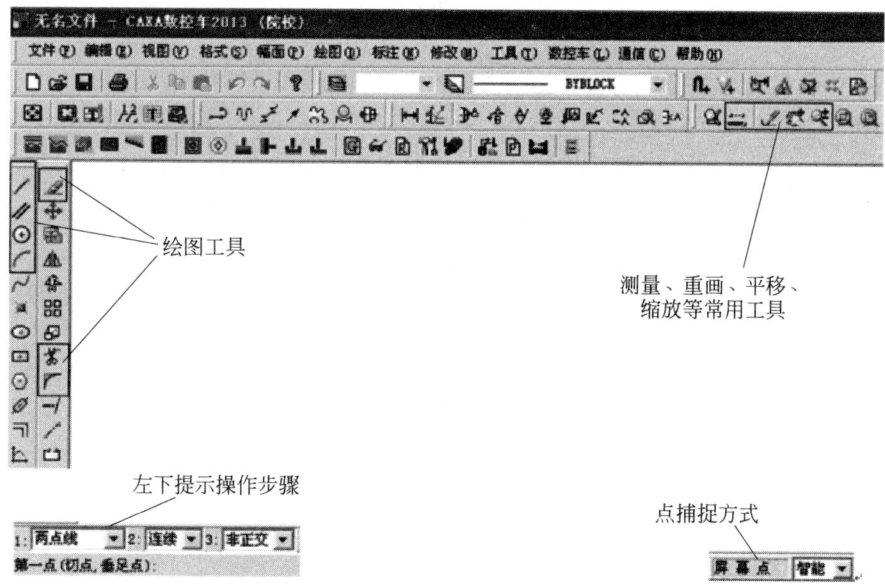

图 10.6　CAXA 数控车 2013 软件界面

2) 绘图

如图 10.7 所示，绘图要求如下：

(1) 绘制零件尺寸要求：$L_{max}\leqslant 60$mm；毛坯 $\phi 30$ 或 $\phi 20$；原点对齐右端面中心线。从右至左端走刀切削，左端和中间最细之处半径值大于 4mm。

(2) 注意事项：轮廓线采用实线，毛坯采用虚线；只需绘制上半轴图形，所有线条首尾相连不能重叠。毛坯线与轮廓线形成的封闭区域为需要去除的材料。

2. 生成加工轨迹

(1) 先粗车再精车（数控车(L) → 轮廓粗车(R)...、轮廓精车(F)...）。

(2) 加工参数设置如图 10.8 所示，切削用量设置如图 10.9 所示，刀具参数设置如

图 10.10 所示。

毛坯线
走刀方向
轮廓线
15
60

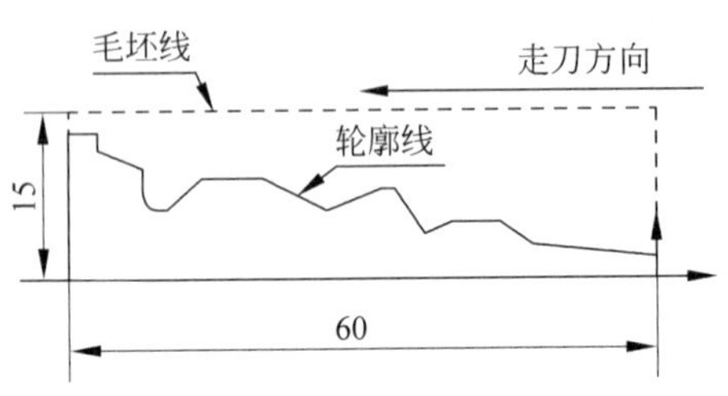

图 10.7 数控车削加工例图

粗车参数表
加工参数 | 进退刀方式 | 切削用量 | 轮廓车刀
加工表面类型:
外轮廓
内轮廓
端面
加工参数:
切削行距 1.5
加工角度(度) 180
加工精度 0.02
干涉后角(度) 55
径向余量 0.3
干涉前角(度) 0
轴向余量 0

图 10.8 粗车参数表——加工参数

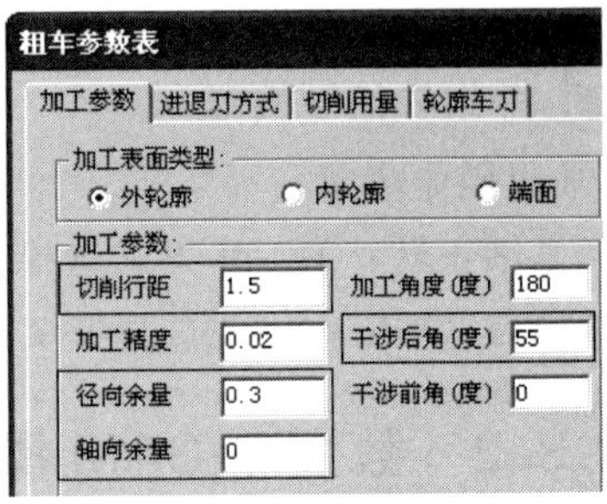

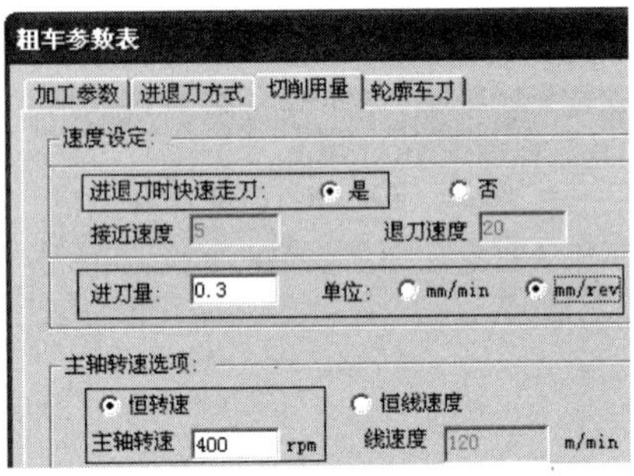

粗车参数表
加工参数 | 进退刀方式 | 切削用量 | 轮廓车刀
速度设定:
进退刀时快速走刀: 是
否
接近速度 5
退刀速度 20
进刀量: 0.3
单位: mm/min
mm/rev
主轴转速选项:
恒转速
恒线速度
主轴转速 400 rpm
线速度 120
m/min

图 10.9 粗车参数表——切削用量

刀具参数:
刀具名: T
刀具号: 1
刀具补偿号: 1
刀柄长度 L: 40
刀柄宽度 W: 15
刀角长度 N: 10
刀尖半径 R: 0.4
刀具前角 F: 80
刀具后角 B: 55

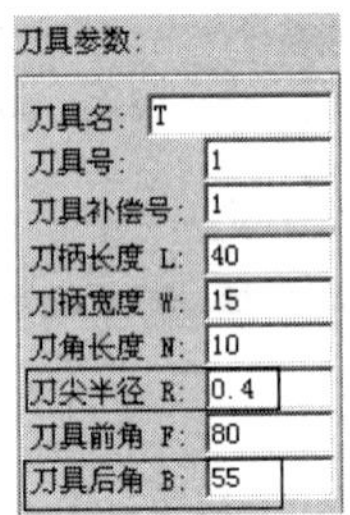

图 10.10 粗车参数表——刀具参数

(3) 生成轨迹的选取步骤,如图 10.11 所示:

① 粗加工时按图 10.11 顺序选取 1、2,当整个轮廓实线变为虚线再选取 3、4;进、退刀点的选择范围 5。

② 若单击 1、2 后轮廓实线未能变成虚线,说明线有重叠或交叉,未闭合,请继续修改。

③ 精加工拾取顺序为 1、2、5。

(4) 精加工参数表,如图 10.12 所示。

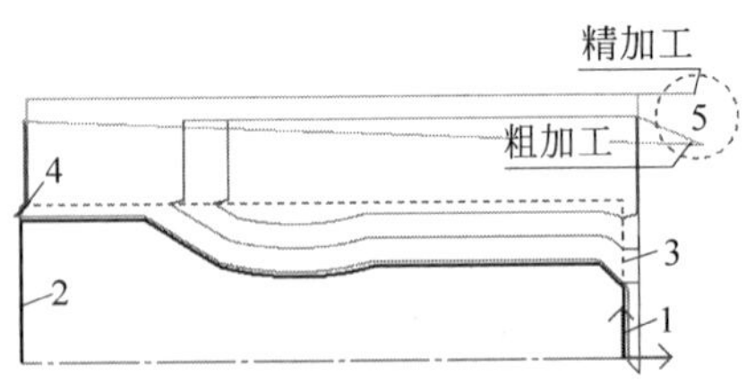

精加工
5
粗加工
4
3
2
1

图 10.11 生成轨迹

进刀量: 0.1
主轴转速选项:
恒转速
主轴转速 600 rpm
径向余量 0

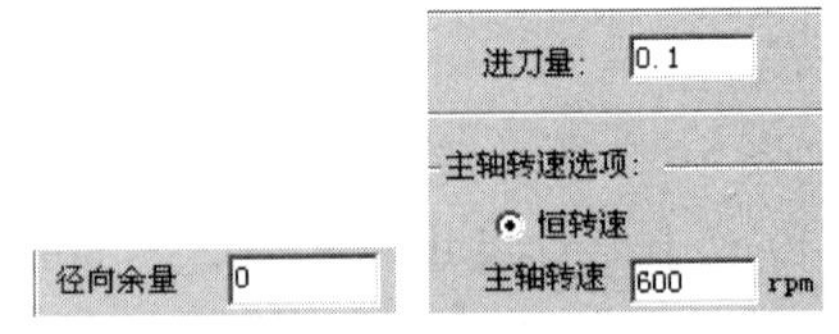

图 10.12 精加工参数设置

3. 代码生成

(1) 进入 数控车(L) ,选择 代码生成(C)... 。

(2) 输入完代码名字后看左下角拾取刀具轨迹 拾取刀具轨迹! 。

(3) 拾取原则:先粗—后精—加工轨迹。

(4) 拾取完毕右击确认,程序代码自动跳出。

4. 修改代码

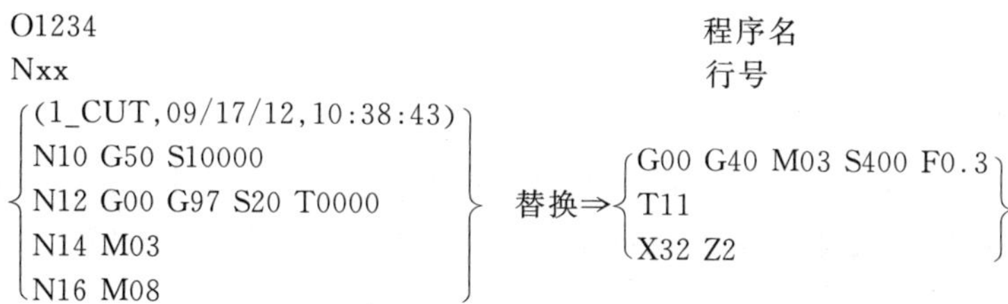
O1234　　程序名
Nxx　　行号
(1_CUT,09/17/12,10:38:43)
N10 G50 S10000
N12 G00 G97 S20 T0000
N14 M03
N16 M08
替换⇒
G00 G40 M03 S400 F0.3
T11
X32 Z2

N20 G00 X39.014 Z1.007 从程序名到含有 *X*、*Z* 轴坐标值这行之前的所有内容替换

⋮

查找程序 M01——M08 （Nxx 是行号，不能作为查找依据）

程序的三分之二处没有 *X*、*Z* 轴坐标值这几行的所有内容替换

```
N   M01
N   G50 S10000
N   G00 G97 S20 T0000     替换⇒  G00 G40 M03 S600 F0.08
N   M03                          T11
N   M08                          X32 Z2
```

注意：删除大于 F0.3 的 F 以及后面的阿拉伯数字。

10.4 数控铣床加工编程及实例

10.4.1 数控铣床加工常用指令

1) G90、G91 指令

G90　绝对坐标
G91　相对坐标或增量坐标

格式：

G90 P_；
G91 P_；

2) G54～G59 指令

G54～G59　工件坐标系设定

这些坐标系存储在机床存储器内，在机床重开时仍然存在。

3) G17、G18、G19 指令

G17　G18　G19　工作平面的选择

格式：

G17　*XY* 平面
G18　*ZX* 平面
G19　*YZ* 平面

其中,G17 为默认的,可省略。

如图 10.13 所示。

4) G40、G41、G42 指令

G40　G41　G42　刀具半径补偿

在零件轮廓铣削加工时,由于刀具半径尺寸影响,刀具的中心轨迹与零件轮廓往往不一致。为了避免计算刀具中心轨迹,直接按零件图样上的轮廓尺寸编程,数控系统提供了刀具半径补偿功能,见图 10.14 所示。

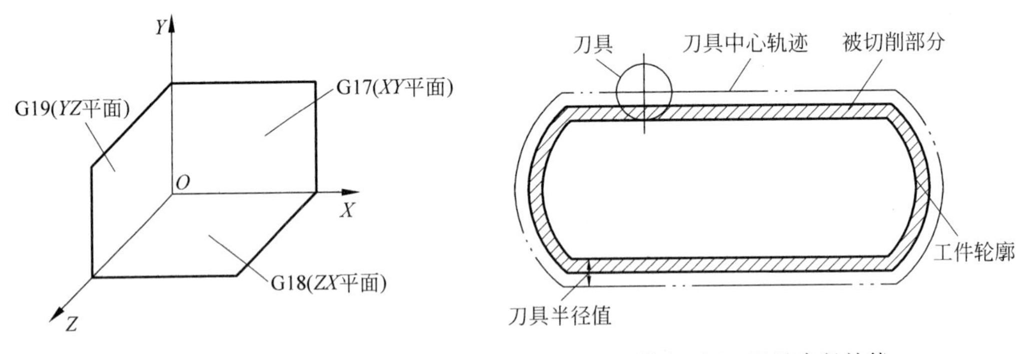

图 10.13　工作平面　　图 10.14　刀具半径补偿

刀具半径补偿判别方法与数控车床类似,如图 10.15 所示。

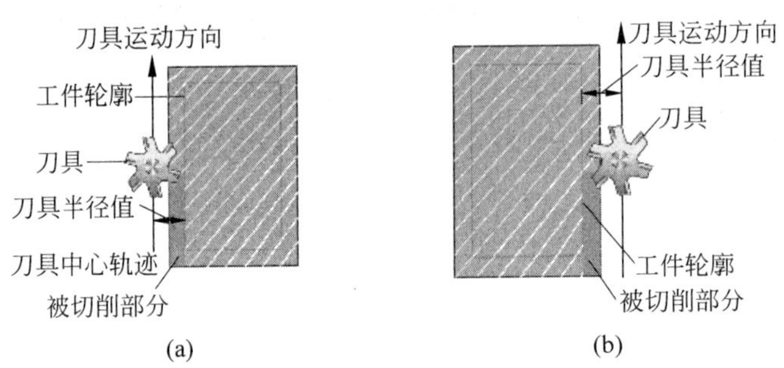

图 10.15　刀具半径补偿表示方法

(a) 左刀补 G41;(b) 右刀补 G42

格式:

$$\begin{Bmatrix} G00 \\ G01 \end{Bmatrix} \begin{Bmatrix} G41 \\ G42 \end{Bmatrix} X\_Y\_D\_;$$

$$\begin{Bmatrix} G00 \\ G01 \end{Bmatrix} G40\ X\_Y\_;$$

其中,G00、G01——快速点定位和直线插补。在这里也体现出加入刀具半径补偿时,只能在这两个指令的其中一个进行。

X、Y——刀具的终点坐标,同时表示刀具从上一点坐标运行到当前点时,刀具会和当前点偏移一个指定的补偿值的距离。

D——刀具的补偿代号(D01～D99,可任意写)。

注意事项如下：

(1) G41 和 G42 加入刀补时，后面有个补偿代号 D，而取消刀具补偿时没有 D。

(2) 建立补偿的程序段，必须是在补偿平面内不为零的直线移动。

(3) 建立补偿的程序段，一般应在切入工件之前完成。

(4) 撤销补偿的程序段，一般应在切出工件之后完成。

5) G81 指令

G81 固定循环

格式：

$\begin{Bmatrix} G98 \\ G99 \end{Bmatrix}$ X_Y_Z_R_F_;

其中，G98——返回初始平面，如图 10.16(a)所示；

G99 ——返回 R 点平面(安全平面)，如图 10.16(b)所示；

X、Y—— 孔的位置；

Z——孔深；

R——安全平面高度(接近高度)；

F——进给速度。

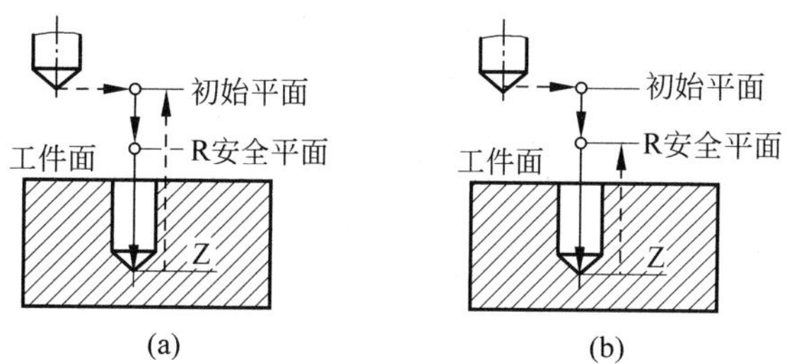

图 10.16　G81 的两种形式

(a) G98 形式；(b) G99 形式

6) G80 指令

G80　固定循环取消

7) G21 指令

G21　公制输入

10.4.2 数控铣床加工编程实例

加工如图 10.17 所示的零件，加工顺序为：正方形由 *A*—*B*—*C*—*D*—*E*—*F*—*G*—*H*—*A*，加工深度为 5mm；八边形为 *a*—*b*—*c*—*d*—*e*—*f*—*g*—*h*—*a*—*b*，加工深度为 3mm；内圆槽逆时针方向加工，加工深度为 3mm；刀具为 $\phi16$ 的键槽铣刀；孔加工另写程序，钻头 $\phi6$；工件材料为铝。

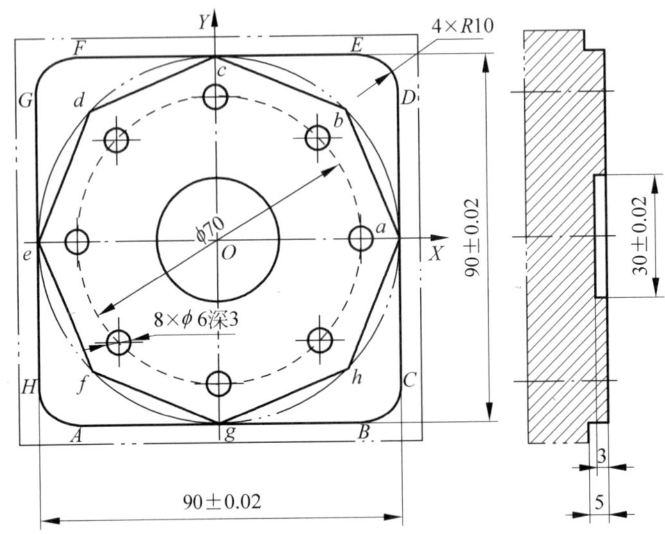

图 10.17 综合加工

外形及内槽加工程序为:

O3;	程序名
N10 G40 G49 G80 G17 G21;	取消各类刀补及固定循环,在 XY 平面内编程,公制输入
N20 G90 G54 G00 X-60 Y-45;	用绝对坐标,并设定工件坐标系,快速到 X-60、Y-45 点
N30 M03 S2000;	主轴正转,转速 2 000r/min
N40 M08;	冷却液开
N50 Z5;	快速移动到工件上方 5mm 处
N60 G42 X-50 Y-45 D01;	加入右刀补(D=8)
N70 G01 Z-5 F100;	刀具切入工件 5mm 深,进给速度为 100mm/min
N80 X35;	刀具移动到 B 点
N90 G03 X45 Y-35 R10;	刀具移动到 C 点
N100 G01 Y35;	刀具移动到 D 点
N110 G03 X35 Y45 R10;	刀具移动到 E 点
N120 G01 X-35;	刀具移动到 F 点
N130 G03 X-45 Y35 R10;	刀具移动到 G 点
N140 G01 Y-35;	刀具移动到 H 点
N150 G03 X-35 Y-45 R10;	刀具移动到 A 点
N160 G01 X0;	刀具在 A—B 上再运行一段是为了保证角和直线平滑渡过
N170 G00 Z5;	刀具快速离开工件 5mm
N180 X0 Y0;	刀具回到 X0、Y0 位置
N190 X45;	刀具移动到 a 点
N200 G01 Z-3 F100;	刀具切入工件 3mm 深,进给速度为 100mm/min
N210 X31.82 Y31.82;	刀具移动到 b 点
N220 X0 Y45;	刀具移动到 c 点
N230 X-31.82 Y31.82;	刀具移动到 d 点
N240 X-45 Y0;	刀具移动到 e 点
N250 X-31.82 Y-31.82;	刀具移动到 f 点
N260 X0 Y-45;	刀具移动到 g 点

N270 X31.82 Y-31.82;	刀具移动到 h 点
N280 X45 Y0;	刀具移动到 a 点
N290 X31.82 Y31.82;	刀具移动到 b 点，保证直线和直线尖角渡过
N300 G00 Z5;	刀具快速离开工件 5mm
N310 G40 X0 Y0;	刀具半径补偿取消，并回到原点
N320 G01 Z-3 F100;	刀具切入工件 3mm 深，进给速度为 100mm/min
N330 G41 X15 Y0 D01;	刀具加入左刀补($D=8$)
N340 G03 I-15;	内圆程序
N350 G03 X0 Y15 R15;	多运行 1/4 圆
N360 G01 G40 X0 Y0;	刀具半径补偿取消
N370 G00 Z100;	刀具快速离开工件 100mm
N380 M05;	主轴停转
N390 M09;	冷却液关
N400 M30;	程序结束

钻孔程序为：

O1;	程序名
N10 G40 G49 G80 G17 G21;	取消各类刀补及固定循环，在 XY 平面内编程，公制输入
N20 G90 G54 G00 X0 Y0;	用绝对坐标，并设定工件坐标系，快速到 X0、Y0 点
N30 M03 S1600;	主轴正转，转速 1 600r/min
N40 M08;	冷却液开
N50 Z100;	初始平面高度为 100mm
N60 G98 G81 X35 Y0 Z-3 R5 F100;	钻孔
N70 X24.749 Y24.749;	钻孔
N80 X0 Y35;	钻孔
N90 X-24.749 Y24.749;	钻孔
N100 X-35 Y0;	钻孔
N110 X-24.749 Y-24.749;	钻孔
N120 X0 Y-35;	钻孔
N130 X24.749 Y-24.749;	钻孔
N140 G80;	取消固定循环，钻孔结束
N150 M05;	主轴停转
N160 M09;	冷却液关
N170 M30;	程序结束

10.5　数控车床的操作

下面，主要以南京第二机床厂生产的数控车床为例来介绍有关基本操作。各种机床可能有所不同，可查阅有关机床的操作手册等相关资料。

10.5.1　数控车床的操作面板

(1) FANUC 数控系统 MDI/CRT 面板介绍如图 10.18 所示。MDI/CRT 面板键盘说明如表 10.2 所示。

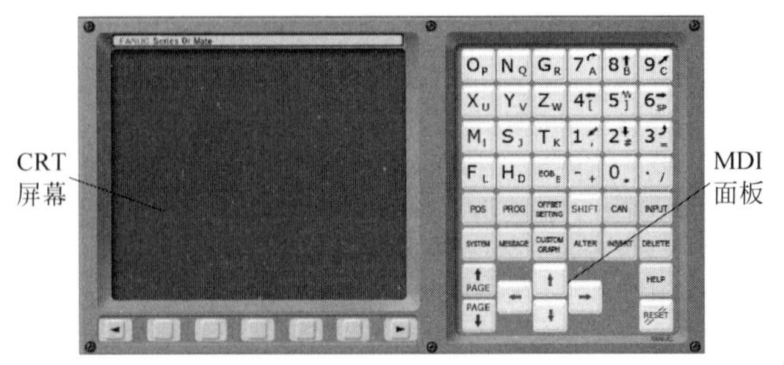

图 10.18　数控系统 MDI/CRT 面板

数控车床操作
（CRT 面板）

数控车床操作
（MDI 功能操作）

表 10.2　MDI/CRT 面板键盘说明

名　　称	功 能 说 明
复位键 RESET	按下该键可以使 CNC 复位或者取消报警等
帮助键 HELP	当对 MDI 键的操作不明白时，按下该键可以获得帮助
软键	根据不同的画面，软键有不同的功能。 软键功能显示在 CRT 屏幕的底部。最左侧带有向左箭头的软键为菜单返回键，最右侧带有向右箭头的软键为菜单继续键
地址和数字键	按下这些键可以输入字母、数字或者其他字符
切换键 SHIFT	键盘上的某些键具有两个功能，按下 SHIFT 键可以在这两个功能之间进行切换
输入键 INPUT	当按下一个字母键或者数字键时，再按该键，数据被输入到缓冲区，并且显示在屏幕上。要将输入缓冲区的数据拷贝到偏置寄存器中等，请按下该键。这个键与软键中的 INPUT 键是等效的
取消键 CAN	取消键，用于删除最后一个进入输入缓存区的字符或符号
程序功能键 ALTER INSERT DELETE	ALTER：替换键。 INSERT：插入键。 DELETE：删除键
功能键 POS PROG OFFSET SETTING SYSTEM MESSAGE CUSTOM GRAPH	POS：按下该键以显示位置屏幕。 PROG：按下该键以显示程序屏幕。 OFFSET SETTING：按下该键以显示偏置/设置(SETTING)屏幕。 SYSTEM：按下该键以显示系统屏幕。 MESSAGE：按下该键以显示信息屏幕。 CUSTOM GRAPH：按下该键以显示用户宏屏幕

续表

名　　称	功 能 说 明
光标移动键	有 4 种不同的光标移动键： 该键用于将光标向右或者向前移动。 该键用于将光标向左或者往回移动。 该键用于将光标向下或者向前移动。 该键用于将光标向上或者往回移动
翻页键	翻页键分为两种。 该键用于将屏幕显示的页面往前翻页。 该键用于将屏幕显示的页面往后翻页

(2) 数控车床操作面板，如图 10.19 所示。数控车床操作面板按钮功能如表 10.3 所示。

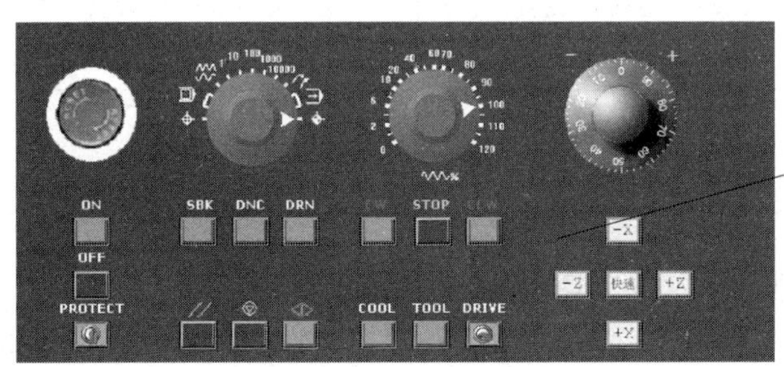

图 10.19　数控车床操作面板

数控车床操作——操作面板介绍

表 10.3　数控车床操作面板按钮功能

名　　称	功 能 说 明
工作方式选择开关	用来选择系统的运行方式。 ：打到该位置，进入编辑运行方式。 ：打到该位置，进入自动运行方式。 ：打到该位置，进入 MDI 运行方式。 ：打到该位置，进入 JOG 运行方式。 ：打到该位置，进入手轮运行方式。 ：打到该位置，进行返回机床参考点操作(即机床回零)
操作选择按钮	用来开启单段、回零操作。 ：按下该按钮，进入单段运行方式。 ：按下该按钮，进入在线加工运行方式。 ：按下该按钮，进入空运行方式

续表

名　称	功能说明
主轴旋转按钮	用来开启和关闭主轴。 ：按下该键，主轴正转。 ：按下该键，主轴停转。 ：按下该键，主轴反转
循环启动	自动加工运行和 MDI 运行时都会用到
进给轴和方向选择开关	用来选择机床欲移动的轴和方向。 快速为快进开关，当按下该键后，该键变为红色，表明快进功能开启。再按一下该键，该键的颜色恢复成白色，表明快进功能关闭
JOG 进给倍率刻度盘	用来调节 JOG 进给的倍率。倍率值从 0～150%。每格为 10%。单击旋钮，旋钮逆时针旋转一格；右击旋钮，旋钮顺时针旋转一格
系统启动/停止	用来开启和关闭数控系统。在通电开机和关机时用到
急停键	用于锁住机床。按下急停键时，机床立即停止运动

10.5.2　数控车床操作步骤

(1) 开机

① 打开电源，机床侧面的红色开关打到 1 位置。

② 打开系统开关，显示屏上出现坐标值。

数控车床操作——开机

数控车床操作——回机械零点

(2) 回机械零点

① 将工作方式选择开关选择 JOG 或 HND 模式。

② 将刀架沿 X 轴、Z 轴负方向移动 50mm 以上的距离。

③ 将工作方式选择开关选择 REF，进给速度倍率置于不为 0 的其他位置。

④ 同时按住操作面板上的 +X 和 +Z 的两个按钮，直到显示屏上的机械坐标 X 轴、Z

轴值都为 0 为止。

（3）输入程序

① 将工作方式选择开关选择 EDIT 状态。

② 将 PROTECT 置于无效的位置。

③ 按 PROG 键出现 PROGRAM 画面。

④ 按 DIR 软键，出现程序清单的画面。

⑤ 按 ↑PAGE PAGE↓ 键，寻找空的程序号（如 O0009）。

⑥ 输入 O0009，按 INSRT 键，接着按 EOB 键。输入程序内容，直到输完为止。

注：EOB 表示程序段结束。

数控车床操作——输入程序

数控车床操作——模拟程序

（4）模拟程序

① 操作面板上的 DRIVE 按钮锁定。

② 按 RESET 键，光标回到程序头的位置（如 O0009）。

③ 将工作方式选择开关选择 MEM 模式。

④ 按下 MDI/CRT 面板上的 CUSTOM GRAPH 键，出现图形参数的画面；再按显示屏下方的"图形"软键，出现图形的画面。

⑤ 将进给速度倍率置于不为 0 的位置。

⑥ 按下循环启动按钮。

⑦ 观察 X 轴、Z 轴的进给情况，如 X 轴、Z 轴的进给被锁定，就按下操作面板上的 DRN 按钮。

⑧ 程序执行完后，对照图形，看与所要加工的图形是否一致。如不一致，则修改程序，直到与所加工图形一致为止。

（5）装夹工件

（6）回机械零点

（7）对刀

数控车床操作——装夹工件

数控车床操作——回机械零点

数控车床操作——对刀

试切法对刀(如 90°外圆刀的对刀方法)如图 10.20 所示。

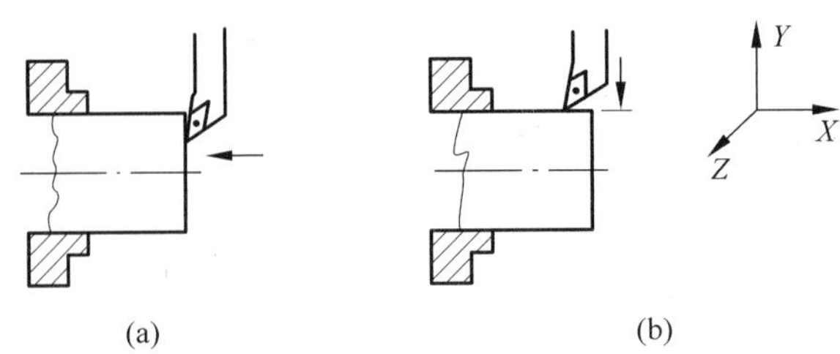

图 10.20　试切法对刀

Z 向对刀如图 10.20(a)所示。先用外径刀将工件端面(基准面)车削出来;车削端面后,刀具可以沿 *X* 方向移动远离工件,但不可沿 *Z* 方向移动。按 OFFSET 键→按显示屏下方的“补正”软键→按显示屏下方的“形状”软键,在 *Z* 轴对应刀具补偿号的位置输入 Z0,按显示屏下方的“测量”键。按 POS 键,对照一下此时的机械坐标 *Z* 值与“形状”补偿的对应 *Z* 值是否一致。如不一致,回机械零点,重新对 *Z* 轴。

X 向对刀如图 10.20(b)所示。车削任一外径后,使刀具沿 *Z* 向移动远离工件,待主轴停止转动后,测量刚车削出来的外径尺寸。例如,测量值为 ϕ50.78mm,则按 OFFSET 键→按显示屏下方的“补正”软键→按显示屏下方的“形状”软键,在 *X* 轴对应刀具补偿号的位置输入 ϕ50.78mm,按显示屏下方的“测量”软键。

(8) 加磨耗

按 OFFSET 键→按显示屏下方的“补正”软键→按显示屏下方的“磨耗”,在 *X* 轴对应刀具补偿号的位置输入 0.15(半径值),按显示屏下方的“输入”软键。

(9) 执行程序,加工零件

① 手动或自动回机械零点。

② 将工作方式选择开关选择 EDIT 状态,调出所需程序,并使光标移到程序头位置。

③ 将工作方式选择开关选择 MEM 模式。

④ 将进给速度倍率置于适当倍率的位置。

⑤ 按下循环启动按钮。

⑥ 程序执行完毕后,*X* 轴、*Z* 轴将自动回机械零点。

⑦ 工件加工结束,测量、检验合格后卸下工件。

数控车床操作——执行程序加工

10.6　数控铣床操作

10.6.1　机床面板及功能

数控铣床控制面板主要用于操作机床、编辑程序,包括显示部分、编辑部分及操作部分。操作面板如图 10.21 所示,其主要功能见表 10.4。

数控铣床操作——
面板(显示部分、编辑部分)

数控铣床操作——
操作面板

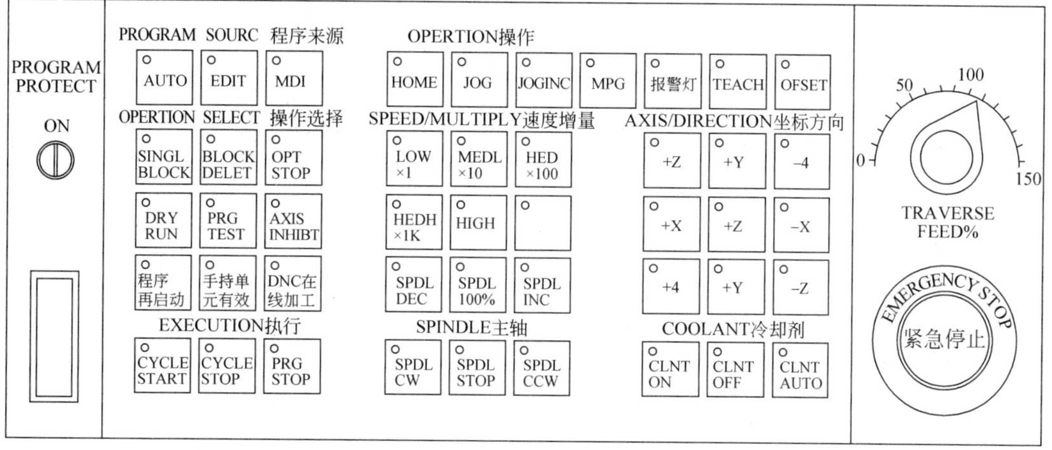

图 10.21 数控机床操作面板

表 10.4 操作面板主要功能键说明

按键标识		名 称	详细说明
程序来源	AUTO	自动加工	自动模式执行程序
	EDIT	编辑方式	程序编辑方式,编辑面板有效
	MDI	手动程序输入	可以输入或执行单步程序
执行方式	CYCLE START	循环启动	在 AUTO 或 MDI 模式下有效,执行程序
	CYCLE STOP	循环停止	在程序执行中,程序手动暂停
	PRG STOP	程序暂停	程序遇 M00 暂停
操作	JOG	手动方式 移动机床各轴	在 JOG 模式下按+Z、+X、+Y、−Z、−X、−Y 可以连续移动各轴,由进给速度旋扭选择轴运动速度
	HOME	回参考点	在 JOG 模式下按下 HOME 键,并按相应的方向键,机床返回参考点
	MPG	手轮方式	在 MPG 模式下,选择速度增量×1、×10、×100 与坐标方向+Z、+Y、+X,用手轮方式移动机床各轴
速度增量	LOW ×1　MEDL ×10　HED ×100 HEDH ×1K　HIGH	手轮倍率选择按钮	选择手轮方式移动机床各轴时每一步的距离:×1 为 0.001mm,×10 为 0.01mm,×100 为 0.1mm,×1K 为 1mm

续表

按键标识	名　　称	详细说明
坐标方向：+Z　+Y　-4　+X　+Z　-X　+4　+Y　-Z	移动轴选择按钮	在手动模式 JOG 或手轮模式 MPG 下有效，用来移动各轴
SPDL CW \SPDL STOP\ SPDL CCW	机床主轴手动控制开关	JOG 或 MPG 模式下，SPDL CW 手动主轴正转，SPDL CCW 手动主轴反转，SPDL STOP 手动停转主轴
CLNT ON/CLNT OFF/ CLNT AUTO	冷却液	在 JOG 或 MPG 模式下，冷却液手动打开、关闭以及冷却剂自动模式
0　50　100　150 TRAVERSE FEED%	倍率选择旋钮	调节程序运行中的进给速度，调节范围 0～150%
EMERGENCY STOP 紧急停止	紧急停止按钮	在出现紧急异常情况下，按下该按钮使 NC 停止工作。故障处理完成后需右旋该按钮使其恢复正常状态
SINGL BLOCK	单段执行	置于 ON 位置，每次执行一条指令
BLOCK DELET	程序跳过	按下 BLOCK DELET，带“/”程序段不执行
OPT STOP	选择停止	置于 ON 位置，M01 代码有效
DRY RUN	空运行	程序模拟时，加快模拟速度
PRG TEST	程序测试	置于 ON 位置，程序运行，机床各轴不运动
AXIS INHIBT	主轴锁定	置于 ON 位置，程序运行，机床 Z 轴不运动
ON PROGRAM PROTECT	程序保护锁	置于 ON 位置，程序不可编辑
FANUC	手动脉冲发生器	在 MPG 模式下有效，用来实现机床微调操作，手轮顺时针旋转机床向正方向移动，手轮逆时针旋转机床向负方向移动

10.6.2 数控铣床操作方法与步骤

1. 电源接通与关闭

1) 电源接通

(1) 打开机床电箱上总电源开关,这时电箱上的 POWER ON 指示灯亮,表示电源接通。

(2) 按下操作面板箱 ON 按钮,这时 CNC 通电显示器亮,系统启动,进入图形用户界面。

(3) 旋起面板右下角红色 EMERGENCY STOP 开关,系统复位并接通伺服电源,机床处于准备状态。

2) 电源关闭

(1) 按下面板右下角红色 EMERGENCY STOP 开关,系统伺服断开。

(2) 按下操作面板 OFF 按钮,CNC 关闭。

(3) 关闭机床电箱总电源开关,POWER ON 指示灯灭,电源关闭。

2. 回机床参考点

数控铣床通电,复位后必须首先进行返回机床各轴参考点操作,然后再进入其他运行方式,以确保各轴坐标的正确性。

(1) 依次按下操作面板上 JOG→HOME 键(该键左上角灯亮)。

(2) 逐一按下"＋Z""＋Y""＋X"方向键,使 Z、Y、X 三轴移动至参考点。当各轴回到参考点时,各方向键指示灯亮。如按 POS 键可观察到屏幕机械坐标显示为"Z0,Y0,X0"。此时机床坐标系建立(注意回零顺序,首先为＋Z 轴,以确保刀具不与材料发生碰撞)。

3. 工件及刀具的装夹

1) 刀具装夹

数控铣床操作——刀具装夹

数控铣床所使用的刀具系统由刀具和刀柄两部分组成(见图 10.22)。刀具部分和通用刀具一样,如钻头、铣刀、绞刀、丝锥等。刀柄要满足机床主轴的自动松开和拉紧定位,并能准确地安装各种切削刀具。在加工中心使用中还要能适应机械手的夹持和搬运,适应在自动化刀库中的储存、搬运、识别。

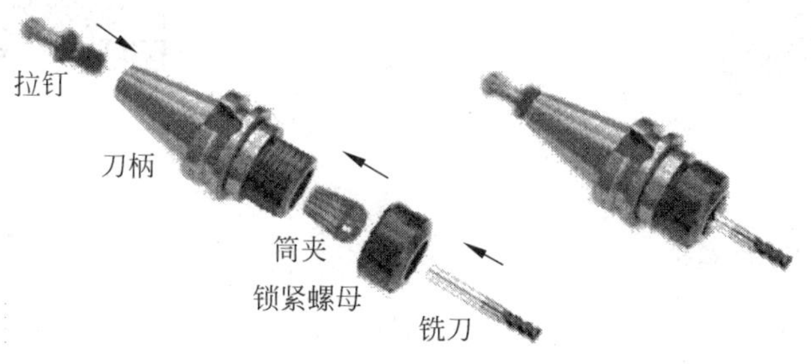

图 10.22 刀具、刀柄分拆图

(1) 将刀柄放入卸刀座并锁紧,如图 10.23 所示。

(2) 根据刀具直径尺寸选择相应的筒夹,清洁工作表面。

(3) 将筒夹按入锁紧螺母。

(4) 将铣刀装入筒夹的卡簧孔中,并根据加工深度控制刀具伸出长度。

(5) 将锁紧螺母旋入刀柄,并用扳手顺时针紧固锁紧螺母。

(6) 按机床侧面的松刀按钮,将刀柄装上主轴,并检查。

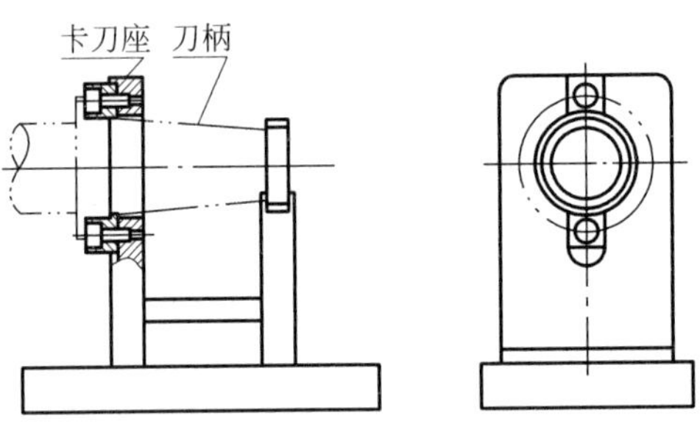

图 10.23 卸刀座

2) 工件装夹

(1) 定位基准的选择

在选择定位基准时,尽量做到在一次装夹中能把零件上所有的加工表面都加工出来。定位基准应尽量与设计基准重合,以减少定位误差对尺寸精度的影响。

(2) 夹具的选择

数控铣床可以加工形状复杂的零件,但数控铣床上工件装夹方法与普通铣床一样,所使用的夹具往往不是很复杂,只要求有简单的定位、夹紧机构就可以了。根据不同的工件要选用不同的夹具。选用夹具的原则是定位可靠、夹紧力要足够。一般常用机用平口虎钳、压板、三爪卡盘等作为夹紧机构。

(3) 工件和夹具的安装

安装夹具前,一定要先将工作台和夹具清理干净。如果夹具装在工作台上,要先将夹具通过量表找正找平后,再用螺钉或压板将夹具压紧在工作台上。安装工件时,工件必须夹紧、平放,防止加工时松脱。

数控铣床操作——工件装夹

数控铣床操作——程序输入及图形模拟

4. 程序输入及图形模拟

1) 程序输入

(1) 在操作面板选择 EDIT 方式。

(2) 在编辑面板按下 PROGRAM 键。

(3) 在缓冲区输入地址 O 与要存储的程序号,如 O0001,并按 INSERT 键输入。

(4) 利用字母数字复合键输入指令代码,按 INSERT 键存储,每行结束符为";"。

2) 程序图形模拟

(1) 按 RESET 键把光标返回到程序头,以保证程序从开头执行。

(2) 按下 GRAPH 键,出现模拟画面,如图 10.24 所示。

(3) 按下 PRG TEST 与 AXIS INHIBT 键,保持机床处于锁定状态。

(4) 依次按 AUTO→CYCLE START,程序执行,调整倍率开关到最大,并按下 DRY RUN 加快模拟速度(模拟图属于刀具轨迹图)。

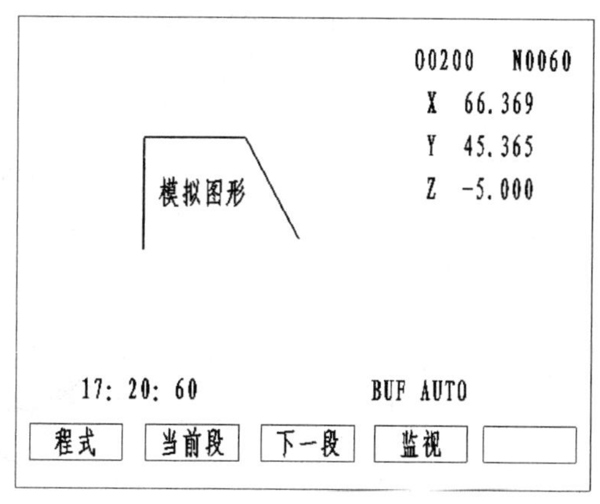

图 10.24　刀具轨迹模拟显示

5. 机床对刀

对刀的目的是通过刀具或对刀工具确定工件坐标系与机床坐标系之间的空间位置关系,并将对刀数据输入到相应的存储位置。

数控铣床操作——机床对刀

1) 对刀点的确定

对刀点是工件在机床上定位(或找正)装夹后,用于确定工件坐标系在机床坐标系中位置的基准点。为确保加工的正确,在编制程序时,应合理设置对刀点。一般来说,铣床对刀点应选在工件坐标系的原点上,或至少 X、Y 方向重合,这样有利于保证精度,减小误差。

2) 对刀方法

对刀操作分为 X、Y 向对刀和 Z 向对刀。常用的对刀方法有:①采用碰刀(试切)方式对刀;②采用百分表(或千分表)对刀;③采用寻边器对刀。对刀方法一定要同零件加工精度要求相适应。在零件加工精度要求不高或粗加工的情况下,可以用试切法对刀;而零件加工精度要求较高时,可采用如电子寻边器、Z 轴设定器、标准块、塞尺等辅助工具对刀。这里只介绍试切法对刀。

(1) XY 方向对刀

在 X、Y 方向上,一般常以加工零件的左下角或中心点作为对刀点。

① 基准边试切对刀(见图 10.25)

图 10.25 中长方体工件左下角为基准角,左边为 X 方向的基准边,下边为 Y 方向的基准边。

a. 将所用铣刀装到主轴上并使主轴中速旋转。

b. 手动移动铣刀沿 X(或 Y)方向靠近被测边,直到铣刀刃轻微接触到工件表面,得到机械坐标 X0(或 Y0)。

c. 保持 X、Y 坐标不变,将铣刀沿 Z 方向退离工件。

d. 考虑到刀具半径,将机床相对坐标 X(或 Y)置零,并沿 X(或 Y)向工件方向移动刀具半径的距离。

e. 此时机械坐标下的 X(或 Y)值就是被测边的 X(或 Y)偏置值,即 $X=\mathrm{X0}+R$,$Y=\mathrm{Y0}+R$。

② 双边试切分中对刀(见图 10.25)

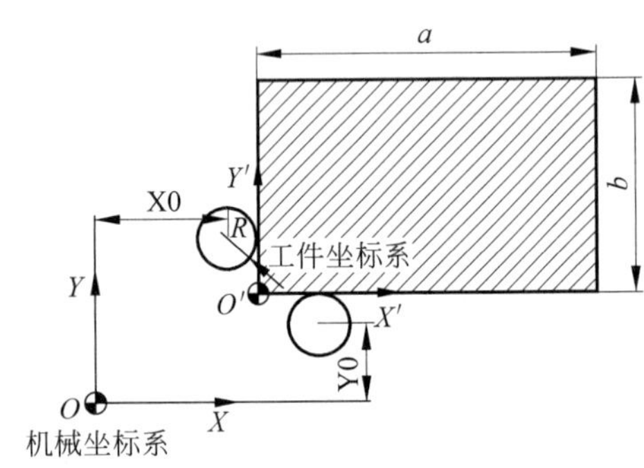

图 10.25 工件左下角为对刀点

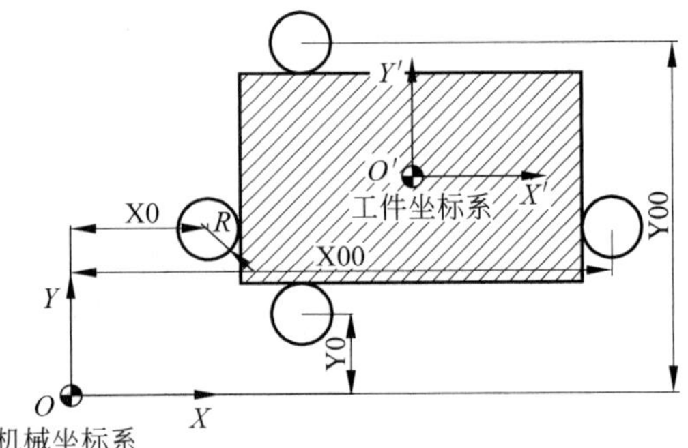

图 10.26 工件中心为对刀点

双边试切分中对刀方法适用于工件在长宽两方向的对边都经过加工,并且工件坐标原点在工件正中间的情况。

利用刀具左边正确寻边,读出机床坐标 X0;右边正确寻边,读出机床坐标 X00;下边正确寻边,读出机床坐标 Y0;上边正确寻边,读出机床坐标 Y00。

则 X、Y 方向的偏置值为:$X=(\mathrm{X0}+\mathrm{X00})/2$,$Y=(\mathrm{Y0}+\mathrm{Y00})/2$。

(2) Z 向对刀

在 Z 方向上常以工件顶面作为对刀点。

① 将所用铣刀装到主轴上并使主轴中速旋转。

② 快速移动主轴,让刀具端面靠近工件顶面。

③ 改用微调操作,直到铣刀刃轻微接触到工件表面。

④ 此时机械坐标下的 Z 值就是被测边的 Z 偏置值。

为避免损伤工件表面,可以在刀具和工件之间加入 Z 轴设定器进行对刀,这样应将 Z 轴设定器的高度减去,即 $Z=Z0-H$(见图 10.27)。以此类推,Z 轴对刀还可以采用标准心轴和块规来对刀。

3) 工件坐标系设定

对刀后要把对刀所得的数据输入工件坐标系,让机床识别工件所在位置。

(1) 在编辑面板按 MENU OFSET，到达偏置页面。

(2) 然后按页面下方软键“坐标系”，到达工件坐标系设置页面，如图 10.28 所示。

(3) 把对刀后所记录的机械坐标 X、Y、Z 值输入对应的工件坐标(一般设定为 G54)。

4) 注意事项

在对刀操作过程中需注意以下问题：

(1) 根据加工要求采用正确的对刀工具，控制对刀误差。

(2) 在对刀过程中，可通过改变微调进给量来提高对刀精度。

(3) 对刀时需小心谨慎操作，尤其要注意移动方向，避免发生碰撞危险。

(4) 对刀数据一定要存入与程序对应的存储地址，防止因调用错误而产生严重后果。

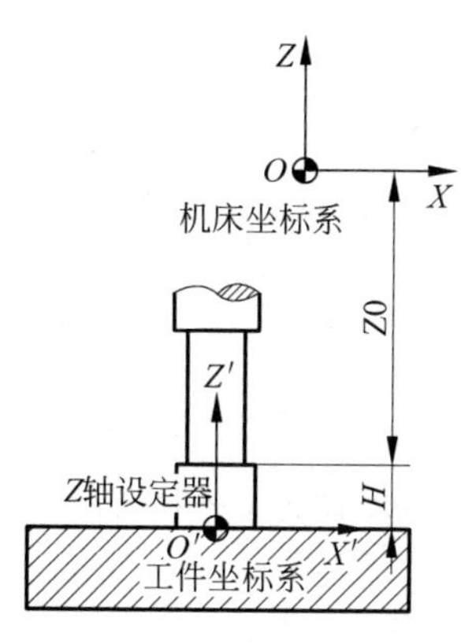

图 10.27　工件 Z 向对刀

工件坐标系设定		O0100	N2200
NO.	(SHIFT)	NO.	(G55)
00	X0.000	02	X0.000
	Y0.000		Y0.000
	Z0.000		Z0.000
NO.	(G54)	NO.	(G56)
01	X-200.000	03	X0.000
	Y-150.000		Y0.000
	Z-50.000		Z0.000
ADRS			
17U 20U 60		EDIT	

磨损　MACRO　　坐标系　TOOLLF

图 10.28　工件坐标系设定页面

6. 刀具补偿值的输入和修改

根据刀具的实际尺寸和位置，按 MENU OFSET，将刀具半径补偿值和刀具长度补偿值输入到与程序对应的存储位置(见图 10.29)。需注意的是，补偿的数据、符号及数据所在地址的错误都将威胁到加工，从而导致撞车危险或加工报废。

工具补正/形状		O0100	N2200
番号	数据	番号	数据
D001	5.000	D007	0.000
D002	0.000	D008	0.000
D003	0.000	D009	0.000
D004	0.000	D010	0.000
D005	0.000	D011	0.000
D006	0.000	D012	0.000
现在位置　(相对坐标)			
X	200.232	Y	52.369
Z	20.000		
ADRS			
17G 20G 60		EDIT	

磨损　MACRO　　坐标系　TOOLLF

图 10.29　刀具补偿值输入页面

7. 程序模拟加工(Z轴方向提高50mm)

参数设定好后,可以进行程序的机床模拟加工。注意,在工件坐标系设定页面中修改SHIFT坐标 Z 为50,以保证模拟时刀具离开工表面50mm。

数控铣床操作——零件加工

8. 零件加工

最后调出程序,依次按AUTO→CYCLE START,进行零件加工,在加工之前要注意下面几点:

(1) 进行回机床原点操作。

(2) 光标要返回到程序头。

(3) 刀具半径补偿、工件坐标是否设定好。

(4) SHIFT坐标清零。

(5) DRY RUN开关关闭。

(6) 倍率开关放在适当的位置。

9. 加工检验测量

数控机床加工零件后,每个尺寸应对照图纸仔细测量。若出现误差,一般情况下,通过调整刀补,修改程序即可达到精度要求。

第11章 CHAPTER 11

特种加工

特种加工是指所有利用光、电能、化学能、电化学能、声能或与机械能的组合等形式将坯料或工件上多余的材料去除,以获得所需要的几何形状、尺寸精度和表面质量的加工方法。如电火花加工、电子束加工、激光加工、等离子弧加工、电解加工、化学加工、电解磨削、超声波加工等。快速原型制造则改变了传统零件制造中做减法将毛坯加工成成品的模式,以做加法的方式通过逐层叠加制造来成型零件。本章主要介绍常用的电火花加工、激光加工和快速原型制造。

11.1 电火花加工

11.1.1 电火花加工的基本原理

电火花加工又称放电加工(electrical discharging machining,EDM)。该加工方法是使浸没在工作液中的工具和工件之间不断产生脉冲性的火花放电,依靠每次放电时产生的局部、瞬时高温把金属材料逐次微量蚀除下来,进而将工具的形状反向复制到工件上。电火花加工必须具备以下条件:

电火花加工概述

(1) 工具电极和工件加工表面之间保持一定的放电间隙。这一间隙随加工条件而定,通常为几微米至几百微米。如间隙过大,极间电压不能击穿极间介质,因而产生不了火花放电;如间隙过小,很容易造成短路接触,也不能产生火花放电。

(2) 火花放电为瞬时的脉冲性放电,放电延续一段时间后,必须停歇一段时间(放电延续时间一般为 $10^{-7}\sim10^{-3}$ s)。这样使放电所产生的热量来不及传导扩散到其余部分,把能量作用局限在很小范围内。

(3) 火花放电必须在有一定绝缘性能的液体介质中进行,液体介质又称工作液(如皂化液、去离子水或煤油等)。

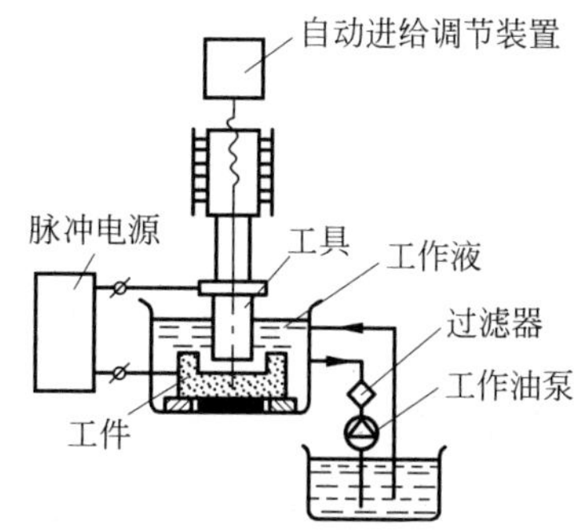

图 11.1 电火花加工原理示意图

电火花加工原理如图 11.1 所示。工件、工具分别与脉冲电源的两输出端相连接。自动进给调节装置使工具和工件间经常保持一很小的放电间隙,当脉冲电压加到两极之间时，在相对某一间隙最小处或绝缘强度最低处击穿介质，在该局部产生火花放电，瞬时高温使工具和工件表面都蚀除掉一小部分金属，形成一个小凹坑。脉冲放电结束后，经过一段时间间隔，让工作液恢复绝缘，第二个脉冲电压又加到两极上，又在极间距离相对最近或绝缘强度最弱处击穿介质，又电蚀出一个小凹坑。随着高频脉冲电源连续不断地重复放电，工具电极不断地向工件进给，就可将工具端面和横截面的形状复制到工件上，加工出所需要的与工具形状阴阳相反的零件，整个加工表面由无数个小凹坑组成。

11.1.2 电火花加工的特点和应用

1. 电火花加工的特点

(1) 适合于难切削材料的加工。电火花加工是靠放电时的电热作用实现的，材料的加工性主要取决于材料的导电性及其热学特性，而几乎与其力学性能(硬度、强度等)无关，因此电火花加工突破了传统切削加工对刀具的限制，实现了用软的工具加工硬的工件，甚至可加工如聚晶金刚石一类的超硬材料。

(2) 可以加工特殊及复杂形状的零件。电火花加工中工具电极和工件不直接接触，没有切削力，因此适宜加工低刚度工件及微细加工。由于可以简单地将工具电极的形状复制到工件上，特别适用于复杂表面形状工件的加工，如复杂模具型腔的加工。

(3) 易于实现加工过程自动化。电火花加工直接利用电能加工，而电能、电参数易于数字控制，因此电火花加工适应智能化控制和无人化操作等。

2. 电火花加工的局限

(1) 只能用于金属等导电材料，不能用来加工塑料、陶瓷等绝缘的非导电材料，在一定条件下可加工半导体和非导体超硬材料。

(2) 加工速度一般较慢。

(3) 存在电极损耗。电火花加工靠电、热来蚀除金属，电极也会遭受损耗，并且电极损耗多集中在尖角或底面，影响成形精度。

(4) 最小角部半径有限制。一般电火花加工能得到的最小角部半径等于加工间隙(通常为0.02～0.3mm)，若电极有损耗或采用平动头加工，则角部半径还要增大。

3. 电火花加工的主要应用

(1) 加工各种复杂形状难加工的型孔和型腔工件，如圆孔、方孔、曲线孔、小孔、深孔等。

(2) 各种工件与材料的切割，如材料的切断、切割细微窄缝。

(3) 加工各种成形刀、样板、工具、量具、螺纹等成形零件。

(4) 工件的磨削，如内外圆、平面等磨削和成形磨削。

(5) 刻写、打印铭牌和标记。

(6) 表面强化和改善，如金属表面高速淬火、渗碳及合金化等。

(7) 辅助用途，如去除断在零件内的丝锥、钻头，以及修复磨损件等。

11.1.3　电火花加工的分类

根据电火花加工过程中工具电极与工件相对运动方式和主要加工用途的不同，电火花加工可分为电火花穿孔成形加工、电火花线切割加工、电火花高速小孔加工、电火花磨削和镗磨、电火花同步共轭回转加工、电火花表面强化与刻字六大类。前五类属电火花成形、尺寸加工，是用于改变工件形状或尺寸的加工方法；后者属表面加工方法，用于改善或改变零件表面性质。其中，电火花成形、穿孔加工和电火花线切割加工应用最为广泛。

电火花成形加工机床的结构如图 11.2 所示。在工具和工件间主要只有一个相对的伺服进给运动，工具为成形电极，与被加工表面有相同的截面和相应的形状，能完成各种冲模、挤压模、粉末冶金模、各种异形孔及微孔等的穿孔加工，以及各类型腔模及各种复杂的型腔零件的型腔加工。

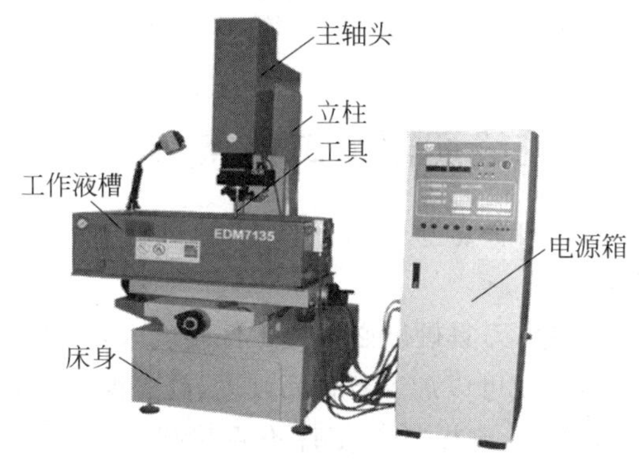

图 11.2　电火花成形机床

11.2　数控电火花线切割加工

11.2.1　数控电火花线切割加工原理

数控电火花线切割加工是在电火花加工基础上发展起来的一种工艺形式，利用电蚀加工原理，以金属导线作为工具电极切割工件，以满足加工要求。这类机床适合加工具有导电性能的材料，特别是切割淬火钢、硬质合金等高硬材料。能加工各种通透性平面曲线及细微结构，特别适用于一般金属切削机床难以加工的细缝槽或形状复杂的零件，加工精度可达 0.02～0.01mm，表面粗糙度 Ra 值可达 3.2～1.6μm，在模具行业的应用尤为广泛。

数控电火花线切割加工原理

数控电火花线切割的加工原理如图 11.3 所示。它是利用一根移动的电极丝作为工具极对工件进行切割加工的。工作时，电极丝接脉冲电源负极，工件接脉冲电源正极。脉冲电源发出一连串的脉冲电压，加到工件电极和工具电极上，电极丝与工件之间喷入具有绝缘性能的工作液。当电极丝与工件的距离小到一定程度时，在脉冲电压的作用下，工作液被击穿，在电极丝与工件之间形成瞬间放电通道，产生瞬时高温，其温度可达 8 000℃以上。高温使金属局部熔化甚至汽化而被蚀除下来。若工作台带动工件不断进给，就能切割出所需要的形状。

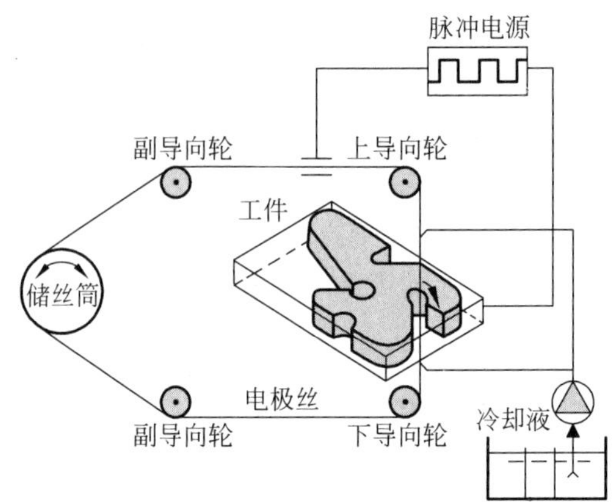

图 11.3　数控线切割加工原理图

11.2.2　数控电火花线切割加工特点

(1) 数控电火花切割加工不需要专门的工具电极，并且作为工具电极的金属丝在加工中不断移动，基本上无损耗。

(2) 传统的车、铣、钻加工中，刀具硬度必须比工件硬度大，而数控电火花线切割机床的电极丝材料不必比工件材料硬，所以可以加工各种高硬度、高强度、高韧性和高脆性的导电材料。

(3) 由于利用电蚀原理加工，电极丝与工件不直接接触，两者之间的作用力很小，因而工件的变形很小，电极丝、夹具不需要太高的强度。

(4) 采用线切割加工冲模时，可实现凸、凹模的一次加工成形。

(5) 由于电极丝较细，所以对微细异型孔、窄缝和复杂形状工件有独特的优势。

(6) 由于切缝很窄，而且只对工件进行轮廓切割加工，实际金属蚀除量很少，材料利用率高，对于贵重金属加工具有重要意义。

11.2.3　数控电火花线切割的应用

1. 电火花成形用的电极加工

一般穿孔加工的电极以及带锥度型腔加工的电极，用线切割加工比较经济，同时也可加工微细、形状复杂的电极。

2. 模具制造

适合于加工各种形状的冲裁模。一次编程后通过调整不同的间隙补偿量，就可以切割出凸模、凹模、凸模固定板、卸料板等，模具的配合间隙和加工精度通常都能达到要求。此外，数控线切割还可以加工电机转子模、弯曲模、塑压模等各种类型的模具。

3. 新产品试制及难加工零件加工

在试制新产品时，用线切割在毛坯料上直接切割出工件，由于不需另行制造模具，可大大缩短制造周期、降低成本。加工薄件时可多片叠加在一起加工。在精简制造方面，可用于加工品种多、数量少的零件，还可以加工特殊、难加工材料的零件，如凸轮、样板、成形刀具、窄缝等。

11.3 数控电火花线切割加工的设备

1. 数控电火花线切割机床分类

数控电火花线切割机床可分为高速走丝和低速走丝两大类。

高速走丝线切割机床是将电极丝绕在卷丝筒上，并通过导丝轮形成锯弓状。电机带动卷丝筒正反转，卷丝筒装在走丝溜板上，配合其正反转与走丝溜板一起在 Y 向作往复移动，使电极丝得到周期往复移动，走丝速度为 8～12m/s。电极丝使用一段时间后应及时更换，以免断丝而影响工作。

低速走丝线切割机床是用成卷铜丝做电极丝，经张紧机构和导丝轮形成锯弓状，没有卷丝筒，走丝速度一般小于 0.2m/s，为单向运动，电极丝一次性使用。因此走丝平稳无振动，损耗小，加工精度高，得到广泛使用。

目前，数控电火花线切割机床可实现多维切割、重复切割、丝径补偿、图形缩放、移位、偏转、镜像、显示、跟踪等功能。

2. 数控电火花线切割机床的组成

1）机床主体

机床主要由床身、丝架、走丝机构和 X-Y 数控工作台 4 个部分组成。钼丝绕在卷丝筒上，并经过丝架上的导轮来回高速走动，卷丝筒由电机直接驱动，通过限位开关控制正反向。工件固定在 X-Y 数控工作台上。X-Y 数控工作台分别有两台步进电机驱动，控制装置控制步进电机各自按预定的控制程序，根据火花间隙状态作伺服进给移动，切割出所需的工件。

机床主体

工作液系统

2）工作液系统

工作液由泵压送到加工区外围，由钼丝带入加工区。工作液经过滤后循环使用。

3）高频电源

高频电源能产生高频矩形脉冲，其正极加至工件，负极加至电极丝(钼丝)。脉冲信号的幅值、脉冲和脉冲宽度等可以调节，以适应不同工况的需要。

4）数控装置

数控装置是以专用的计算机为核心的控制系统。加工中控制系统按照输入的程序指令控制机床加工，其间需进行大量的插补运算、判别。变频进给系统则将加工中检测到的放电间隙平均电压反馈给控制系统，控制系统根据此反馈信号调节加工(工作台)速度。

线切割机床的主要组成部分见图 11.4。

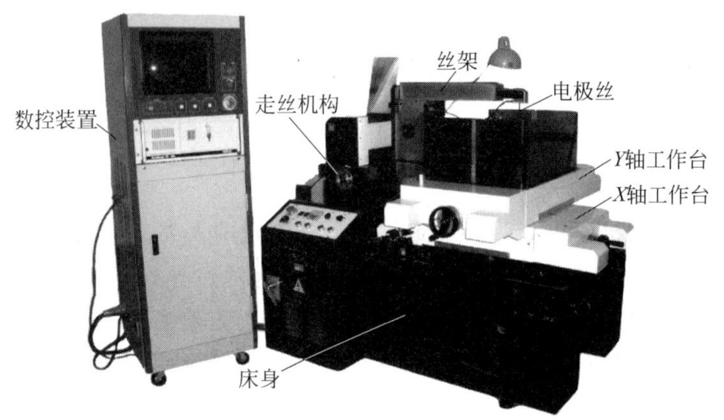

图 11.4 线切割机床示意图

3. 电极丝的选择

目前电极丝的种类很多，有纯铜丝、钼丝、钨丝、黄铜丝和各种专用铜丝。表 11.1 是电火花线切割常用的电极丝。

表 11.1 各种电极丝的特点

材质	线径/mm	特　点
纯铜	0.1～0.25	适用于切割速度要求不高的精加工时用。丝不易卷曲，抗拉强度低，容易断丝
黄铜	0.1～0.30	适用于高速加工，加工面的蚀屑附着少，表面粗糙度和加工面的平直度也较好
专用黄铜	0.05～0.35	适合于高速、高精度和理想的表面粗糙度加工以及自动穿丝，但价格高
钼	0.06～0.25	抗拉强度高，一般用于高速走丝，在进行细微、窄缝加工时也可用于低速走丝
钨	0.03～0.1	抗拉强度高，可用于各种窄缝的细微加工，但价格昂贵

11.4 数控电火花线切割加工的程序编制

11.4.1 3B 程序编制

目前国内的数控线切割机床多数使用“5 指令 3B”程序格式。

1. 程序格式

程序格式参见二维码相关视频。

3B 格式

2. 直线的编程方法

直线的编程方法参见二维码相关视频。

3. 圆弧的编程方法

圆弧的编程方法参见二维码相关视频。

例 11.1

例题参见二维码相关视频。

3B 直线编程

3B 圆弧编程

3B 编程实例

11.4.2 自动编程

1. CAXA 线切割的操作界面

图 11.5 是 CAXA 线切割 V2 软件的基本操作界面，它主要包括 3 个部分：绘图功能区、菜单系统和状态栏。

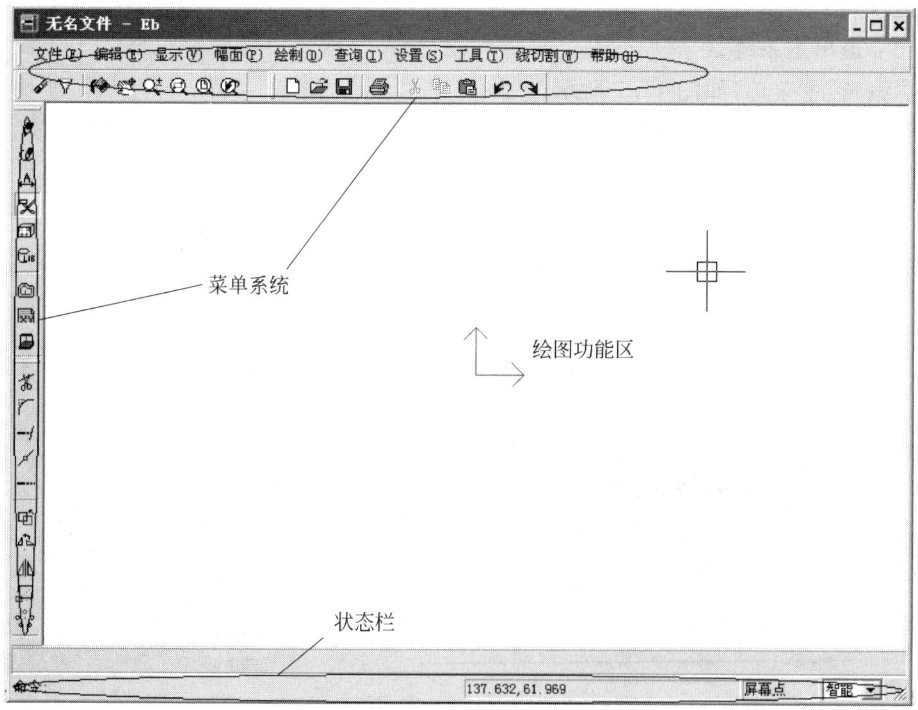

图 11.5　CAXA 线切割 V2 软件的基本操作界面

1）绘图功能区

绘图功能区是为用户进行绘图设计的工作区域，占据了屏幕的大部分面积、绘图区中央设置一个二维直角坐标系，此坐标系即为绘图时的默认坐标系，称为世界坐标系。在绘图区用鼠标或键盘输入的点，都以该坐标系为基准。其交点即为坐标原点(0,0)。

2）菜单系统

（1）主菜单

主菜单位于屏幕的上方，由"文件""编辑""显示""幅面""绘制""查询""设置""工具""线切割""帮助"等菜单组成。选择其中一项，即可弹出该选项的下拉菜单。若下拉菜单中某选项后有小三角符号标记，则表示该选项有下一级的级联菜单。

① "文件"主菜单，如图 11.6 所示。

新文件：创建新的空文件。

打开文件：打开一个已有文件。

存储文件：将当前绘制的图形以文件形式存储到磁盘上。

另存文件：将当前绘制的图形另取一个文件名存储到磁盘上。

文件检索：查找符合条件的文件。

并入文件：将一个已有的文件并入到当前文件。

部分储存：将当前文件的一部分图素储存为一个文件。

绘图输出：打印图纸。

数据接口：包括各种格式数据的读入和输出、DWG/DXF 批转换器以及接收和输出视图。

应用程序管理器：管理二次开发的应用程序。

最近文件：显示最近打开过的一些文件。

退出：退出本系统。

② "编辑"主菜单，如图 11.7 所示。

取消操作：取消上一项操作。

重复操作：取消一个"取消操作"命令。

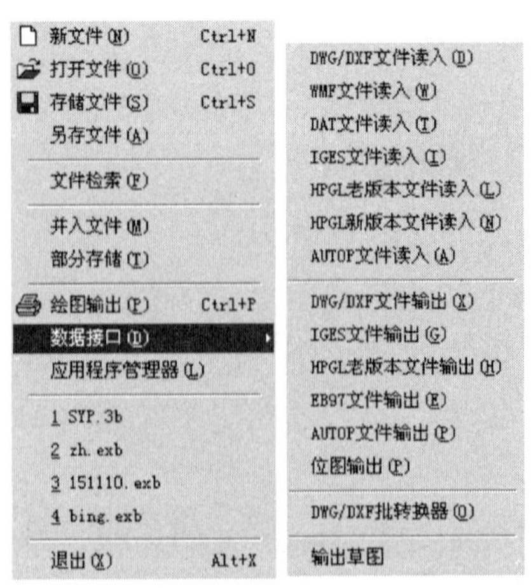

图 11.6 "文件"主菜单

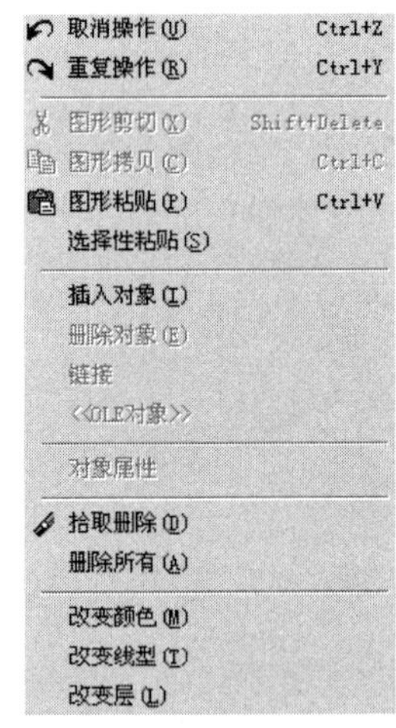

图 11.7 "编辑"主菜单

图形剪切：剪切掉选中的实体对象。

图形拷贝：拷贝选中的实体对象。

图形粘贴：粘贴实物对象。

选择性粘贴：选择剪贴板内容的属性后，再进行粘贴。

插入对象：插入 OLE 对象到当前文件中。

删除对象：删除一个选中的 OLE 对象。

链接：实现以链接方式插入到文件中的对象的有关链接的操作。

OLE 对象：显示 OLE 对象的名称以及对 OLE 对象的编辑、打开和转换。

对象属性：察看对象的属性，转换对象类型，更改对象的大小、图标、显示方式，如果选中的对象是以链接方式插入的，还可以实现对象的链接操作。

拾取删除：删除拾取到的实体。

删除所有：删除所有的系统拾取设置所选中的实体。

改变颜色：改变所拾取图形元素的颜色。

改变线型：改变所拾取图形元素的线型。

改变层：改变所拾取图形元素的图层。

③ “显示”主菜单，如图 11.8 所示。

图 11.8 “显示”主菜单

重画：刷新当前屏幕图形。

鹰眼：打开一个窗口对主窗口的显示部分进行选择。

显示窗口：用窗口将图形放大。

显示平移：指定屏幕显示中心，将图形显示平移。

显示全部：显示全部图形。

显示复原：恢复图形显示的初始状态。

显示比例：输入比例将图形缩放后重新显示。

显示回溯：取消当前显示，返回到上一次显示变换前的状态。

显示向后：返回到下一次显示变换后的状态，与显示回溯配套使用。

显示放大：按固定比例(1.25 倍)放大显示当前图形。

显示缩小：按固定比例(0.8 倍)缩小显示当前图形。

动态平移：使用鼠标拖动使整个图形跟随鼠标动态平移。

动态缩放：使用鼠标拖动使整个图形跟随鼠标动态缩放。

全屏显示：全屏显示图形。

④ “幅面”主菜单，如图 11.9 所示。

图纸幅面：设置图纸方向及图纸比例。

图框设置：调入图框、定义图框和存储图框。

标题栏：调入标题栏、定义标题栏、存储标题栏和填写标题栏。

零件序号：生成序号、删除序号、编辑序号和序号设置。

明细表：有关零件明细表制作和填写的所有功能。

⑤“绘制”主菜单，如图 11.10 所示。

基本曲线：绘制基本的直线、圆弧和样条。

高级曲线：绘制多边形、公式曲线，以及齿轮、花键和位图矢量化。

工程标注：标注尺寸、公差等。

曲线编辑：对曲线进行剪切、打断和过渡等编辑。

块操作：进行与块有关的各项操作。

库操作：从图库中提取图形以及相关的各项操作。

⑥“查询”主菜单，如图 11.11 所示。

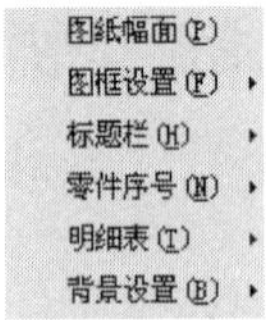

图纸幅面(P)
图框设置(F)
标题栏(H)
零件序号(N)
明细表(T)
背景设置(B)

图 11.9 “幅面”主菜单

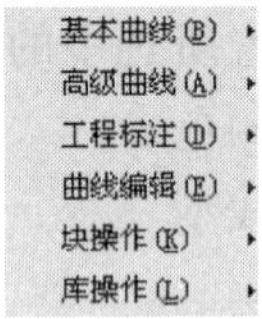

基本曲线(B)
高级曲线(A)
工程标注(D)
曲线编辑(E)
块操作(K)
库操作(L)

图 11.10 “绘制”主菜单

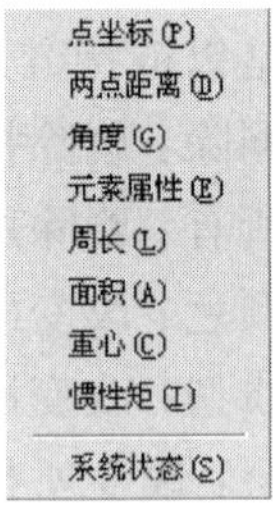

点坐标(P)
两点距离(D)
角度(G)
元素属性(E)
周长(L)
面积(A)
重心(C)
惯性矩(I)
系统状态(S)

图 11.11 “查询”主菜单

点坐标：查询各种工具点方式下点的坐标。

两点距离：查询各种工具点方式下任意两点之间的距离。

角度：查询圆弧的圆心角、两直线夹角和三点夹角。

元素属性：查询图形元素的属性。

周长：查询封闭曲线的长度。

面积：查询一个或多个封闭区域的面积。

重心：查询一个或多个封闭区域的重心。

惯性矩：查询一个或多个封闭区域相对于任意回转轴、回转点的惯性矩。

系统状态：查询系统当前的状态。

⑦“设置”主菜单，如图 11.12 所示。

线型：定制和加载线型。

颜色：设置颜色。

层控制：设置当前层、建立新层和修改层状态。

屏幕点设置：设置鼠标在屏幕上绘图区内的捕捉方式。

拾取设置：设置拾取图形元素的过滤条件和拾取盒大小。

文字参数：设置和管理字型。

标注参数：设置尺寸标注和属性。

剖面图案：选择剖面图案。

用户坐标系：设置和操作用户坐标系。

三视图导航：根据两个视图生成第三个视图。

系统配置：配置系统环境相关的参数，设定颜色、文字等的系统环境参数。

恢复老面孔：将用户界面回复到 CAXA 以前的形式。

自定义：自定义菜单和工具栏。

⑧“工具”主菜单，如图 11.13 所示。

图纸管理系统：打开图纸管理工具。

打印排版工具：打开打印排版工具。

Exb 文件浏览器：打开电子图板文档浏览器。

记事本：打开 Windows 工具记事本。

画笔：打开 Windows 工具画笔。

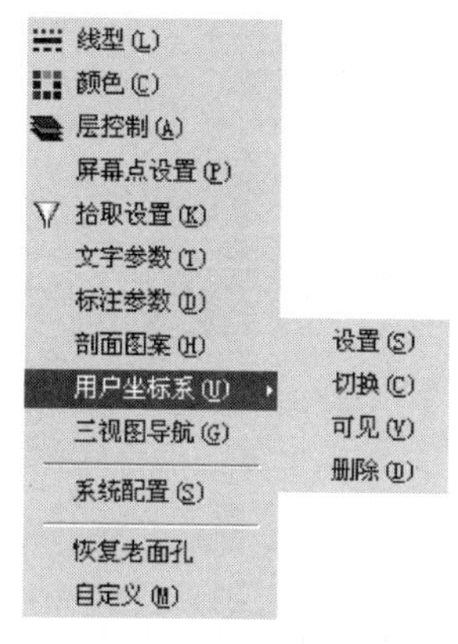

图 11.12　“设置”主菜单

图 11.13　“工具”主菜单

⑨“线切割”主菜单，如图 11.14 所示。

轨迹生成：生成加工轨迹。

轨迹跳步：用跳步方式连接所选轨迹。

取消跳步：取消轨迹之间的跳步连接。

轨迹仿真：进行轨迹加工的仿真演示。

图 11.14　“线切割”主菜单图

查询切割面积：计算切割面积。

生成 3B 代码：生成所选轨迹的 3B 代码。

4B/R3B 代码：生成所选轨迹的 4B/R3B 代码。

校核 B 代码：校核已经生成的 B 代码。

生成 HPGL：与 G 代码有关的各项操作。

查看/打印代码：查看或打印已生成的加工代码。

粘贴代码：将代码文件的内容粘贴到绘图功能区。

代码传输：传输已生成的加工代码。

R3B 后置设置：对 R3B 格式进行设置。

⑩“帮助”主菜单，如图 11.15 所示。

日积月累：介绍软件的一些操作技巧。

帮助索引：打开软件的帮助。

命令列表：查看各功能的键盘命令及说明。

服务信息：查看与售后服务有关的信息。

关于 CAXA 线切割：显示版本及用户信息。

(2) 图标工具栏

图标工具栏比较形象地表达了各个图标的功能，包括标准工具栏、常用工具栏、属性工具栏和绘图工具栏 4 个部分。读者可根据自己的习惯和要求来自定义图标工具栏，把最常用的工具放在合适的位置，以适应个人的习惯。

标准工具栏如图 11.16 所示。

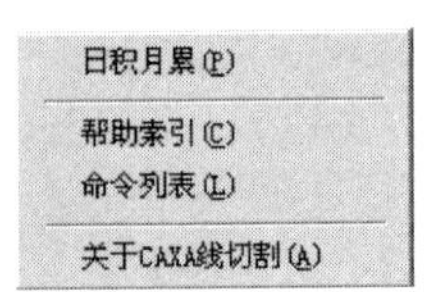

图 11.15 “帮助”主菜单

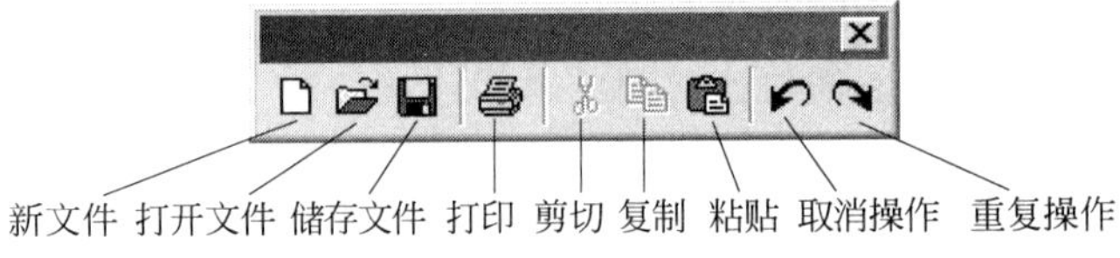

图 11.16 标准工具栏

常用工具栏如图 11.17 所示。

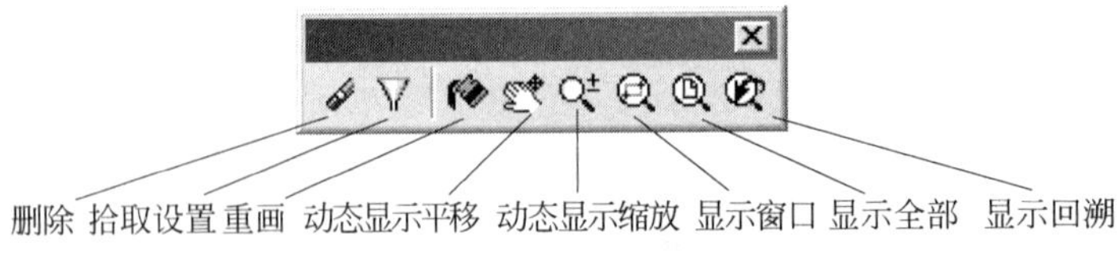

图 11.17 常用工具栏

属性工具栏如图 11.18 所示。

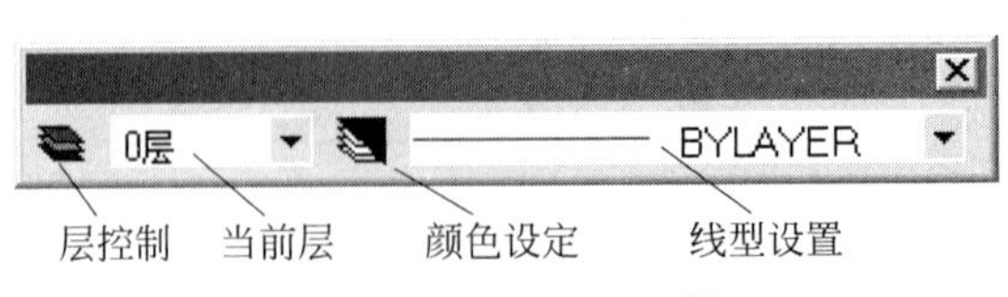

图 11.18 属性工具栏

绘图工具栏如图 11.19 所示。

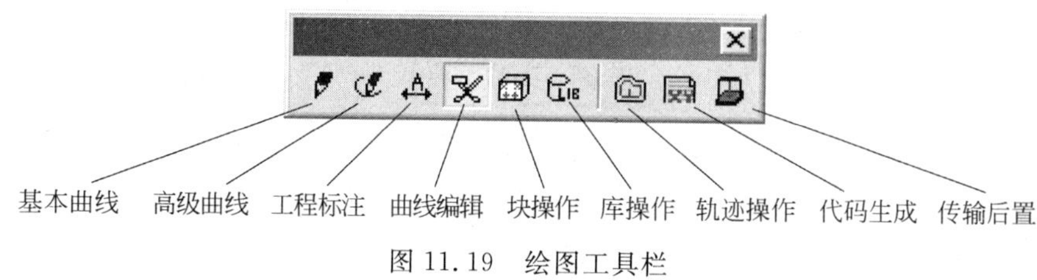

图 11.19　绘图工具栏

单击绘图工具栏中的各个命令按钮，将出现相对应的绘图工具栏，具体如下：
基本曲线工具栏如图 11.20 所示。

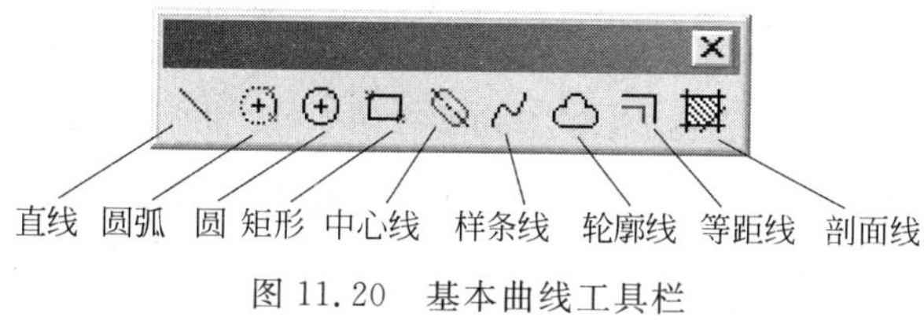

图 11.20　基本曲线工具栏

高级曲线工具栏如图 11.21 所示。

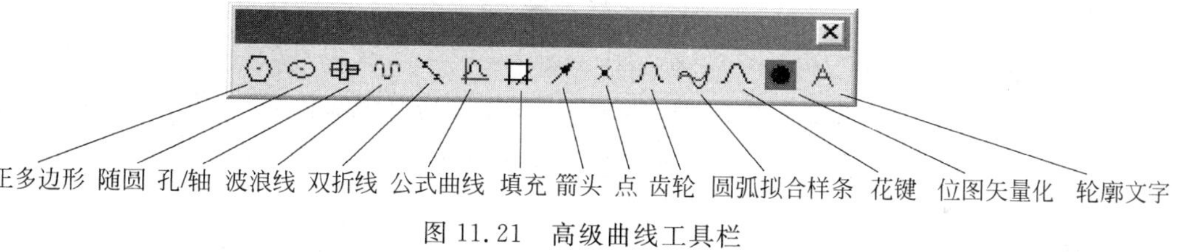

图 11.21　高级曲线工具栏

工程标注工具栏如图 11.22 所示。

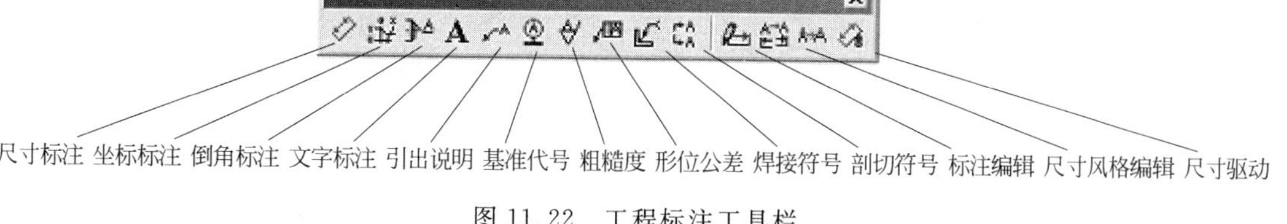

图 11.22　工程标注工具栏

曲线编辑工具栏如图 11.23 所示。

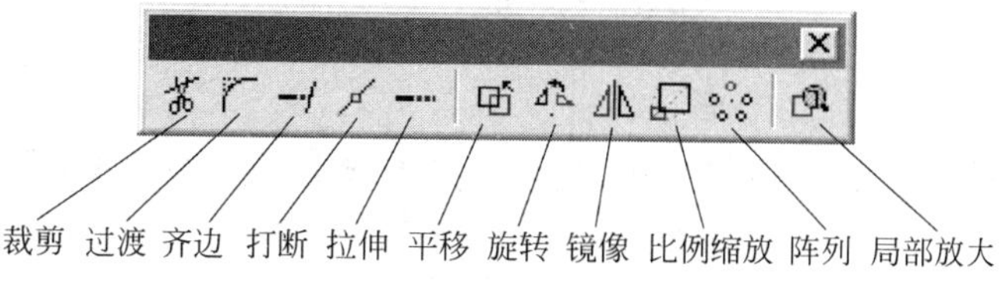

图 11.23　曲线编辑工具栏

块操作工具栏如图 11.24 所示。

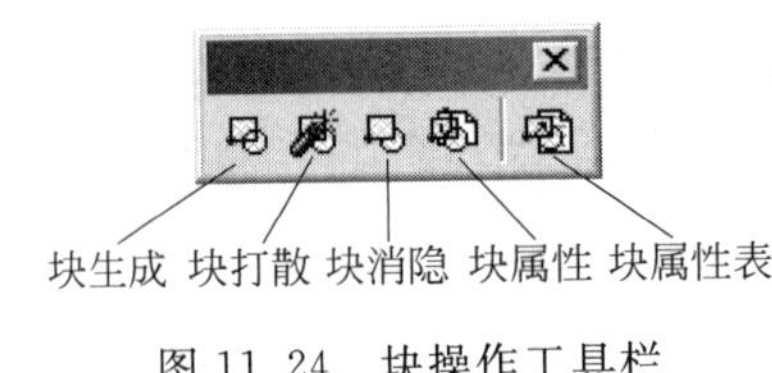

图 11.24　块操作工具栏

库操作工具栏如图 11.25 所示。

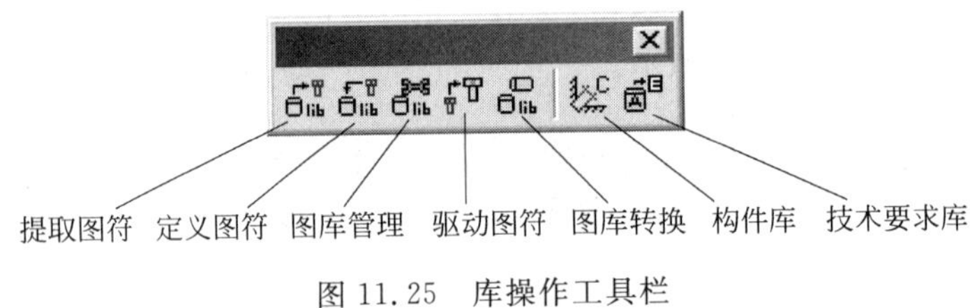

图 11.25　库操作工具栏

轨迹操作工具栏如图 11.26 所示。

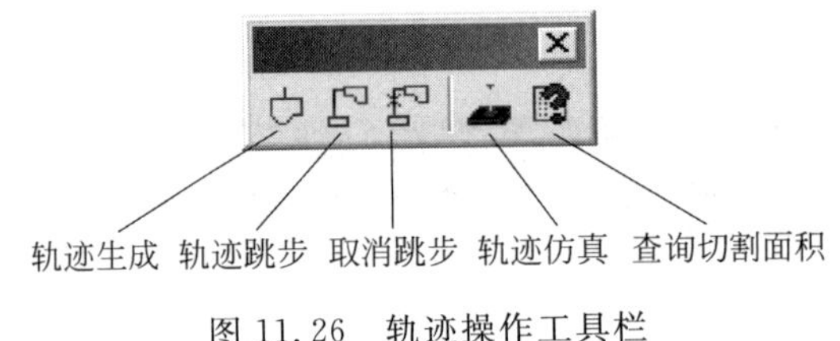

图 11.26　轨迹操作工具栏

代码生成工具栏如图 11.27 所示。

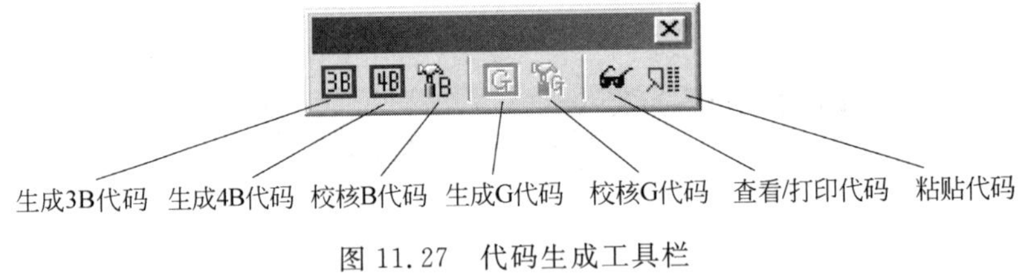

图 11.27　代码生成工具栏

传输与后置工具栏如图 11.28 所示。

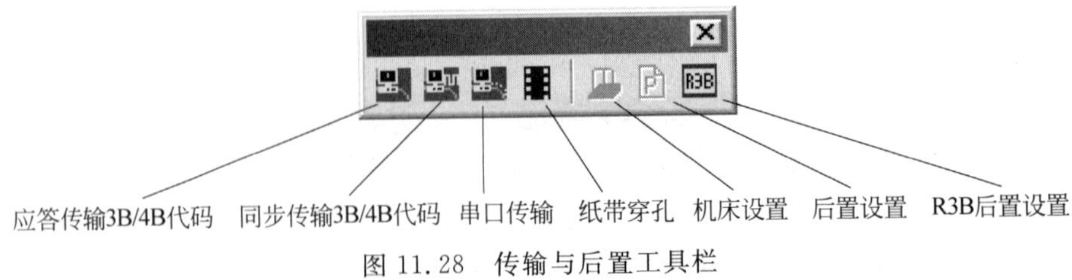

图 11.28　传输与后置工具栏

(3) 立即菜单

当系统执行某一命令时，在绘图区下方会出现一个或多个窗口构成的立即菜单，它描述的是该命令执行的各种情况和使用条件。根据当前的作图要求，选择正确的各项参数，即可作出所要的图形。图 11.29 所示为绘制圆时的立即菜单。

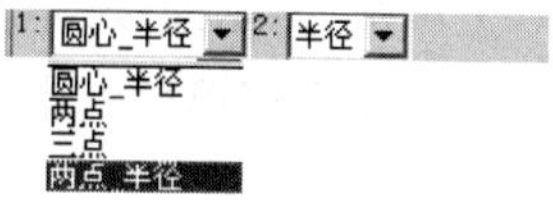

图 11.29　绘制圆时的立即菜单

(4) 工具菜单

工具菜单包括工具点菜单(见图 11.30)和拾取元素菜单(见图 11.31)。

图 11.30　工具点菜单

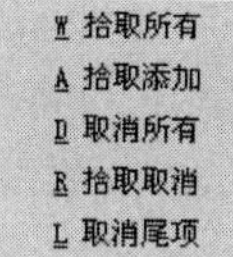

图 11.31　拾取元素菜单

3) 状态栏

图 11.32 所示为状态栏，位于屏幕的底部。它包括当前点坐标值的显示、操作信息提示、工具菜单状态提示、点捕捉状态提示和命令与数据输入 5 项。

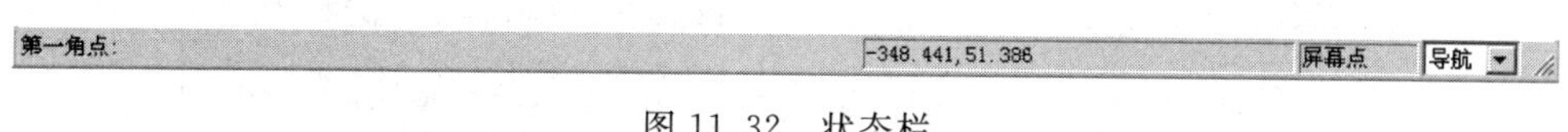

图 11.32　状态栏

2. CAXA 线切割 V2 编程实例

下面以一个简单图形的编程为例，帮助读者在最短时间内来学习和掌握该软件。在绘图及编程时，本软件有两种方法实现：一种是使用各种图标菜单，另一种是使用下拉菜单。本书使用的是第一种方法。

例 11.2　编制如图 11.33 所示的图形的 3B 程序。

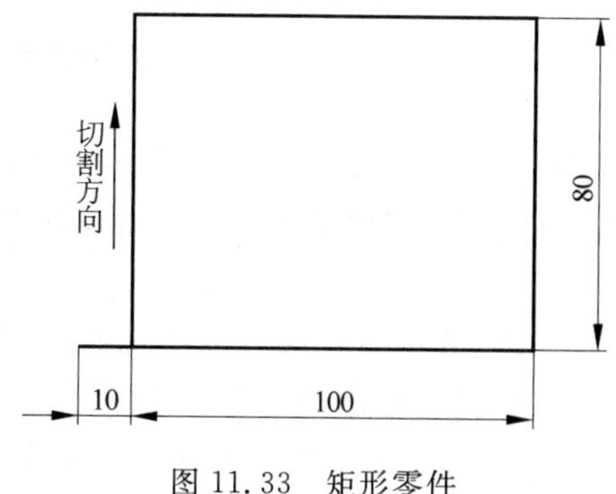

图 11.33　矩形零件

1) 绘图步骤

(1) 选择屏幕左侧的图标菜单 (基本曲线)，此时屏幕菜单出现基本曲线的工具栏。

(2) 单击“基本曲线”工具栏中的图标按钮▭(矩形)。

(3) 在立即菜单“1:”中选择“长度和宽度”选项,此时在原有位置弹出新的立即菜单,如图 11.34 所示。

在立即菜单“2:”中选择“中心定位”。

将立即菜单“3: 角度”中角度值改为 0。

单击立即菜单“4: 长度”,出现新的提示“输入实数”,输入值 200,单击 Enter 键,即矩形的长度值修改为 80mm,如图 11.35 所示。

图 11.34 绘制矩形的立即菜单

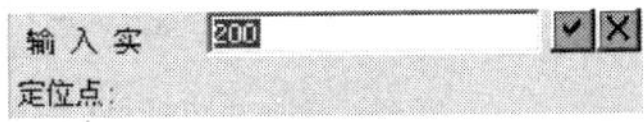

图 11.35 “输入实数”文本框

单击立即菜单“5: 宽度”,将宽度改为 100。

(4) 输入定位点(0,0)。单击 Enter 键,矩形绘制完成。右击,结束该命令。

2) 生成加工轨迹

(1) 单击屏幕左侧的图标(轨迹操作),在其下面菜单区中出现“轨迹操作”工具栏。

(2) 单击(轨迹生成),系统弹出“线切割轨迹生成参数表”对话框,如图 11.36 所示。

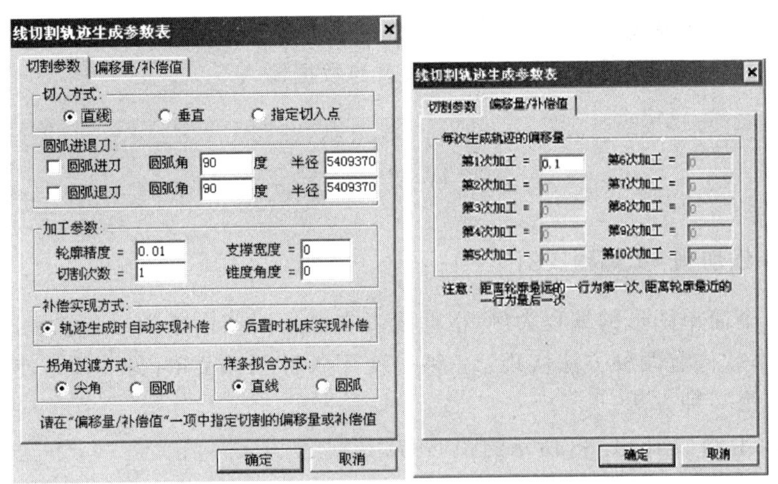

图 11.36 “线切割轨迹生成参数表”对话框

(3) 根据实际加工要求在图 11.36 中填写相应的参数,单击“确定”按钮。

(4) 此时,屏幕下方的状态栏中提示“拾取轮廓”,根据实际加工要求选择矩形的左侧的轮廓线。

(5) 被拾取的线变成红色虚线,并沿着轮廓方向出现两个相反的箭头,状态栏提示“请选择链拾取方向”,选择顺时针方向的箭头,如图 11.37 所示。

(6) 选择轮廓的切割方向后,整个矩形轮廓变为红色的虚线,并且在轮廓的法线上出现两个反向的箭头,状态栏提示“选择加工侧边或补偿方向”,根据加工要求选择指向外侧的箭头,如图 11.38 所示。

(7) 状态栏提示“输入穿丝点的位置”,键盘输入坐标(−105,−40),单击 Enter 键。

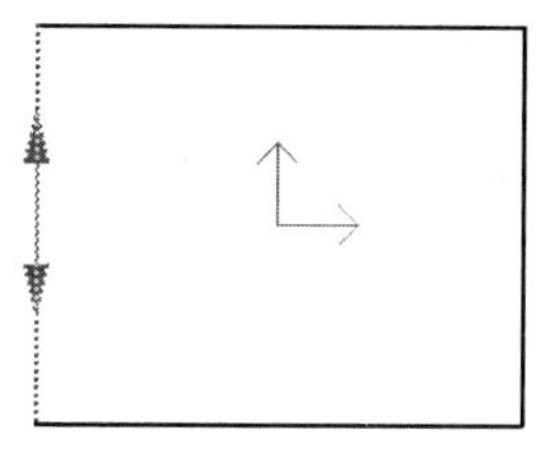

图 11.37　选择轮廓的切割方向

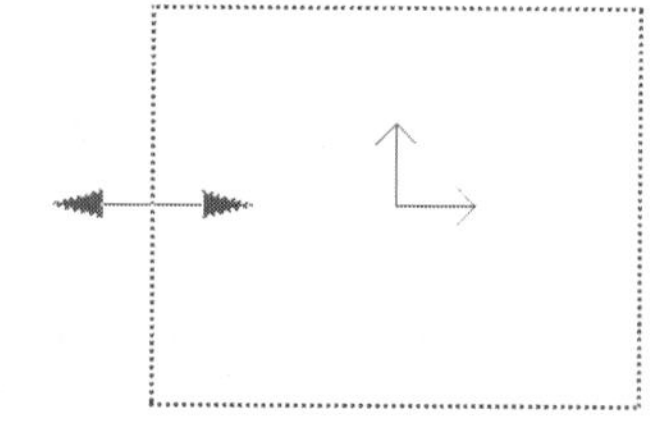

图 11.38　选择切割的侧边或补偿方向

(8) 状态栏提示“输入退出点(回车则与穿丝点重合)”,右击(或单击 Enter 键),表示穿丝点与退出点重合,此时,屏幕上出现加工轨迹,如图 11.39 所示。

(9) 按 Esc 键,结束轨迹生成命令。

3) 代码生成

(1) 单击图标按钮(代码生成),下面弹出“代码生成”工具栏。

(2) 选择图标按钮 3B ,屏幕中弹出“生成 3B 加工代码”对话框,如图 11.40 所示。

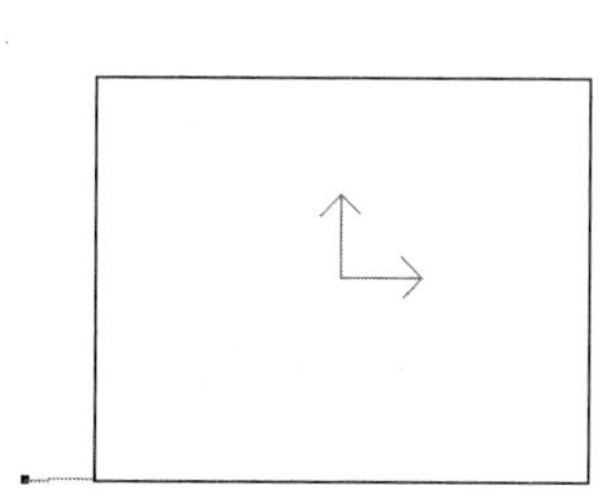

图 11.39　生成的加工轨迹

生成3B加工代码
保存在(I): 桌面
我的文档
我的电脑
网上邻居
100CANON
temp
tools
书最后定稿
新建文件夹
文件名(N): zfx
保存(S)
保存类型(T): 3B加工代码文件(*.3b)
取消

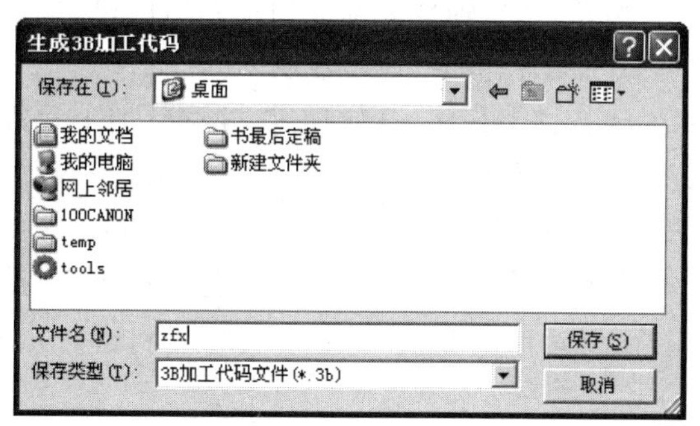

图 11.40　“生成 3B 加工代码”对话框

(3) 选择文件的存储路径后,给文件命名为 zfx,单击“保存”按钮。

(4) 此时,出现新的立即菜单,在“1:”中选择合适的指令格式,状态栏中为“拾取加工轨迹:”,如图 11.41 所示。选中绿色的加工轨迹,右击结束轨迹的拾取。

1: 对齐指令格式
2: 显示代码
3: 停机码 DD
4: 暂停码 D
拾取加工轨迹:
131.143, 118.616

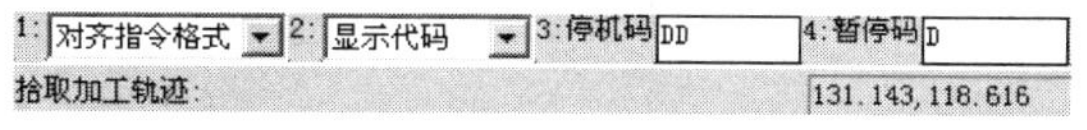

图 11.41　“生成 3B 加工代码”的立即菜单和状态栏

(5) 此时系统已经自动生成 3B 程序,并出现在记事本中,如图 11.42 所示。

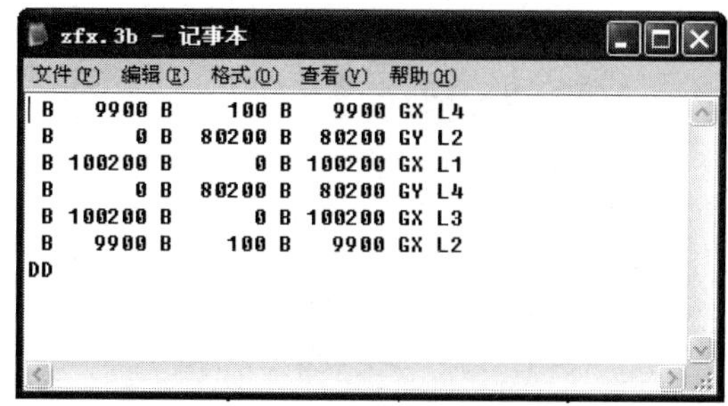

zfx.3b - 记事本
文件(F) 编辑(E) 格式(O) 查看(V) 帮助(H)
B 9900 B 100 B 9900 GX L4
B 0 B 80200 B 80200 GY L2
B 100200 B 0 B 100200 GX L1
B 0 B 80200 B 80200 GY L4
B 100200 B 0 B 100200 GX L3
B 9900 B 100 B 9900 GX L2
DD

图 11.42　代码显示窗口

11.5 数控电火花线切割加工综合实践

11.5.1 数控电火花线切割加工的操作

1. 数控电火花线切割加工步骤

加工前先准备好工件毛坯、压板、夹具等装夹工具。若需切割内腔形状工件，毛坯应预先打好穿丝孔，然后按照下面的步骤操作：

(1) 启动机床电源进入系统，编制加工程序。

(2) 检查系统各部分是否正常，如高频、水泵、卷丝筒等的运行情况。

(3) 给卷丝筒上丝、穿丝以及找正电极丝。

(4) 装夹工件，将工件装夹在合适的位置。

(5) 移动 X、Y 轴坐标确立切割起始位置。

(6) 开启工作液泵，调节泵嘴流量。

(7) 运行加工程序，开始加工，并调整加工参数。

(8) 监控运行状态，如发现工作液循环系统堵塞应及时疏通，及时清理电蚀产物，但在整个切割过程中，均不宜变动进给控制按钮。

(9) 每段程序切割完毕后，一般都应检查 X-Y 轴向拖板的手轮刻度是否与指令规定的坐标相符，以确保高精度零件加工的顺利进行，如出现差错，应及时处理，避免加工零件报废。

2. 数控电火花线切割加工的基本操作

数控电火花线切割加工的操作和控制大多是在电源控制柜上进行的，本书将以 DK77 系列的数控电火花线切割机为例进行基本操作的说明。

1) 电源的接通与关闭

(1) 打开电源柜上的电气控制开关，接通总电源。

(2) 拔出红色急停按钮。

(3) 按下绿色启动按钮，进入控制系统。

2) 绕丝操作

绕丝的路径如图 11.43 所示。

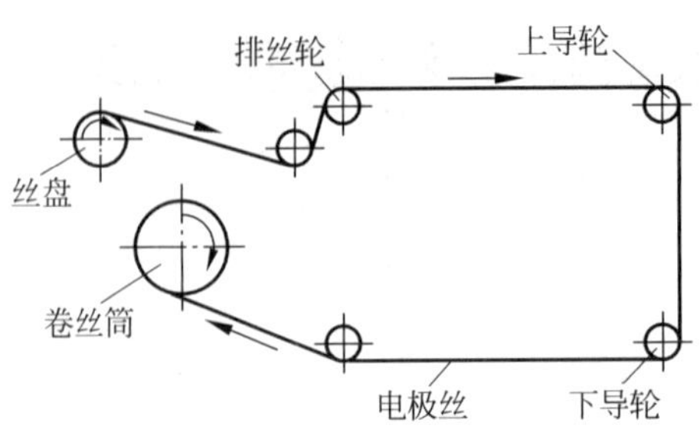

图 11.43 绕丝路径

（1）将“切割/绕丝”旋钮调到“绕丝”挡，面板上的电压表此时为绕丝电机的电压。

（2）将“走丝”按钮调到最小位置，即走丝速度为零。

（3）在“张紧调节”上选择合适的电压，即选择绕丝的松紧程度。

（4）将丝盘套在上丝电动机轴上，并用螺母锁紧。

（5）手动将卷丝筒摇至极限位置或与极限位置保留一段距离。

（6）将丝盘上电极丝一端拉出绕过上丝介轮、导轮，并将丝头固定在卷丝筒端部的紧固螺钉上。

（7）剪掉多余丝头，顺时针转动卷丝筒几圈后打开走丝按钮，并慢慢调节走丝速度，直到速度合适，开始绕丝。

（8）将丝上满到合适位置，关掉走丝按钮，剪掉多余电极丝并固定好丝头，自动上丝完成。

（9）调整卷丝筒左右行程挡块，接近极限位置时（两边各留出2～3mm宽度的丝），按下走丝停止按钮。

（10）将“切割/绕丝”旋钮调到“切割”挡，此时电压表为走丝电机的电压，进入待加工状态。

在绕丝操作中，要注意：卷丝筒上、下边丝不能交叉；绕丝电机使用后必须立即取下，以免误操作使走丝溜板撞到绕丝电机上，造成人身伤害或设备损坏。

3）卷丝筒行程调整

穿丝完毕后，根据卷丝筒上电极丝的多少和位置来确定卷丝筒的行程。为防止机械性断丝，在选择挡块确定的长度之外，卷丝筒两端还应有一定的储丝量。具体调整方法如下：

（1）打开走丝按钮，将卷丝筒转至在轴向剩下5mm左右的位置停止。

（2）松开相应的限位块上的紧固螺钉，移动限位块至接近换向开关的中心位置后固定。

（3）用同样的方法调整另一端，两行程挡块之间的距离即卷丝筒的行程。

4）程序的编制与检验

（1）在主菜单下移动光条选择菜单中的“编辑”功能。

（2）用键盘输入源程序，选择“保存”功能将程序保存。

（3）在主菜单下移动光条选择“文件”中的“装入程序”功能，可调入新文件。

（4）程序输完或调出后，选择菜单中的“切割”功能。

（5）选择“选项设置”子功能，进行有关数据修改。

（6）选择“编译”子功能，若无错误，再选择“空运转”，进行模拟加工。

5）电极丝找正

切割加工之前必须对电极丝进行找正操作，具体步骤如下：

（1）保证工作台面和找正器各面干净无损坏。

（2）打开控制柜的脉冲电源并调整放电参数，使之处于微弱状态。

（3）手动移动 X 轴或 Y 轴坐标至电极丝贴近找正器垂直面，当它们之间的间隙足够小时，会产生放电火花，并观察火花放电是否均匀。

（4）通过手动调整 U 轴或 V 轴坐标，直到放电火花上下均匀一致，电极丝即找正。

6）加工脉冲参数的选择

具体参数的选择要根据具体加工情况而定，以下是其基本的选择方法：

（1）脉冲宽度与放电量成正比。脉冲宽度越宽，每一周期放电时间所占的比例就越大，切割效率越高。此时加工较稳定，但放电间隙大。相反，脉冲宽度小，工件切割表面质量高，但切割效率较低。

（2）脉冲停歇与放电量成反比。停歇越大，单脉冲放电时间减少，加工稳定，切割效率降低，但有利于排屑。

（3）高频功率管数越多，加工电流越大，切割效率高，但工件的表面粗糙度变差。

3. 加工操作注意事项

（1）装夹工件应充分考虑装夹部位和穿丝进刀位置，保证切割路径通畅。

（2）在放电加工时，工作台架内不允许放置任何杂物以防损坏机床。

（3）在进行穿丝、绕丝等操作时，一定注意电极丝不要从导轮槽中脱出，并与导电块接触良好。

（4）合理配置工作液浓度，以提高加工效率及表面质量。

（5）切割时，控制喷嘴流量不要过大，以防飞溅。

（6）切割时要随时观察运行情况，排除事故隐患。

11.5.2 外轮廓零件的加工实例

按照图 11.44 的尺寸要求（不考虑放电间隙），完成该零件的加工。

1. 零件图工艺分析

经过分析图纸，该零件尺寸要求不高，由于原坯料是 2mm 厚的不锈钢板，因此装夹比较方便。编程时不考虑放电间隙，并留够装夹位置。

2. 确定装夹位置及走刀路线

为了减小材料内部组织及内应力对加工的影响，要选择合适的走刀路线，如图 11.45 所示。

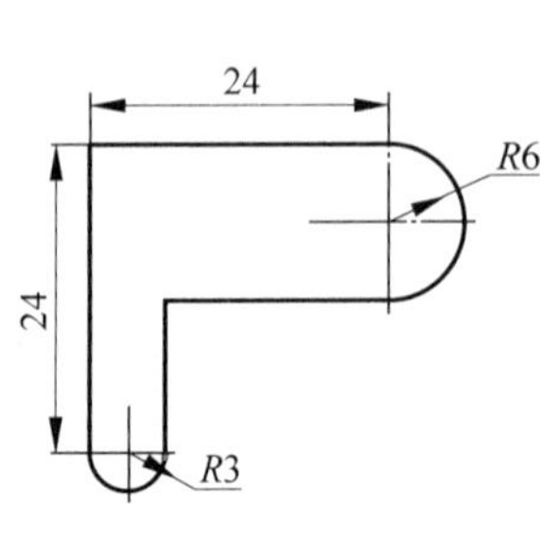

图 11.44 加工零件

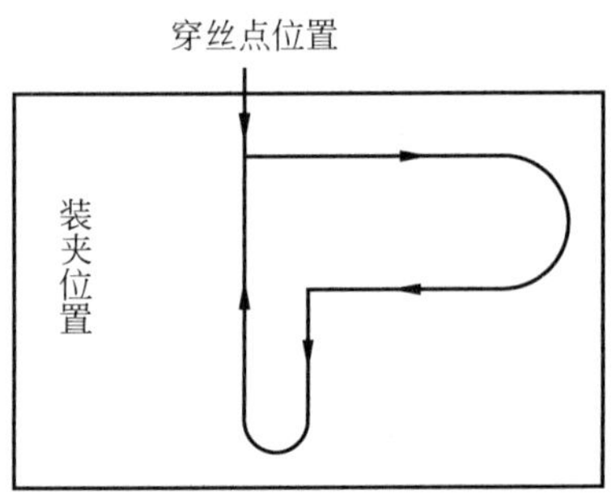

图 11.45 装夹位置走刀路线

3. 编程

该图形可用手工编程，也可用自动编程，编制程序如下：

```
B   5000 B      0 B   5000 GY  L4
B  24000 B      0 B  24000 GX  L1
B      0 B   6000 B  12000 GX  SR1
B  18000 B      0 B  18000 GX  L3
B      0 B  12000 B  12000 GY  L4
B   3000 B      0 B   6000 GY  SR4
B      0 B  24000 B  24000 GY  L2
B   5000 B      0 B   5000 GY  L2
```

4. 调试机床

调试机床应校正钼丝的垂直度(用垂直校正仪或校正模块)，检查工作液循环系统及运丝机构是否正常。

5. 装夹及加工

(1) 将坯料放在工作台上，保证有足够的装夹余量。然后固定夹紧，工件左侧悬置。
(2) 将电极丝移至穿丝点位置，注意别碰断电极丝，准备切割。
(3) 选择合适的电参数，进行切割。
(4) 冷却液选择油基型乳化液，型号为 DK-2 型。

加工时应注意电流表、电压表数值应稳定，进给速度应均匀。

11.6　快速原型制造技术

快速原型技术(rapid prototyping，RP)，又称快速成形技术。作为一种先进制造技术，1988 年诞生于美国，迅速扩展到欧洲和日本，并于 20 世纪 90 年代初期引进我国，在工程领域得到广泛应用。该技术打破了传统的制造模式，利用离散/堆积的原理，无需任何工、模具，由 CAD 模型直接驱动，快速完成任意复杂形状的原型和零件，从而大大缩短了新产品开发的周期，加快了产品更新换代的速度，极大增强了企业的市场竞争力。

11.6.1　快速原型技术的原理

快速原型技术是由产品三维 CAD 模型数据直接驱动，组装(堆积)材料单元而完成任意复杂三维实体(一般不具使用功能)的科学技术总称。其基本过程是首先完成被加工件的计算机三维模型(数字模型、CAD 模型)，然后根据工艺要求，按照一定的规律将该模型离散为一系列有序的单元。通常在 Z 向将其按一定厚度进行离散(分层、切片)，把原 CAD 三维模型变成一系列的层片的有序叠加；再根据每个层片的轮廓信息，输入加工参数，自动生成数控代码；最后由成形机完成一系列层片制造并实时自动将它们连接起来，得到一个三维物理实体。如图 11.46 所示。

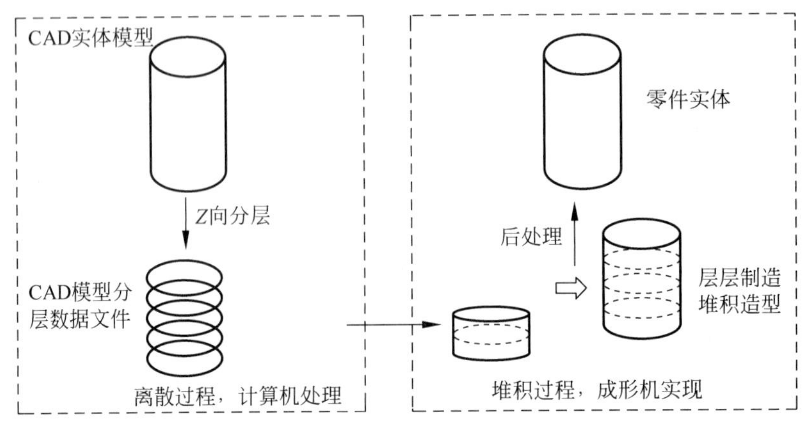

图 11.46 快速原型技术的过程

11.6.2 快速原型技术的特点

1）制造自由成型化

由于采用离散/堆积成型的原理，它可以将一个十分复杂的三维制造过程简化为二维过程的叠加，实现对任意复杂形状零件的加工。越是复杂的零件越能显示出 RP 技术的优越性。此外，RP 技术特别适合于复杂型腔、复杂型面等传统方法难以制造甚至无法制造的零件。

2）高度柔性化

无需任何专用夹具或工具即可完成复杂的制造过程，快速制造工模具、原型或零件。

3）设计制造一体化

快速成型技术实现了机械工程学科多年来追求的两大先进目标，即材料的提取过程与制造过程一体化和设计（CAD）与制造（CAM）一体化。

4）技术集成化

与反求工程（reverse engineering）、CAD 技术、网络技术、虚拟现实等相结合，成为产品迅速开发的有力工具。

5）快速性

通过对一个 CAD 模型的修改或重组就可获得一个新零件的设计和加工信息。从几个小时到几十个小时就可制造出零件，具有快速制造的突出特点。

11.6.3 几种常见的快速原型技术

1）立体光刻（stereolithography，SLA）

SLA 快速原型技术最早是由美国 3D System 公司开发的，它的工作原理是：由计算机传输的三维实体数据文件，经机器的软件分层处理后，驱动一个扫描激光头，发出紫外激光束，在液态紫外光敏树脂的表层进行扫描。液态树脂表层受光束照射的点发生聚合反应形成固态。在每一层的扫描完成后，工作台下降一个凝固层的厚度，一层新的液态树脂又覆盖在已扫描过的层表面，用刮刀准确地刮过这一新的树脂层以保证其厚度的均匀性。如果实体上有悬空的结构，处理软件可以预先判断并生成必要的支撑工艺结构。为了防止成型后的实体粘在工作台上，处理软件先在实体底部生成一个网格状的框架，以减少实体与工作台的接触面积。

构型工作全部完成后，从工作台上取出实体，用溶剂洗去未凝固的树脂，再次用紫外线进行整体照射，以保证所有的树脂都凝结牢固。

2）分层实体制造(laminated object manufacturing，LOM)

LOM 快速原型技术最早是由美国 Helisys 公司开发的。该项技术将特殊的箔材一层一层地堆叠起来，激光束只须扫描和切割每一层的边沿，而不必像 SLA 技术那样，要对整个表面层进行扫描。

目前最常用的箔材是一种在一个面上涂布了热熔树脂胶的纸。在 LOM 成型机器里，箔材由一个供料卷筒拉出，胶面朝下平整地经过造型平台，由位于另一方的收料卷筒收卷起来。每敷覆一层纸，就由一个热压辊压过纸的背面，将其粘合在平台上或前一层纸上。这时激光束开始沿着当前层的轮廓进行切割。激光束经准确聚焦，使之刚好能切穿一层纸的厚度。在模型四周和内腔的纸被激光束切割成细小的碎片以便后期处理时可以除去这些材料。同时，在成型过程中，这些碎片可以对模型的空腔和悬臂结构起支撑作用。

一个薄层完成后，工作平台下降一个层的厚度，箔材已割离的四周剩余部分被收料卷筒卷起，拉动连续的箔材进行下一个层的敷覆。如此周而复始，直至整个模型完成。

为了加快造型进程，可以每次切割两层甚至三层箔材。但是，这要求造型机器需具备功率更大的激光器，同时制作出来的模型外表会有更明显的台阶状。

LOM 工艺的后处理加工包括去除模型四周和空腔内的碎纸片，必要时还可以通过加工去除模型表面的台阶状。LOM 模型相当坚固，它可以进行机加工、打磨、抛光、绘制、加涂层等各种形式的加工。

目前用于 LOM 技术的箔材主要有涂覆纸、覆膜塑料、覆蜡陶瓷箔、覆膜金属箔等。

3）选择性激光烧结(selective laser sintering，SLS)

SLS 技术最早由美国德克萨司大学开发，并由 DTM 公司将其推向市场。

SLS 的原理与 SLA 十分相像，主要区别在于所使用的材料及其性状。SLA 所用的材料是液态的紫外光敏可凝固树脂，而 SLS 则使用粉状的材料。这是该项技术的主要优点之一，因为理论上任何可熔的粉末都可以用来制造模型，这样的模型可以用作真实的原型元件。

目前，可用于 SLS 技术的材料包括尼龙粉、覆裹尼龙的玻璃粉、聚碳酸酯粉、聚酰胺粉、蜡粉、金属粉(成型后常须进行再烧结及渗铜处理)、覆裹热凝树脂的细沙、覆蜡陶瓷粉和复蜡金属粉等。

和其他的快速原型技术一样，SLS 也是采用激光束对粉末状的成型材料进行分层扫描，受到激光束照射的粉末被烧结。当一个层被扫描烧结完毕后，工作台下降一个层的厚度，一个敷料辊又在上面敷上一层均匀密实的粉末，直至完成整个造型。在造型过程中，未经烧结的粉末对模型的空腔和悬臂部分起着支撑作用，不必像 SLA 工艺那样另行生成支撑工艺结构。

SLS 技术视所用的材料而异，有时需要比较复杂的辅助工艺过程。以聚酰胺粉末烧结为例，为避免激光扫描烧结过程中材料因高温起火燃烧，必须在造型机器的工作空间充入阻燃气体，一般为氮气。为了使粉状材料可靠地烧结，必须将机器的整个工作空间、直接参与造型工作的所有机件以及所使用的粉状材料预先加热到规定的温度，这个预热过程常常需要数小时。造型工作完成后，为了除去工件表面沾粘的浮粉，需要使用软刷和压缩空气，而这一步骤必须在闭封空间中完成，以免造成粉尘污染。

4）熔融沉积成型(fused deposition modeling，FDM)

FDM 工艺是将丝状的热熔性材料加热熔化，通过带有一个微细喷嘴的喷头挤喷出来。喷头可沿着 X 轴方向移动，而工作台则沿 Y 轴方向移动。如果热熔性材料的温度始终稍高于固化温度，而成型的部分温度稍低于固化温度，就能保证热熔性材料挤喷出喷嘴后，随即与前一个层面熔结在一起。一个层面沉积完成后，工作台按预定的增量下降一个层的厚度，再继续熔喷沉积，直至完成整个实体造型。

用于 FDM 工艺的热熔性材料一般为 ABS、蜡、聚乙烯、聚丙烯等。对于有空腔和悬臂结构的工件，必须使用两种材料：一种是上述的成型材料；另一种是专门用于沉积空腔部分的支持材料，这些支持材料在造型完成后再行除去。支持材料一般采用遇水可软化或溶解的材质，去除时只须用水泡浸清洗即可。

5）立体喷墨印刷(Ink-Jet Printing)

Ink-Jet Printing 技术采用喷墨打印的原理，将液态造型墨水由打印头喷出，逐层堆积而形成一个三维实体。该项技术的主要特点是非常精细，可以在实体上造出小至 0.1mm 的孔。为了支持空腔和悬臂结构，必须使用两种墨水：一种用于支持空腔，而另一种则用于实体造型。

美国麻省理工学院开发了一项基于立体喷墨印刷技术的“直接模壳制造”的铸造技术。这一技术随后授权于 Soligen 公司用于金属铸造。DSPC 首先利用 CAD 软件定义所需的型腔，通过加入铸造圆角、消除可待后处理时通过机加工生成的小孔等结构对模型进行检验和修饰，然后根据铸造工艺所需的型腔个数生成多型腔的铸模。

DSPC 的工艺过程是这样的：首先在成型机的工作台上覆盖一层氧化铝粉，然后一股微细的硅胶沿着工件的外廓喷射在这层粉末上。硅胶将氧化铝粉固定在当前层上，并为下一层的氧化铝粉提供粘着层。每一层完成后，工作台就下降一个层的高度，使下一层的粉末继续复敷和粘固。未粘固在模型上的粉末就堆积在模型的周围和空腔内，起着支撑作用。整个模型完成后，型腔内所充填的粉末必须去除。

11.7 激光加工

激光加工

激光是一种通过入射光子的激发使处于亚稳态的较高能级的原子、离子或分子跃迁到低能级时完成受激辐射所发出的光。由于这种受激辐射所发出的光与引起这种受激辐射的入射光在相位、波长、频率和传播方向等方面完全一致，因此激光除具有一般光源的共性之外，还具有亮度高、方向性好、单色性好和相干性好四大特性。激光的上述优异特性是普通光源望尘莫及的。由于激光的单向性好和具有很小的发散角，因此在理论上可聚焦到尺寸与光波波长相近的小斑点上。其焦点处的功率密度可达 $10^7 \sim 10^{11}$ W/cm^2，温度可高达上万摄氏度，使得利用激光对任何坚硬的材料（金属、非金属）进行打孔、切割等加工成为可能。

激光加工是目前最先进的加工技术，主要利用高效激光对材料进行雕刻和切割，主要的设备包括电脑和激光切割（雕刻）机，使用激光切割和雕刻的过程非常简单，就如同使用电脑和打印机在纸张上打印，利用多种图形处理软件（AutoCAD、CorelDRAW 等）进行图形设计之后，将图形传输到激光切割（雕刻）机，激光切割（雕刻）机就可以将图形轻松地切割（雕刻）成任何形状，并按照设计的要求进行边缘切割。

激光加工就是利用材料在激光照射下瞬时急剧熔化和气化，并产生强烈的冲击波，使熔化物质爆炸式的喷溅和去除来实现加工的。

由于激光具有宝贵特性，因此就给激光加工带来了与传统加工所不具备的可贵特点：

(1) 由于它是无接触加工，并且高能量激光的能量及其移动速度均可调，因此可以实现多种加工目的。

(2) 它可以对于多种金属、非金属进行加工，特别是可以加工高硬度、高脆性及高熔点的材料。

(3) 激光加工过程中无"刀具"磨损，无"切削力"作用于工件。

(4) 激光加工的工件热影响区小，工件热变形小，后续加工量小。

(5) 激光可通过透明介质对密闭容器内的工件进行各种加工。

(6) 激光束易于导向、聚焦从而实现各方向变换，极易与数控系统配合，对于复杂工件进行加工。因此，它是一种极为灵活的加工方法。

(7) 生产效率高，加工质量稳定可靠，经济效益和社会效益显著。

激光几乎可以对任何材料进行加工，但受到激光发射器功率的限制，目前激光工艺可进行加工的材料主要以非金属材料为主，包括有机玻璃、塑胶、双色板、竹木、布料、皮革、橡胶板、玻璃、石材、人造石、陶瓷、绝缘资料等。

在国外，自 1960 年美国贝尔实验室发明红宝石激光器以来后，激光就逐步地被应用到音像设备、测距、医疗仪器、加工等各个领域。在激光加工领域，虽然激光发射器价格非常昂贵（几十万到上百万），但由于激光加工具有保守加工所无法比拟的优势，所以在美、意、德等国家激光加工已占到加工行业 50%以上的份额。

第12章

CHAPTER 12

计算机辅助设计与制造

12.1 CAD/CAM技术概述

12.1.1 CAD/CAM技术的定义

计算机辅助设计与制造(computer aided design & computer aided manufacturing, CAD/CAM)是指以计算机作为主要技术手段,帮助人们处理各种信息,进行产品设计与制造等活动的总称。产品的生产从市场需求分析开始,需经过产品设计和制造等过程,才能将产品从抽象的概念变成具体的最终产品。这一过程具体包括产品结构设计、工艺设计、加工、装配、检测等阶段。CAD/CAM能够将传统的设计与制造这两项彼此相对独立的工作作为一个整体来考虑,实现信息处理的高度一体化。

CAD(computer aided design,计算机辅助设计)是指工程技术人员以计算机为工具,用各自的专业知识,对产品进行的总体设计、绘图、分析和编写技术文档等设计活动的总称。一般认为,CAD的功能包括草图设计、零件设计、装配设计、工程分析、自动绘图、真实感显示及渲染等。

CAPP(computer aided process planning,计算机辅助工艺设计)是指工程技术人员以计算机为工具,根据产品设计所给出的信息,对产品的加工方法和制造过程进行的工艺设计。一般认为,CAPP的功能包括毛坯设计、加工方法选择、工艺路线制定、工序设计和工时定额计算等。其中,工序设计又包含装夹设备的选择或设计,加工余量分配,切削用量选择,机床、刀具和夹具的选择,必要的工序图生成等。

CAM(computer aided manufacturing,计算机辅助制造)目前尚无统一的定义,一般而言,是指计算机在产品制造过程中有关应用的总称。CAM有广义和狭义之分。

狭义CAM通常仅指数控程序的编制,包括刀具路径的规划、刀位文件的生成、刀具轨迹仿真以及NC代码的生成等。

广义CAM一般是指利用计算机辅助从毛坯到产品制造过程中的直接和间接的活动,可分为CAM直接应用(也称在线应用)和CAM间接应用(也称离线应用)。CAM的直接应用主要包括计算机对制造过程的监视与控制。CAM的间接应用包括计算机辅助工艺设计、计算机辅助工装设计与制造、NC自动编程、计算机辅助物料需求计划编制、计算机辅助工时定额和材料定额编制、计算机辅助质量控制等。

12.1.2 CAD/CAM的主要功能

为了实现现代产品的CAD/CAM过程，需要对产品设计、制造全过程的信息进行处理，这些处理包括设计与制造中的数值计算、设计分析、绘图、工程数据库的管理、工艺设计、加工仿真等各个方面。一般而言，CAD/CAM应具备的基本功能如下。

1. 产品的计算机辅助几何建模

几何建模功能是CAD/CAM的核心功能。几何建模所提供的有关产品设计的各种信息是后续作业的基础。几何建模包括以下3部分内容：

(1) 零件的几何造型：在计算机中构造出零件的三维几何结构模型，并能够以真实感很强的方式显示零件的三维效果，供用户随时观察、修改模型。现阶段对CAD/CAM的几何造型功能的要求是，不但应具备完善的实体造型和曲面造型功能，更重要的是应具备很强的参数化特征造型功能。

(2) 产品的装配建模：在计算机中构造产品及部件的三维装配模型，解决三维产品模型的复杂的空间布局问题，完成三维数字化装配并进行装配及干涉分析，分析和评价产品的可装配性，避免真实装配中的种种问题；对运动机构进行机构内部零部件之间及机构与周围环境之间的干涉碰撞分析检查，避免各种可能存在的干涉碰撞问题。

(3) DFX分析：包括DFA(面向装配的设计)、DFM(面向制造的设计)、DFC(面向成本的设计)、DFS(面向服务的设计)等。在零部件设计时，运用DFX技术在计算机中分析和评价产品的可装配性和可制造性，可以避免一切导致后续制造困难或制造成本增加等不合理的设计。

2. 产品模型的计算机辅助工程分析

采用产品的三维几何模型和装配模型可以对产品进行深入准确的分析，这种分析的深度和广度是手工设计方法无法比拟的，并且，可以采用丰富多彩的手段把分析结果表示出来，非常形象直观。常用的工程分析内容包括：

(1) 运动学、动力学分析(kinematics & dynamics)。对机构的位移、速度、加速度以及关节的受力进行自动分析，并以形象直观的方式在计算机中进行运动仿真，从而全面了解机构的设计性能和运动情况，及时发现设计问题，进行修改。

(2) 有限元分析(finite element analysis)。结构分析常用的方法是有限元法，用有限元法对产品结构的静态特性、强度、振动、热变形、磁场、流场等进行分析计算。

(3) 优化设计(optimization)。为了追求产品的性能，不仅希望设计的产品是可行的，而且希望设计的产品是最优的。比如，体积最小，质量最轻，寿命最合理，等等。因此，CAD/CAM应具有优化设计功能，优化包括总体方案的优化、产品零件结构的优化、工艺参数的优化等。

3. 工程绘图

在现阶段，产品设计的结果往往需要用产品图样形式来表达，因此CAD/CAD系统的工程绘图功能必不可少。CAD/CAM系统应具备处理二维图形的能力，包括基本视图的生成、标注尺寸、图形的编辑及显示控制等功能，以保证生成合乎生产实际要求、符合国家标准的产品图样。

目前三维 CAD 逐渐成为主流，这要求 CAD/CAM 系统应具有二、三维图形的转换功能，即从三维几何造型直接转换为二维图形，并保持二维图形与三维造型之间的信息关联。

4. 计算机辅助工艺规程设计

计算机辅助工艺规程设计是连接 CAD 与 CAM 的桥梁。CAPP 系统应能根据建模后生成的产品信息及制造要求，自动决策出加工该产品所应采用的加工方法、加工步骤、加工设备及加工参数。CAPP 的设计结果一方面能被生产实际采用，生成工艺卡片文件；另一方面能直接输出一些信息，为 CAM 中的 NC 自动编程系统接收、识别，直接转换为刀位文件。

5. NC 自动编程

CAD/CAM 系统应具备三、四、五坐标机床的加工产品零件的能力，能够直接产生刀具轨迹，完成 NC 加工程序的自动生成。

6. 模拟仿真

模拟仿真是根据建立的产品数字化模型进行产品的性能预测、产品的制造过程和可制造性分析的重要手段。通过模拟仿真软件代替、模拟真实系统的运行，避免了现场调试带来的人力、物力的投入以及加工设备损坏的风险，减少了成本，并缩短了产品的设计周期。

7. 工程数据处理和管理

CAD/CAM 工作时涉及大量种类繁多的数据，既有几何图形数据，又有产品定义数据、生产控制数据；既有静态标准数据，又有动态过程数据，结构相当复杂。因此 CAD/CAM 系统应能提供有效的管理手段，采用工程数据库系统作为统一的数据环境，实现各种工程数据的管理，支持工程设计与制造全过程的信息流动与交换。

12.1.3 常见的 CAD/CAM 软件简介

1. Mastercam

Mastercam 是由美国 CNC Software 公司推出的基于 PC 平台上的 CAD/CAM 软件，它具有很强的编程功能，尤其对复杂曲面的加工编程，它可以自动生成加工程序代码，具有独到的优势。由于 Mastercam 主要用于数控加工编程，其零件的设计造型功能不强，但对硬件的要求不高，且操作灵活、易学易用、价格较低，受到众多企业的欢迎。本书将以 Mastercam 软件为例来介绍零件的设计与自动编程。

2. CAXA 制造工程师

CAXA 制造工程师是由我国北京北航海尔软件有限公司研制开发的全中文、面向数控铣床和加工中心的三维 CAD/CAM 软件。它基于微机平台，采用原创 Windows 菜单和交互方式,全中文界面,便于轻松地学习和操作。它全面支持图标菜单、工具条、快捷键。用户还可以自由创建符合自己习惯的操作环境。它既具有线框造型、曲面造型和实体造型的设计功能,又具有生成二至五轴的加工代码的数控加工编程功能,可用于加工具有复杂三维曲面的零件。其特点是易学易用、价格较低,已在国内众多企业、院校及研究院得到应用。

3. UGII CAD/CAM 系统

UGII 由美国 UGS 公司开发经销,不仅具有复杂造型和数控加工的功能,还具有管理复杂产品装配、进行多种设计方案的对比分析和优化等功能。该软件具有较好的二次开发环境和数据交换能力。其庞大的模块群为企业提供了从产品设计、产品分析、加工装配、检验,到过程管理、虚拟运作等全系列的技术支持。由于软件运行对计算机的硬件配置有很高要求,其早期版本只能在小型机和工作站上使用。随着微机配置的不断升级,已开始在微机上使用。目前该软件在国际 CA/CAM/CAE 市场上占有较大的份额。

4. Pro/Engineer

Pro/Engineer 是美国 PTC 公司研制和开发的软件,它开创了三维 CAD/CAM 参数化的先河。该软件具有基于特征、全参数、全相关和单一数据库的特点,可用于设计和加工复杂的零件。另外,它还具有零件装配、机构仿真、有限元分析、逆向工程、同步工程等功能。该软件也具有较好的二次开发环境和数据交换能力。

5. CATIA

CATIA 是最早实现曲面造型的软件,它开创了三维设计的新时代,它的出现,首次实现了计算机完整描述产品零件的主要信息,使 CAM 技术的开发有了现实的基础。目前 CATIA 系统已发展成从产品设计、产品分析、加工、装配和检验,到过程管理、虚拟等众多功能的大型 CAD/CAM/CAE 软件。

6. CIMATRON

CIMATRON 是以色列 Cimatron 公司提供的 CAD/CAM/CAE 软件,是较早在微机平台上实现三维 CAD/CAM 的全功能系统。它具有三维造型、生成工程图、数控加工编程等功能,具有各种通用和专用的数据接口及产品数据管理等功能。该软件较早在我国得到全面汉化,已积累了一定的应用经验。

12.1.4 CAD/CAM 技术的应用

CAD/CAM 集成化的数控编程系统已成为数控加工自动编程系统的主流。其实现加工的过程是：首先,在后置处理中配置好机床,这是正确输出代码的关键；其次,利用 CAD 技术进行工件的设计、分析和造型；然后,通过 CAM 技术对 CAD 模型数据产生刀位轨迹；最后,在后处理中自动生成 NC 代码,再经程序校验和修改形成加工程序,并通过接口传给 CNC 机床。整个过程直观方便,所有的运算由计算机完成,可保证程序的编制快速而准确。该方法适用于制造业中的 CAD/CAM 集成系统。

目前以 CAD/CAM 一体化集成形式的软件已成为数控加工自动编程系统的主流。如本章介绍的我国北航海尔软件公司的 CAXA 系列加工软件——CAXA 制造工程师及美国 CNC 公司的 Mastercam 系统等。这些 CAD/CAM 集成软件可以采用人机交互方式对零件的几何模型进行绘制、编辑和修改，产生零件的数据模型。然后对机床和刀具进行定义和选择，确定刀具相对于零件表面的运动方式、切削加工参数，便能生成刀具轨迹。最后经过后处理，即按照特定机床规定的文件格式生成加工程序。甚至利用加工轨迹的仿真功能对生产加工过程进行动态图像模拟，以检验走刀轨迹和加工程序的正确性。

12.2 Mastercam 基础知识

Mastercam 软件是设计技术人员、生产人员(含操作、管理、调试等)都有必要掌握的一种工具。

12.2.1 Mastercam 的主要功能

(1) 绘制二维、三维造型。
(2) 生成刀具路径。
(3) 生成数控程序，并模拟加工过程。

12.2.2 Mastercam 系统的工作窗口

Mastercam 系统的工作窗口如图 12.1 所示。

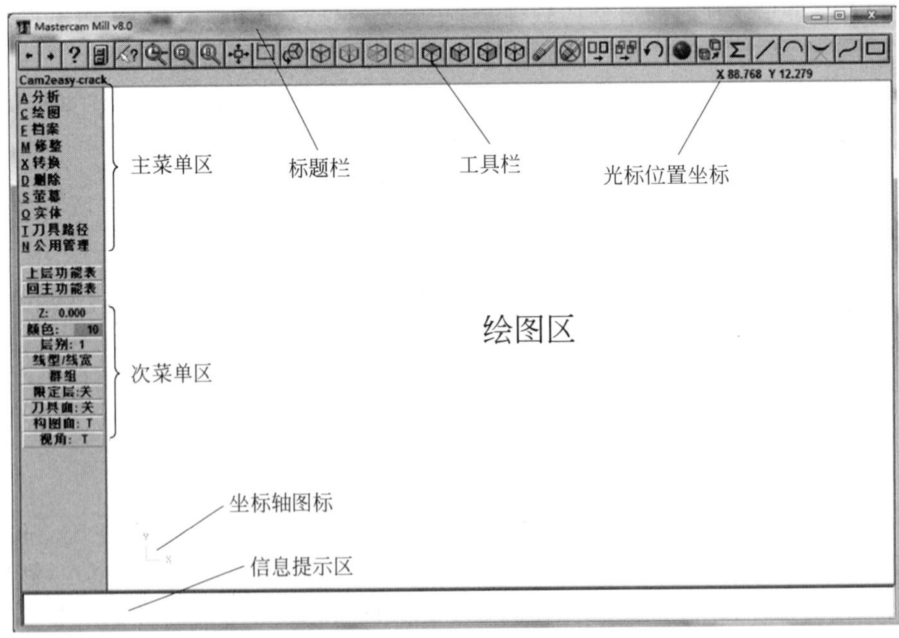

图 12.1 Mastercam 系统的工作窗口

12.2.3　Mastercam 的快捷键

Page Up：绘图视窗放大。

Page Down：绘图视窗缩小。

↑(上箭头)：绘图视窗上移(注：绘图区图形下移)。

←(左箭头)：绘图视窗左移(注：绘图区图形右移)。

→(右箭头)：绘图视窗右移(注：绘图区图形左移)。

↓(下箭头)：绘图视窗下移(注：绘图区图形上移)。

End：模型旋转。

Esc：结束正在进行的操作，并返回上一级菜单。

F1：视窗适度化。

F2：视图缩小至原视图的 0.5 倍。

F3：重画视图。

F5：显示删除菜单。

F9：显示当前坐标系。

Alt+S：曲面渲染显示/关闭。

12.2.4　Mastercam 的基本概念与基本方法

1. 文件管理

文件管理如图 12.2 所示。

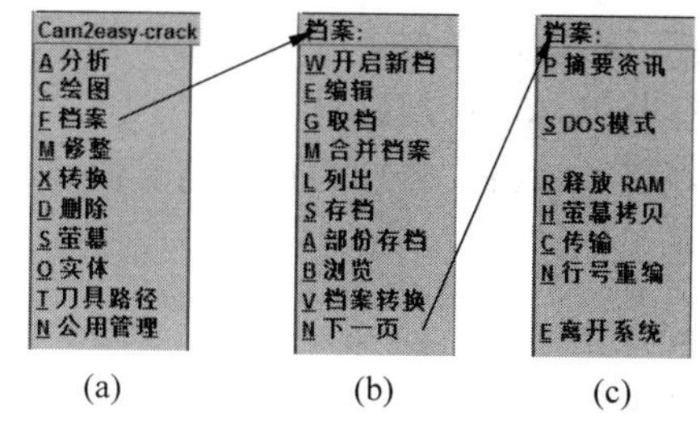

(a)　　(b)　　(c)

图 12.2　文件管理

(a) 主菜单；(b) 第一页档案菜单；(c) 第二页档案菜单

2. 基本概念

图素(Entity)：屏幕上能画出来的东西，即构成图形的基本要素：点、直线、圆弧、曲线、曲面、实体等。

图素的属性(Attributes)：每种图素都有颜色、层别、线型、线宽 4 种属性。

图素上的特征点：直线上的端点、中点、圆的中心点、象限点(即圆上 0°、90°、180°、270° 4 个位置点)、两线的交点等都是图素上的特征点。

3. 通用选择输入方法

通用选择输入方法如图 12.3 所示。

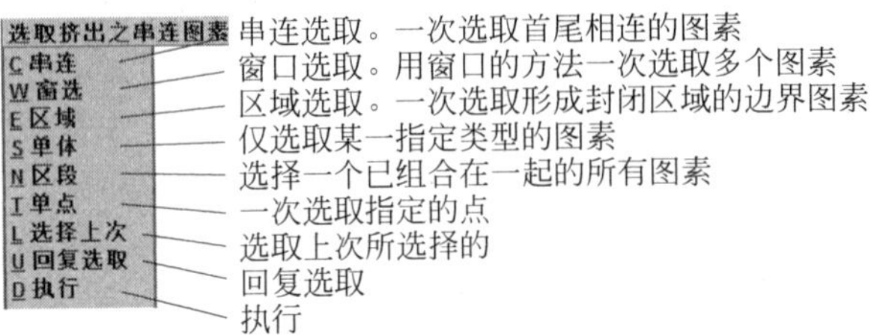

图 12.3　通用选择输入方法

4. Mastercam 的主菜单和次菜单功能

1）主菜单功能

主菜单功能如图 12.4 所示。

分析：显示绘图区已选择的图素所相关的信息。

绘图：在屏幕上绘图区绘制图形至系统的数据库。

档案：处理文档(储存、取出、编辑、打印等)。

修整：用指令修改屏幕上的图形，如倒圆角、修剪、打断等。

转换：用镜像、旋转、比例、平移、偏置等指令转换屏幕上的图。

删除：从屏幕上和系统数据库中删除图形。

屏幕：改变屏幕上显示的图形。

实体：用挤压、旋转、扫描、举升、倒圆角等方法绘制实体。

刀具路径：进入刀具路径菜单，给出刀具路径选项。

公共管理：进入公共管理菜单，编辑、管理和检查刀具路径。

2）次菜单功能

次菜单功能如图 12.5 所示。

图 12.4　主菜单

图 12.5　次菜单

工作深度：用于设置所绘制的图形所处的三维深度。

颜色设置：选取该按钮能用不同的颜色绘制图形。

层别设置：图层的设置提供了图层管理的方法。

线型/线宽：设置线的型号与宽度。

群组：将某些属性相同的几何对象设置在同一群组中。

限制层别：单击该选项后，弹出图层管理对话框。

刀具面：为刀具工作的表面进行设置。

构图面：设置用户当前要使用的绘图平面。

视角：通过该设置来观察三维图形在某一视角的投影视图。

12.2.5　Mastercam 二维图形的绘制实例

下面，通过图 12.6 所示的二维草图及图 12.7 所示的实体图的实例来简单介绍 Mastercam 的二维绘制。

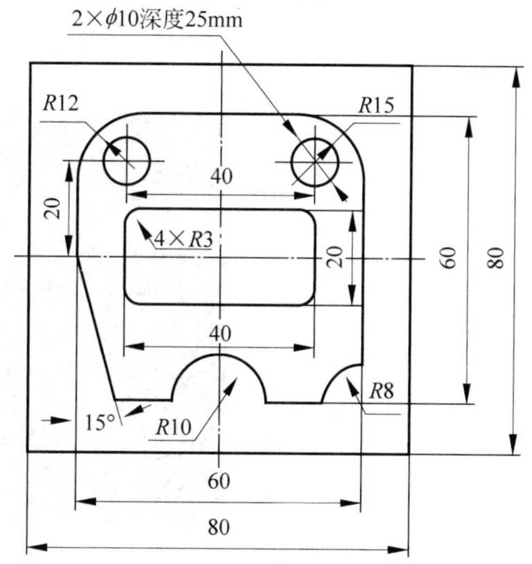

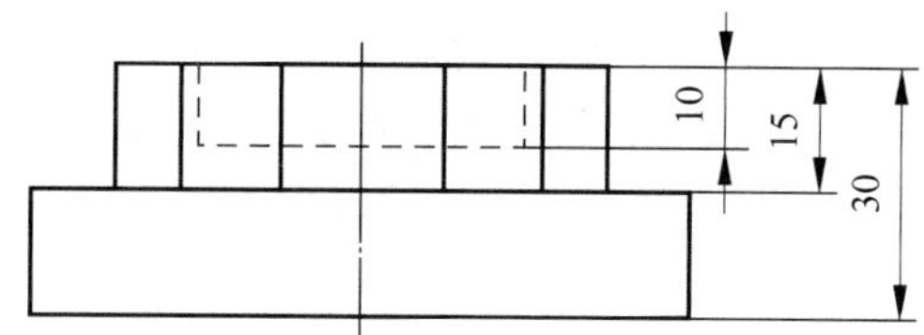

图 12.6　实例二维草图

(1) 启动 Mill9.1，按 F9 键，打开十字坐标线。

(2) 画 80×80 的正方形。依次选取“主功能表”→“绘图”→“矩形”命令，打开“矩形”菜单，如图 12.8 所示。

(3) 在图 12.8 中选择“1 一点”命令，出现如图 12.9 所示的对话框，在“矩形之宽度”后输入 80.0，在“矩形之高度”后输入 80.0，单击“确定”按钮；出现坐标原点选择，如图 12.10 所示，选择“原点(0,0)”，出现如图 12.11 所示的结果。

图 12.7　实体图

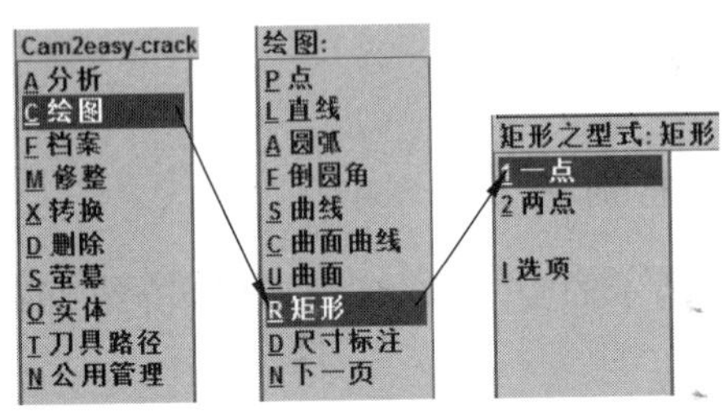

图 12.8 矩形构图命令

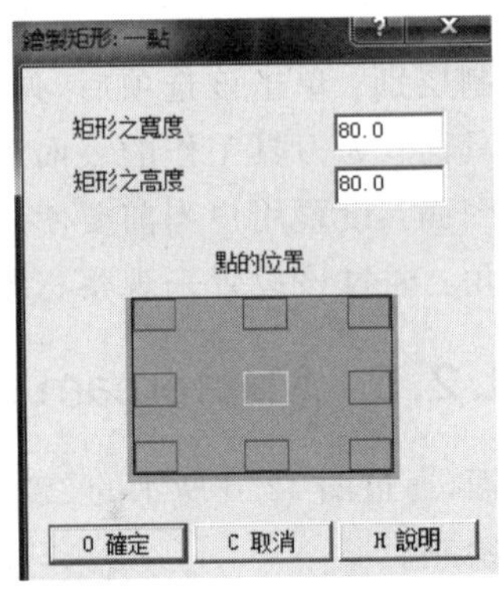

图 12.9 输入矩形尺寸

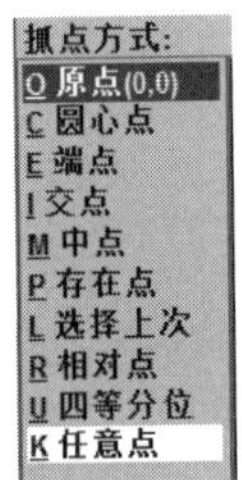

图 12.10 矩形中心坐标点选择

图 12.11 矩形图 80×80 的正方形

(4) 画 80×80 的正方形。重复步骤(1)、(2)、(3),并在第(3)步中在“矩形之宽度”后输入 60,在“矩形之高度”后输入 60,单击“确定”按钮,出现如图 12.12 所示的结果。

(5) 倒圆角。依次选取“主功能表”→“绘图”→“倒圆角”→“半径值”命令,打开“倒圆角”菜单,如图 12.13 所示。

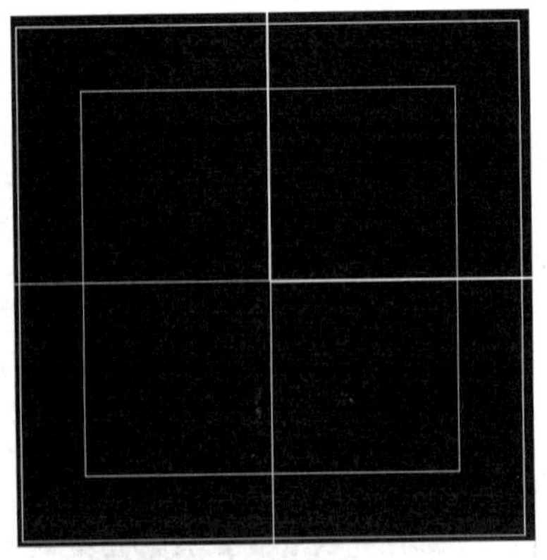

图 12.12 矩形图 80×80 和 60×60 的正方形

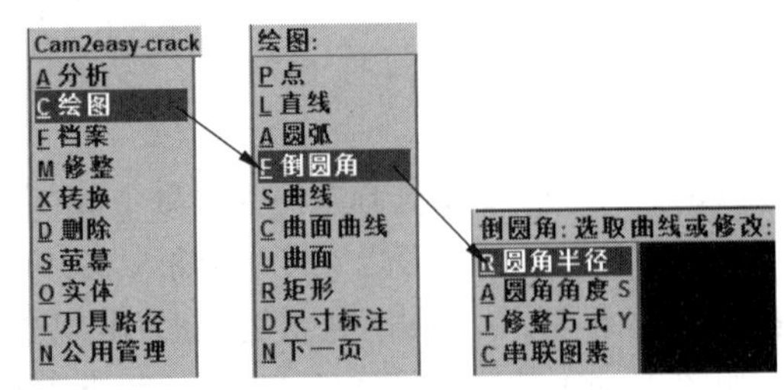

图 12.13 倒圆角构建命令

(6) 选择“圆角半径”命令，在工作界面左下角出现提示对话框，如图 12.14 所示，在对话框中输入 12，单击 Enter 键。

(7) 单击如图 12.15 所示的 1、2 两条边，得到如图 12.16 所示的结果。

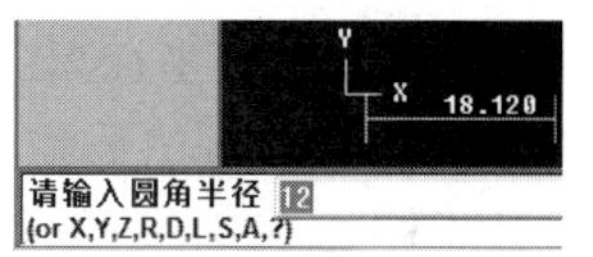

图 12.14　倒角半径值的输入

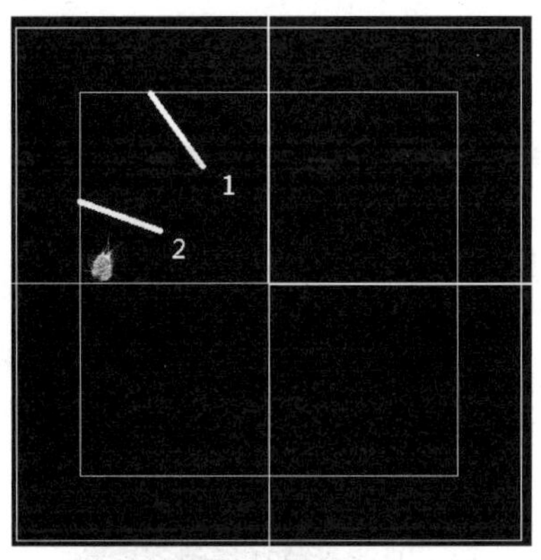

图 12.15　倒角的两条边

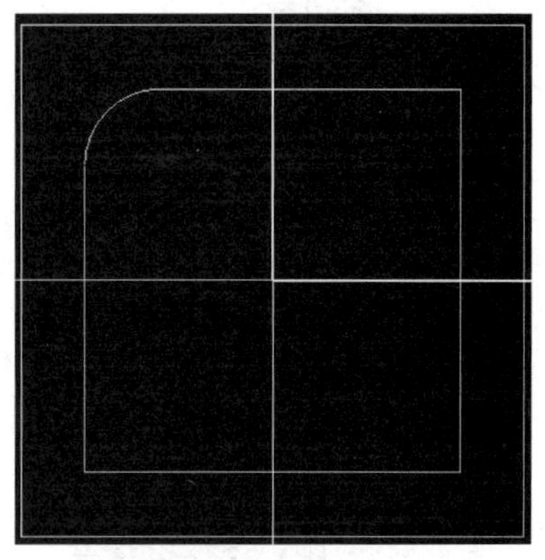

图 12.16　倒角结果

(8) 重复步骤(5)、(6)，在第(6)步中将“圆角半径值”输入 15，单击 Enter 键。

(9) 单击如图 12.17 所示的 3、4 两条边，得到如图 12.18 所示的结果。

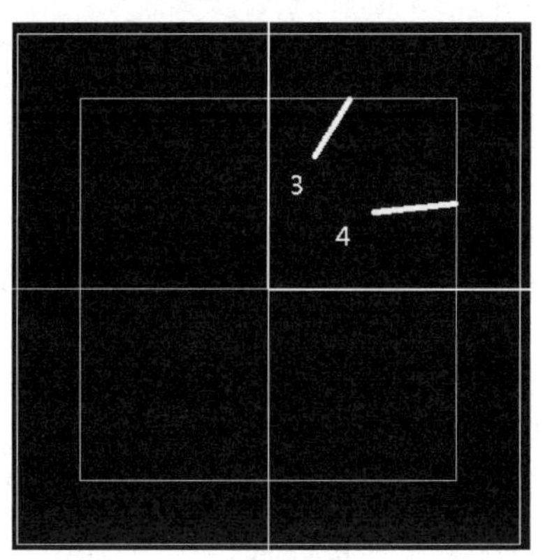

图 12.17　倒角的两条边

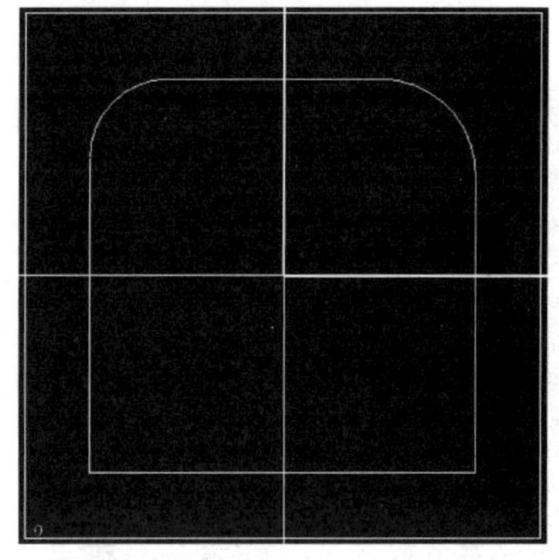

图 12.18　倒角结果

(10) 画 15°对应的那条斜边。依次选取“主功能表”→“绘图”→“直线”→“极坐标”命令，如图 12.19 所示。

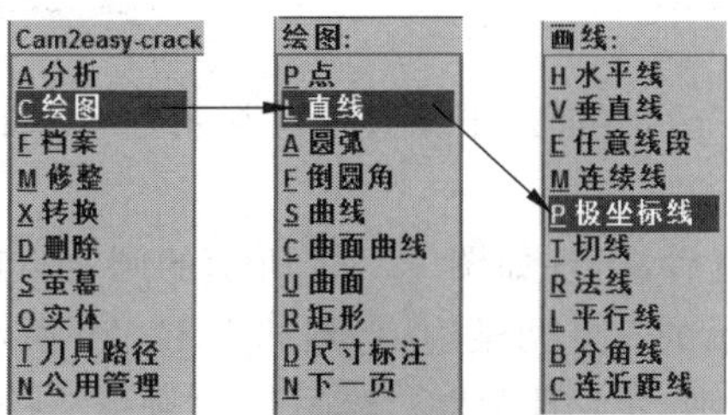

图 12.19　极坐标线构建方法

(11) 打开"极坐标"菜单，出现如图12.20所示的抓点方式，选择"任意点"方式，界面左下角出现图12.21，然后输入(−30,0)，单击Enter键；界面左下角提示角度输入，输入−75，如图12.22所示，按Enter键；界面左下角提示线段长度输入，输入60，如图12.23所示，单击Enter键，得到结果如图12.24所示。

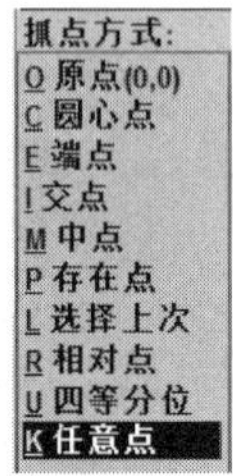

图12.20 抓点方式

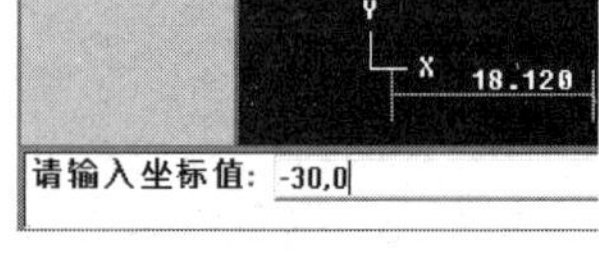

图12.21 极坐标起点坐标

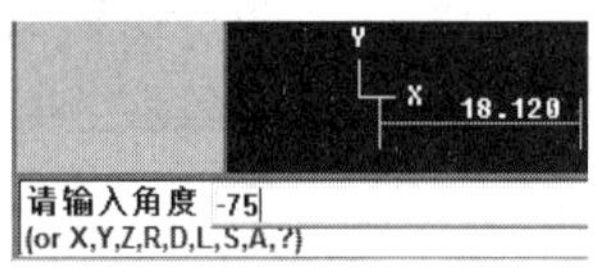

图12.22 极坐标角度

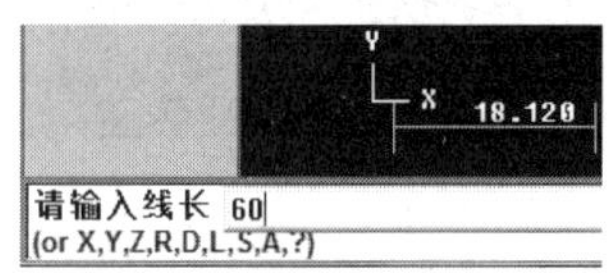

图12.23 极坐标线段长

(12) *R*8圆角。依次选取"主功能表"→"绘图"→"圆弧"→"点半径圆"命令，如图12.25所示。

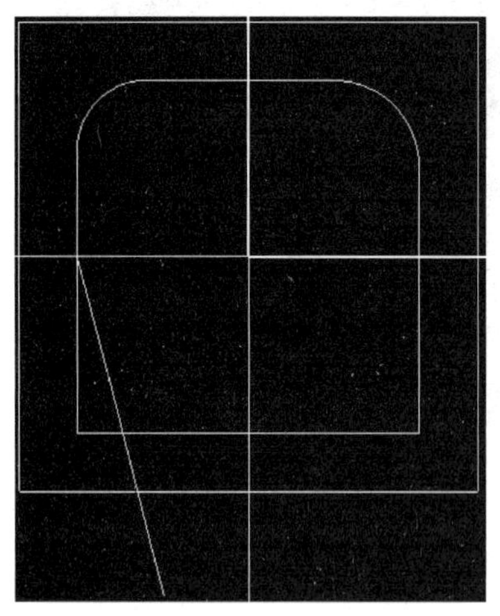

图12.24 极坐标线

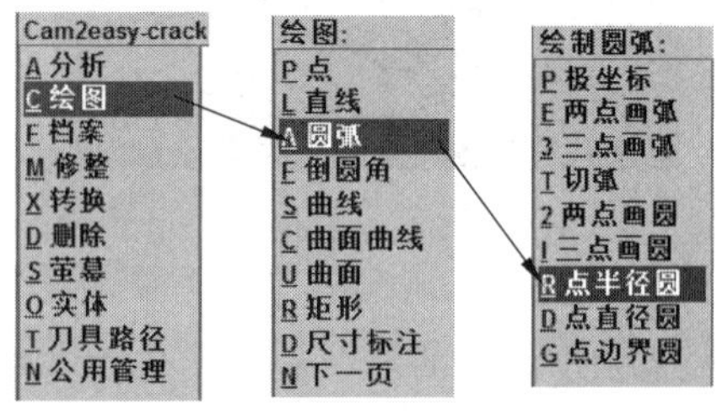

图12.25 圆的构建

(13) 在单击"点半径圆"后，界面左下角提示区提示输入圆的半径值，如图12.26所示，输入8，单击Enter键。

(14) 在输入圆的半径值后，出现如图12.27所示的圆心点的输入方式，选择"交点"输入方式，选择如图12.28所示的5、6两条边，得到如图12.29所示的结果。

(15) *R*10圆角。依次选取"主功能表"→"绘图"→"圆弧"→"点半径圆"命令，如图12.25所示。

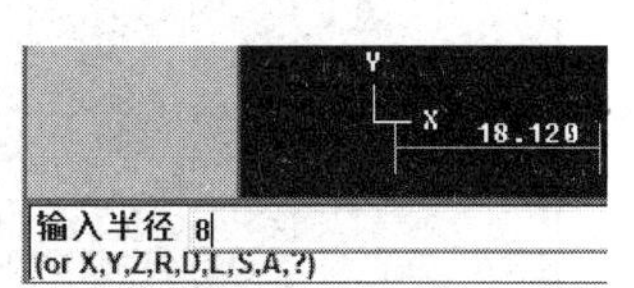

图 12.26　圆的半径输入

图 12.27　圆心的抓点方式

(16) 在选择“点半径圆”命令后，界面左下角提示区提示输入圆的半径值，如图 12.30 所示，输入 10，单击 Enter 键；在提示选择圆心点时输入坐标(0，−30)，单击 Enter 键，得到如图 12.31 所示的结果。

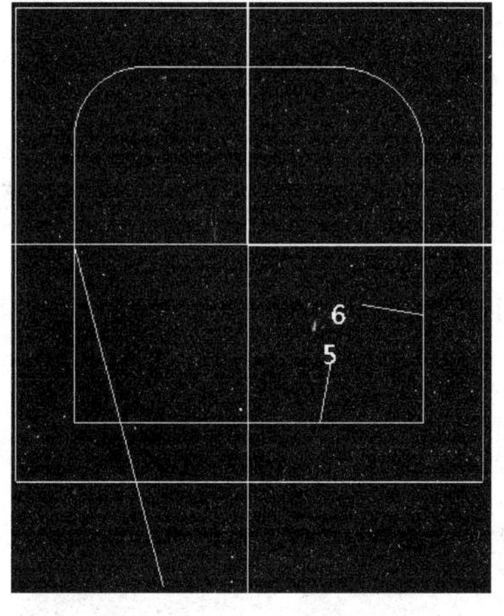

图 12.28　圆心点的选择

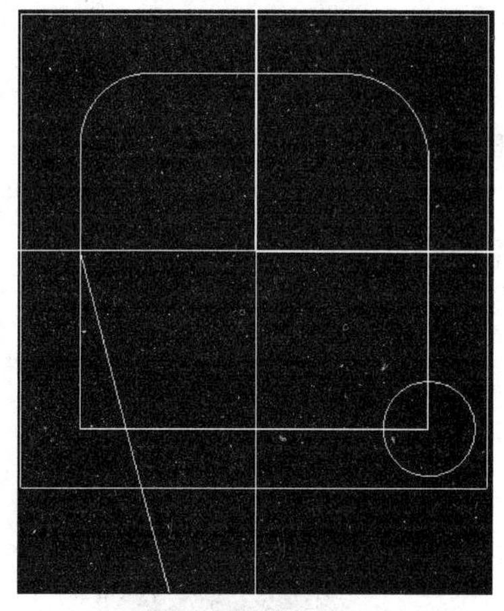

图 12.29　*R*8 圆

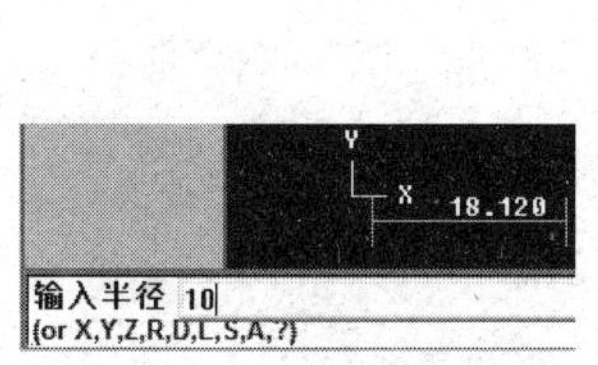

图 12.30　圆的半径输入

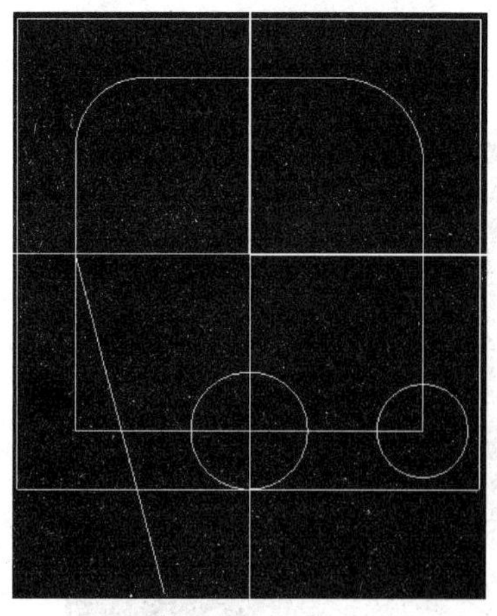

图 12.31　*R*10 圆

(17) 进行修整，结果如图 12.32 所示。

(18) 40×20 内槽。重复步骤(1)、(2)、(3)，并在第(3)步中在“矩形之宽度”后输入 40，在“矩形之高度”后输入 20，单击“确定”按钮，结果如图 12.33 所示。

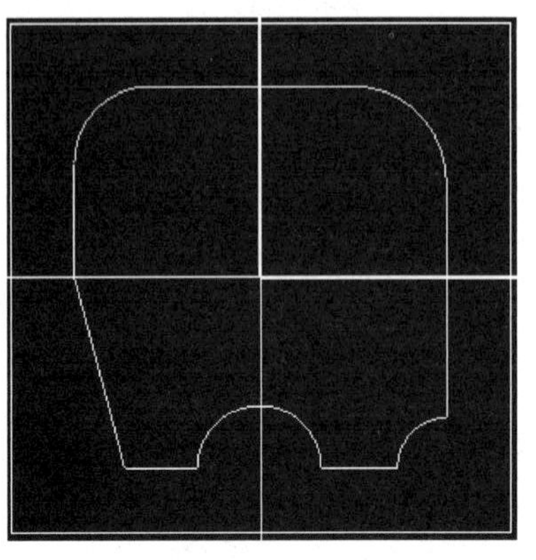

图 12.32　修整结果

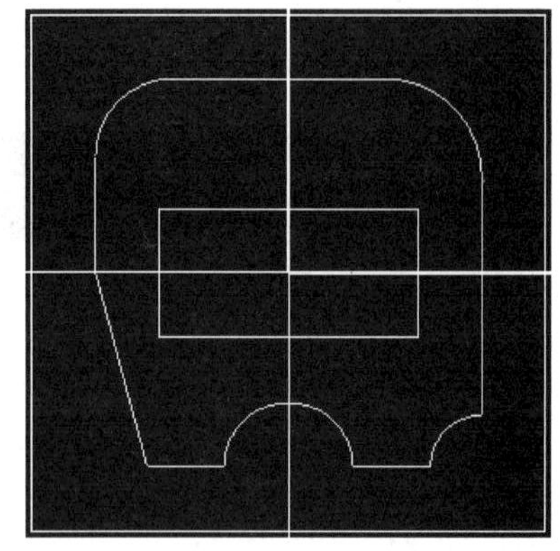

图 12.33　40×20 内槽

(19) 倒圆角。依次选取"主功能表"→"绘图"→"倒圆角"→"半径值"命令，打开"倒圆角"菜单，如图 12.13 所示。

(20) 单击"半径值"，界面左下角出现提示对话框，如图 12.34 所示，在对话框中输入 3，单击 Enter 键。

(21) 在图 12.35 中，选择"串联"方式，选择如图 12.36 所示的白线图素，选择主菜单中的"执行"命令，串联结果如图 12.37 所示。

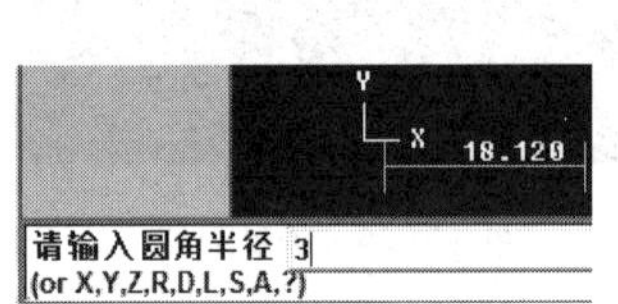

图 12.34　倒角半径

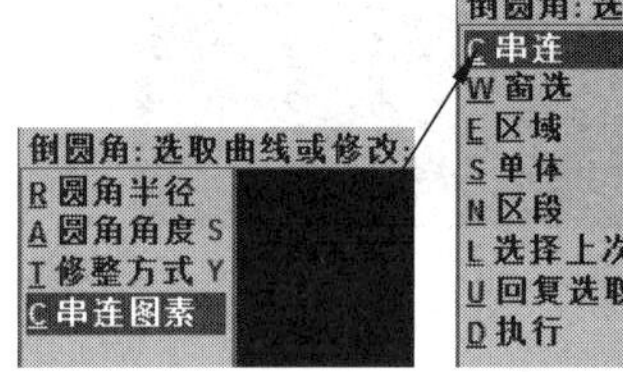

图 12.35　串联方式选择

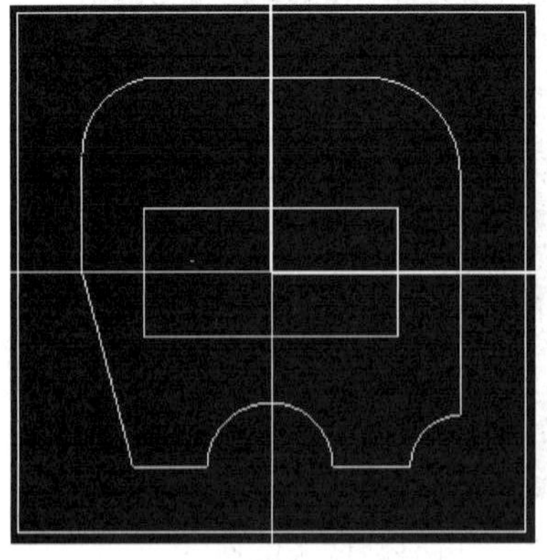

图 12.36　所选图素

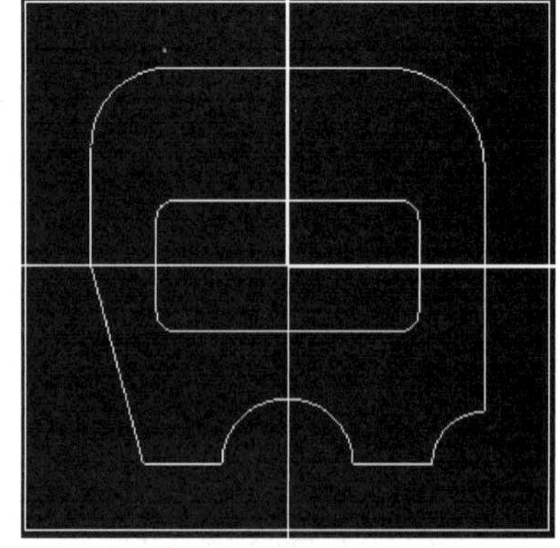

图 12.37　倒角结果

(22) 2×ϕ10 孔。依次选择"主功能表"→"绘图"→"圆弧"→"点半径圆"命令，如图 12.25 所示。

(23) 在选择"点半径圆"命令后，界面左下角提示区提示输入圆的半径值，如图 12.38 所示，输入 5，单击 Enter 键；在提示选择圆心点时输入坐标(20,20)，单击 Enter 键，得到如图 12.39 所示的结果。

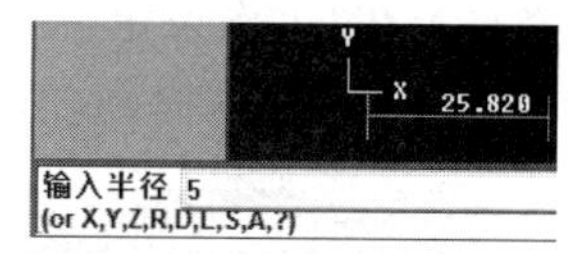

图 12.38　圆孔半径

(24) 重复步骤(22)、(23)，在提示选择圆心点时输入坐标(－20,20)，单击 Enter 键，得到如图 12.40 所示的结果。

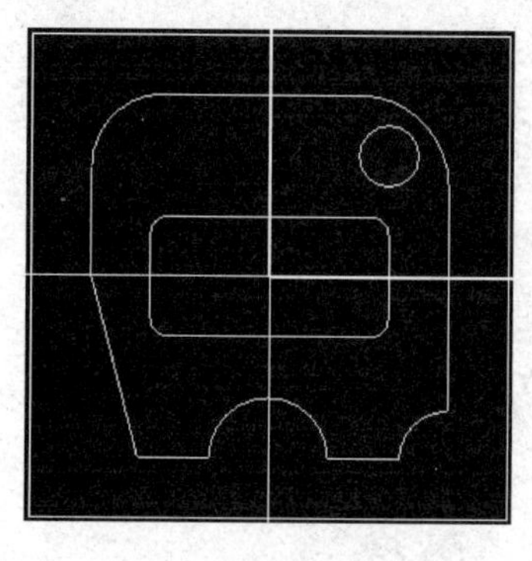

图 12.39　圆孔 1

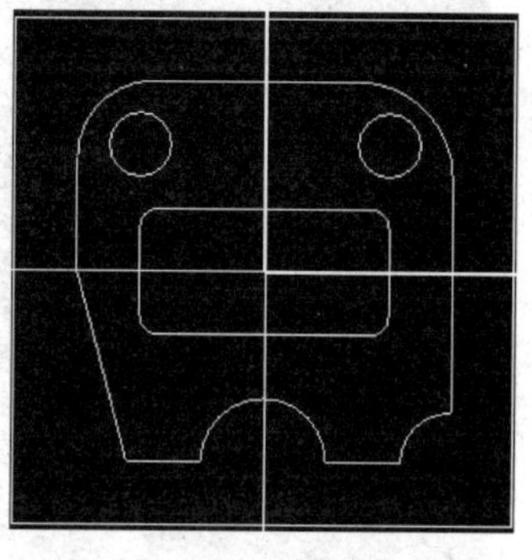

图 12.40　圆孔 2

(25) 将图 12.40 存档。单击"主功能表"→"档案"→"存档"选项，保存文件，文件名为"课后作业"。

12.2.6　Mastercam 中 CAM 运用

下面，以 12.2.5 节所绘制的"课后作业"为例，讲解 Mastercam 中 CAM 的具体运用。调出上面所绘制的"课后作业"，如图 12.41 所示。

1. 设置毛坯尺寸

(1) 根据零件的外形尺寸设置毛坯尺寸。依次选取"主功能表"→"刀具路径"→"工作设定"选项，系统弹出如图 12.41 所示的对话框。

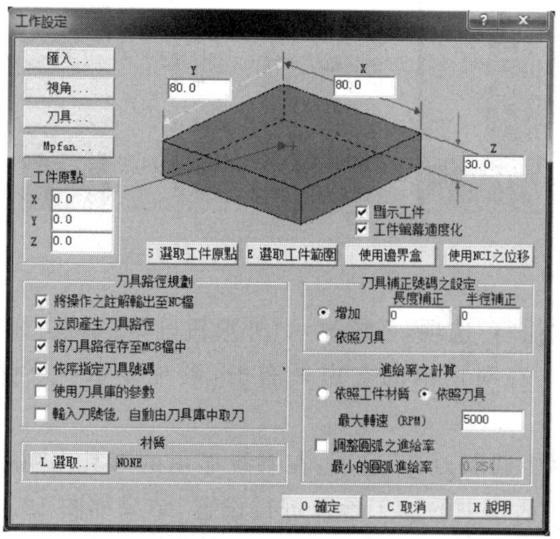

图 12.41　工作设定

(2) 在“工作设定”对话框的 Y、X、Z 框中分别输入 80、80、30，选中“显示工件”和“工件荧幕适度化”复选框，单击“确定”按钮，系统绘图区中会有红色虚线显示，如图 12.42 所示。

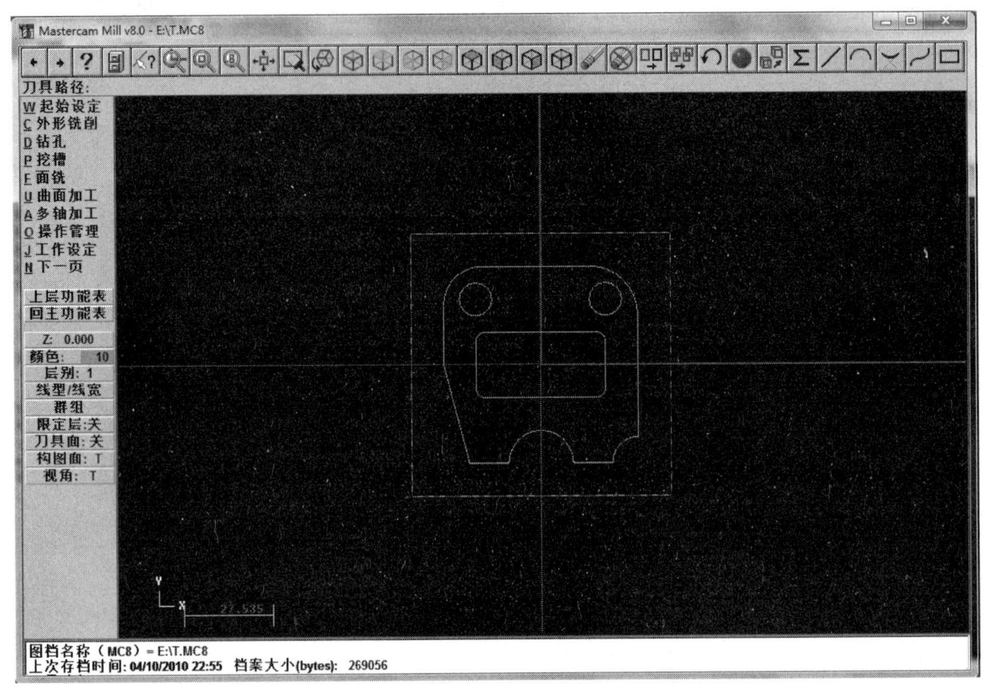

图 12.42 毛坯显示

2. 外形铣削

(1) 依次选取“主功能表”→“刀具路径”→“外形铣削”→“串联”选项，如图 12.43 所示。按要求选取如图 12.44 所示的线段，在选取线段时，要注意箭头方向，以便正确进行刀具路径的偏置设定。

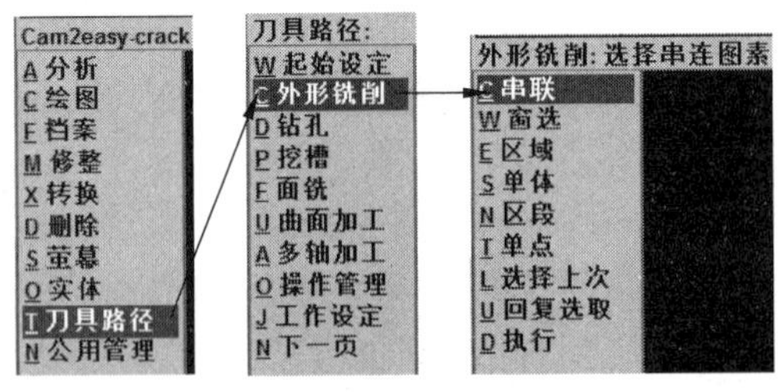

图 12.43 外形铣削选择方式

(2) 选择菜单中的“执行”选项，系统显示“外形铣削”对话框，如图 12.45 所示。

(3) 设置加工刀具。在对话框的空白处右击，系统显示一个弹出式菜单，如图 12.46 所示。

(4) 选择“从刀具库中选取刀具”选项，在系统显示的刀具库列表中选取所需用的刀具，单击“确定”按钮，并对对话框中的加工参数进行设置，结果如图 12.47 所示。

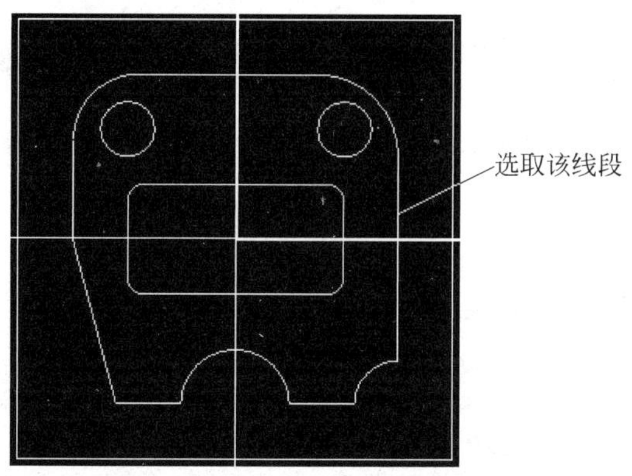

图 12.44　选取线段

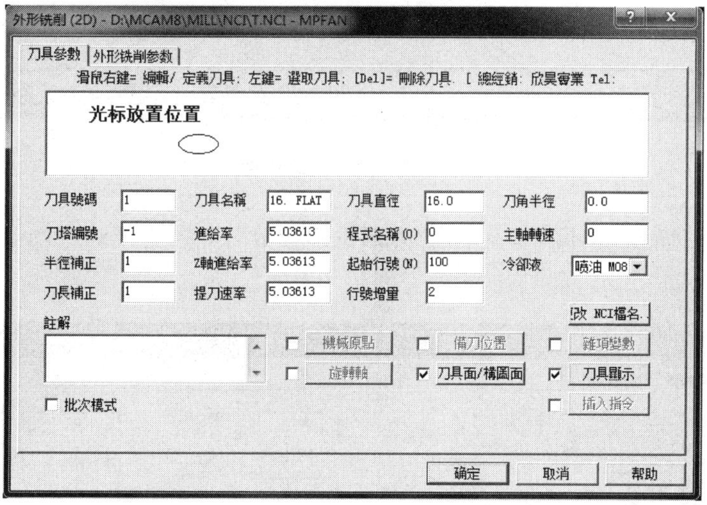

外形铣削 (2D) - D:\MCAM8\MILL\NCI\T.NCI - MPFAN
刀具參數 | 外形铣削參数
滑鼠右鍵= 編輯/ 定義刀具; 左鍵= 選取刀具; [Del]= 刪除刀具 [總經銷: 欣昊睿業 Tel:
光标放置位置
刀具號碼 1　刀具名稱 16. FLAT　刀具直徑 16.0　刀角半徑 0.0
刀塔編號 -1　進給率 5.03613　程式名稱(O) 0　主軸轉速 0
半徑補正 1　Z軸進給率 5.03613　起始行號(N) 100　冷卻液 噴油 M08
刀長補正 1　提刀速率 5.03613　行號增量 2
改 NCI檔名.
註解
機械原點　備刀位置　雜項變數
旋轉軸　刀具面/構圖面　刀具顯示
批次模式　插入指令
确定　取消　帮助

图 12.45　“外形铣削”对话框

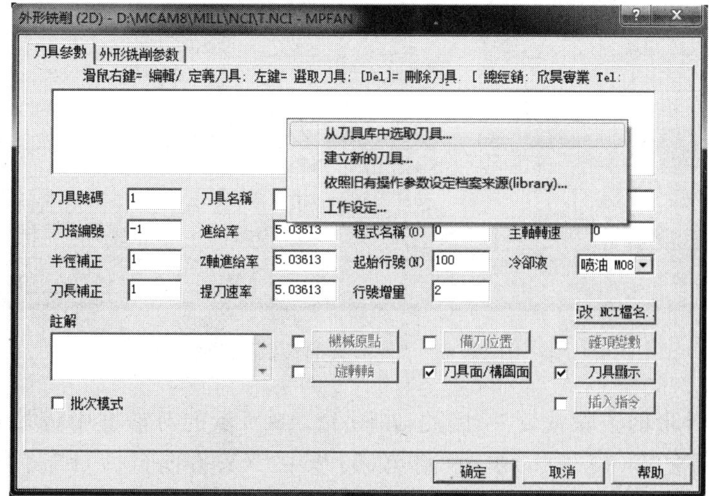

图 12.46　刀具选取方式

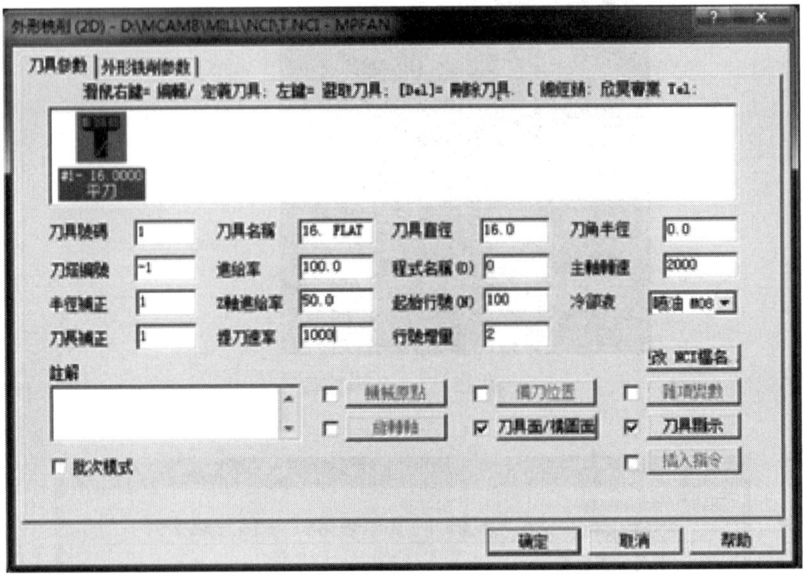

图 12.47 “刀具参数”设置

(5) 在图 12.47 所示对话框中单击“外形铣削参数”标签，完成对应的参数设置，结果如图 12.48 所示。

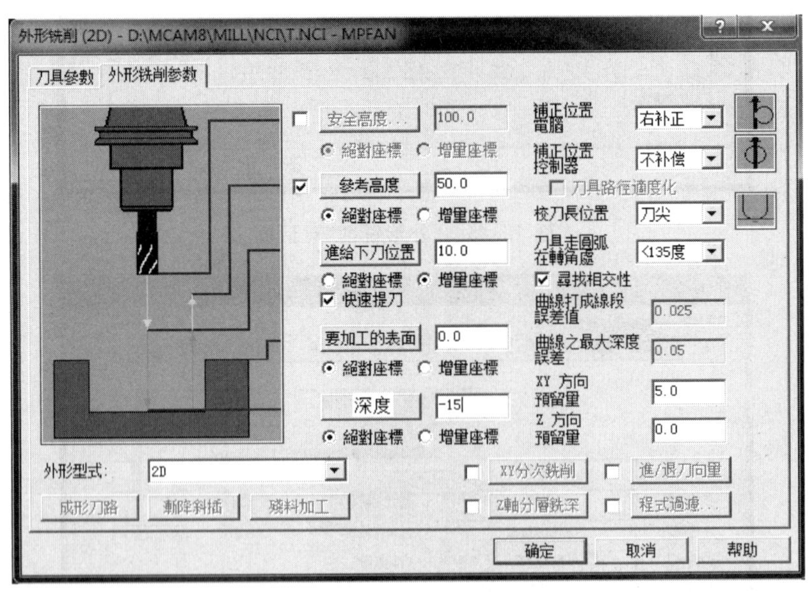

图 12.48 “外形铣削参数”设置

(6) 考虑到外形的去除量较大，因此，在图 12.48 所示的对话框中将“XY 方向预留量”设为 5.0；然后重复第(1)～(5)步，并将第(5)步中“XY 方向预留量”设为 0，如图 12.49 所示。

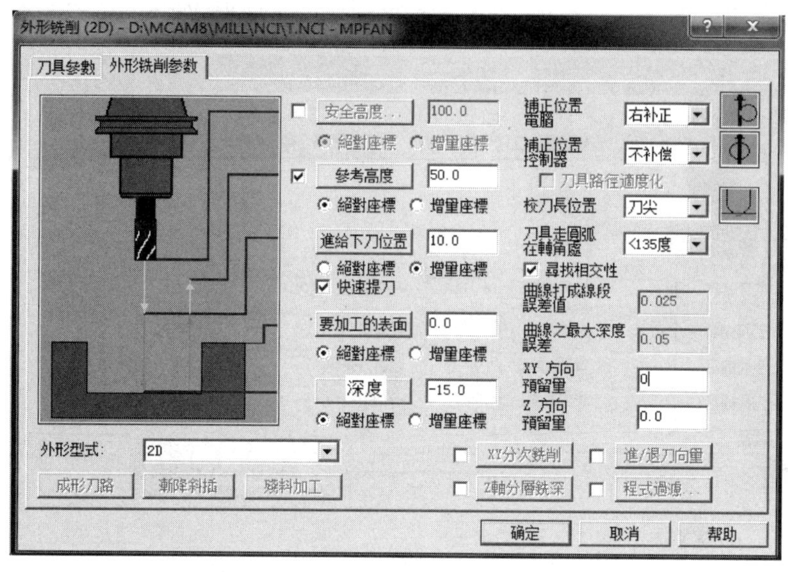

图 12.49　XY 方向没有预留量的外形铣削参数

3. 挖槽铣削

(1) 依次选取"主功能表"→"刀具路径"→"挖槽"→"串联"选项，如图 12.50 所示，按要求选取如图 12.51 所示的线段。

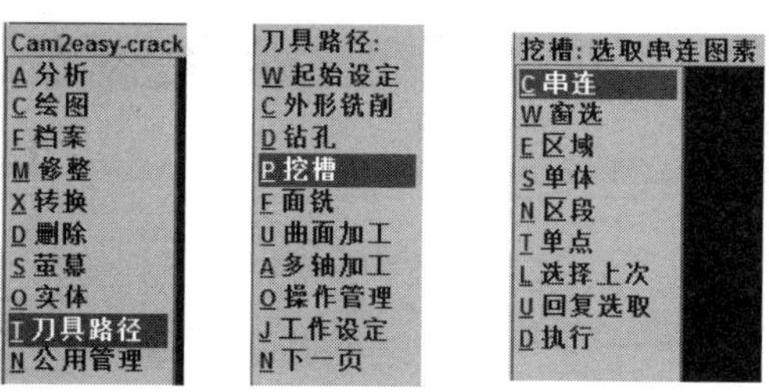

图 12.50　挖槽铣削方式

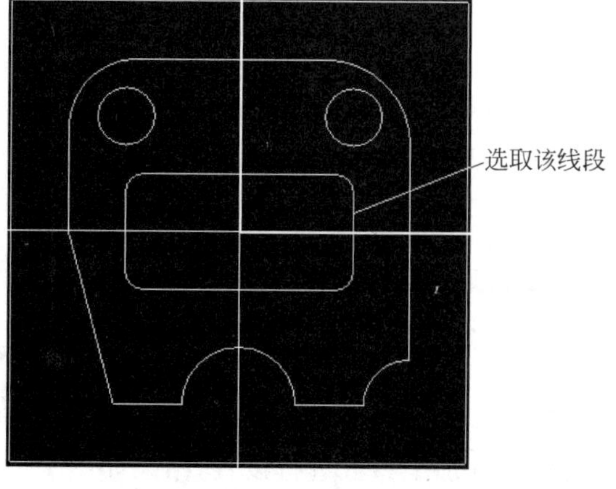

图 12.51　挖槽所选线段

(2) 选择菜单中的“执行”选项，系统显示挖槽铣削对话框，如图 12.52 所示。

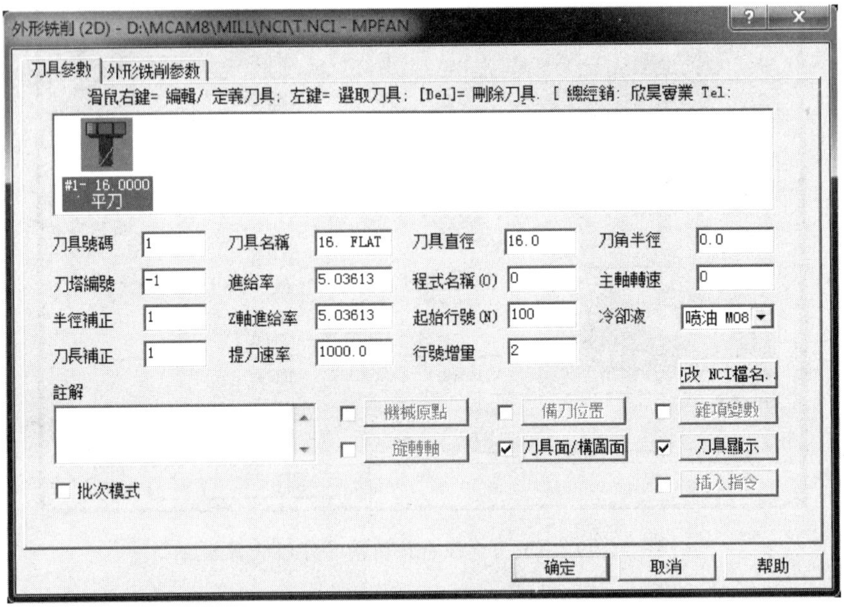

图 12.52 挖槽对话框

(3) 设置加工刀具。在对话框的空白处右击，系统显示一个弹出式菜单，如图 12.53 所示。

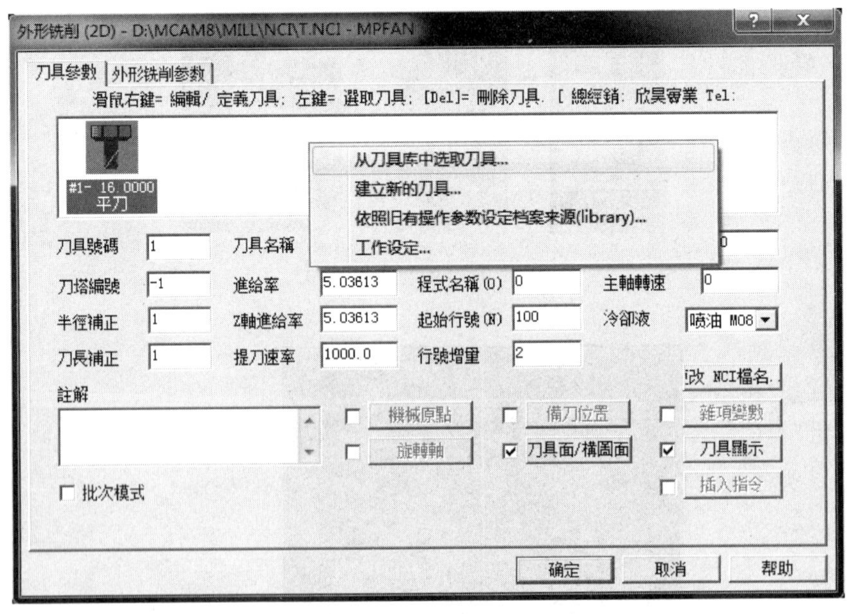

图 12.53 挖槽刀具选取方式

(4) 选择“从刀具库中选取刀具”选项，在系统显示的刀具库列表中选取所需用的刀具，单击“确定”按钮，并对对话框中的加工参数进行设置，结果如图 12.54 所示。

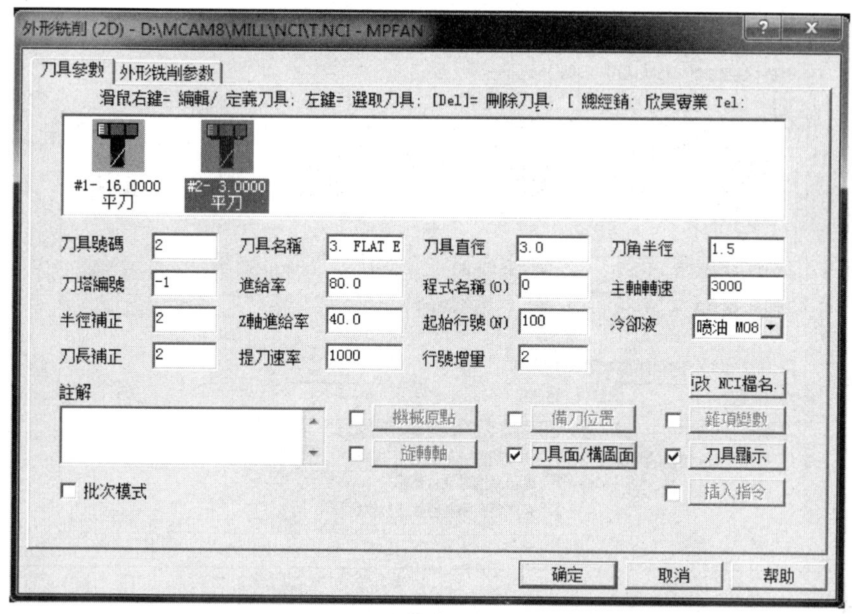

图 12.54　“刀具参数”设置

(5) 在图 12.55 所示对话框中单击“挖槽参数”标签，完成对应的参数设置，结果如图 12.55 所示。

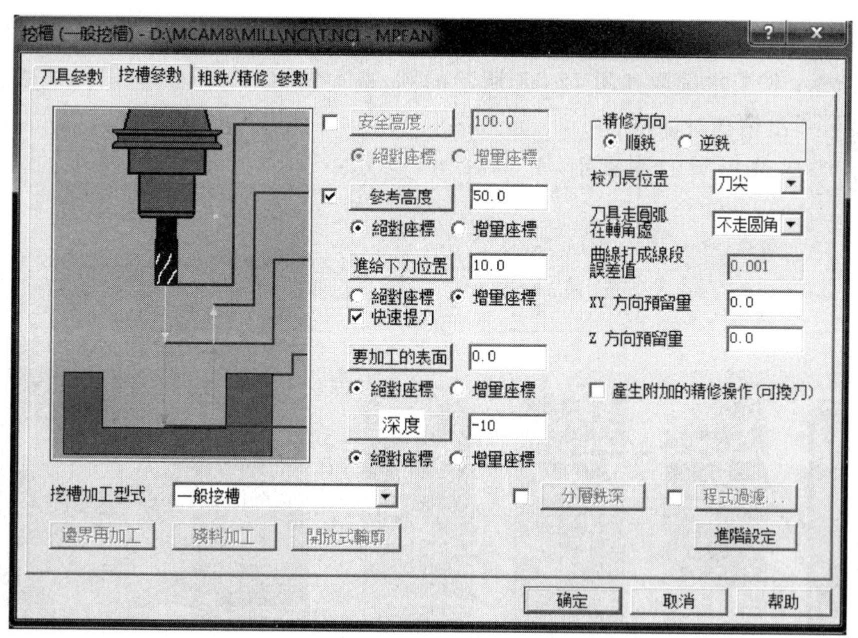

图 12.55　“挖槽参数”设置

(6) 在图 12.56 所示对话框中单击“粗铣/精铣参数”标签，完成对应的参数设置，结果如图 12.56 所示。

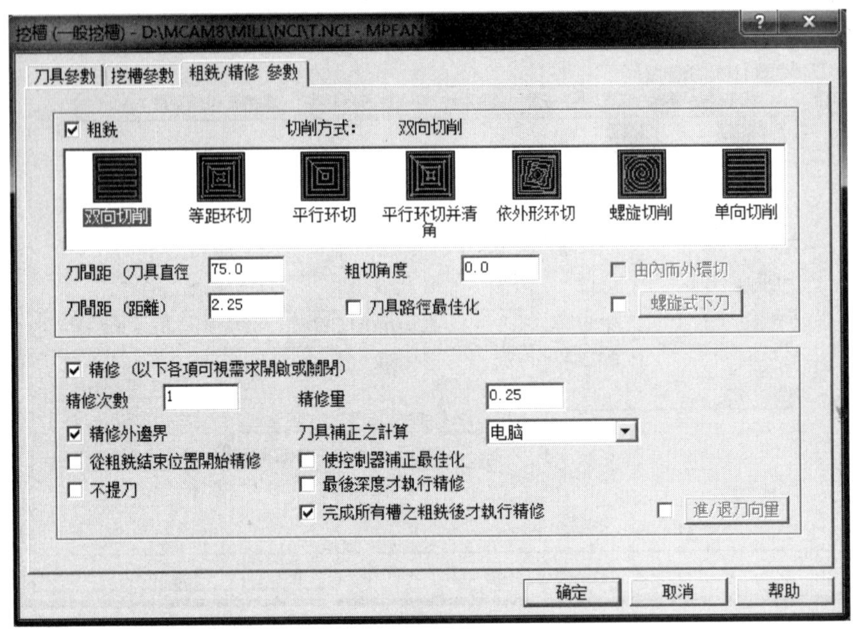

图 12.56 “粗铣/精铣参数”设置

4. 钻孔

(1) 依次选取“主功能表”→“刀具路径”→“钻孔”→“手动输入”→“圆心点”选项，如图 12.57 所示；按要求选取如图 12.58 所示的圆，选取结束后，单击“上层功能表”，并选择“执行”选项，弹出钻孔对话框。

注意：每次选择圆的图素前，先选择“抓点方式”中的“圆心点”选项，这样会避免出错。

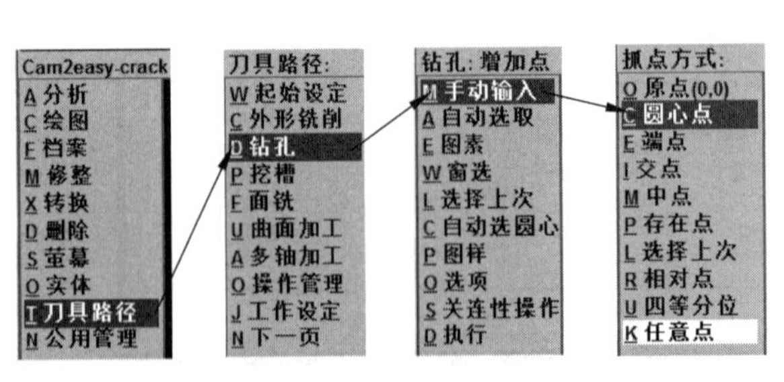

图 12.57 钻孔方式

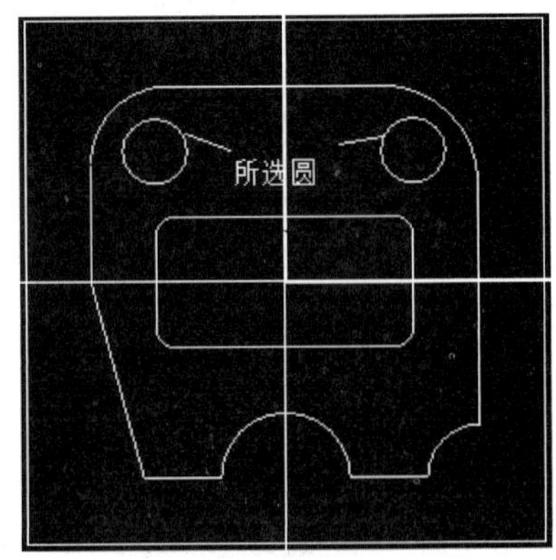

图 12.58 两所要钻孔的图素

(2) 刀具的选取和参数设定与外形铣削的选取和设定是相同的，这里不再重述。另外，因孔底是平底，并且孔没精度要求，这里所选钻头就用平底键槽铣刀所代替(如果孔底是有锥度的或孔有精度要求，那么钻头不能用铣刀来代替)，刀具参数如图 12.59 所示。

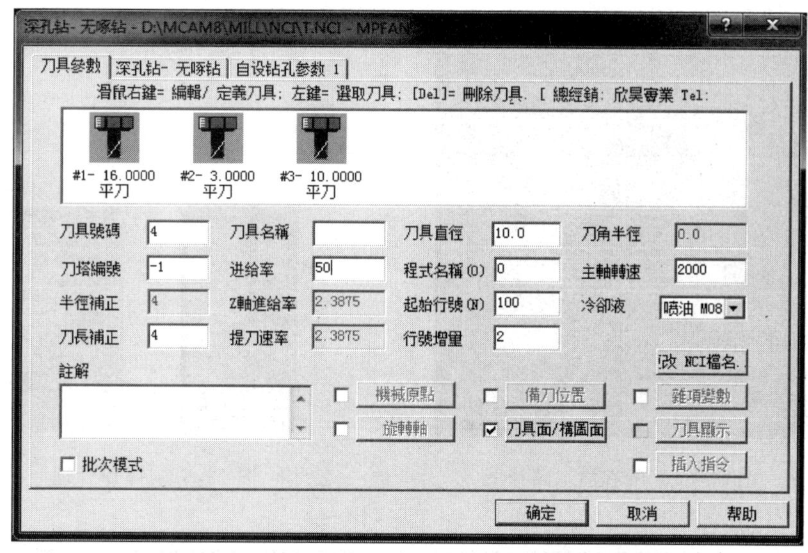

图 12.59 “刀具参数”设置

(3) 在图 12.59 中单击“深孔钻-无啄钻”标签，完成对应的参数设置，结果如图 12.60 所示。

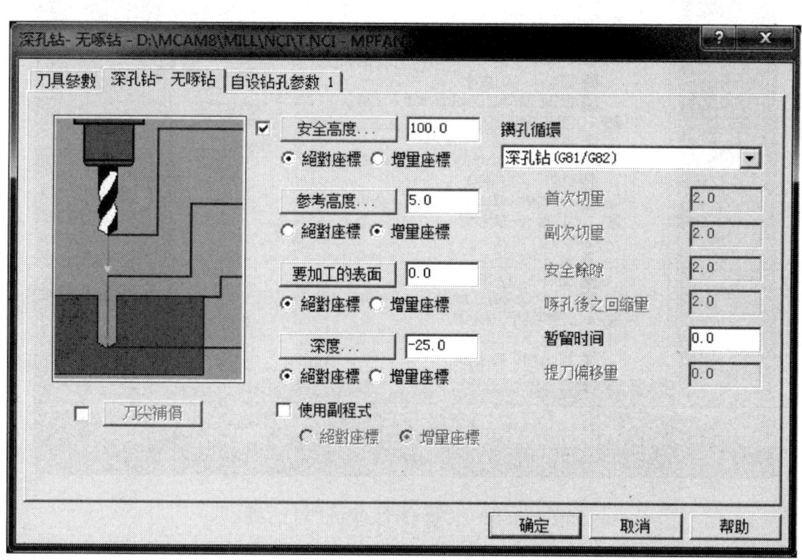

图 12.60 “深孔钻-无啄钻”参数

5. 所有加工路径图

所有加工路径图如图 12.61 所示。计算机屏幕上该图蓝色部分代表加工路径。

6. 模拟加工

(1) 依次选取“主功能表”→“刀具路径”→“操作管理”选项，如图 12.62 所示，系统将显示如图 12.63 所示的对话框。

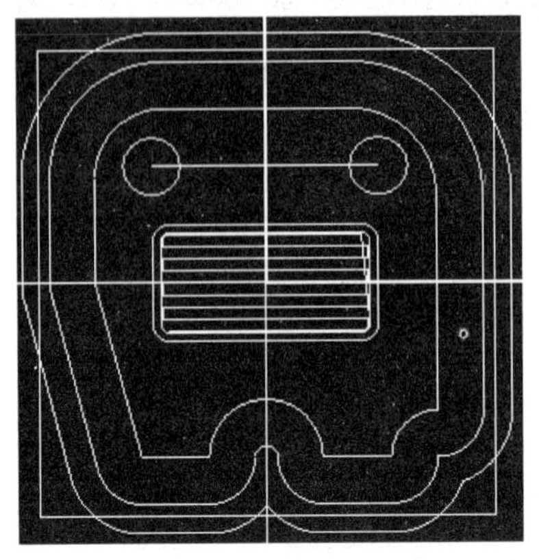

图 12.61　所有加工路径图

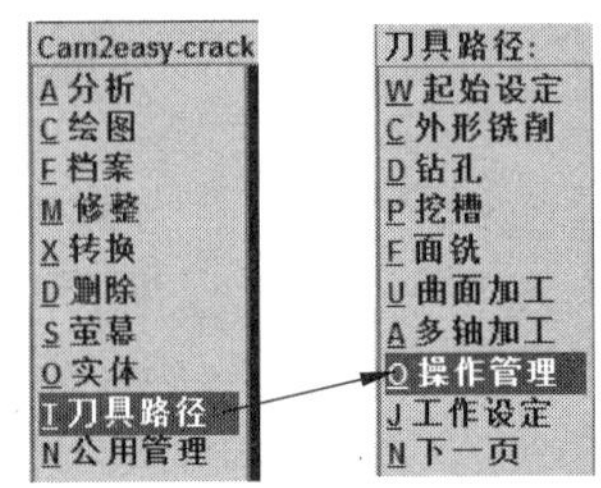

图 12.62　操作管理

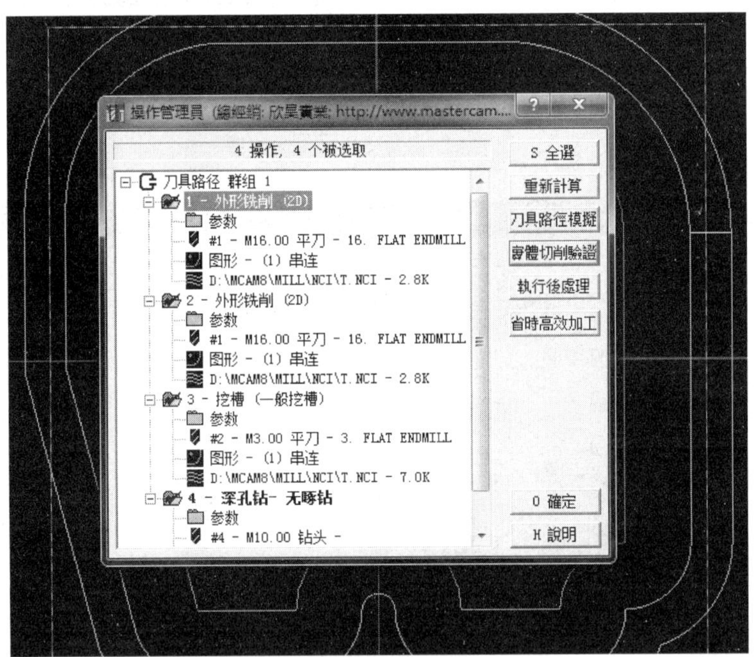

图 12.63　“操作管理员”对话框

(2) 依次选择图 12.63 中的“全选”“实体切削验证”选项，系统显示毛坯零件和一个控制条，如图 12.64 所示。

(3) 单击控制条中的 ?⊠ 按钮，弹出如图 12.65 所示的对话框。

(4) 单击图 12.65 中的“使用工作设定中定义”按钮，单击“确定”按钮，返回图 12.64 的操作界面。

(5) 单击控制条中的 ▶ 按钮，系统以实体加工的方式模拟实际的加工状况，结果如图 12.66 所示。

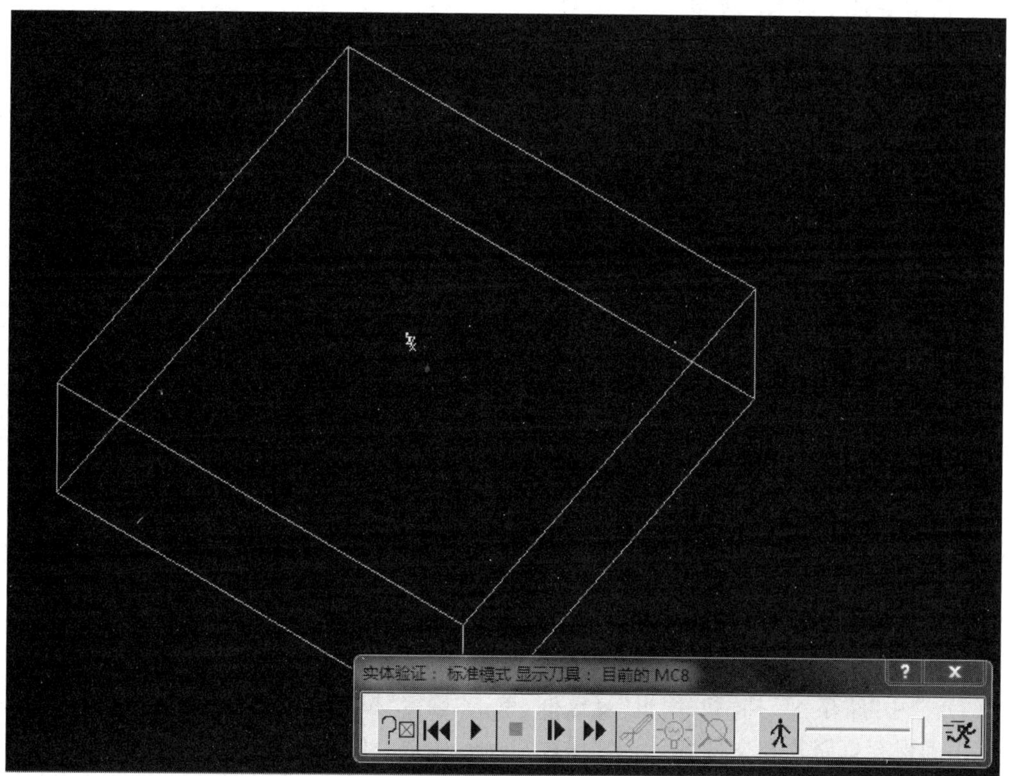

图 12.64　模拟加工界面

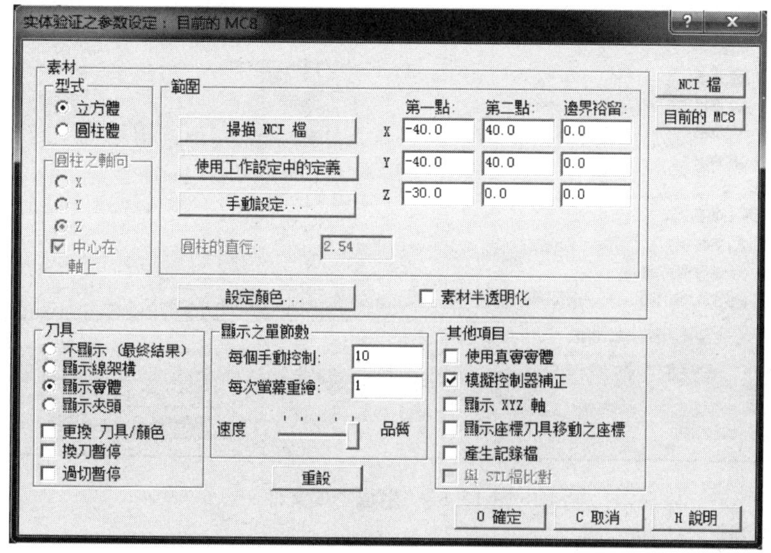

图 12.65　“实体验证之参数设定”对话框

7. 后置处理生成 NC 程序

(1) 单击图 12.63 中的“执行后处理”按钮，系统显示后处理对话框，如图 12.67 所示。

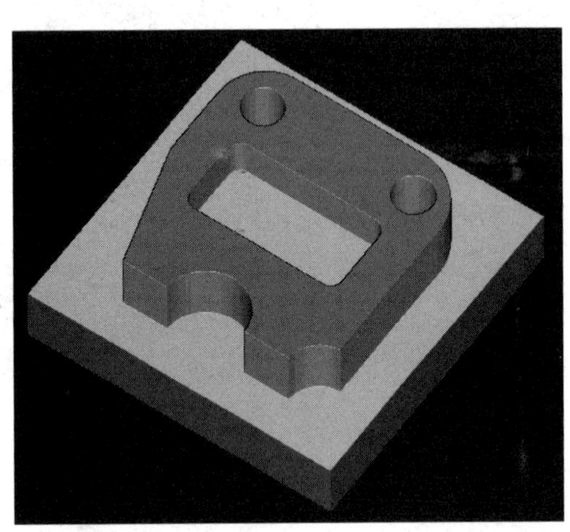

图 12.66 模拟结果

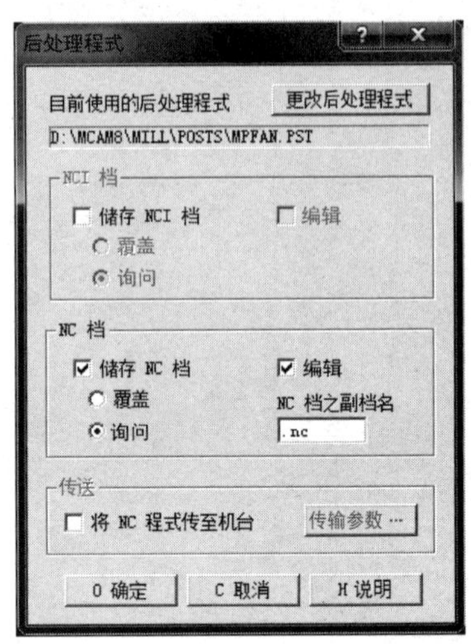

图 12.67 “后处理程式”对话框

(2) 选中“储存 NC 档”和“编辑”复选框，单击“确定”按钮。弹出存储对话框，如图 12.68 所示，正确保存好路径和文件名，单击“保存”按钮，生成 NC 文件。

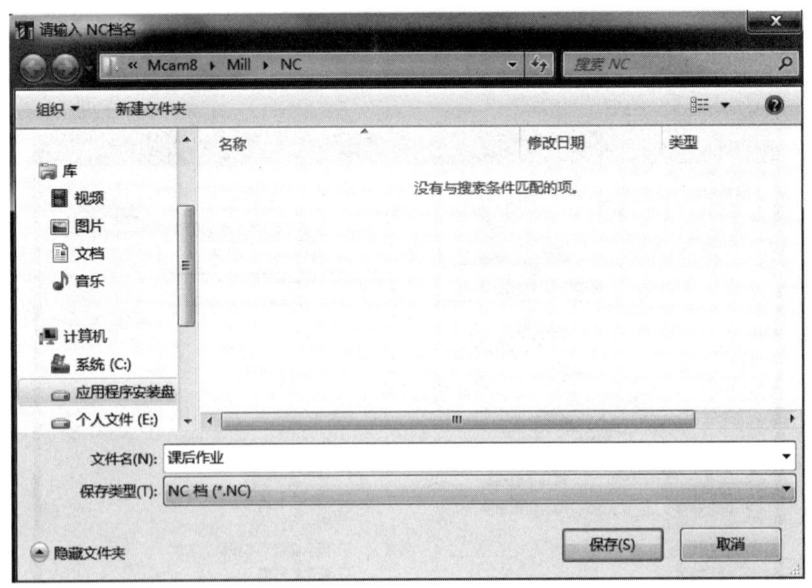

图 12.68 生成 NC 文件

(3) 在保存目录下找到并用记事本打开生成的 NC 文件，如图 12.69 所示。

(4) 依次选择“主功能表”→“档案”→“存档”选项，保存加工路径文件。

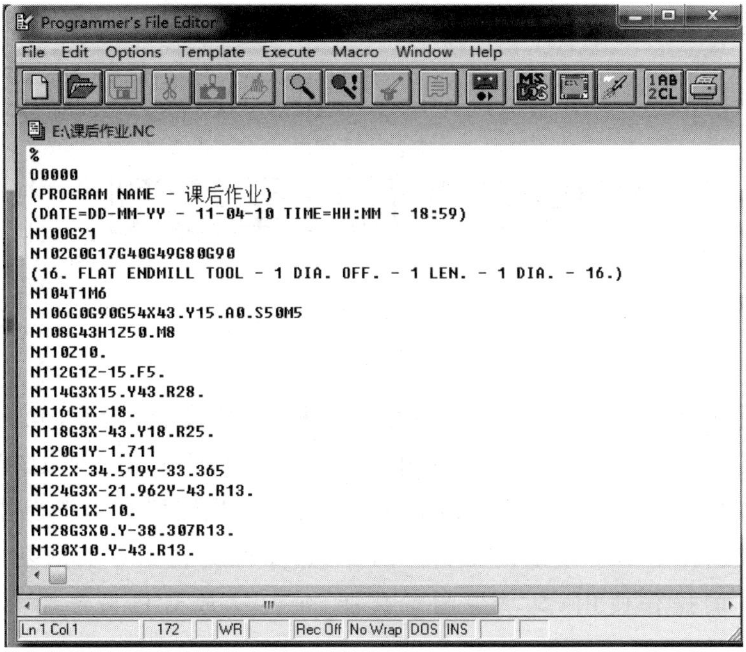

```
%
O0000
(PROGRAM NAME - 课后作业)
(DATE=DD-MM-YY - 11-04-10 TIME=HH:MM - 18:59)
N100G21
N102G0G17G40G49G80G90
(16. FLAT ENDMILL TOOL - 1 DIA. OFF. - 1 LEN. - 1 DIA. - 16.)
N104T1M6
N106G0G90G54X43.Y15.A0.S50M5
N108G43H1Z50.M8
N110Z10.
N112G1Z-15.F5.
N114G3X15.Y43.R28.
N116G1X-18.
N118G3X-43.Y18.R25.
N120G1Y-1.711
N122X-34.519Y-33.365
N124G3X-21.962Y-43.R13.
N126G1X-10.
N128G3X0.Y-38.307R13.
N130X10.Y-43.R13.
```

图 12.69　生成的 NC 文件

第13章 CHAPTER 13

机械零件几何量检测

机械零件几何量检测是对机械零件中包括长度、角度、粗糙度、几何形状和相互位置等尺寸的检测，它是机械制造过程中不可缺少的环节；在生产过程中对机械零件和产品随时进行检测是保证质量的重要条件之一；检测器具是工程技术人员和技术工人在生产过程中不可或缺的工具。因此，熟知检测技术方面的基本知识、掌握基本检测器具的操作使用，是掌握测量技能，独立完成对机械产品几何量检测的基础。

13.1 基础知识

(1) 测量：是以确定被测对象的量值为目的的全部操作。任何测量过程都包含测量对象、计量单位、测量方法和测量误差等4个要素。

(2) 测试：是指具有试验性质的测量，也可理解为试验和测量的全过程。

(3) 检验：是判断被测物理量在规定范围内是否合格的过程。一般来说就是确定产品是否满足设计要求的过程，即判断产品合格性的过程，通常不一定要求测出具体值，因此检验也可理解为不要求知道具体值的测量。

(4) 计量：为实现测量单位的统一和量值准确可靠的测量。为保证测量值的准确、统一，就必须把复现的基准量值逐级准确地传递到生产中所应用的计量器具和工件上去，即建立量值传递系统。国家标准规定了量值传递的办法。计量过程中长度量值传递系统如图13.1所示，角度量值传递系统如图13.2所示。

(5) 测量方法及计量器具分类：根据获得测量结果的不同方式，测量可分为直接测量和间接测量、绝对测量和相对测量、接触测量和非接触测量、单项测量和综合测量、被动测量和主动测量。

测量器具分为量具、测量仪器和测量装置。

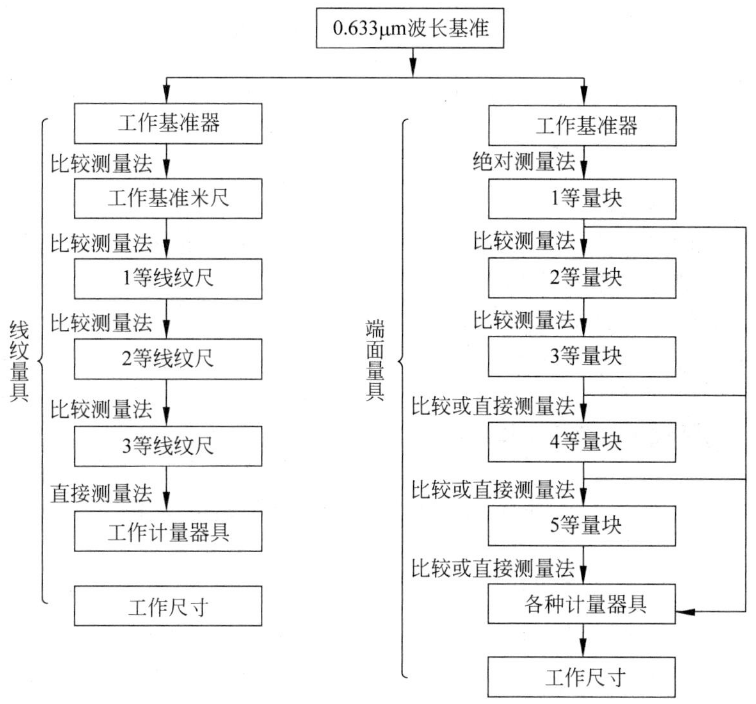

图 13.1 长度量值传递系统示意图

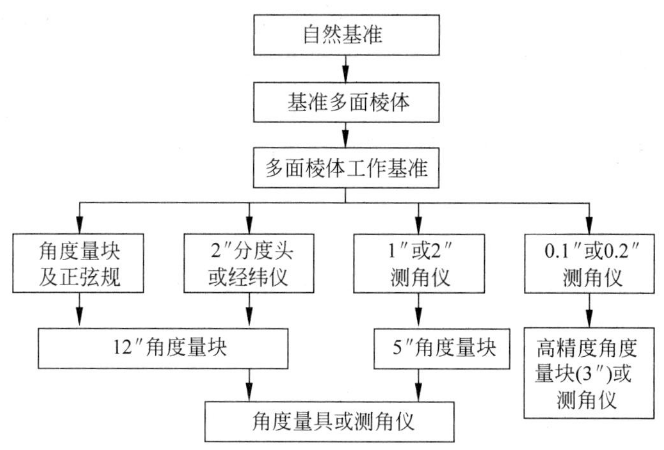

图 13.2 角度量值传递系统示意图

13.2 测量误差

测量误差 Δ 是指被测量的测得值 x 与其真值 x_0 之差，即 $\Delta=x-x_0$。

13.2.1 造成测量误差的原因

造成测量误差的因素很多，主要由基准件、测量器具、测量力、测量环境和测量方法等方面的因素造成。

(1) 基准件在使用过程中的磨损、变形会增大基准件的误差。

(2) 测量器具设计中存在的原理会造成的误差；同时，在使用过程中由于测量器具磨损、撞击、保养不当等原因，都会引起测量误差。

(3) 测量力大小不当也会引起测量误差。

(4) 测量环境会造成测量误差，测量环境主要包括温度、气压、湿度、振动、空气等因素，其中温度是最重要的因素。测量温度对标准温度(+20℃)的偏离、测量过程中温度的变化以及测量器具与被测件的温差等都将产生测量误差。

(5) 测量人员引起的误差主要由视差、估读误差、调整误差等引起，它的大小取决于测量人员的操作技术和其他主观因素。

13.2.2 测量误差分类

测量误差按其产生的原因、出现的规律及其对测量结果的影响，可以分为系统误差、随机误差和粗大误差。

(1) 系统误差。在规定条件下，绝对值和符号保持不变并按某一确定规律变化的误差，称为系统误差。系统误差大部分能找出其变化规律后通过修正加以消除，如经检定后得到的游标卡尺的示值误差；有些系统误差无法修正，如温度有规律变化造成的测量误差。

(2) 随机误差。在规定条件下，绝对值和符号以不可预知的方式变化的误差，称为随机误差。随机误差主要由温度波动、测量力变化、测量器具传动机构不稳定、视差等各种随机因素造成，虽然无法消除，但只要认真仔细地分析，还是能减少其对测量结果的影响。

(3) 粗大误差。明显超出规定条件下预期的误差，称为粗大误差。该误差可根据误差理论，按一定规则予以剔除。

13.3 测量器具及使用方法

13.3.1 产品验收极限的确定

1. 安全裕度

安全裕度 A 是测量中不确定度的允许值，不确定度 u 主要由测量器具的不确定度允许值 u_1 及测量测量条件引起的测量不确定度允许值 u_2 这两部分组成，测量条件包括测量温度、振动、湿度等。安全裕度的确定，必须从技术和经济两个方面综合考虑。A 值较大时，则可选用较低精度的测量器具进行检验，但减少了生产公差，因而加工经济性差；A 值较小时，要用较精密的测量器具，加工经济性好，但测量仪器费用高，增加了生产成本。因此，A 值应按被检验工件的公差 T 大小来确定，一般取为工件公差的 1/10，即 $A=T/10$。国家标准《光滑工件尺寸的检验》(GB/T 3177—2009)规定的 A 值(节选)列于表 13.1 中。

表 13.1 安全裕度 A 与计量器具的测量不确定度允许值 u_1（节选）

公差等级		7					8					9					10				
基本尺寸		T	A	U_1			T	A	U_1			T	A	U_1			T	A	U_1		
大于	至			Ⅰ	Ⅱ	Ⅲ			Ⅰ	Ⅱ	Ⅲ			Ⅰ	Ⅱ	Ⅲ			Ⅰ	Ⅱ	Ⅲ
—	3	10	1.0	0.9	1.5	2.3	14	1.4	1.3	2.1	3.2	25	2.5	2.3	3.8	5.6	40	4.0	3.6	6.0	9.0
3	6	12	1.2	1.1	1.8	2.7	18	1.8	1.6	2.7	4.1	30	3.0	2.7	4.5	6.8	48	4.8	4.3	7.2	11
6	10	15	1.5	1.4	2.3	3.4	22	2.2	2.0	3.3	5.0	36	3.6	3.3	5.4	8.1	58	5.8	5.2	8.7	13
10	18	18	1.8	1.7	2.7	4.1	27	2.7	2.4	4.1	6.1	43	4.3	3.9	6.5	9.7	70	7.0	6.3	11	16
18	30	21	2.1	1.9	3.2	4.7	33	3.3	3.0	5.0	7.4	52	5.2	4.7	7.8	12	84	8.4	7.6	13	19
30	50	25	2.5	2.3	3.8	5.6	39	3.9	3.5	5.9	8.8	62	6.2	5.6	9.3	14	100	10	9.0	15	23
50	80	30	3.0	2.7	4.5	6.8	46	4.6	4.1	6.9	10	74	7.4	6.7	11	17	120	12	11	18	27
80	120	35	3.5	3.2	5.3	7.9	54	5.4	4.9	8.1	12	87	8.7	7.8	13	20	140	14	13	21	32
120	180	40	4.0	3.6	6.0	9.0	63	6.3	5.7	9.5	14	100	10	9.0	15	23	160	16	15	24	36
180	250	46	4.6	4.1	6.9	10	72	7.2	6.5	11	16	115	12	10	17	26	185	18	17	28	42

2. 验收极限

验收极限是检验工件尺寸时判断其合格与否的尺寸界限。确定验收极限的方式有内缩方式和不内缩方式两种。

(1) 内缩方式

为了保证被判断为合格的零件的真值不超出设计规定的极限尺寸，在《光滑工件尺寸的检验》(GB/T 3177—2009)中规定，用普通测量器具(如游标卡尺、千分尺及生产车间使用的比较仪等)检验光滑工件(该工件的公差等级为 IT6～IT18、基本尺寸至 500mm，采用包容原则要求)的尺寸时，所用验收方法应只验收位于规定的尺寸极限之内的工件。因此，验收极限须从被检验零件的极限尺寸向公差带内移动一个安全裕度 A(见图 13.3)。

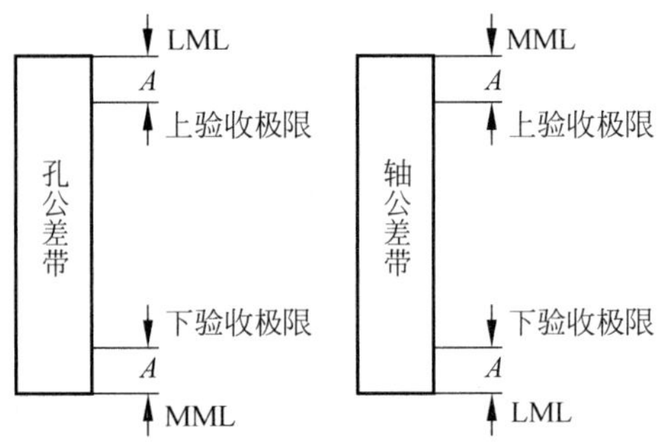

图 13.3 孔和轴的验收极限

孔尺寸的验收极限：

上验收极限＝最小实体尺寸(DL)－安全裕度(A)

下验收极限＝最大实体尺寸(DM)＋安全裕度(A)

轴尺寸的验收极限：

上验收极限＝最大实体尺寸(dM)－安全裕度(A)

下验收极限＝最小实体尺寸(dL)＋安全裕度(A)

(2) 不内缩方式

对于非配合尺寸和采用一般公差的尺寸，可以按不内缩方式确定验收极限。安全裕度等于零，即验收极限等于工件的最大实体尺寸或最小实体尺寸。

13.3.2 测量器具的选择

1. 测量器具的选择原则

用于长度尺寸测量的仪器种类繁多，被测件的结构特点和精度要求也各不相同，因而要保证快捷地获得可靠的测量数据，必须合理地选择测量器具。测量器具的选择应综合考虑以下几方面的因素：

(1) 测量精度：所选的测量器具的精度指标必须满足被测对象的精度要求，才能保证测量的准确度。被测对象的精度要求主要由其公差的大小来体现。公差值较大，对测量的精度要求就较低；公差值较小，对测量的精度要求就较高。

(2) 测量成本：在保证测量准确度的前提下，应考虑测量器具的价格、使用寿命、检定修理时间、对操作人员技术熟练程度的要求等，应选用价格较低、操作方便、维护保养容易、操作培训费用少的测量器具，尽量降低测量成本。

(3) 被测件的结构特点及检测数量：所选测量器具的测量范围必须大于被测尺寸。对硬度低、材质软、刚性差的零件，一般选用非接触测量，如用光学投影放大、气动、光电等原理的测量器具进行测量。当测量件数批量较大时，应选用专用测量器具或自动检验装置；对于单件或少量的测量，可选用万能测量器具。

2. 测量器具的选择方法

在生产检验中测量器具的选择方法为：检验公差等级为 6～18 级、基本尺寸至 500mm 的光滑工件尺寸，应按《光滑工件尺寸的检验》(GB/T 3177—2009)中的规定选择测量器具。测量器具的不确定度 u 应不大于表 13.1 的允许值 u_1，即 $u \leqslant u_1$。表 13.1 中，u_1 的选用分三挡，一般情况下优先选用Ⅰ挡。部分常用测量器具的不确定度 u 如表 13.2 和表 13.3 所示。

例 13.1　被测工件为一 $\phi 60\mathrm{f}8(^{-0.030}_{-0.076})$mm 的轴，试确定验收极限并选择合适的测量器具。

解　(1) 确定工件的极限偏差。即 es＝－0.030，ei＝－0.076。

(2) 确定安全裕度 A 和测量器具不确定度允许值 u_1。该工件的公差为 0.046mm，从表 13.1 查得 A＝0.004 6，u_1＝0.004 1。

(3) 选择测量器具。按工件基本尺寸 60mm，从表 13.3 查知，分度值为 0.005mm 的比较仪不确定度 u_1 为 0.003mm，小于允许值 0.004 1mm，可满足使用要求。

表 13.2　千分尺和游标卡尺的不确定度　mm

<table>
<tr><th rowspan="3">尺寸范围</th><th colspan="4">测量器具类型</th></tr>
<tr><th>分度值 0.01mm
外径千分尺</th><th>分度值 0.01mm
内径千分尺</th><th>分度值 0.02mm
的游标卡尺</th><th>分度值 0.05mm
游标卡尺</th></tr>
<tr><th colspan="4">不确定度</th></tr>
<tr><td>0～50</td><td>0.004</td><td rowspan="3">0.008</td><td rowspan="6">0.020</td><td rowspan="4">0.020</td></tr>
<tr><td>50～100</td><td>0.005</td></tr>
<tr><td>100～150</td><td>0.006</td></tr>
<tr><td>150～200</td><td>0.007</td><td rowspan="3">0.013</td></tr>
<tr><td>200～250</td><td>0.008</td><td rowspan="8">0.100</td></tr>
<tr><td>250～300</td><td>0.009</td></tr>
<tr><td>300～350</td><td>0.010</td><td rowspan="3">0.020</td><td rowspan="7"></td></tr>
<tr><td>350～400</td><td>0.011</td></tr>
<tr><td>400～450</td><td>0.012</td></tr>
<tr><td>450～500</td><td>0.013</td><td>0.025</td></tr>
<tr><td>500～600</td><td rowspan="3"></td><td rowspan="3">0.030</td></tr>
<tr><td>600～700</td></tr>
<tr><td>700～800</td><td>0.150</td></tr>
</table>

表 13.3　比较仪和指示表的不确定度　　mm

<table>
<tr><th colspan="3">测量器具</th><th colspan="9">尺寸范围</th></tr>
<tr><th rowspan="2">名称</th><th rowspan="2">分度值</th><th rowspan="2">放大倍数或量程范围</th><th>≤25</th><th>>25～40</th><th>>40～65</th><th>>65～90</th><th>>90～115</th><th>>115～165</th><th>>165～215</th><th>>215～265</th><th>>265～315</th></tr>
<tr><th colspan="9">不确定度</th></tr>
<tr><td rowspan="4">比较仪</td><td>0.005</td><td>2 000 倍</td><td>0.000 6</td><td>0.000 7</td><td colspan="2">0.000 8</td><td>0.000 9</td><td>0.001 0</td><td>0.001 2</td><td>0.001 4</td><td>0.001 6</td></tr>
<tr><td>0.001</td><td>1 000 倍</td><td colspan="2">0.001 0</td><td colspan="2">0.001 1</td><td>0.001 2</td><td>0.001 3</td><td>0.001 4</td><td>0.001 6</td><td>0.001 7</td></tr>
<tr><td>0.002</td><td>400 倍</td><td>0.001 7</td><td colspan="3">0.001 8</td><td colspan="2">0.001 9</td><td>0.002 0</td><td>0.002 1</td><td>0.002 2</td></tr>
<tr><td>0.005</td><td>250 倍</td><td colspan="5">0.003 0</td><td colspan="4">0.003 5</td></tr>
<tr><td rowspan="9">千分表</td><td rowspan="2">0.001</td><td>0 级全程内</td><td colspan="5" rowspan="3">0.005</td><td colspan="4" rowspan="3">0.006</td></tr>
<tr><td>1 级 0.2mm 内</td></tr>
<tr><td>0.002</td><td>1 转内</td></tr>
<tr><td>0.001</td><td rowspan="3">1 级全程内</td><td colspan="9" rowspan="3">0.010</td></tr>
<tr><td>0.002</td></tr>
<tr><td>0.005</td></tr>
<tr><td rowspan="3">0.01</td><td>0 级全程内</td><td colspan="9" rowspan="2">0.018</td></tr>
<tr><td>1 级任 1mm 内</td></tr>
<tr><td>1 级全程内</td><td colspan="9">0.030</td></tr>
</table>

(4) 计算验收极限。

$$上验收极限=d_{max}-A=(60-0.030-0.0046)\text{mm}=59.9654\text{mm};$$

$$下验收极限=d_{min}+A=(60-0.076+0.0046)\text{mm}=59.9286\text{mm}。$$

当现有测量器具的不确定 u_1 达不到“小于或等于Ⅰ挡允许值 u_1”这一要求时，可选取用表 13.1 中的第Ⅱ挡 u_1，重新选择测量器具，否则还可选择第Ⅲ挡。

例 13.2　被测工件为一 $\phi50e9(^{-0.050}_{-0.112})$mm 的轴，试确定验收极限并选择合适的测量器具。

解　(1) 确定工件的极限偏差。即 es=−0.050，ei=−0.112。

(2) 确定安全裕度 A 和测量器具不确定度允许值 u_1。该工件的公差为 0.062mm，从表 13.1 查得 $A=0.0062$，$u_1=0.0056$。

(3) 选择测量器具。按工件基本尺寸 50mm，从表 13.2 查知，分度值为 0.01mm 的外径千分尺的不确定度 u_1 为 0.004mm，小于允许值 0.005 6mm，可满足使用要求。

(4) 计算验收极限。

$$上验收极限=d_{max}-A=(50-0.050-0.0062)\text{mm}=49.9438\text{mm};$$

$$下验收极限=d_{min}+A=(50-0.112+0.0062)\text{mm}=49.8942\text{mm}。$$

目前，千分尺是一般工厂在生产车间使用非常普遍的测量器具，为了提高千分尺的测量精度，扩大其使用范围，可采用比较测量法。比较测量时，可用产品样件经高一精度等级的精密测量后作为比较标准，也可用量块作为标准器。

13.3.3　基本测量仪器

1. 卡尺类测量器具

1）游标卡尺

游标卡尺可用来直接测量工件的外径、内径、壁厚、沟槽、深度等尺寸，游标卡尺按分度值分类，有 0.1mm、0.05mm 和 0.02mm 共 3 种。下面以分度值 0.02 的游标卡尺为例，说明其刻线原理、测量方法、读数方法及注意事项。

(1) 刻线原理

如图 13.4 所示，当固定卡脚 1 与活动卡脚 2 贴合时，在尺体和游标上刻一上下对准的零线，尺体上每一小格为 1mm，取尺体 49mm 长度，在游标与之对应的长度上等分 50 格，即游标每格长度＝49/50mm＝0.98mm，尺体与游标每格之差＝1mm－0.98mm＝0.02mm，0.02mm 即为该游标卡尺的分度值。

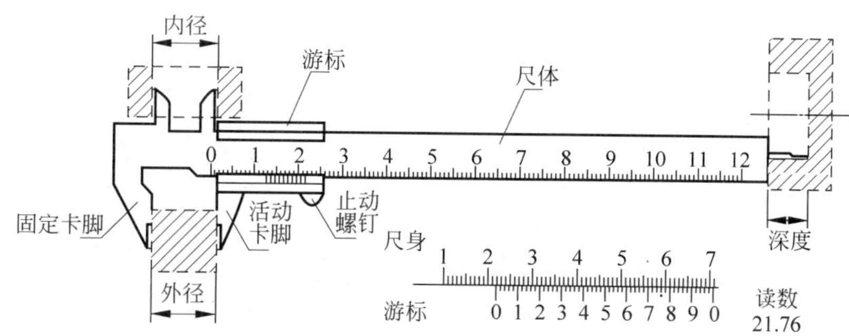

图 13.4　游标卡尺的测量方法和读数示意图

(2) 测量方法

游标卡尺的测量方法如图 13.4 所示。可见，游标卡尺可以测量外径、测量内径、测量宽度、测量深度等尺寸。

(3) 读数方法

如图 13.4 所示，游标卡尺(分度值为 0.02mm)的读数方法可分为三步。

第一步：根据游标零线以左的尺体上的最近刻度读出整数。图 13.4 中，整数为：21。

第二步：根据游标零线以右与尺体某一刻线对准的刻线的格数乘以该游标卡尺分度值读出小数。图 13.4 中，小数为：38 格×0.02＝0.76。

第三步：将上面的整数和小数两部分尺寸相加，即为总尺寸。则图 13.4 中的读数为：21＋38×0.02＝21.76mm。

游标卡尺的种类很多，除了上述普通游标卡尺外，还有专用测量的深度游标卡尺、高度游标卡尺、齿厚游标卡尺等。

2）游标万能角度尺

游标万能角度尺主要是用来测量工件 0°～320°各种角度的量具。按分度值可划分为 2′和 5′两种。游标万能角度尺构造如图 13.5 所示。游标万能角度尺测量方法如图 13.6 所示。游标万能角度尺读数方法和游标卡尺相似，具体如图 13.7 所示。测量时，可改变基尺与直角尺或直尺之间的夹角，以满足各种角度的测量。

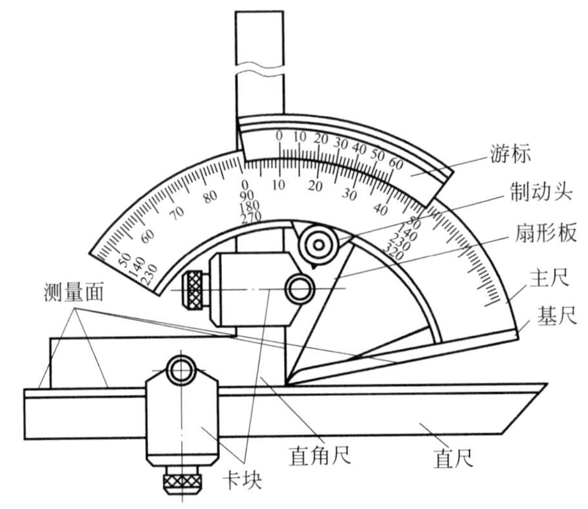

图 13.5 游标万能角度尺

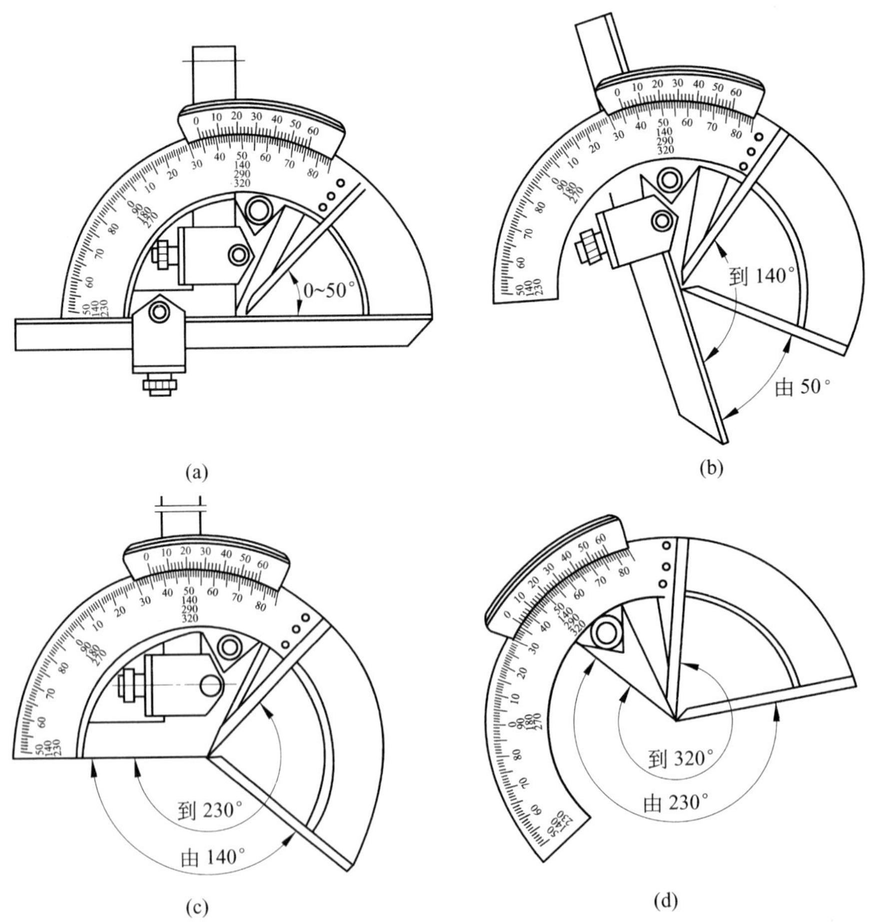

图 13.6 游标万能角度尺测量方法示意图

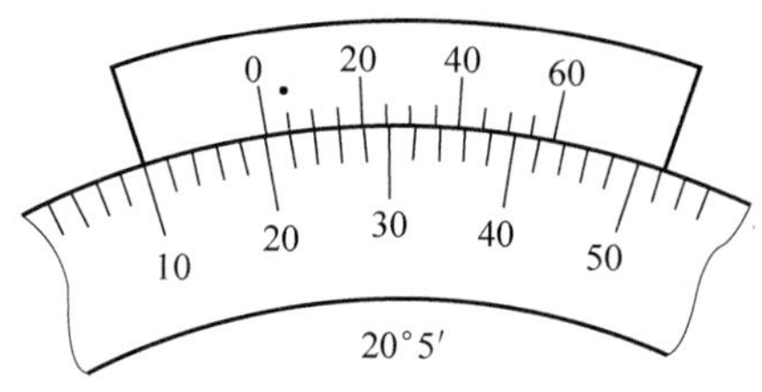

图 13.7 游标万能角度尺读数示意图

3）注意事项

使用游标卡尺、游标万能角度尺时应注意以下事项：

(1) 使用前，先擦净测量器具和工件，特别是测量面和被测表面，然后合拢两测量面，检查尺体和游标零线是否对齐，若未对齐，应记下误差值，在测量后根据误差值修正读数。

(2) 测量时，要掌握好测量面与工件被测表面的接触压力，使得刚好与测量面接触，同时测量面还能沿工件被测表面自由滑动。

(3) 读数时，视线要垂直于尺面，不得测量毛坯表面和运动的表面。

(4) 测量工具不能放置到强磁场附近。使用完毕后须擦拭干净，放入盒内，避免损坏。

(5) 测量工具不能自行修理，需专门的部门维修、定期检定后才能使用。

2. 千分尺类测量器具

千分尺是一种测量精度比游标卡尺更高的量具，其分度值为 0.01mm。常用外径千分尺的测量范围有 0～25mm、25～50mm、50～75mm 等多种，最大的可达 2 500～3 000mm。外径千分尺结构如图 13.8 所示。外径千分尺读数示意图如图 13.9 所示。

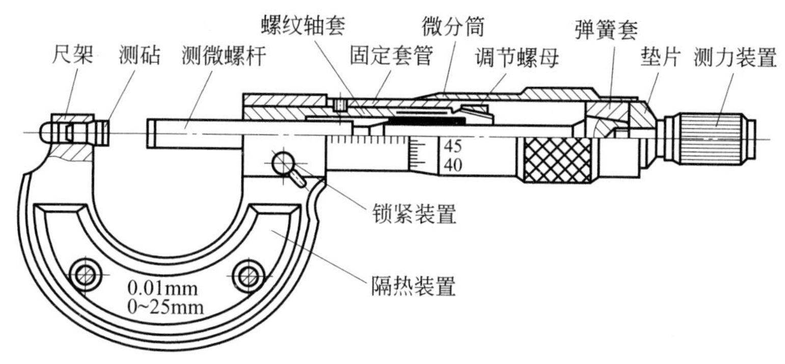

图 13.8 外径千分尺结构图

1）刻线原理

如图 13.8 所示，固定套筒刻线每小格间距均为 1mm，上、下刻线相互错开 0.5mm；在微分套筒左端圆周上有 50 等分的刻度线。因测量螺杆的螺距为 0.5mm，即测量螺杆每转一周，轴向移动 0.5mm，故微分套筒上每一小格的读数值为 0.5/50＝0.01mm，0.01mm 即为千分尺的分度值。

2）读数方法

外径千分尺的读数方法如图 13.9 所示，可分为三步。

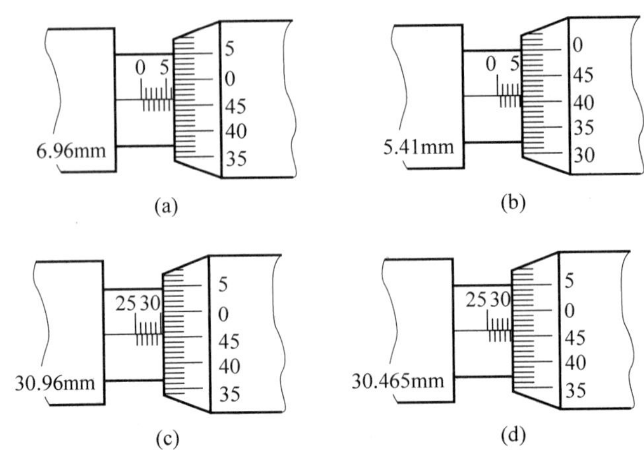

图 13.9 外径千分尺读数示意图

第一步：读出固定套筒上露出刻线的毫米数和 0.5 毫米数，图 13.9(c)中为 30.5mm。

第二步：读出微分套筒上小于 0.5mm 的小数部分，图 13.9(c)中为 0.46mm。

第三步：将上面两部分读数相加即为总尺寸，图 13.9(c)中为 30.96mm。

3）注意事项

使用千分尺时应注意下列事项：

(1) 使用前，先擦净测量器具和工件，特别是测量面和被测表面，然后校对零位，对测量范围为 0～25mm 的外径千分尺，校对零位时可使两测量面接触。

(2) 对于测量范围大于 25mm 的外径千分尺，应在两测量面间安放校对用的量杆进行校对。

(3) 测量时应手握隔热装置进行测量。当测量螺杆快要接近工件时，必须拧动端部棘轮，当棘轮发出"嘎嘎"打滑声时，表示压力合适，停止拧动，可以进行读数。严禁再次拧动微分套筒，以防用力过度致使测量不准确。

(4) 读数时，视线要垂直于尺面。不得测量毛坯表面和运动的表面。测量工具不能放置到强磁场附近。

(5) 使用完毕后须擦拭干净，放入盒内，避免损坏。测量工具不能自行修理，需专门的部门维修、定期检定后才能使用。

千分尺的种类也很多，除外径千分尺外，还有内径千分尺、深度千分尺、杠杆千分尺等。

3. 百分表类测量器具

百分表是一种精度较高、应用广泛的比较量具，它只能测出相对数值，不能测出绝对数值。百分表的分度值为 0.01mm。示值范围通常有 0～3mm、0～5mm、0～10mm 共 3 种。外径百分表的结构如图 13.10 所示。

如图 13.10 所示，当测量杆向上或向下移动 1mm 时，通过齿轮传动系统带动大指针转一圈，小指针转一格。刻度盘在圆周上有 100 个等分格，每格的读数值为 0.01mm。小指针每格读数为 1mm。测量时指针读数的变动量即为尺寸变化值。小指针处的刻度范围为百

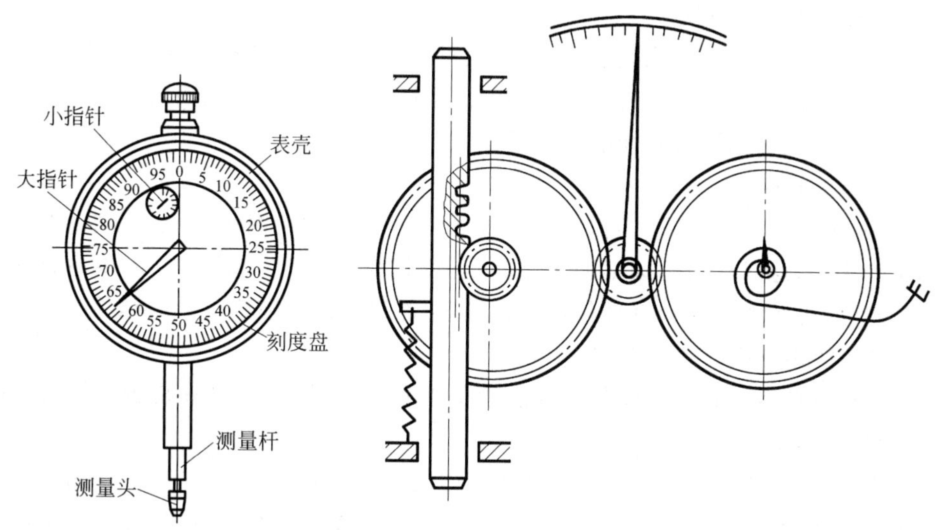

图 13.10　外径百分表

分表的测量范围。刻度盘可以转动，供测量时大指针对零用。

百分表在测量时要固定在表座上，表座上的位置可进行前后、上下调整。表座应放在平板或某一平整的位置上，测量时百分表测量杆应与被测表面垂直。

4. 其他测量仪器

1）表面粗糙度样块

用机械加工或其他方法获得的表面，其上存在的微小峰谷的高低程度称为表面粗糙度。一般用其轮廓算术平均偏差 Ra 来衡量表面粗糙度的大小，如图 13.11 所示。

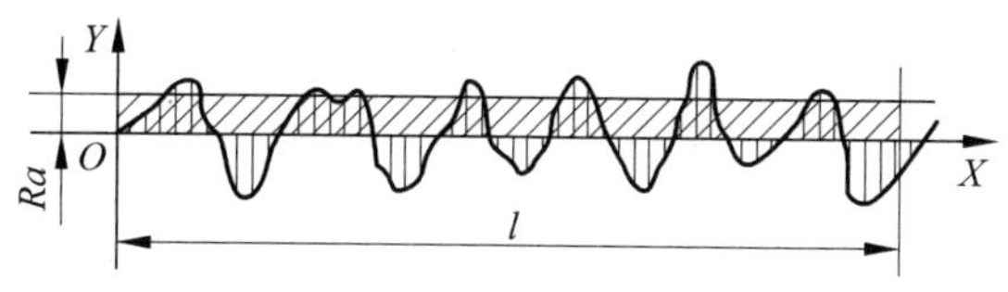

图 13.11　轮廓算术平均偏差 Ra

表面粗糙度对零件的尺寸精度和零件之间的配合性质、零件的接触刚度、耐蚀性、耐磨性以及密封性等有很大影响。Ra 值越小，加工越困难，成本越高。所以在设计零件时，要根据具体条件合理选择 Ra 的允许值。

表面粗糙度可用比较法、光切法、干涉法、针描法来测量。下面以比较法为例进行介绍。

比较法就是根据工件表面的不同加工方式选用相应的表面粗糙度比较样块进行比对，来确定工件表面粗糙度的方法。

检验时，要把样块与被测工件靠在一起，用触觉（如指甲）和眼睛直接进行比较，也可借助放大镜和低倍率的显微镜进行比较。

判断表面粗糙度的级别，是根据表面加工痕迹的深浅，而不考虑加工痕迹的宽窄程度。

2）半径样板的使用方法

检验工件圆弧半径时，要依次选用不同半径尺寸的样板，把样板放在圆弧表面处进行检验。检验时样板应垂直于表面，位置不要歪斜。当样板与工件圆弧表面密合一致时，这片样板的圆弧尺寸，就是被测圆弧表面的半径尺寸。

3）螺纹样板的使用方法

先选一片螺纹样板在螺纹工件上试卡，如果样板牙型与工件不密合，再重新选一片试卡，直到密合为止，这时样板上标记的尺寸就是被测螺纹工件的螺距值。需要注意的是，应尽可能在被检验螺纹的工作长度部位进行检验，才能得到比较准确的检验结果。

4）塞尺的使用方法及注意事项

（1）使用前，必须先清除塞尺和工件上的灰尘和污垢，检查塞尺片是否有锈迹、划痕和折痕等明显的外部缺陷。

（2）先选用较薄的塞尺片，插入被测间隙内进行试塞，如果仍然有空隙就取出来再选较厚的塞尺片依次试塞，直到塞进去不松不紧为止，这个塞尺片的厚度就是被测的间隙量。

（3）假若找不到合适厚度的塞尺片，也可以把几片塞尺放在一起使用，被测间隙量就是各片塞尺的尺寸之和，但这样的检验误差较大。

（4）因为塞尺片很薄，使用时要特别小心，不能施加压力硬塞，以免使塞尺片弯曲或折断。不能用塞尺检验温度较高的工件。

（5）使用完毕，要在塞尺片上涂防锈油，并折合放到保护架内。

5）塞规与卡规使用方法

塞规与卡规是用于成批大量生产的一种专用量具。塞规用于测量孔径或槽宽，其一端叫止规，用于控制工件的最大极限尺寸；另一端叫通规，用于控制工件的最小极限尺寸。如图 13.12 所示，使用塞规测量时，只有当通规能进去，止规不能进去，才能说明工件的实际尺寸在公差范围之内，是合格品，否则就是不合格品。

卡规用于测量外径或厚度，与塞规类似，一端为通规，另一端为止规，如图 13.13 所示，使用方法与塞规相同。

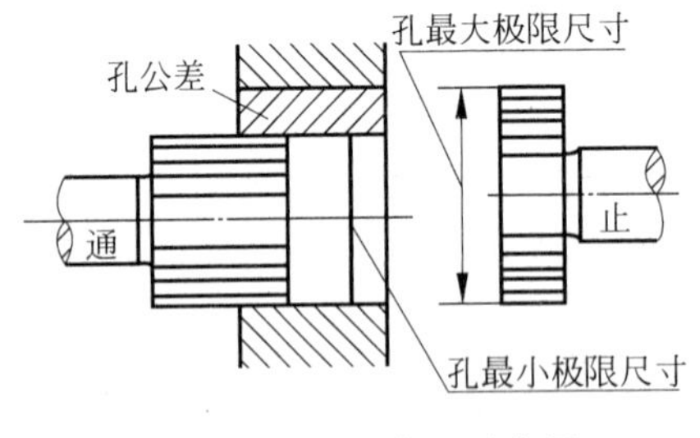

图 13.12 塞规使用示意图

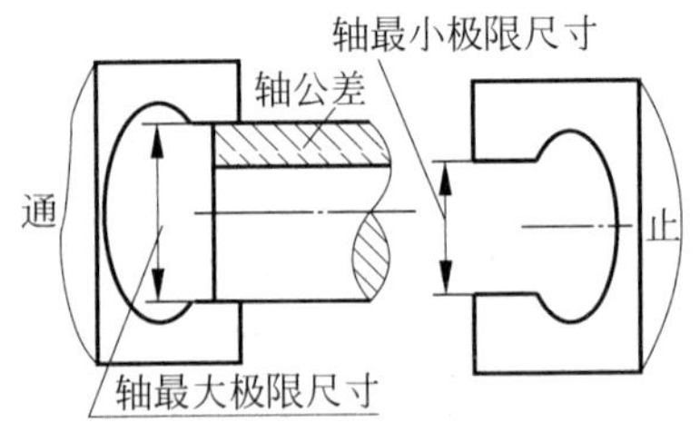

图 13.13 卡规使用示意图

13.3.4 尺寸公差的检测

尺寸公差测量时应尽量采用直接测量法，如测量轴的直径等。有些尺寸无法直接测量，就需用间接测量，有时需用繁琐的函数计算，如测量角度、锥度、孔心距等。当检查形状复

杂，尺寸较多的零件时，测量前应先列一个清单，把要求的尺寸写在一边，实际测量的尺寸写在另一边，按照清单一个尺寸一个尺寸地进行测量，并将测量结果直接填入实际尺寸一边清单中。待测量完毕后，根据清单汇总的尺寸来判断零件合格与否。这样既不会漏掉一个尺寸，又能保证检测质量。

13.3.5 形状和位置公差的检测

形状和位置公差的检测，按国家标准规定有 14 种形位公差项目，如表 13.4 所示，下面介绍其中的几种形状和位置公差的标注方法以及形状和位置误差的检测方法。

表 13.4 形状和位置公差的名称和符号

形状公差	直线度	平面度	圆度	圆柱度	线轮廓度	面轮廓度		
	—	▱	○	⌭	⌒	⌓		
位置公差	平行度	垂直度	倾斜度	位置度	同轴度	对称度	圆跳动	全跳动
	//	⊥	∠	⌖	◎	⌯	↗	⌰

1. 直线度

图 13.14 所示为直线度公差的标注方法，表示箭头所指的圆柱表面上任一母线的直线度公差为 t mm。

图 13.15 所示为零件直线度误差的一种检测方法，即将刀口形直尺与被测直线直接接触，并使两者之间最大缝隙为最小，此时最大缝隙值即为直线度误差。误差值根据缝隙测定：当缝隙较小时，按标准光隙估读；当缝隙较大时，可用塞尺测量。

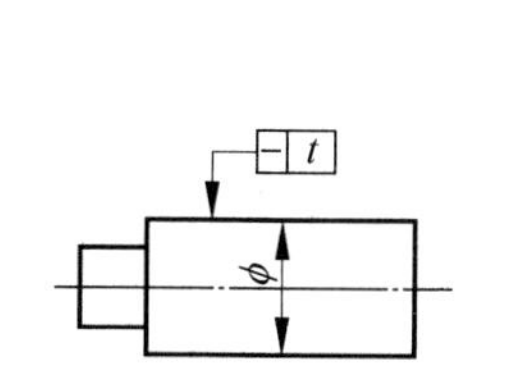

图 13.14 直线度标注示意图

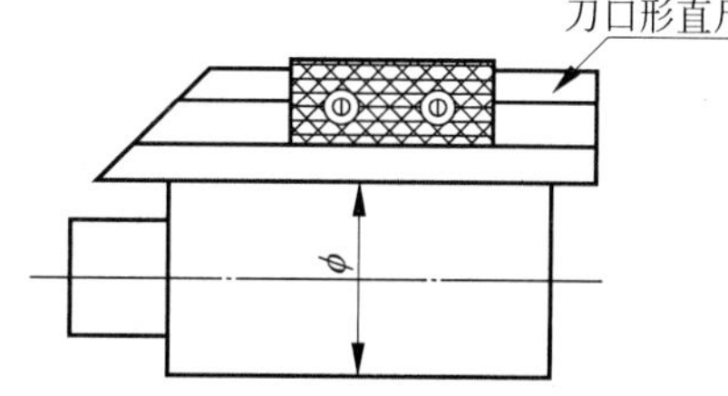

图 13.15 直线度误差检测示意图

2. 平面度

图 13.16 所示为平面度公差的标注方法，表示箭头所指平面的平面度公差为 t mm。

图 13.17 所示为小型零件平面度误差的一种检测方法，将刀口形直尺的刀口与被测平面直接接触，在各个不同方向上进行检测，其中最大缝隙值即为平面度误差，其缝隙值的确定方法与刀口形直尺检测直线度误差相同。

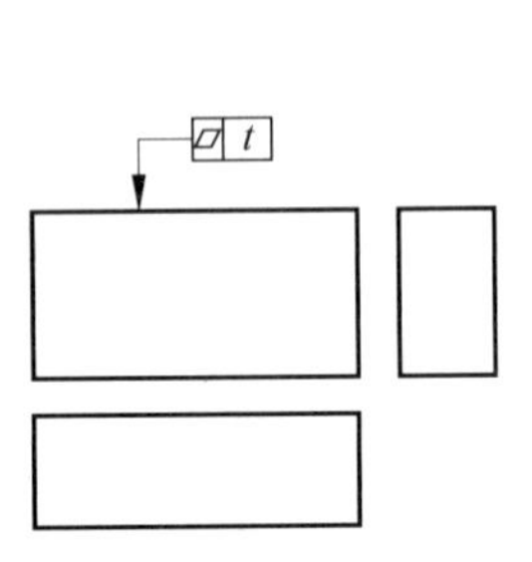

图 13.16　平面度标注示意图

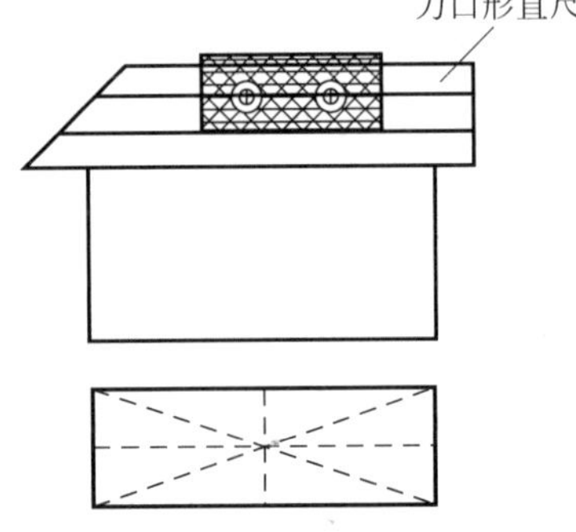

图 13.17　平面度误差检测示意图

3. 圆度

图 13.18 所示为圆度公差的标注方法，表示箭头所指圆柱面的圆度公差为 t mm。

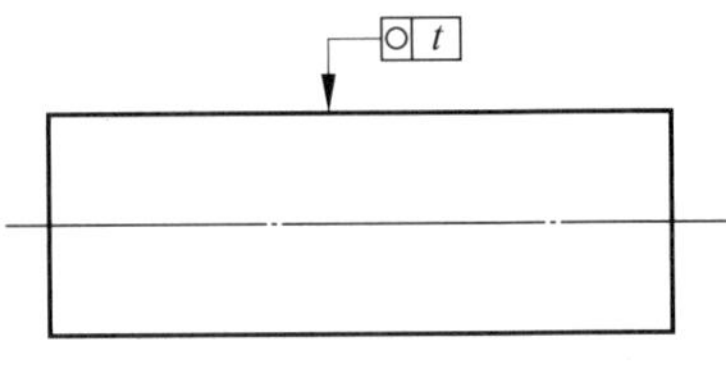

图 13.18　圆度标注示意图

圆度可以用圆度仪量测，也可以用两点法、三点法、两点三点组合法进行近似量测。图 13.19 所示为三点法检测圆度误差的示意图，将被测零件放置在 V 形块上，将被测工件回转一周，读出指示表的最大读数（X_{max}）与最小读数（X_{min}），则被测量截面的圆度误差（f）为

$$f=\frac{X_{max}-X_{min}}{K}$$

式中，K——反映系数。

在不知被测件棱数的情况下，可采用夹角为 90°、120°或 72°、108°的两个 V 形块组分别进行测量，取其中读数最大者作为测量结果，此时可取 $K=2$。

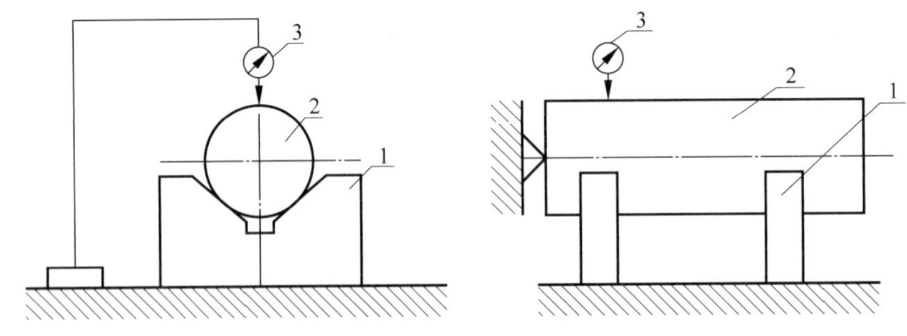

图 13.19　圆度误差检测示意图

1—V 形块；2—工件；3—百分表

4. 平行度

图 13.20 所示为平行度公差的标注方法，表示箭头所指平面相对于基准平面 A 的平行度公差为 t mm。

图 13.21 所示为平行度误差的一种检测方法，将被测零件的基准面放在平板上。移动百分表或工件，在整个被测平面上进行测量，百分表最大与最小读数的差值即为平行度误差。

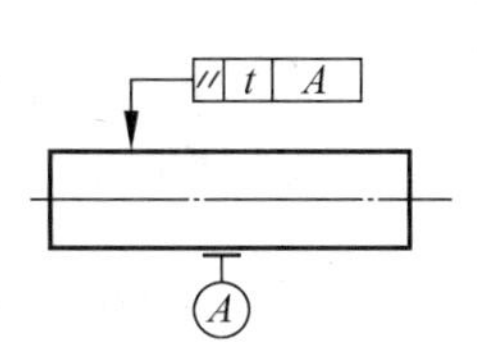

图 13.20　平行度标注示意图

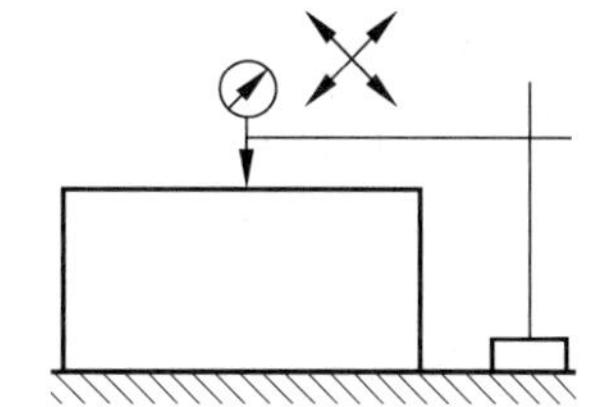

图 13.21　平行度误差检测示意图

5. 垂直度

图 13.22 所示为垂直度公差的标注方法，表示箭头所指平面相对于基准平面 A 的垂直度公差为 t mm。

图 13.23 所示，为垂直度误差的一种检测方法。将被测工件的基准面固定在直角座上，同时调整靠近基准的被测表面的读数差为最小值，取指示器在整个被测表面各点测得的最大与最小读数之差作为被测工件的垂直度误差。

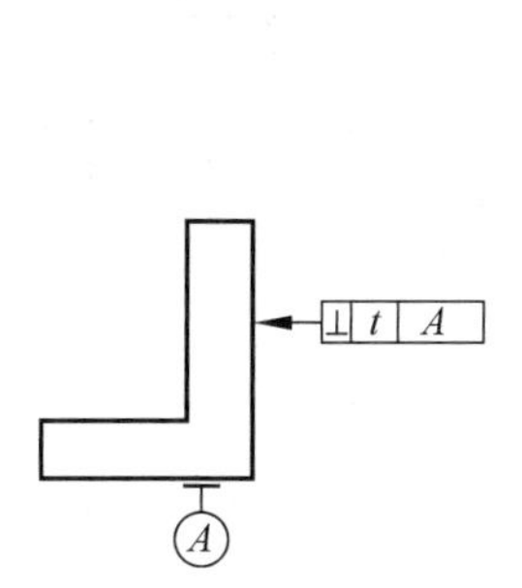

图 13.22　垂直度标注示意图

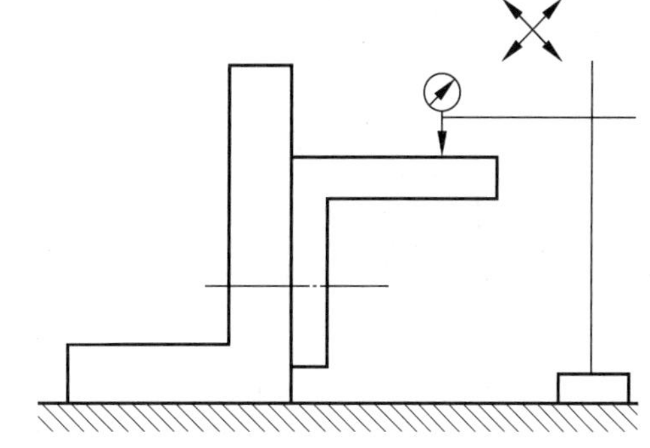

图 13.23　垂直度误差检测示意图

6. 同轴度

如图 13.24 所示，表示箭头所指圆柱面的轴线相对于基准轴线 A、B 的同轴度公差为 t mm。

图 13.25 所示为同轴度误差的一种检测方法。将被测工件基准轮廓要素中的截面放置在两个等高的刀口状 V 形架上。将测量架上的两指示器分别在铅垂截面调零。在轴向测量，取指示器在垂直基准的正截面上测得各对应点的读数值 $|M_a - M_b|$ 作为在该截面上的同轴度误差。转动被测工件按上述方法测量若干个截面，取各个截面测得的读数差中的最大值（绝对值）作为工件的同轴度误差。此方法适用于测量形状误差较小的零件。

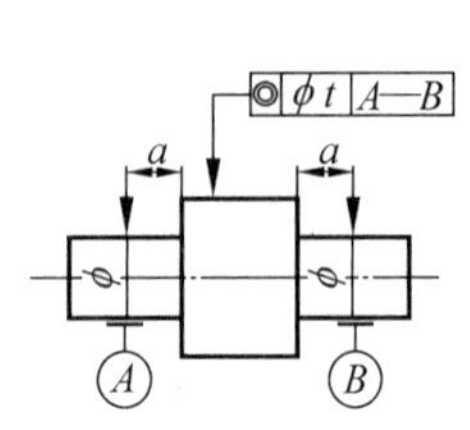

图 13.24 同轴度标注示意图

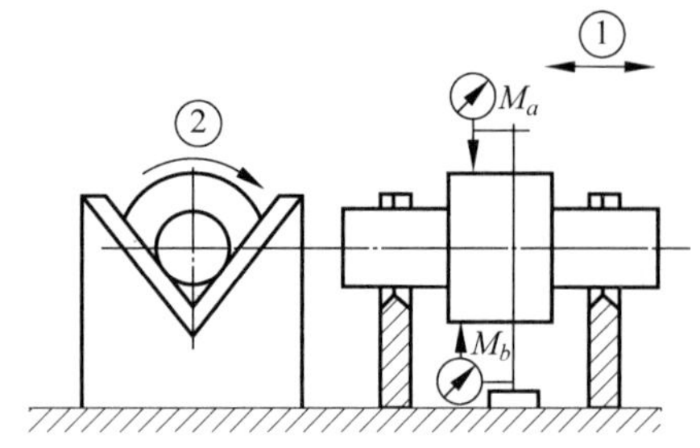

图 13.25 同轴度误差检测示意图

7. 对称度

如图 13.26 所示，对称度指零件上被测要素中心面必须位于距离为公差值 t 的两平行平面之间，设两平面对称配置在通过公共基准轴线 $A—B$ 的辅助平面两侧。

图 13.27 所示为对称度误差的一种检测方法。公共基准轴线由 V 形块模拟，被测中心面由定位块模拟，分两步测量：

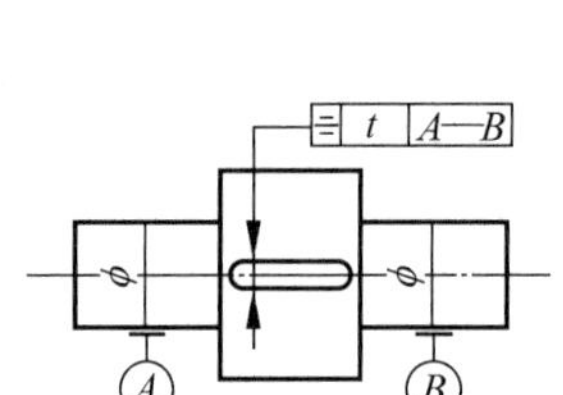

图 13.26 对称度标注示意图

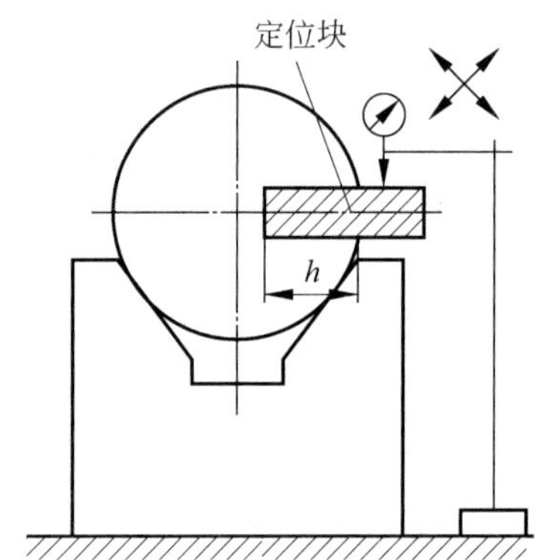

图 13.27 对称度误差检测示意图

(1) 截面测量：调整被测工件使定位块沿径向与平板平行，测量定位块至平板的距离，再将被测工件旋转 180°后重复上述测量，得到该截面上下两对应点的读数差 a，则该截面的对称度误差为

$$f_{截} = \frac{a\,\frac{h}{2}}{R - \frac{h}{2}} = \frac{ah}{d-h}$$

式中，R——轴的半径；

h——槽深。

(2) 长向测量：沿键槽长度方向测量，取长度两点的最大读数为长向对称度误差，即 $f_{长} = f_{高} - f_{低}$，取以上两步测得误差的最大值作为工件的对称度误差。

以上方法适合单件小批量生产的检验。

8. 圆跳动

圆跳动指零件上被测回转表面相对于以基准轴线为轴线的理论回转面的偏离程度。按照测量方向不同，有端面、径向和斜向圆跳动之分。图 13.28 所示为圆跳动公差的标注方法。

图 13.29 所示为圆跳动的一种检测方法。基准轴线由刀口状 V 形架模拟，将被测工件支撑在 V 形块上，并在轴向定位。在被测工件连续回转一周过程中，指示器读数最大差值即为单个测量平面上的径向圆跳动。按上述方法，测量若干个截面取各截面上测得的最大值，作为该零件的径向圆跳动。此方法受 V 形架角度和实际基准要素形状误差的综合影响。

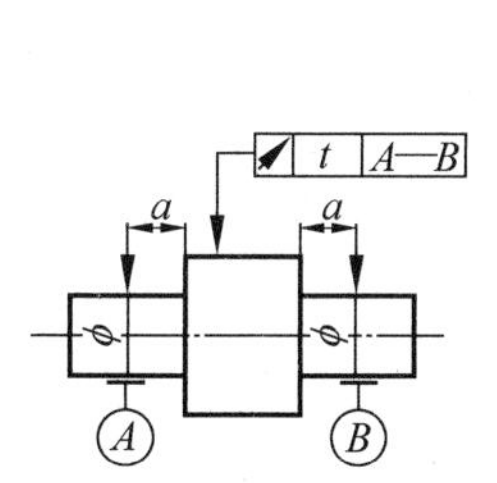

图 13.28　圆跳动标注示意图

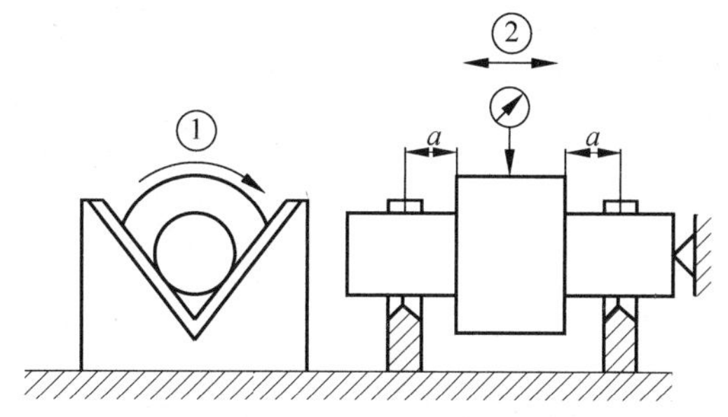

图 13.29　圆跳动检测示意图

13.4　典型零件检测实习

13.4.1　零件检测的内容

如图 13.30 所示，要求学生按图样独立完成指定典型零件的几何量及粗糙度检测的全过程。主要完成如下内容：

(1) 完成检测方案的制定，包括检具的选择、是否采用内缩方案等。

(2) 运用所选检具完成零件的具体检测。

(3) 完成检测报告，判定单项检测值是否满足设计值，最后综合判定零件是否符合设计要求。

13.4.2　评分标准

(1) 检测前的准备工作。(10 分)

检查检具是否灵活、干净、完好、齐全。

(2) 检测方案的制定。(20 分)

制定的检测方案是否完整、正确，示意图是否标示完整、规范、准确。

(3) 检具选择及操作。(10 分)

检具是否选择正确，按每一种检具的选择累计计分。

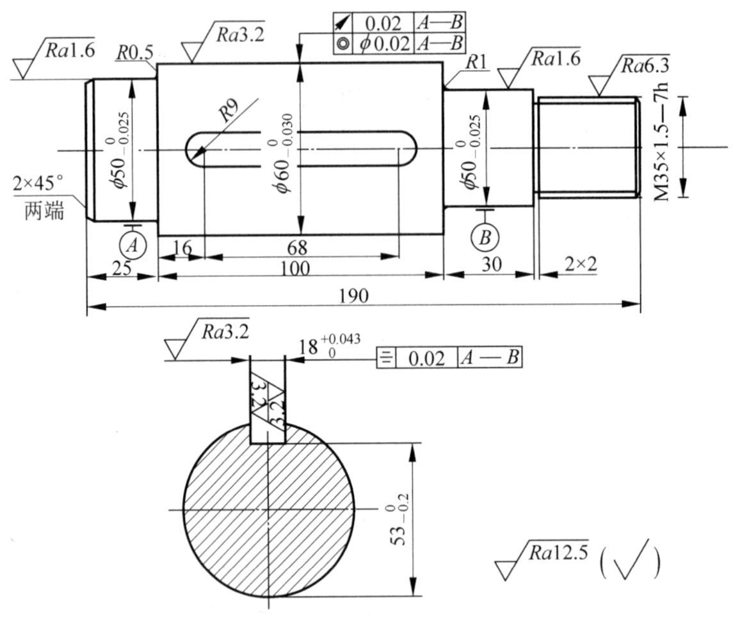

图 13.30 零件检测示意图

(4) 检验结果。(50 分)

检测时是否操作规范,检测结果是否正确,按每一项的正确与否累计计分。

(5) 安全、文明操作。(10 分)

图纸、工具、量具摆放是否整齐、得当,检测完毕后是否将工具、量具擦拭干净及摆放到工具箱正确位置。

13.4.3 测量过程注意事项

测量过程中应注意以下事项:

(1) 不能用测量器具测量运动着的被测件。

(2) 不能用测量器具测量表面粗糙的被测件。

(3) 不能将测量器具当作工具使用。

(4) 不能将测量器具的测量杆用紧固螺钉紧固后当作卡规使用。

(5) 测量器具使用过程中要轻拿轻放,不要与手锤、扳手等工具放在一起,以防受压和磕碰造成的损伤。

(6) 使用完毕应用干净棉丝擦净,装入盒内固定位置后放在干燥、无腐蚀物质、无振动和无强磁力的地方保管。

(7) 不能用砂纸等硬物擦卡尺的任何部位,非专业修理量具人员不得进行拆卸和调修。

(8) 使用过程中要按使用合格证的要求对测量器具进行周期检定。

13.5　新技术的应用

在几何量检测系统中应用的新技术主要有新型传感技术、三坐标测量机和自动测量技术等。

新型传感技术主要有光栅、磁栅、激光、感应同步器、射线及超声波技术等。

三坐标测量机对任何复杂的几何表面都可以精确测出其相对位置关系，现已广泛应用于机械制造、电子、汽车和航天航空等领域，为精密制造技术做出了重要贡献。

在现代几何量检测技术领域中，自动检测技术是一个重要的发展方向。除了三坐标测量机及其组成的自动检验线、数控测量中心外，在机械制造过程中，还广泛采用自动检测系统。与人工检测相比，自动检测技术有检测效率高、检测精度高、可以实现在线检测等优点。

可以预见，随着科学技术的进步，会有越来越多的新技术应用到检测领域中来。

第 14 章

CHAPTER 14

机械制造综合实践

《机械制造技术实训》课程是一门以实践为主的课程，它的学习目的是使学生初步接触生产实际，了解产品的生产过程，学习工程材料加工的基础知识，对现代工业生产的运作方式有初步的认识，并在生产实践中，建立工程意识、提高工程素质、增强工程实践能力、培养创新精神和创新能力，为后续课程的学习打下坚实的基础。

本课程分两阶段进行：机械制造基础实训和机械制造综合实训。

前面各章节叙述的是机械制造基础实训的学习内容，通过对这部分内容的实训，可以使学生学会工程材料的成形、切削的基本方法，初步具备利用单一加工方法对简单零件进行工艺分析和加工的能力。

但是，通常情况下，一个零件是由不同类型的面（如平面、圆柱面、成形面等）组成的，而对这样的零件进行加工，需要将多种加工方法结合在一起才能完成。因此，为了使学生具备对普通的机械零件进行工艺分析和加工的能力，还需要进行机械制造综合实训。机械制造综合实训的主要内容就是由学生自己设计一个需由多种加工方法相结合才能完成的作品，并在规定时间内完成作品的制作。

在综合实训过程中，学生需要进行产品的结构设计、加工工艺的设计、零件的加工、作品的装配等实践，他们会对产品的生产过程有初步的了解。在实训过程中，学生会用到包括设计的和加工的、理论的和实践的、本课程的和其他课程的、课内的和课外的等各方面的知识和技能，这对培养他们的综合实践能力有很大好处。通过综合实训还可以激发学生的学习兴趣，初步培养他们的创新意识、工程意识和团队合作精神。

14.1 机械加工工艺过程设计

在实际生产中，针对某一零件，往往不是在一种机床上、一种加工方法就能完成的，而是要经过一定的工艺过程才能完成其加工。因此，不仅要根据零件的具体要求，结合现场的具体条件，对零件的各组成表面选择合适的加工方法，还要合理地安排加工顺序，逐步地把零件加工出来。

对于某个具体零件，可以采用几种不同的工艺方案进行加工。虽然这些方案都可能加工出合格的零件，但从生产效率和经济效益来看，可能其中只有一种方案比较合理且切实可行。因此，必须根据零件的具体要求和可能的加工条件，拟定较为合理的工艺过程。

14.1.1　机械加工工艺过程

1. 生产过程和机械加工工艺过程

生产过程是指将原材料转变为成品的全过程。机械产品的生产过程是一个复杂的过程，它包括原材料的运输和保管，生产的准备，毛坯的制造，零件的机械加工与热处理，产品的装配、检验、表面修饰和包装等劳动过程。随着机械产品复杂程度的不同，其生产过程可以由一个车间或一个工厂完成，也可以由多个工厂联合完成。

生产过程中，直接改变生产对象的形状、尺寸及相对位置和性质等，使其成为成品或半成品的过程称为工艺过程。机械产品的工艺过程可根据其具体内容分为铸造、锻造、焊接、机械加工、热处理、表面处理、装配等不同的工艺过程。

采用各种加工方法直接改变毛坯的形状、尺寸、相对位置与性质等，使之成为零件的工艺过程称为机械加工工艺过程。它直接决定零件和机械产品的精度，是整个生产过程的重要组成部分。

2. 机械加工工艺过程的组成

零件的机械加工工艺过程是由许多机械加工工序按一定顺序排列而成的。毛坯依次通过这些工序逐渐变成所需要的零件。机械加工工艺过程由以下各部分组成：

(1) 工序。一个或一组工人在一个工作地对同一个或同时对几个工件所连续完成的那一部分工艺过程。工序是工艺过程的最基本单元。根据工序内容的不同，工序可划分为安装、工位和工步等内容。

(2) 安装。工件经过一次装夹后所完成的那一部分工序内容。

(3) 工步。在加工表面和加工工具不变的情况下，所连续完成的那一部分工序内容。

(4) 走刀。在一个工步中，有时因所需切除的金属层较厚而不能一次切完，需分几次切削，则每一次切削称为一次走刀。

(5) 工位。为了完成一定的工序内容，工件一次装夹后，与夹具或设备的可动部分一起，相对于刀具或设备的固定部分所占据的每一个位置称为工位。

3. 机械加工工艺规程

规定产品或零件制造工艺过程和操作方法的工艺文件，称为工艺规程。其中规定零件机械加工工艺过程和操作方法等的工艺文件称为机械加工工艺规程。

机械加工工艺规程是机械加工工艺过程的主要技术文件，是指挥现场生产的依据。有了工艺规程，才能够可靠地保证零件的全部加工要求，获得高质量和高生产率，并能节约原材料，减少工时消耗和降低成本。机械加工工艺规程是工厂有关人员必须遵守的工艺纪律。

机械加工工艺规程是新产品投产前，进行有关的技术准备和生产准备的依据。

它还是新建、扩建工厂(车间)时的基本资料。

制定机械加工工艺规程按如下步骤进行：

(1) 分析零件图和有关装配图。了解产品的性能、用途和工作条件，熟悉零件在产品中的地位和作用。分析图纸上各项技术要求，分析零件结构工艺性。

(2) 确定毛坯。

(3) 拟定工艺路线。包括选择定位基准，确定零件各表面的加工方法，划分加工阶段，安排加工顺序，决定工序集中与分散程度等。

(4) 确定各工序的设备、刀具、夹具、量具和辅助工具。

(5) 确定各工序的加工余量。

(6) 确定切削用量及工时定额。

(7) 确定各主要工序的技术要求及检验方法。

(8) 填写工艺文件。

14.1.2 零件结构工艺性

零件结构的工艺性，是指这种结构的零件被加工的难易程度。零件结构工艺性良好，是指所设计的零件，在保证使用要求的前提下能较经济、高效、合理地加工出来。

在设计零件结构时，除考虑满足使用要求外，通常还应注意以下几个原则。

1) 便于安装，即便于准确地定位、可靠地夹紧。

(1) 增设装夹凸缘或装夹孔。如图 14.1(a)所示，在龙门刨床或龙门铣床上加工上平面时，不便用压板或螺钉将它们装夹在工作台上。如果在平板侧面增加装夹用的凸缘(见图 14.1(b))或孔(见图 14.1(c))，便容易可靠地装夹，同时也便于吊装和搬运。

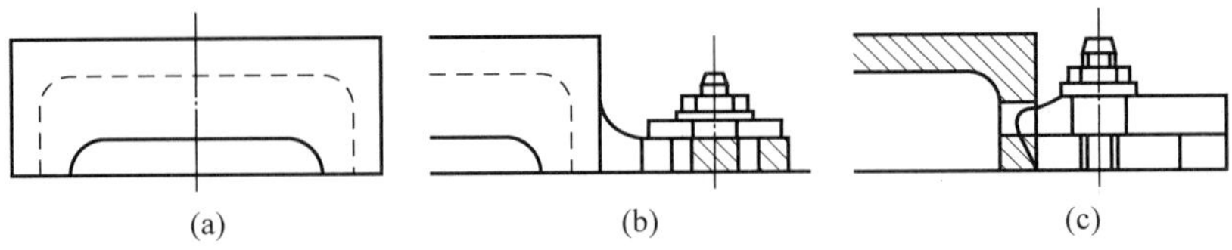

图 14.1 装夹凸缘和装夹孔

(2) 改变结构或增加辅助安装面。如图 14.2(a)所示，加工轴承盖的 $\phi120$ 外圆及端面时，如用三爪卡盘或四爪卡盘装夹，那么装夹不便。可以将工件改为图 14.2(b)、(c)所示的结构，用卡盘夹紧 C 或 D，也比较方便。

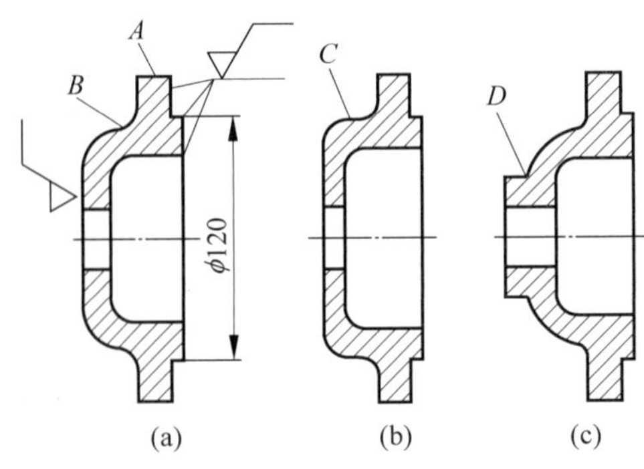

图 14.2 轴承盖结构的改进

2）便于加工、测量

（1）刀具的引进和退出要方便。如图 14.3(a)所示的零件，带有封闭的 T 形槽，T 形槽铣刀没有进入槽内，所以这种结构没法加工。如果把它改成图 14.3(b)的结构，把它设计成开口的形状，则可方便地进行加工。

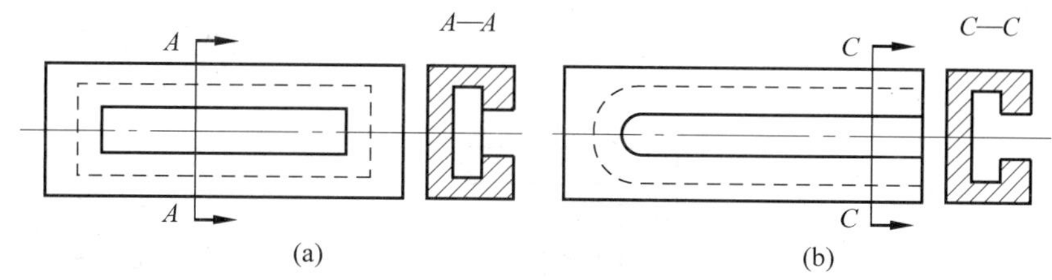

图 14.3　T 形槽结构

（2）尽量避免箱体内的加工面。箱体内安放轴承座的凸台（见图 14.4(a)）的加工和测量极不方便。如果用带法兰的轴承座，使它和箱体外的凸台联接（见图 14.4(b)），将箱体内表面的加工改为外表面的加工，则会很方便。

（3）凸缘上的孔要留出足够的加工空间。如图 14.5 所示，若孔的轴线至壁的距离小于钻头外径的一半，则难以进行加工。

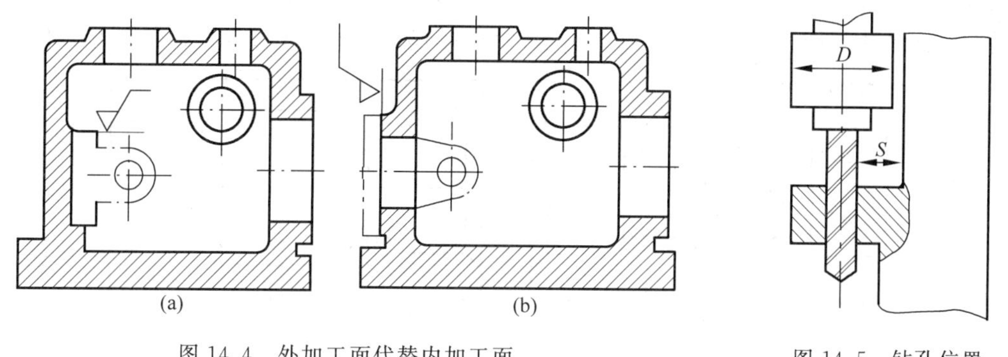

图 14.4　外加工面代替内加工面

图 14.5　钻孔位置

（4）尽可能避免弯曲的孔。如图 14.6(a)、(b)所示零件上的孔是不能钻削出来的。改为图 14.6(c)所示的结构，虽能加工出来，但还要在中间一段附加一个柱塞，比较费工，所以设计时要尽量避免弯曲的孔。

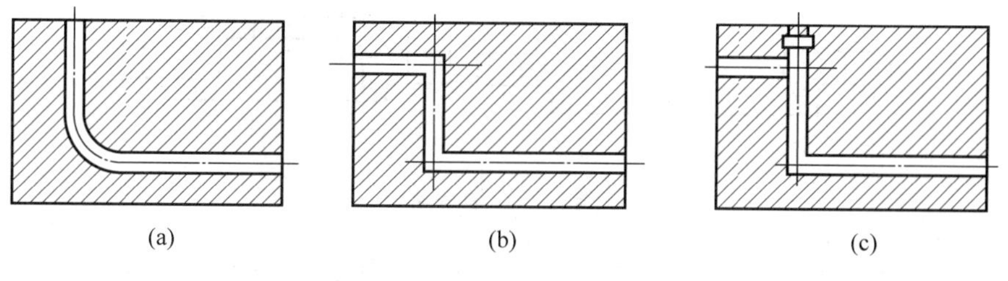

图 14.6　避免弯曲的孔

（5）留出足够的退刀槽、空刀槽或越程槽等。为了避免刀具或砂轮与工件的某个部分相碰，有时要留出退刀槽、空刀槽或越程槽，如图 14.7 所示。

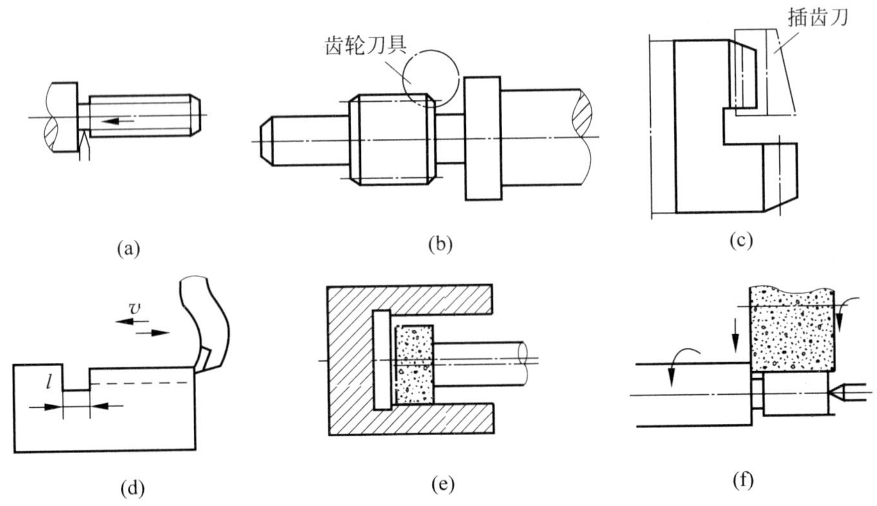

图 14.7 退刀槽、空刀槽、越程槽

3）有利于保证加工质量和提高生产效率

(1) 有相互位置精度要求的表面，最好能在一次安装中加工。这样既有利于保证加工表面间的位置精度，又可以减少安装次数及所用的辅助时间。图 14.8(a)所示的轴承两端的孔需两次安装才能加工出来，若改为图 14.8(b)所示的结构，则可在一次安装中加工出来。

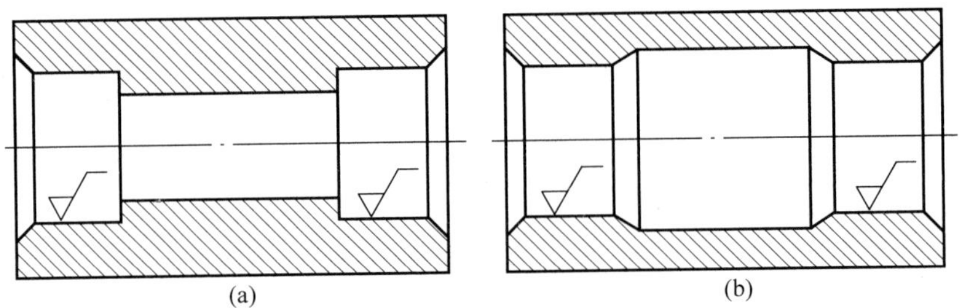

图 14.8 轴承套

(2) 尽量减少安装次数。图 14.9(a)所示的轴承盖上的螺孔若设计成倾斜的，既增加了安装次数，又使钻孔和攻螺纹都不方便，可以改成图 14.9(b)所示的结构。

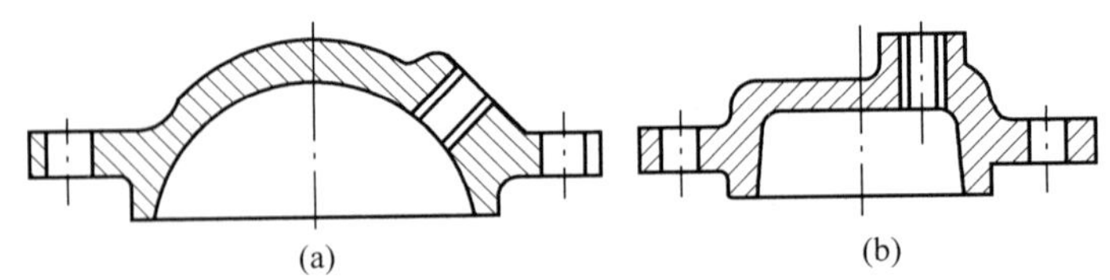

图 14.9 轴承盖

(3) 要有足够的刚度，减少工件在夹紧力或切削力作用下的变形。图 14.10(a)所示的薄壁套筒，在卡盘卡爪夹紧力的作用下容易变形，车削后形状误差较大。改成图 14.10(b)所示的结构，可增加刚度并提高加工精度。

(4) 孔的轴线应与其端面垂直。如图 14.11(a)所示的孔，由于其轴线不垂直于进口和

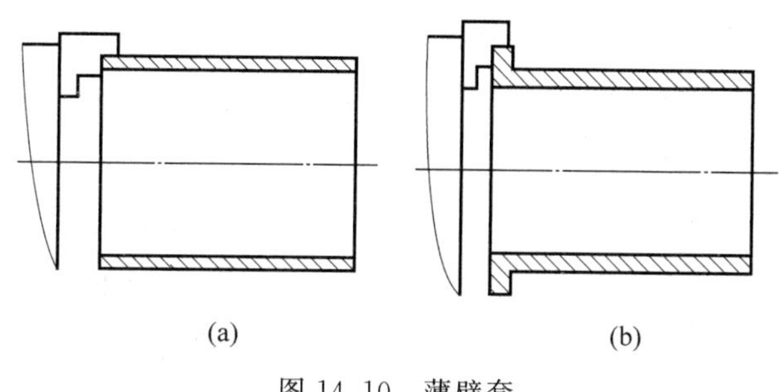

图 14.10　薄壁套

出口的端面，钻孔时钻头很容易产生偏斜或弯曲，甚至折断。因此应尽量避免在曲面或斜壁上钻孔，可以采用图 14.11(b)所示的结构。

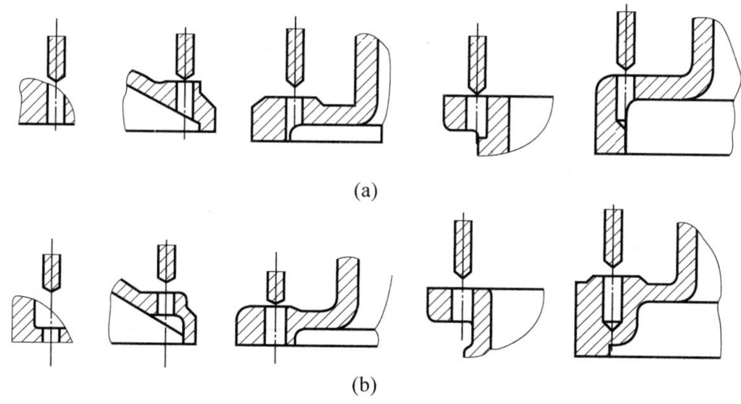

图 14.11　零件上钻孔部位的结构

(5) 同类结构要素应尽量统一。如图 14.12(a)所示的阶梯轴，加工退刀槽、过渡圆弧、锥面和键槽时要用多把刀具，增加了换刀次数和对刀次数。若改为图 14.12(b)所示的结构，即可减少刀具的种类，又可节省换刀和对刀的辅助时间。

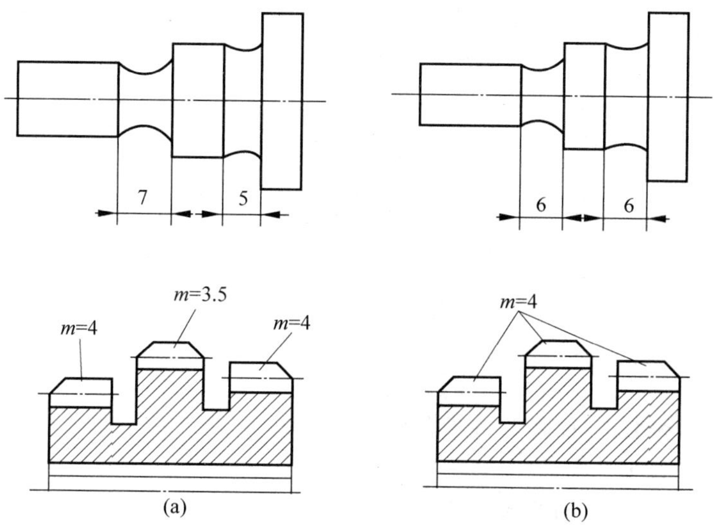

图 14.12　同类结构参数应统一

(6) 尽量减少加工量。包括：采用标准型材；尽量简化零件结构；减少加工面积，尤其是精加工面积。图 14.13(b)所示的支座的底面与图 14.13(a)所示的结构相比，既可以减少加工面积，又能保证装配时零件间很好地结合。

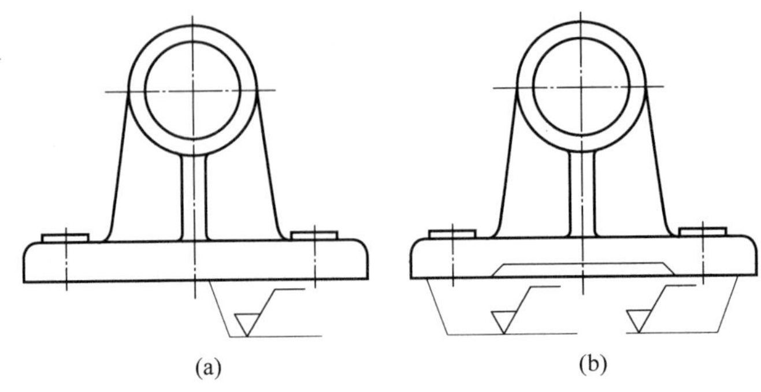

图 14.13 减少加工面积

(7) 尽量减少走刀次数。如图 14.14(a)所示，当工件有不同高度的凸台表面时，需要逐一地将工作台升高或降低。如果把零件上的凸台设计得等高，如图 14.14(b)所示，则能在一次进给中加工所有凸台表面，这样可节省大量的辅助时间。

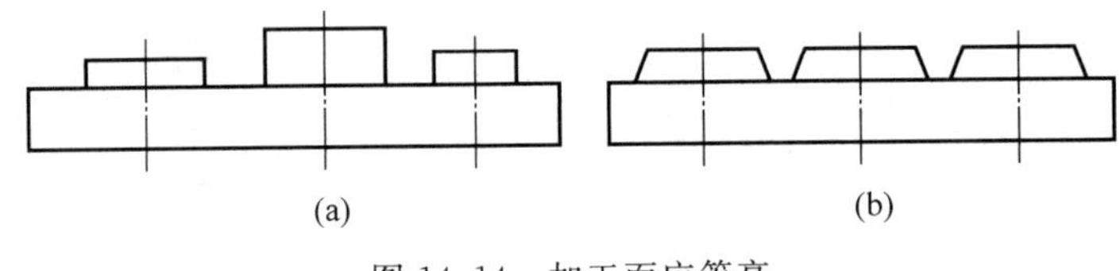

图 14.14 加工面应等高

(8) 便于多件一起加工。如图 14.15(a)所示的拨叉，沟槽底部为圆弧形，只能单个进行加工。若改为图 14.15(b)所示的结构，则可实现多件一起加工，有利于提高生产效率。

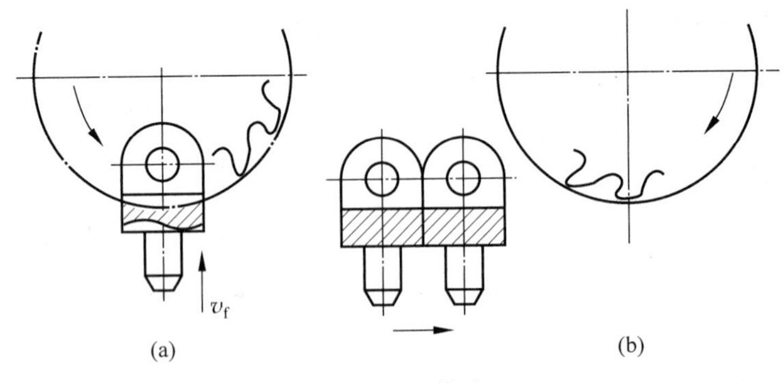

图 14.15 拨叉

4) 提高标准化程度

(1) 尽量采用标准件，以降低生产成本。

(2) 应能使用标准刀具。

5) 设计时应制定合理的技术要求

应正确合理的规定精度要求及各项技术条件，如尺寸公差、形位公差、表面粗糙度、材料的牌号、热处理及硬度要求等。对于零件的精度要求，应根据国家标准、选取有关公差值和规定有关技术条件。

14.1.3　毛坯的选择

机械制造工程中的毛坯主要有铸造毛坯件、锻压毛坯件、焊接毛坯件和型材毛坯件4种。

1. 铸造毛坯件

铸造毛坯件使用的金属材料主要是铸铁、铸钢(碳的质量分数为0.15%～0.55%)和有色金属。铸造毛坯件是使用量最大的毛坯，它不受机械零件的形状和尺寸的限制，制造成本低，生产率高，铸造及切削加工工艺性能好。但是由于铸造毛坯件是金属材料从液态高温浇铸而成，温度变化梯度大，应力及变形大，金属内部组织结构变化复杂，缺陷多，机械性能较差。所以，一般用于机械性能要求不高的机械零件。

2. 锻压毛坯件

锻压毛坯件主要用碳素钢、合金钢制造，有自由锻毛坯件和模锻毛坯件两类。锻压件组织结构细密，内部缺陷少，可以获得符合机械零件载荷分布的合理的纤维组织，具有比铸造件毛坯高的机械性能，特别是模锻毛坯件还具有生产率高、加工余量小、质量好的优点。但是，锻压毛坯件生产成本高，一般用于制造机械性能要求高的机械零件。

3. 焊接毛坯件

焊接毛坯件主要用于制造由低碳钢钢板、角钢、槽钢等型材焊接的罩壳、容器、机架、箱体等金属结构件。焊缝性能好坏对焊接毛坯件机械性能影响很大。

4. 型材毛坯件

型材毛坯件是直接选用与机械零件形状和尺寸相近的方钢、圆钢等型材备料而成。型材经轧钢厂轧制而成，组织结构细密均匀，机械性能好，使用方便，适宜于没有成形要求的钢件和有色金属件。

14.1.4　定位基准的选择

1. 定位基准

在机械加工中，无论采取哪种安装方法，都必须使工件在机床或夹具上正确的定位，以便保证被加工面的精度。

在零件的设计和制造过程中，要确定一些点、线或面的位置，必须以一些指定的点、线或面作为依据，这些作为依据的点、线或面称为基准。按照作用的不同，常把基准分为设计基准和工艺基准两类。

(1) 设计基准：在零件图上用以确定某一点、线或面所依据的基准，即标注设计尺寸的起点，称为设计基准。

(2) 工艺基准：在加工、检验测量或装配等工艺过程中采用的基准，因此根据用途的不同，工艺基准又分为定位基准、测量基准、装配基准。

工件上作为定位基准的点和线，总是由具体面来体现的，这个面称为定位基准面。

2. 定位基准的选择

定位基准分为粗基准和精基准。在第一道工序中，只能用毛坯表面作为定位基准，称为粗基准。而在随后的工序中应该用经过加工的表面来作为定位基准，这个定位表面称为精基准。

1）精基准的选择

选择精基准时，应从整个工艺过程来考虑，如何保证零件的尺寸精度和位置精度，并使工件装夹可靠。选择精基准应遵循以下原则：

(1) 基准重合原则。基准重合原则就是尽可能选用设计基准作为定位基准，这样可以避免定位基准与设计基准不重合而引起的定位误差。

(2) 基准统一原则。基准统一原则就是位置精度要求较高的某些表面加工时，尽可能选用同一的定位标准，这样有利于保证各加工面的位置精度。

(3) 互为基准原则。互为基准原则就是当零件的两个表面之间有相对位置精度要求时，择其一作为另一个表面的定位基准，反复加工，互为基准。

(4) 自为基准原则。自为基准原则就是对某些要求加工余量小而均匀的精加工工序，可选择加工表面本身作为定位基准。

2）粗基准的选择

选择粗基准应该保证所有加工表面都具有足够的加工余量，而且各加工表面对不加工表面具有一定的位置精度。其选择的具体原则如下：

(1) 选取不加工的表面作为粗基准。如果零件上有好几个不加工的表面，则应选择与加工表面相互位置精度要求较高的表面作为粗基准。

(2) 选取要求加工余量均匀的表面为粗基准。

(3) 对于所有表面都要求加工的零件，应选择余量和公差最小的表面作为粗基准，以避免余量不足而造成废品。

(4) 选取光洁、平整、面积足够大、夹紧稳定的表面为粗基准。

(5) 粗基准只能在第一道工序中使用一次，不应重复使用。

14.1.5 加工方法的选择

零件各表面的加工方法主要根据表面的形状、尺寸大小、精度和表面粗糙度、零件的材料性质、生产类型以及具体的生产条件确定。

零件机械加工方法选择的原则是：

(1) 所选加工方法的经济精度及表面粗糙度要与加工表面的精度和表面粗糙度要求相适应。加工经济精度是指在正常加工条件下(采用符合质量标准的设备、工艺装备和标准技术等级的工人，不延长加工时间)某种加工方法所能达到的加工精度。

(2) 所选加工方法要能保证加工表面的几何形状精度和表面相互位置精度要求。

(3) 加工方法要与零件的结构、加工表面的特点和材料等因素相适应。零件的结构、表面特点不同，所选择的加工方法是不同的。如箱体零件的平面和盘状零件的端平面，前者通常是铣削，而后者用车削加工。同样，箱体上的螺栓孔常用钻孔，而大直径的轴承孔，一般采用镗孔的方法。

工件材料的性质及物理机械性能不同，应采用不同的加工方法，如硬度很低而韧性较高的金属材料不宜采用磨削方法加工，需要采用切削方法加工。而淬火钢、耐热钢因硬度高最好采用磨削加工。

(4) 加工方法要与生产类型相适应。

(5) 加工方法要与工厂现有生产条件相适应。选择加工方法，不能脱离本厂现有生产设备状况和工人的技术水平。

14.1.6　工序内容的合理安排

在安排加工时，还应考虑工序中所包含加工内容的多少。在每道工序中所安排的加工内容多，则一个零件的加工就集中在少数几道工序里完成，这样，工艺路线短，工序少，称为工序集中。在每道工序中，所安排的工序内容少，把零件的加工内容分散在许多工序里完成，则工艺路线长，工序多，称为工序分散。

1. 工序集中

工序集中具有以下特点：

(1) 在一次装夹中，可以加工多个表面。这样，可以减少安装误差，较好地保证这些表面之间的位置精度；同时可以减少装夹工件的次数和辅助时间，减少工件在机床之间的搬运次数和工作量，有利于缩短生产周期。

(2) 可以减少机床的数量，并相应地减少操作工人，节省车间面积，简化生产计划和生产组织工作。

(3) 由于要完成多种加工，因而机床结构复杂、精度高、成本高。

2. 工序分散

工序分散具有以下特点：

(1) 机床设备、工装、夹具等工艺装备的结构比较简单，调整比较容易，能较快地更换、生产不同的产品。

(2) 对工人的技术水平要求较低。

在一般情况下，单件小批量生产多遵循工序集中的原则，大批量生产则为工序集中与工序分散两者兼有。但从发展趋势看，由于数控机床应用越来越多，工序集中程度日益增加。

14.1.7　安排加工顺序的原则和方法

1. 机械加工工序顺序的安排原则

零件上的全部加工表面应安排一个合理的加工顺序，这对保证零件质量、提高生产率和降低成本至关重要。在安排加工顺序时一般应遵循以下原则：

(1) 先基准面后其他。应首先安排被选作精基准的表面的加工，再以加工出的精基准为定位基准，安排其他表面的加工。应当注意，此原则不但是指在加工工艺路线的开始要先把基准面加工出来，而且也指在精加工阶段开始时应先对基准面进行精加工，以提高定位精度，然后再安排其他表面的精加工。

(2) 先粗后精。这是指先安排各表面粗加工，后安排精加工。对于精度要求高的零件，粗、精加工应分成两个阶段。

(3) 先主后次。是指先安排主要表面加工，再安排次要表面加工。主要表面是指零件图上精度和表面质量要求比较高的表面，通常是零件的设计基准(装配基准)以及主要工作面。它们的质量对整个零件的加工质量影响很大。它们的加工工序往往也很多，因此应先安排它们的加工顺序，然后再将次要表面的加工适当地安插在它们的前后。当次要表面与主要表面之间有位置精度要求时，必须将其加工安排在主要表面加工之后。

(4) 先面后孔。这主要是指箱体和支架类零件的加工而言。一般这类零件上既有平面，又有孔或孔系，这时应先将平面(通常是装配基准)加工出来，再以平面为基准加工孔或孔系。此外，在毛坯面上钻孔或镗孔，容易使钻头引偏或打刀。此时也应先加工面，再加工孔，以避免上述情况的发生。

2. 热处理和表面工序的安排

(1) 为了改善工件材料切削性能而进行的热处理工序，应安排在切削加工之前进行。

(2) 为了消除内应力而进行的热处理，最好安排在粗加工之后、精加工之前进行，有时也可安排在切削加工之前进行。

(3) 为了改善材料的力学物理性质而进行的热处理通常安排在粗加工之后、精加工之前进行。

(4) 为了提高零件表面耐磨性或耐蚀性而进行的热处理工序以及以装饰为目的的热处理工序一般放在工艺过程的最后。

3. 辅助工序的安排

辅助工序很多，如检验、去毛刺、清洗等，它们也是工艺过程的重要组成部分。检验工序是保证零件加工质量合格的关键工序之一。在工艺过程中，应在下列情况下安排常规检验工序：

(1) 重要工序加工前后。

(2) 不同加工阶段前后，如粗加工结束、精加工前，精加工后、精密加工前。

(3) 工件从一个车间转到另一个车间前后。

(4) 零件的全部加工结束后。

零件切削加工结束后，若有合装加工，在合装前应安排去毛刺工序。进入装配前，应安排清洗工序。

14.2 机械加工综合实训

14.2.1 机械加工综合实训的步骤

机械加工综合实训是以项目化方式进行管理，包括作品的方案设计及实习项目申报、作品方案审查、作品结构及工艺设计、作品加工与制作、撰写机械加工综合实训总结报告、结题等步骤。

(1) 作品的方案设计及实习项目申报。在进行机械加工基础实训期间,教师要求学生自定综合实训实习作品方案,然后申报实习项目。学生提出的作品方案应包括设计方案和制作方案等内容。通常情况下,每一个项目可由 3~5 名学生自由组合,组成一个小组,由一位指导教师负责指导,学生自主完成实习项目。

(2) 方案审查。由实习指导教师审查申报的项目方案。审查的内容包括实习方案中作品的内容、作品在设计加工过程中所涉及的知识面、项目的可行性(包括设计及加工的可行性、加工难度、工作量等)、加工成本等。

(3) 作品结构及工艺设计。对作品的结构设计包括必要的计算、零部件及装配图的绘制。工艺设计包括工艺路线设计、工序内容设计等。

(4) 作品加工与制作。包括零件加工、作品组装。

(5) 撰写机械加工综合实训总结报告。

(6) 结题。以实习作品和机械加工综合实训总结报告作为结题材料。

14.2.2 对机械加工综合实训的要求

1. 对实习作品的要求

(1) 实习作品方案的难度要适中。作品方案的难度包括设计的难度、加工的难度、制作的难度以及加工量的大小等方面。

(2) 实习作品的加工质量要好。主要指作品加工不粗糙、零件加工符合图纸要求、装配后零件之间配合要合适,装配要准确、传动要顺畅。

(3) 实习作品方案所涵盖的知识面要广。

(4) 实习作品的设计、制作要有创新。

(5) 在设计、制作作品时,要考虑作品的经济性,尽量降低成本。

2. 对机械加工综合实训总结报告的要求

参加机械加工综合实训的每位学生要递交一份“机械加工综合实训总结报告”。“机械加工综合实训总结报告”必须在实习结束时完成,并按时交给实习指导教师。总结报告中应包含以下内容:

(1) 项目内容(包括项目名称、作品简介)、设计图纸(要求符合工程制图国家标准)、作品图片。

(2) 加工工艺,指加工过程、加工顺序、加工方法(如定位、装夹、使用的设备、工具、量具等)、加工工艺参数(如切削参数、数控程序等)。

(3) 总结参加机械加工综合实训后,在实践能力方面的收获与体会。

(4) 总结参加机械加工综合实训后,在职业素养方面(包括遵章守纪、团队合作、吃苦耐劳、精益求精、质量意识、创新意识、安全意识、成本意识)的收获、体会及存在的问题。

(5) 对实习指导教师、实习内容、实习安排、实习条件等作出客观评价。

14.2.3 机械加工综合实训作品

1. 作品一

2. 作品二

3. 作品三

4．作品四

5．作品五

6．作品六

附　　录

附表1　常见G代码含义表

G代码	组	功　　能
G00	01	快速定位
G01		直线插补
G02		顺圆插补
G03		逆圆插补
G04	00	暂停
G17	02	*XY* 平面选择
G18		*ZX* 平面选择
G19		*YZ* 平面选择
G20	08	英寸输入
G21		毫米输入
G28	00	返回到参考点
G29		由参考点返回
G40	09	刀具半径补偿取消
G41		左刀补
G42		右刀补
G43	10	刀具长度正向补偿
G44		刀具长度负向补偿
G49		刀具长度补偿取消
G52	00	局部坐标系设定
G53		直接机床坐标系编程
G54	11	工件坐标系1选择
G55		工件坐标系2选择
G56		工件坐标系3选择
G57		工件坐标系4选择
G58		工件坐标系5选择
G59		工件坐标系6选择
G60	00	单方向定位
G61	12	精确停止校验方式
G64		连续方式
G68	05	旋转变换
G69		旋转取消

续表

G代码	组	功　　能
G73	06	深孔钻削循环
G74		逆攻螺纹循环
G76		精镗孔循环
G80		固定循环取消
G81		定心钻循环
G82		钻孔循环
G83		啄孔钻循环
G84		攻螺纹循环
G85		镗孔循环
G86		镗孔循环
G87		反镗循环
G88		镗孔循环
G89		镗孔循环
G90	13	绝对值编程
G91		增量值编程
G92	00	工件坐标系设定
G98	15	固定循环返回起始点
G99		固定循环返回到R点（固定循环返回到安全平面）

附表2　常见M代码含义表

M功能字	含　义	M功能字	含　义
M00	程序停止	M07	2号冷却液开
M01	计划停止	M08	1号冷却液开
M02	程序停止	M09	冷却液关
M03	主轴正转	M30	程序停止并返回开始处
M04	主轴反转	M98	调用子程序
M05	主轴停转	M99	返回子程序
M06	换刀		

主要参考文献

[1] 邓文英.金属工艺学[M].4版.北京：高等教育出版社,2000.

[2] 费从荣,尹显明.机械制造工程训练教程[M].成都：西南交通大学出版社,2006.

[3] 刘亚文.机械制造实习[M].南京：南京大学出版社,2008.

[4] 贺小涛,曾去疾,汤小红.机械制造工程训练[M].长沙：中南大学出版社,2003.

[5] 刘镇昌.制造工艺实训教程[M].北京：机械工业出版社,2006.

[6] 孔德音.金工实习[M].北京：机械工业出版社,1998.

[7] 郭新春.金工实习[M].徐州：中国矿业出版社,1991.

[8] 张幼华.金工实习[M].武汉：华中科技大学出版社,2006.

[9] 孙以安,鞠鲁粤.金工实习[M].2版.上海：上海交通大学出版社,2005.

[10] 金禧德.金工实习[M].2版.北京：高等教育出版社,2001.

[11] 柳秉毅,黄明宇,徐钟林.金工实习[M].北京：机械工业出版社,2004.

[12] 黄如林.金工实习教程[M].上海：上海交通大学出版社,2003.

[13] 罗学科,张超英.数控机床编程与操作实训[M]. 2版.北京：化学工业出版社,2005.

[14] 徐宏海,谢富春.数控铣床[M].2版.北京：化学工业出版社,2007.

[15] 胡育辉.数控铣床加工中心[M].沈阳：辽宁科学技术出版社,2005.

[16] 朱世范.机械工程训练[M].哈尔滨：哈尔滨工程大学出版社,2003.

[17] 林建榕.工程训练[M].北京：航空工业出版社,2004.

[18] 魏华胜.铸造工程基础[M].北京：机械工业出版社,2002.

[19] 李弘英,赵成志.铸造工艺设计[M].北京：机械工业出版社,2005.

[20] 刘兴国.铸造过程质量控制与检验读本[M].北京：中国标准出版社,2005.

[21] 周伯伟.金工实习[M].南京：南京大学出版社,2006.

[22] 杨贺来,徐九南.金属工艺学实习教程[M].北京：北京交通大学出版社,2007.

[23] 王瑞芳.金工实习[M].合肥：合肥工业大学出版社,2000.

[24] 钱继锋.金工实习教程[M].北京：北京大学出版社,2006.

[25] 李亚江,王娟,刘鹏.焊接与切割操作技能[M].北京：化学工业出版社,2005.

[26] 周继烈,姚建华.机械制造工程实训[M].北京：科学出版社,2005.

[27] 郭继承,王彦灵.焊接安全技术[M].北京：化学工业出版社,2005.

[28] 徐峰. 数控线切割加工技术实训教程[M].北京：国防工业出版社,2007.

[29] 彭志强,胡建生. CAXA 线切割 XP 实用教程[M].北京：化学工业出版社,2005.

[30] 刘忠伟.先进制造技术[M].北京：国防工业出版社,2006.

[31] 周桂莲,付平.工程实践训练基础[M].西安：西安电子科技大学出版社,2007.

[32] 任晓莉,钟建华.公差配合与量测实训[M].北京：北京理工大学出版社,2007.

[33] 刘尔,于春径.机械制造检测技术手册[M].北京：冶金工业出版社, 2000.

[34] 王启义,李文敏.几何量测量器具使用手册[M].北京：机械工业出版社,1997.

[35] 严绍华,张学政.金属工艺学实习[M].北京：清华大学出版社,2008.

[36] 罗继相,王志海.金属工艺学[M].2版.武汉：武汉理工大学出版社,2010.

[37] 宋树恢,朱华炳.工程训练——现代制造技术实训指导[M].合肥：合肥工业大学出版社,2007.

[38] 罗学科,张超英.数控机床编程与操作实训[M].2版.北京：化学工业出版社,2005.

[39] 徐宏海,谢富春.数控铣床[M].2版.北京：化学工业出版社,2007.

[40] 胡育辉.数控铣床加工中心[M].沈阳：辽宁科学技术出版社,2005.